"南北极环境综合考察与评估"专项

站基生物生态环境本底考察

国家海洋局极地专项办公室　编

海洋出版社

2016·北京

图书在版编目（CIP）数据

站基生物生态环境本底考察/国家海洋局极地专项办公室编．—北京：海洋出版社，2016.5

ISBN 978－7－5027－9438－5

Ⅰ．①站…　Ⅱ．①国…　Ⅲ．①极地区－生物－生态环境－科学考察　Ⅳ．①X171.1

中国版本图书馆 CIP 数据核字（2016）第 098750 号

ZHANJI SHENGWU SHENGTAI HUANJING BENDI KAOCHA

责任编辑：张　荣

责任印制：赵麟苏

海洋出版社　出版发行

http://www.oceanpress.com.cn

北京市海淀区大慧寺路 8 号　邮编：100081

北京朝阳印刷厂有限责任公司印刷　新华书店北京发行所经销

2016 年 6 月第 1 版　2016 年 6 月第 1 次印刷

开本：889mm×1194mm　1/16　印张：19

字数：480 千字　定价：118.00 元

发行部：62132549　邮购部：68038093　总编室：62114335

极地专项领导小组成员名单

组　长： 陈连增　国家海洋局

副组长： 李敬辉　财政部经济建设司

　　　　曲探宙　国家海洋局极地考察办公室

成　员： 姚劲松　财政部经济建设司（2011—2012）

　　　　陈昶学　财政部经济建设司（2013—）

　　　　赵光磊　国家海洋局财务装备司

　　　　杨惠根　中国极地研究中心

　　　　吴　军　国家海洋局极地考察办公室

极地专项领导小组办公室成员名单

专项办主任： 曲探宙　国家海洋局极地考察办公室

常务副主任： 吴　军　国家海洋局极地考察办公室

副主任： 刘顺林　中国极地研究中心（2011—2012）

　　　　李院生　中国极地研究中心（2012—）

　　　　王力然　国家海洋局财务装备司

成　员： 王　勇　国家海洋局极地考察办公室

　　　　赵　萍　国家海洋局极地考察办公室

　　　　金　波　国家海洋局极地考察办公室

　　　　李红蕾　国家海洋局极地考察办公室

　　　　刘科峰　中国极地研究中心

　　　　徐　宁　中国极地研究中心

　　　　陈永祥　中国极地研究中心

极地专项成果集成责任专家组成员名单

组　长：潘增弟　国家海洋局东海分局

成　员：张海生　国家海洋局第二海洋研究所

余兴光　国家海洋局第三海洋研究所

乔方利　国家海洋局第一海洋研究所

石学法　国家海洋局第一海洋研究所

魏泽勋　国家海洋局第一海洋研究所

高金耀　国家海洋局第二海洋研究所

胡红桥　中国极地研究中心

何剑锋　中国极地研究中心

徐世杰　国家海洋局极地考察办公室

孙立广　中国科学技术大学

赵　越　中国地质科学院地质力学研究所

庞小平　武汉大学

“站基生物生态环境本底考察”专题

承担单位：中国极地研究中心

参与单位：国家海洋环境监测中心

中国科学技术大学

国家海洋局第一海洋研究所

国家海洋局第二海洋研究所

国家海洋局第三海洋研究所

上海海洋大学

同济大学

中国海洋大学

中国医学科学院基础医学研究所

《站基生物生态环境本底考察》编写人员名单

编写人员：俞　勇　曾胤新　那广水　葛林科　孙立广

黄　涛　王能飞　杨　晓　金海燕　季仲强

张远辉　陈立奇　霍元子　何培民　王　峰

杨海真　刘晓收　史晓翀　徐成丽

序　言

“南北极环境综合考察与评估”专项（以下简称极地专项）是2010年9月14日经国务院批准，由财政部支持，国家海洋局负责组织实施，相关部委所属的36家单位参与，是我国自开展极地科学考察以来最大的一个专项，是我国极地事业又一个新的里程碑。

在2011年至2015年间，极地专项从国家战略需求出发，整合国内优势科研力量，充分利用“一船五站”（“雪龙”号、长城站、中山站、黄河站、昆仑站、泰山站）极地考察平台，有计划、分步骤地完成了南极周边重点海域、北极重点海域、南极大陆和北极站基周边地区的环境综合考察与评估，无论是在考察航次、考察任务和内容、考察人数、考察时间、考察航程、覆盖范围，还是在获取资料和样品等方面，均创造了我国近30年来南、北极考察的新纪录，促进了我国极地科技和事业的跨越式发展。

为落实财政部对极地专项的要求，极地专项办制定了包括极地专项“项目管理办法”和“项目经费管理办法”在内的4项管理办法和14项极地考察相关标准和规程，从制度上加强了组织领导和经费管理，用规范保证了专项实施进度和质量，以考核促进了成果产出。

本套极地专项成果集成丛书，涵盖了极地专项中的3个项目共17个专题的成果集成内容，涉及了南、北极海洋学的基础调查与评估，涉及了南极大陆和北极站基的生态环境考察与评估，涉及了从南极冰川学、大气科学、空间环境科学、天文学以及地质与地球物理学等考察与评估，到南极环境遥感等内容。专家认为，成果集成内容翔实，数据可信，评估可靠。

“十三五”期间，极地专项持续滚动实施，必将为贯彻落实习近平主席关于“认识南极、保护南极、利用南极”的重要指示精神，实现李克强总理提出的“推动极地科考向深度和广度进军”的宏伟目标，完成全国海洋工作会议提出的极地工作业务化以及提高极地科学研究水平的任务，做出新的、更大的贡献。

希望全体极地人共同努力，推动我国极地事业从极地大国迈向极地强国之列！

陈连增

前　言

本书全面总结了“南北极环境综合考察与评估”专项“站基生物生态环境本底考察”专题任务在“十二五”期间的完成情况，系统展示了各学科考察工作取得的主要进展和初步成果。希望目前取得的基础科学数据和初步成果，有助于进一步探究我国南北极考察站区域的生态环境特征，深入研究全球变化和人类活动对极地生态环境的影响及其响应；有助于逐步构建极地生态环境长期监测网络，合理开发利用极地生物资源，有效保护极地生态环境；同时，也有助于完善南极考察队员生理心理健康监测、评估和维护体系，提高我国极地考察保障水平和极地考察站的科学管理水平。

本书的编写得到了极地专项领导小组、极地专项领导小组办公室和极地专项成果集成责任专家组的大力支持，在各学科团队的集体努力下编写完成。各部分的主要编写人员如下：俞勇和曾胤新负责本书汇总编写及“近岸海洋浮游生物生态学”相关内容编写；那广水和葛林科负责“有机污染物分布状况”相关内容编写；孙立广和黄涛负责“生态环境演变”相关内容编写；王能飞和杨晓负责“土壤微生物”相关内容编写；金海燕和季仲强负责“邻近海域水环境要素”相关内容编写；张远辉和陈立奇负责“大气化学环境”相关内容编写；霍元子和何培民负责“湖泊生物”和“潮间带大型藻类”相关内容编写；王峰和杨海真负责“陆域水与土壤环境”相关内容编写；刘晓收和史晓翀负责“潮间带底栖生物和微生物”相关内容编写；徐成丽负责“南极特殊环境对考察队员生理和心理影响的评估”相关内容编写。

我们衷心感谢参加本专题工作的全体同仁！十分感谢给予本专题工作倾力支持的各级领导、专家和有关组织管理单位！特别感谢历次考察队和考察站对本专题现场考察工作的鼎力协助！

由于我们的知识和水平有限，本书内容或有不足和错误之处，恳切希望读者和专家提出宝贵意见。

本书编写组

2016 年 6 月

目　次

第1章　总　论

站基生物生态环境本底考察，一方面，依托我国南极长城站、中山站和北极黄河站，对考察站周边区域的陆地、大气、海湾、潮间带、湖泊等环境深入开展生物及其生态环境的本底调查和评价，查明极地站基生物生态环境现状及其演变趋势，摸清典型污染物残留现状，为研究极地生物生态系统结构功能及其在生物地球化学循环中的作用提供参考，并为合理开发利用和保护极地生物资源提供依据，也为研究全球变化和人类活动对极地生物生态环境的影响提供基础数据和初步分析结果，同时也为站区环境管理和极地环境保护国际义务的落实提供基础资料。另一方面，通过跟踪研究多次南极考察中山站越冬队和昆仑站内陆队队员出发前、在中山站与昆仑站考察期间和返回国内等多个标志性时间节点的生理和心理动态变化，经过数据资料积累和综合分析，进行南极特殊环境对考察队员生理心理影响的评估，为我国南极考察越冬队员和内陆队员的选拔、管理和医疗保障提供基础理论支撑。

围绕专题考察目标，根据考察要素不同，共把专题任务分成10项子任务：①站基近岸海洋浮游生物生态学考察；②站基土壤微生物考察；③站基湖泊生物调查；④站基潮间带底栖生物、大型海藻和微生物调查；⑤站基邻近海域水环境要素调查；⑥站基大气化学环境调查；⑦站基陆域水与土壤环境基线调查；⑧站基典型有机污染物时空分布状况调查；⑨极地站基生态环境变化考察与评估；⑩南极特殊环境对考察队员生理和心理的影响评估。分别由中国极地研究中心、国家海洋局第一海洋研究所、上海海洋大学、中国海洋大学、国家海洋局第二海洋研究所、国家海洋局第三海洋研究所、同济大学、国家海洋环境监测中心、中国科技大学及中国医学科学院基础医学研究所10家单位负责完成，其中中国极地研究中心为专题的负责单位。

通过中国第28次、第29次、第30次和第31次南极考察，共34人次，依托南极长城站和中山站，完成西南极菲尔德斯半岛、阿德雷岛、长城湾、阿德雷湾和东南极拉斯曼丘陵、协和半岛等区域651个站位的现场考察工作；通过2012年度、2013年度、2014年度和2015年度中国北极黄河站考察，共28人次，依托北极黄河站，完成王湾和新奥尔松等区域289个站位的现场考察工作；同时通过中国第28次、第29次、第30次和第31次南极考察，共6人次，依托南极中山站越冬队和南极昆仑站越冬队，完成南极特殊环境对南极考察队员生理和心理影响评估的现场数据和样品采集工作。共采集各类样品6 945份（生物生态环境样品3 834份、医学样品3 111份），以及医学检测和问卷调查报告7 533份；获得生物生态环境数据20 945个（组），建立考察队员生理和心理数据集5个；形成相关考察报告43份；发表学术论文52篇，其中SCI收录32篇。总工作量约为1 480人·月，其中外业工作量133人·月，内业工作量1 347人·月。

综合分析4年的考察结果，本专题取得了以下4个重要成果：①较全面地认识南极长城站区域生态环境现状，奠定生态环境长期监测和考察站环境管理的基础；②获得极地考察站所在区域典型污染物分布特征和土壤重金属基线，查明站区周边环境尚未受人类活动的显著影响；③系统了解极地沉积物中生态记录及其对气候变化和人类活动的响应；④调查获知南极环境对人生理和心理有明显影响，为南极考察队员的选拔、防护和有关政策制定提供科学依据。

尽管在4年的考察中，取得了许多成果和宝贵经验，但也暴露出了一些问题：①考察未涉及极地鸟类和哺乳动物等大型生物，考察区域主要局限在站区周边需进一步拓展；②同一学科的调查工作，多家单位参与，增加了协调工作量和数据质量不统一的风险；③由于长城站和黄河站的样品主要靠物流公司运输回国，所以存在样品在运输过程中保存质量不稳定，导致样品分析结果可靠性减小或无法分析；④医学调查时存在部分受调查队员配合度低的情况，如样品采集不符合要求，心理问卷随意勾选等，就会导致数据资料不齐全，无法获得统计学分析结果。

在总结“十二五”考察成果，分析考察成功经验和存在问题的基础上，对未来的科学考察作如下建议：①进一步明确考察目标。站基生物生态环境考察的主要目标是，为研究全球变化、人类活动对极地生态环境影响及其响应，指导站区环境管理和落实生态环境保护国际义务提供长时间序列的基础资料，并为合理开发利用和保护极地生物资源提供依据；同时为建立南极考察队员生理心理健康监测、评估和维护体系，为南极越冬与长期驻留空间站的生理心理类比研究，建立和验证空间站医学心理学健康监测和维护技术提供基础资料。②进一步强化顶层设计。区分考察站站区考察与依托考察站的周边生态环境考察，规划考察内容与考察站位，围绕任务合理设置考察课题。③进一步加强国际合作，拓展考察区域。依托南极长城站，加强与智利、秘鲁、阿根廷等国家的合作，将考察区域拓展到南设德兰群岛和南极半岛，弥补我国对该区域考察的不足。④进一步优化考察队伍。设立必要的准入机制，优胜劣退，确保高质量地完成考察工作。⑤进一步加强现场样品处理能力。充分利用考察站现有科考平台，精心准备必要的样品处理条件，能使样品在极地现场及时处理，减少运输过程中损坏的风险，确保样品质量。⑥进一步提高队员配合度。考察队、考察站领导组织、动员与项目组科普宣讲相结合，进一步提高南极医学受调查队员的配合度，确保高质量地完成医学样品与数据的采集。

第2章 考察的意义和目标

2.1 考察背景和意义

两极地区终年寒冷，虽与热带地区相比其生物数量、种类稍显不足，但在这独特的自然环境中仍然生活着大量独具特性的生物，蕴藏着丰富的生物资源。极地海鸟、企鹅、海豹等资源极为丰富。北极的鸟类有120余种，北半球1/6的鸟类都在此繁育后代，而南极地区的鸟类总数约 1.78×10^8 只，占世界海鸟总数的18%。两极地区海豹的数量更为惊人，仅南极就有 $3\,200\times10^4$ 头，占全球海豹总量的90%。极地生物资源中，南极磷虾是地球上最大的单种生物资源之一，允许的捕捞产量高达 400×10^8 t，是巨大的潜在渔业资源。极地的植物多为地衣、苔藓、单细胞藻类。南北两极生长着的单细胞藻类，有上百种，但基本上都是微藻，最为常见的有硅藻、甲藻、金藻、褐藻和绿藻等。硅藻、甲藻和金藻构成了极地重要的冰藻。而冰藻在饵料、不饱和脂肪酸、抗冻蛋白、紫外吸收色素和其他生物活性物质的应用方面也具有广泛前景。

但是全球气候变化和环境污染使极地的生态环境发生了明显的改变。世界气象组织2009年3月公布的《极地研究现状》报告显示南极冰层正在加速融化，对当地动植物、全球气候和洋流产生严重的影响。近30年来，臭氧层的破坏导致到达地表的紫外辐射增强以及南极臭氧空洞的出现，引起了人们的广泛关注，人们迫切地想要知道这些现象的进一步发展到底会对极地生物资源和人类的存在造成什么样的影响。因此，伴随社会工业化进程的发展和人类在极地地区活动的增加，在两极地区进行污染物监测，以研究污染物在全球的扩散规律和污染物对极地生态环境的影响，已然成为环境学者关注的热点问题。尤其是20世纪以来，两极的环境正在发生变化，诸如海冰和冰川的不断消退，永久冻土的不断融化，海岸线侵蚀的不断增加，等等，日渐增多的人类活动正在给极地地区带来额外的压力，尤其是北极地区，石油和矿产开采给北极生态系统带来潜在的严重后果。来自北极内部和北极之外的污染物正在污染着这一地区，这其中包括人类可以预见的活动，比如船运、海洋生物资源捕捞、能源和其他资源的开发以及旅游等。此外，一些不可预知的环境变化也在潜移默化地影响着北极脆弱的生态系统，最近的研究报道，随着北极地区的温度上升，目前禁锢在冰雪和土壤中的污染物将被释放至空气、水体和陆地。这一趋势连同北极及其周边地区日益增多的人类活动将导致更多的污染物侵入北极，包括持久性有机污染物以及漂浮污染物（如煤烟）等。

极地地区污染的一个显著特征是其外源性，大气输送是污染物到达北极的最快和最直接的途径，这种输送只需数天或数周就能完成。这个过程被称为全球蒸馏或冷浓缩。1996年，Wania 和 Mackay 指出残留有机物是以一系列“跳跃”过程向高纬度地区迁移。如，在阿德米拉尔蒂湾地区，通过正常降水形式到达地表的物质每年只有 2.5 t/km^2，而同一地区大气降尘总量却高达每年 12.7 t/km^2，由此可见大气污染的程度以及对地区环境构成的严重威胁。

但包括无冰区科学考察站和旅游活动等人类活动也在逐步影响和改变着极地环境。根据统计显示，在各国考察站进行的各项活动中，因油料使用和野外固体废物的散落对环境和生态的影响最为显著，重金属和有机污染物的环境扩散是无冰区局地最主要的污染物形态。如在菲尔德斯半岛各站区附近的许多区域都有传统的处理废弃物处理场和堆积场。2013 年的统计表明，整个半岛已经有 46 个废弃物野外堆放场/点。这就使得菲尔德斯半岛地区垃圾堆积物的面积增长了 23%，达到 51 000 m^2。垃圾堆放点的数目相对于 20 世纪 90 年代初增长了近 90%。废弃物还通过风力散播进入周边环境，由风力吹散进入环境中的污染物占到总量的 22%，冲刷到坡岸的海洋碎片占到 15%。石油污染也是南极站区周边最常见的污染之一。污染区域分解烃类的微生物增加的同时，土壤中的生物多样性减少。海洋环境中，柴油污染会导致微藻在海洋冰封期的异常生长。由于作为海鸟、海豹、须鲸食物来源的磷虾以藻类为食，所以大范围的石油污染会对南极的食物链造成一系列的影响。2012 年的一项调查发现，菲尔德斯半岛区域内石油和柴油类污染的状况并未得到改观。尤其是由于飞机和机动车的影响，受污染的地方主要是油库地区、连接机场和各个站之间的公路。除了正常使用过程中形成的小规模跑冒滴漏外，事故性排放往往造成较大规模石油烃泄漏。2009—2010 年度大量的桶状废弃石油储存在智利科考站附近等待运输回国的过程中，就发生废料桶翻落并形成泄漏的事故。俄罗斯站发电栋后面的石油污染也是由于机械零件的储存不当造成的。对野外固废处置和油料使用导致的极地环境影响应作为站基环境管理的重要关注内容。

由此可见，极地生态环境在全球变化和环境污染作用下，发生了显著的变化，极地生物和生态环境在如此强大的压力胁迫下，将发生怎么样的变化、演替趋势如何，这是生态学家和环境学家迫切需要解决的问题。我国目前已经拥有了南极长城站、中山站、昆仑站、泰山站和北极的黄河站。已经对南极进行了 31 个队次的调查，对北极真正意义上的考察也已有 6 次。我国自 20 世纪后期开始关注两极地区生态环境问题，历次考察中，站基附近生态环境监测与研究成为研究内容中的重要课题，其中对长城站长城湾、阿德雷湾以及站基附近的 20 个湖泊，中山站的普里兹湾以及站基附近的莫愁湖、团结湖、大明湖、劳基地湖、进步湖、玉珍湖、米尔湖等 8～10 个湖泊，黄河站的新奥尔松地区的王湾以及附近的湖泊等进行了研究。虽然，以中国极地研究中心为代表的工作团队在该领域做了大量基础性工作，但就整体而言，各项工作较为零星，未系统化和常规化，一直缺乏大规模统一的基础性调查数据，尚不能够准确评价极地生态环境现状，更不利于深入研究极地生态系统、开发极地生物资源和推进生态环境保护，同时也对大气环流与生物地球化学循环等领域的深入研究产生严重的影响。因此，以极地站基为依托，开展站基附近大气、湖泊、潮间带和海湾等生物生态本底调查与评价就具有十分重要的科学意义。

由于南极在气候、地理和空间位置都很特殊，存在许多社会与环境特殊因子，考察队员对这些环境因子应激，适应不良将产生应激性疾病。越冬队员易发生的南极“越冬综合征”是一组亚临床症状，包括睡眠问题、认知改变和人际关系冲突增加，趋向于在冬季的中期达到顶峰，到越冬期末缓解。

由于地球自转轴产生的近 24 h 光 - 黑暗周期，人类生理、代谢和行为都是 24 h（昼夜）节律主导的。昼夜节律由内在的生物钟驱动，确保正常的生理和行为对外部的反应。光照不仅对人的视觉起作用，还参与构建了强大的非视觉功能调节器。光照对人类产生强大的重设内部生物钟影响，生物钟控制生理、代谢和行为的同步。内源性昼夜节律和睡眠－清醒周期间的相位关系，维持稳定的高水平的警觉和注意力、执行力和记忆力等许多认知过程。

作息和光－黑暗周期的急剧转换，会引起24 h昼夜节律起搏点的去同步化，改变激素分泌、睡眠－清醒和行为节律的昼夜模式，导致睡眠障碍，削弱警觉，代谢和内分泌系统减弱，工作和认知能力下降。睡眠由生理稳态和昼夜节律共同调控，昼夜节律的后移使睡眠推迟。主观的警惕性和认知能力由昼夜节律起搏点的输出和睡眠－清醒稳态调节，这些调节在清醒时下降，在睡眠时恢复，依赖于睡眠质量和时间的稳态调节。

光－黑暗周期的变化，也是心理疾病风险增加的主要潜在基础，如季节性情绪障碍（SAD）表现为反复发生的秋/冬季抑郁症与光照的季节性变化一致，与昼夜节律相位的变化（推后/延迟）相关，光治疗已证明可逆转SAD，睡眠－清醒和昼夜节律的相位关系变化，与SAD的发展和成功治疗有关，故采取策略使光－黑暗周期来维持正常的昼夜节律和睡眠时间的相位，可防止心理紊乱的亚临床和临床症状的发生风险。

南极中山站季节仅分为夏季（12月15日至翌年3月15日）和冬季（3月15日至12月15日），每季各有两个月的极夜（5月中旬至7月中旬）和极昼（11月中旬至1月中旬）。自20世纪50年代在南极长年考察站建立以来，越冬队员的睡眠紊乱是南极的一个长期问题，已有许多研究报道这种不同寻常的光－黑暗周期（极夜、极昼），会增加越冬队员睡眠障碍，使24 h昼夜节律失同步，从而降低人的工作和认知能力。睡眠障碍和疲劳会加剧压力和焦虑反应，减弱人际相互作用，加深长时间处在一个隔离的小群体中，人员之间已存在的矛盾。故通过各类数据收集，探明我国越冬队员的睡眠、昼夜节律和认知心理等变化，采取对策使越冬队员维持正常的睡眠和昼夜节律，防止这些疾病风险的发生，服务于我国的南极考察。

冰穹A地区平均海拔4 000 m以上，气压较低，在560～590 hPa之间（1—4月），氧分压比海平值减少约40%，相当于中低纬度高原近5 000 m的水平，年平均温度为－58.4℃，是地球表面温度最低的地区，紫外线辐射强烈，茫茫的雪原、雪丘及暗藏的冰缝冰裂隙，变化莫测的白化天、地吹雪等，环境气候条件十分严酷，对冰盖考察队员的生理心理是极大的挑战，其中最主要的是低氧的威胁。

久居平原的人到高海拔低氧环境后，生理功能会发生一系列代偿性改变，代偿不全时就会发展为急性高原病（包括急性高原反应或轻型急性高原病，高原肺水肿，高原脑水肿），这种威胁多发生在进入高海拔地区（3 000 m以上）数小时至数天内，发病急，病程短，危险性大；冰穹A的酷寒、干燥、辐射强等环境因素以及人体自身的状态，如感冒、疲劳、精神紧张等因素均可诱发或加重高原病，若不及时预防和救治，将会产生严重后果。

从2005年起，连续对第21次、第24次、第25次、第26次、第28次、第29次和第31次我国南极考察内陆队在冰穹A环境下生理心理变化研究显示：内陆队员在冰穹A均出现程度不等的高原反应，生理和心理均发生明显改变，来代偿低氧复合寒冷对人体的作用，返回后大部分生理心理指标基本恢复到出发前水平，但一些心血管功能和内分泌调节的指标返回上海未复原，个别队员有失代偿的情况，其中两例发生严重高原病（第21次和第27次），经国际救援飞机撤离南极。如：第24次、第25次、第28次和第29次内陆队心血管功能对低氧复合高寒的适应性变化相似，但随着第25、第28和第29次队在冰穹A环境暴露时间的延长，心血管功能指标变化更多，免疫内分泌功能指标的变化也有许多不同。第25次队18名队员中有1名队员返回时出现似甲状腺功能亢进的激素水平变化，第26次队7名队员有1名队员返回时也出现似甲状腺功能亢进的激素水平变化，而第24次队有3名队员返回时出现似甲状腺功能降低的激素水平变化。第28次队25名队员中有6名队员返回时出现既有似甲状腺功能亢进又有甲状腺功能降低的激素水平变化，第29次队参加检测的21名队员中5名队员出现似甲状腺功能降低的激素水平变化。第24次和第28次内陆队性激素睾酮和游离睾酮水平升高，而第25次内陆队睾酮和游离睾酮水平降低。

上述生理指标的不同变化，可能与每支内陆队承担的任务不同，队员暴露在低氧复合寒冷环境下作业时间不同有关，由于每支队仅有十几至二十几人，而每支队获得完整数据资料的人数更少，如第21次队仅获得出发和返回时间点的静脉血内分泌激素水平变化数据，第25次队未获得在冰穹A的心理数据，第26次队仅获得7人的静脉血内分泌激素水平变化数据，没有获得心血管功能和心理数据资料，第27次内陆队因队医到达昆仑站后发生急性高原病，未能完成第27次内陆队医学考察任务。故目前仅获得第24次、第28次、第29次和第31次内陆队共86人份完整的生理心理适应性变化数据，还需连续观测多次内陆队，积累更多的不同年龄段、职业等内陆队员的数据资料，进一步探明内陆队员对冰穹A低氧复合高寒环境的生理心理适应基本规律，为内陆队员医学保障防治和队员选拔提供重要的科学依据。

2.2 我国极地站基生物生态环境科学考察简要历史回顾

2.2.1 站基生物生态环境科学考察简要历史

我国的极地站基生物生态环境科学考察主要包括生命科学、环境科学和大气科学等几个大类。根据性质和内容，我国极地站基生物生态环境科学考察大致可分为以下5个阶段。

2.2.1.1 “七五”阶段

这一阶段为学习与经验积累阶段。在我国建立南极长城站之前，我国科学工作者参与了国外南极考察站的科学考察，积累相应的现场考察经验，如：来自国家海洋局第一海洋研究所的吕培顶和张坤城分别参加了澳大利亚戴维斯站和智利费雷站的近岸海域生态学考察（吕培顶，1986；张坤城，吕培顶，1986b），魏江春院士于1983年和1984年采集了南极菲尔德斯半岛的地衣样品并进行了分类学研究（魏江春，1988），这些研究为我国的后续考察奠定了重要基础。

2.2.1.2 “八五”—“九五”阶段

依托国家“八五”“九五”科技攻关项目，实施了南极长城站所在的菲尔德斯半岛陆地、淡水、潮间带和浅海生态系统的考察研究，阐明了生态系统的结构及主要功能，定量明确了各亚生态系统的关键成分和主要特征，研究了营养阶层完整的生态系统变化趋势，初级生产过程、海冰生态学过程和典型污染物现状及生态效应，建立了生态系统相互作用模型（朱明远等，2004）。“南极法尔兹半岛及其附近地区生态系统的研究”被列为国家科技攻关项目“中国南极考察科学研究”（85-9-5-02）的七大专题之一，对于推动该地区生态环境系统研究起到了积极作用。

“九五”期间，我国在南极中山站实施了近岸冰区生态越冬考察（何剑锋，陈波，1995），揭示了该地区海冰生物群落及季节变化特性。对中山站所在的协和半岛、布洛尼斯半岛和斯托尼斯半岛淡水生态系统的生物种群结构与功能特点进行定性和定量研究。蒲家彬等（1995）研究了南极乔治王岛地区六六六（HCHs）、滴滴涕（DDTs）和多氯联苯（PCBs）的残留水平，这是我国最早对南极地区的有机污染物进行研究。

期间还与日本科学家合作，开展了菲尔德斯半岛地区的苔藓地衣、雪藻、陆上节肢动物和冰藻生态等方面的研究，初步搞清了陆上苔藓地衣的种类与分析，节肢动物的种类、分布、群落结构特征及部分螨类的耐寒性，雪藻分布与生物量以及冰藻生长特性。与德国科学家合作开展了苔藓植物微气候研究。

2.2.1.3 “十五”阶段

这一阶段只承担了科技部的基础性研究项目。缺少项目支持，导致我国站基生物生态环境考察的萎缩。期间长城站地区主要实施了人类活动对乔治王岛鸟类生态的影响，以及中－德合作海鸟观测等项目。2004 年我国在挪威斯瓦尔巴群岛的新奥尔松建立了中国北极黄河站，开启了我国北极站基生物生态环境科学考察的先河。在北极黄河站邻近的王湾海域建立了从湾底到湾口的海洋监测断面，持续开展海洋环境和浮游生物群落监测与研究。

2.2.1.4 “十一五”阶段

长城站成为国家野外观测研究站，在研究站建设经费的支持下，以中国极地研究中心为主，重点开展了近岸海域生态系统考察，揭示了微型生物群落特性及年际变化特征。长城站也开展了地衣和污染等方面的考察。与我国台湾地区科学家合作，开展了南极海洋生物活性物质以及环境污染物研究。同时，2011 年以来在北极黄河站所在的新奥尔松逐步建立了 9 个陆地植被观测样方，取得了一批宝贵的观测数据。

2.2.1.5 “十二五”阶段

重点实施“南北极环境综合考察与评估专项”（简称“极地环境专项”）站基生物生态环境本地考察专题，开展系统的生态环境本底调查。对南极长城站所在的菲尔德斯半岛从近海、潮间带到陆地的不同生境进行系统的生物群落和生态环境考察；对菲尔德斯半岛和中山站所在的协和半岛环境污染进行了系统分析，同时，对北极黄河站所在的新奥尔松进行系统的生物群落、生态环境和环境污染物考察。

2.2.2 南极医学简要历史

我国南极医学始于首次南极考察的医学保障，由中国医学科学院基础医学研究所“八五”攻关项目设立相关的课题——南极环境对人体生理、心理健康及劳动能力的影响和医学保障，在中国医学科学院基础医学研究所与北京市劳动卫生职业病研究所和北京大学心理系共同开展。在 1986—1998 年对第 3 次、第 4 次、第 6 次、第 7 次、第 8 次、第 10 次、第 11 次、第 16 次南极考察队的 100 多名队员进行了研究。

2003—2014 年中国医学科学院基础医学研究所在国家自然基金面上项目，第 4 次国际极地年中国行动计划医学项目，多个国家海洋局极地考察办公室项目、中国医学科学院基础医学研究所的院校科研事业费、极地专项医学项目和“973”研究计划等各类经费的连续资助下，主要开展 4 个方面的工作：长期居留南极中山站和长城站对越冬队员生理和心理的影响；南极冰穹 A 低氧复合高寒环境对考察队员的交互作用（昆仑站）；模拟高海拔低氧环境进行低氧应激机制研究；西藏高原低氧易感冰盖考察预选队员筛查选拔冰盖考察队员。2010 年 5 月中国医学科学院基础医学研究所与国家海洋局极地考察办公室共建了“极地医学联合实验室”，标志着我国南极医学研究进入一个新阶段。

目前，已对中国南极考察长城站（第 20 次、第 21 次和第 28 次长城站越冬队）、中山站（第 20 ~ 31 次中山站越冬队）和冰穹 A 昆仑站（第 21 次、第 24 ~ 29 次、第 31 次冰盖考察队）共 22 个队列 396 名队员进行出发前、南极期间和返回的系统追踪研究，经过多次队列的数据资料积累和综合分析，初步探得长期居留南极越冬队员的社会—心理—神经—内分泌—免疫调节网络的适应模式；初步探得短期南极冰穹 A 考察队员对低氧复合高寒环境的生理心理适应模式，即从整体、心、脑、肺和血液系统功能，社会—心理—神经—内分泌—免疫调节网络，外周血白细胞全基因组表达谱型等水平取得的数据进行分析和整合，从整体上探讨人体应激的分子、细胞、器官、系统之间的相互作用，评估人体对南极特殊环境因子如特殊的光 - 黑暗周期（极昼、极夜）、隔绝、低氧、高寒、强紫外、高危等多种恶劣环境因子交互作用的应激、代偿、适应与损伤状况，一方面为南极考察队员的选拔、防护、站务管理和有关政策的制订等提供重要数据资料；另一方面探讨低氧复合高寒交互作用对人体的生理与病理生理学意义，不断拓展人类在极端环境下探索的空间。

2.3 考察区域概况

2.3.1 南极长城站

中国南极长城站建成于 1985 年 2 月 15 日，是中国首个南极考察站，坐落在南极南设德兰群岛乔治王岛南端的菲尔德斯半岛（其地理坐标为 62°13′S，58°55′W）。长城站周边区域地势开阔，有 3 个宜饮水的淡水湖，海岸线长，滩涂平坦，交通方便，夏季露岩。该地区属于海洋型南极气候，生物区系和生物多样性丰富，气候呈现出明显的变暖趋势（据长城站的观测资料每 10 年平均升温 0.27℃），是观测和研究南极生态系统对全球变化响应的理想场所。

南极长城站所在的菲尔德斯半岛地区是南极人类活动最频繁区域之一。该地区目前共有中国南极长城站、智利空军费雷总统站、智利海军菲尔德斯湾站、智利南极研究所 Julio Escudero 教授站、俄罗斯别林斯高晋站、乌拉圭阿蒂加斯站 6 个考察站和 1 个机场。每年夏季有大量的科考人员和后勤人员在该地区工作。同时，前往该地区旅游的人数也越来越多。这些活动将对该地区造成巨大的环境压力。在该地区开展环境科学考察，对于评价人类活动对海洋型南极环境影响、指导站区环境管理、落实环境保护措施具有重要意义。

2.3.2 南极中山站

中国南极中山站是中国第二个南极考察站，建成于1989年2月26日。中山站位于东南极大陆伊丽莎白公主地拉斯曼丘陵的维斯托登半岛上，其地理坐标为69°22′24″S、76°22′40″E。中山站位于南极大陆沿海，气象要素的变化与长城站差别较大，比长城站寒冷干燥，属于沿海型南极气候，生物区系和生物多样性相对简单。中山站周边还有俄罗斯进步二站、澳大利亚劳基地、印度巴拉提站和1个冰盖机场。每年夏季也有大量的科考人员和后勤人员在该地区工作，给当地环境造成巨大的压力。在该地区开展环境科学考察，对于评价人类活动对沿海型南极环境影响、指导站区环境管理、落实环境保护措施具有重要意义。

南极中山站季节仅分为夏季（12月15日至翌年3月15日）和冬季（3月15日至12月15日），每季各有两个月的极夜（5月中旬至7月中旬）和极昼（11月中旬至1月中旬）。自20世纪50年代在南极常年考察站建立以来，越冬队员的睡眠紊乱是南极的一个长期问题，已有许多研究报道这种不同寻常的光－黑暗周期（极夜、极昼），会增加越冬队员睡眠障碍，使24 h昼夜节律失同步，从而降低人的工作和认知能力。睡眠障碍和疲劳会加剧压力和焦虑反应，减弱人际相互作用，加深长时间处在一个隔离的小群体中，人员之间存在矛盾。故通过各类数据收集，探明我国越冬队员的睡眠、昼夜节律和认知心理等变化，采取对策使越冬队员维持正常的睡眠和昼夜节律，防止这些疾病风险的发生，服务于我国的南极考察。

2.3.3 南极昆仑站

中国南极昆仑站位于南极冰穹A地区，平均海拔4 000 m以上，气压较低，在560～590 hPa（1—4月），氧分压比海平值减少约40%左右，相当于中低纬度高原近5 000 m的水平，年平均温度为－58.4℃，是地球表面温度最低的地区，紫外线辐射强烈，茫茫的雪原、雪丘及暗藏的冰缝冰裂隙，变化莫测的白化天、地吹雪等，环境气候条件十分严酷，对冰盖考察队员的生理心理是极大的挑战，其中最主要的是低氧的威胁。久居平原的人到高海拔低氧环境后，生理功能会发生一系列代偿性改变，代偿不全时就会发展为急性高原病（包括急性高原反应或轻型急性高原病，高原肺水肿，高原脑水肿），这种威胁多发生在进入高海拔地区（3 000 m以上）数小时至数天内，发病急，病程短，危险性大；冰穹A的酷寒、干燥、辐射强等环境因素以及人体自身的状态，如感冒、疲劳、精神紧张等因素均可诱发或加重高原病，若不及时预防和救治，将会产生严重后果。通过动态跟踪研究南极昆仑站内陆考察队员对冰穹A低氧、高寒、强紫外线、高危等多种恶劣环境因子交互作用的应激、代偿、适应与损伤状况，探明人体生理和心理对冰穹A低氧复合高寒环境适应性的变化模式，为内陆考察队员在昆仑站的防护、适应和高效工作，为昆仑站队员的选拔、站务管理和有关政策制定服务。

2.3.4 北极黄河站

中国北极黄河站，位于78°55′N、11°56′E的挪威斯匹次卑尔根群岛的新奥尔松。是中国首个北极科考站，成立于2004年7月28日。中国北极黄河站是中国继南极长城站、中山站两站后的第三座极地科考站，中国也成为第8个在挪威的斯匹次卑尔根群岛建立北极科考站的国家。新奥尔松位于斯瓦尔巴德群岛中最大岛屿的西岸，王湾冰川的末端，是地球上最北的人类社区，原为挪威的煤矿区，如今转型为国际科研社区。根据《斯匹次卑尔根群岛条约》很多国家拥有在这里进行科学研究的权利，该群岛是在北极圈内建立常年科学考察站的最好选择，是理想的国际北极合作研究基地，这里集中了挪威、法国、德国、英国、意大利、日本、韩国等国家的野外观测和考察站，便于开展国际合作研究与交流，共享必要的野外作业实验条件和观测数据资料。斯瓦尔巴德群岛是世界上保持原生自然的最后几个岛屿之一，新奥尔松由大峡湾、冰川、冰碛岩、冰川河流、山地和一个典型的苔原生态系统所包围，其地形地貌、地层系统、生态环境的复杂多样性为海洋、大气、冰川与海冰、生物生态、地质、大地测量等学科的研究提供了天然的场所。

2.4 考察目标

2.4.1 科学目标

本专题一方面通过对南极长城站、南极中山站和北极黄河站所在区域的陆地、大气、海湾、潮间带、湖泊等环境深入开展生物及其生态环境的本底调查和评价，查明极地站基生物生态环境性现状及其演变趋势，摸清典型污染物残留现状，为研究极地生物生态系统结构功能及其在生物地球化学循环中的作用提供参考，并为合理开发利用和保护极地生物资源提供依据，为研究全球变化和人类活动对极地生物生态环境的影响提供基础数据和初步分析结果，同时也为站区环境管理和环境保护措施的落实提供基础资料。另一方面，通过跟踪研究多次南极考察中山站越冬队和昆仑站内陆队出发前、在中山站与昆仑站考察期间和返回国内等多个标志性时间节点的生理和心理动态变化，经过数据资料积累和综合分析，进行南极特殊环境对考察队员生理心理影响的评估，为我国南极考察越冬队员和内陆队员的选拔、管理和医疗保障提供基础理论支撑。具体目标如下：①获取南极长城站和北极黄河站所在区域的陆地、海湾、潮间带和湖泊等环境中生物的群落结构和多样性特征的样品与数据；②获取考察站所在区域不同环境的基本理化性质和污染物空间分布的样品与数据；③获取考察站所在区域生态环境历史演变特征的样品与数据；④获取南极考察越冬队员和内陆队员不同标志性时间段的生理心理动态跟踪数据。

2.4.2 在专项中的作用

经过4年的南北极站基科学考察，初步查明了南极长城站和北极黄河站所在区域的近岸海洋、潮间带、陆地土壤、淡水湖泊等不同环境的生物群落结构和多样性特征，基本了解了站基近岸海洋、陆地土壤、淡水湖泊、大气基本理化性质，初步揭示了典型污染物在考察站所在区域不同环境介质中的空间分布规律，为专项开展南北极环境综合评估提供极地站基生物生态环境现状的基础资料与初步分析结果。通过对南极越冬队员和内陆队员生理心理的动态跟踪，为专项开展南极特殊环境对考察队员的影响评估提供基础数据。

2.4.3 与其他专题的关系

本专题相对独立，与空间大气专题、内陆专题一起为南极大陆环境评估提供基础资料。站基持久性有机物污染物调查与大洋持久性有机物污染物调查共同构成了贯穿南北两极的大洋极地污染物调查断面，有利于系统性回答其在南北半球随纬度变化而呈现的分布特征和组成特点。

第3章　考察的主要任务

3.1　考察区域和站位

本专题通过中国第28～31次南极考察，依托南极长城站和中山站，完成西南极菲尔德斯半岛、阿德雷岛、长城湾、阿德雷湾和东南极拉斯曼丘陵、协和半岛等区域651个站位的现场考察工作；通过2012年度、2013年度、2014年度和2015年度中国北极黄河站考察，依托北极黄河站，完成王湾和新奥尔松等区域289个站位的现场考察工作；同时通过中国第28～31次南极考察，依托南极中山站越冬队和南极昆仑站内陆队，完成南极特殊环境对南极考察队员生理和心理影响评估的现场数据和样品采集工作。

3.1.1　南极长城站考察

本专题通过中国第28～31次南极考察，依托南极长城站，完成菲尔德斯半岛、阿德雷岛、长城湾和阿德雷湾等区域的555个站位的现场考察工作（表3－1）。

表3－1　南极长城站考察区域和站位数

<table>
<tr><th rowspan="2">项　目</th><th colspan="4">站位数/个</th><th rowspan="2">考察区域</th></tr>
<tr><th>第28次队</th><th>第29次队</th><th>第30次队</th><th>第31次队</th></tr>
<tr><td>近岸海洋浮游生物生态学考察</td><td rowspan="2">10</td><td rowspan="2">10</td><td rowspan="2">10</td><td rowspan="2">10</td><td rowspan="2">长城湾和阿德雷湾</td></tr>
<tr><td>近岸海域水环境要素调查</td></tr>
<tr><td>潮间带生物调查</td><td>0</td><td>20</td><td>20</td><td>20</td><td>菲尔德斯半岛和阿德雷岛</td></tr>
<tr><td>土壤微生物考察</td><td>0</td><td>21</td><td>25</td><td>17</td><td rowspan="6">菲尔德斯半岛和阿德雷岛</td></tr>
<tr><td>土壤环境调查</td><td>0</td><td>55</td><td>69</td><td>20</td></tr>
<tr><td>湖泊生物调查</td><td>0</td><td>3</td><td>3</td><td>3</td></tr>
<tr><td>湖泊环境调查</td><td>3</td><td>3</td><td>3</td><td>3</td></tr>
<tr><td>大气化学环境调查*</td><td>0</td><td>0</td><td>1</td><td>1</td></tr>
<tr><td>气候环境演变调查</td><td>0</td><td>35</td><td>42</td><td>31</td></tr>
<tr><td>典型有机污染物调查</td><td>0</td><td>39</td><td>39</td><td>39</td><td>长城湾、阿德雷湾、菲尔德斯半岛和阿德雷岛</td></tr>
<tr><td>总 计</td><td colspan="5">555</td></tr>
</table>

注：“*”表示大气化学环境调查为周年连续采样，频率为10 d采集1次。

3.1.2 南极中山站考察

本专题通过中国第29~31次南极考察，依托南极中山站，完成拉斯曼丘陵、协和半岛等区域96个站位的现场考察工作（表3-2）。

表3-2 南极中山站考察区域和站位数

项 目	站位数/个			考察区域
	第29次队	第30次队	第31次队	
土壤环境调查	44	15	0	拉斯曼丘陵、协和半岛
大气化学环境调查[a]	1	1	1	
典型有机污染物调查	0	34	1[b]	
总 计		96		

注：ⓐ为大气化学环境调查为周年连续采样，频率为10 d采集1次；

ⓑ为第31次队的大气有机污染物调查为周年连续采样，频率为10 d采集1次。

3.1.3 北极黄河站考察

本专题通过2012年度、2013年度、2014年度和2015年度中国北极黄河站考察，依托北极黄河站，完成王湾和新奥尔松区域289个站位的现场考察工作（表3-3）。

表3-3 北极黄河站考察区域和站位数

项 目	站位数/个				考察区域
	2012年	2013年	2014年	2015年	
近岸海洋浮游生物生态学考察 近岸海域水环境要素调查	5	5	5	5	王湾
土壤微生物考察	20	15	8	8	新奥尔松
土壤环境调查	41	0	0	0	
大气化学环境调查*	1	1	1	1	
气候环境演变调查	42	31	8	8	
典型有机污染物调查	21	21	21	21	王湾和新奥尔松
总 计		289			

注："*"为大气化学环境调查连续采样3个月，频率为10 d采集1次。

3.1.4 南极特殊环境对考察队员生理和心理影响评估

本专题通过中国第28次、第29次和第31次南极考察，依托南极昆仑站内陆队，完成南极冰穹A低氧复合高寒环境对考察队员生理和心理影响评估的现场数据和样品采集工作；通过中国第29次、第30次和第31次南极考察，依托南极中山站越冬队，完成南极光-黑暗周期对考察队员生理和心理影响评估的现场数据和样品采集工作。

3.2 考察内容

本专题考察内容包括南极长城站站基生物生态环境考察、中山站站基环境考察、北极黄河站生物生态环境考察和南极特殊环境对考察队员生理和心理影响评估等。

3.2.1 南极长城站站基生物生态环境考察

3.2.1.1 生物生态考察

（1）近岸海洋浮游生物生态学考察。本专题开展了长城湾和阿德雷湾不同层次海洋浮游细菌丰度、浮游自养藻类丰度、细菌多样性、古菌多样性和微型浮游生物多样性等生物生态要素的调查工作。

（2）站基附近潮间带生物调查。本专题开展了菲尔德斯半岛和阿德雷岛潮间带大型海藻种类、大型海藻丰度、大型海藻生物量、底栖生物种类、底栖生物丰度、底栖生物生物量和微生物多样性等生物生态要素的调查工作。

（3）土壤微生物考察。本专题开展了菲尔德斯半岛和阿德雷岛土壤细菌种类、细菌数量、真菌种类和真菌数量等生物生态要素的调查工作。

（4）湖泊生物调查。本专题开展了菲尔德斯半岛和阿德雷岛 3 个湖泊的浮游生物种类、浮游生物丰度、浮游生物生物量、底栖生物种类、底栖生物丰度和底栖生物生物量等生物生态要素的调查工作。

3.2.1.2 环境现状考察

1）基本环境理化要素调查

（1）站基邻近海域水环境要素调查。本专题开展了长城湾和阿德雷湾不同层次海水温度、盐度、溶解氧、营养盐（硝酸盐、亚硝酸盐、磷酸盐、硅酸盐、铵盐）、颗粒有机碳、稳定碳同位素、光合色素和叶绿素 a 等海水环境要素调查工作。

（2）湖泊水环境要素调查。本专题开展了菲尔德斯半岛和阿德雷岛 3 个湖泊的水温、盐度、溶解氧、pH 值、氨氮、硝酸盐氮和总磷等水环境要素调查。

（3）土壤环境要素调查。本专题开展了菲尔德斯半岛和阿德雷岛土壤重金属基线（Cr、Ni、Cu、Zn、As、Cd、Hg、Pb）、化学性质（总氮、总磷、有机质、氟化物、氯化物浓度）、温度和湿度等土壤环境要素调查。

（4）大气化学环境要素调查。本专题开展了菲尔德斯半岛大气阴阳离子（F^-、Cl^-、NO_3^-、SO_4^{2-}、PO_4^{3-}、Na^+、Ca^{2+}、Mg^{2+}、NH_4^+、MSA 共 10 组分）等大气化学环境要素调查。

2）典型污染物调查

（1）有机污染物调查。本专题开展了菲尔德斯半岛、阿德雷岛、长城湾和阿德雷湾等区域多环境介质（海水、土壤、沉积物、湖水和生物体等）中典型持久性有机污染物（POPs）——多环芳烃（PAHs）、多氯联苯（PCBs）、有机氯农药（OCPs）、得克隆（DPs）

等的现状调查。

（2）重金属调查。本专题开展了菲尔德斯半岛和阿德雷岛土壤重金属（Fe、Al、Cu、As、Cr、Cd、Mn、Ni、Zn、Pb），以及大气重金属（Cu、Pb、Zn、Cd）等的调查。

3.2.1.3 生态环境演变调查与评估

开展菲尔德斯半岛、阿德雷岛生态地质学调查工作，采集湖泊表层沉积物、湖泊柱状沉积物、生物粪土柱状沉积物、生物粪及多环境、生态介质样品；分析这些样品中的地球物理学、地球化学和地质年代学等指标，研究极地站基周边中晚全新世以来的气候环境变化和生态响应记录，初步评估长城站周边生态环境演变趋势和规律。

3.2.2 南极中山站站基环境考察

3.2.2.1 基本环境理化要素调查

（1）土壤环境要素调查：本专题开展了拉斯曼丘陵协和半岛土壤重金属基线（Cr、Ni、Cu、Zn、As、Hg、Pb）、化学性质（总氮、总磷、有机质、氟化物、氯化物浓度）等土壤环境要素调查。

（2）大气化学环境要素调查：本专题开展了拉斯曼丘陵协和半岛大气阴阳离子（F^-、Cl^-、NO_3^-、SO_4^{2-}、PO_4^{3-}、Na^+、Ca^{2+}、Mg^{2+}、NH_4^+、MSA 共 10 组分）等大气化学环境要素调查。

（3）污染物调查：①有机污染物调查。本专题开展了拉斯曼丘陵协和半岛区域多环境介质（大气、土壤、沉积物、水和生物体等）中典型 POPs（PAHs、PCBs）的现状调查。②重金属调查。本专题开展了拉斯曼丘陵协和半岛区域土壤重金属（Cr、Ni、Cu、Zn、As、Hg、Pb），以及大气重金属（Cu、Pb、Zn、Cd）等的调查。

3.2.3 北极黄河站站基生物生态环境考察

3.2.3.1 生物生态考察

（1）近岸海洋浮游生物生态学考察。本专题开展了王湾不同层次海洋浮游细菌丰度、微型浮游生物丰度、微型浮游生物群落结构和微型浮游生物多样性等生物生态要素的调查工作。

（2）土壤微生物考察。本专题开展了新奥尔松地区土壤细菌种类、细菌数量、真菌种类和真菌数量等生物生态要素的调查工作。

3.2.3.2 环境现状考察

1）基本环境理化要素调查

（1）站基邻近海域水环境要素调查。本专题开展了王湾不同层次海水温度、盐度、营养盐（硝酸盐、亚硝酸盐、磷酸盐、硅酸盐）和叶绿素 a 等海水环境要素调查工作。

（2）土壤环境要素调查。本专题开展了新奥尔松地区土壤重金属基线（Cr、Ni、Cu、Zn、As、Cd、Hg、Pb）、化学性质（总氮、总磷、有机质、氟化物、氯化物浓度）、温度和湿度等土壤环境要素调查。

（3）大气化学环境要素调查。本专题开展了菲尔德斯半岛大气阴阳离子（F^-、Cl^-、NO_3^-、SO_4^{2-}、PO_4^{3-}、Na^+、Ca^{2+}、Mg^{2+}、NH_4^+、MSA 共10组分）等大气化学环境要素调查。

2）典型污染物调查

（1）有机污染物调查。本专题开展了奥尔松地区和王湾等区域多环境介质（海水、土壤、沉积物、湖水和生物体等）中典型 POPs——PAHs、PCBs 和多溴联苯醚（PBDEs）等的现状调查。

（2）重金属调查。本专题开展了奥尔松地区大气重金属（Cu、Pb、Zn、Cd）等的调查。

3.2.3.3 生态环境演变调查与评估

开展新奥尔松地区生态地质学调查工作，采集湖泊表层沉积物、湖泊柱状沉积物、生物粪土柱状沉积物、生物粪及多环境、生态介质样品；分析这些样品中的地球物理学、地球化学和地质年代学等指标，考察极地站基周边中晚全新世以来的气候环境变化和生态响应记录，初步评估长城站周边生态环境演变趋势和规律。

3.2.4 南极特殊环境对考察队员生理和心理影响评估

3.2.4.1 南极冰穹 A 低氧复合高寒环境对考察队员生理和心理影响评估

动态采集第28次、第29次和第31次南极考察内陆队员上海出发、昆仑站考察和返回上海不同时段的血样品，采用先进便携式生理医学仪器（数字化无创血液动力学监护系统，心电图仪，肺功能仪、睡眠-活动监测腕表，多导睡眠监测系统，身体脂肪测量仪脉搏血氧仪等）和系列问卷（国际通行心理学量表和睡眠问卷评估队员情绪、压力、睡眠等的变化和团队功能动态变化，标准急性轻型高原病症状分度及评分），对内陆队员的心血管功能、心电传导、血氧饱和度、肺功能，睡眠模式、急性轻型高原病症状分度和心理变化等指标，进行上海出发、到达中山站及昆仑站考察期间、返回中山站、返回上海的动态现场测定，血样品和唾液带回国内实验室，检测分析应激的核心反应免疫—神经—内分泌网络调节的指标变化，建立数据集。结合症状和生理心理指标，从不同层面进行相关分析，评估人体对南极冰穹 A 低氧、高寒、强紫外线、高危等多种恶劣环境因子交互作用的应激、代偿、适应与损伤状况，经过多次内陆队跟踪研究的数据资料积累和综合分析，来评估人体生理和心理对南极冰穹 A 低氧复合高寒环境的适应模式。

3.2.4.2 南极光-黑暗周期对考察队员生理和心理影响评估

动态采集第29次、第30次和第31次南极考察中山站队员出发前、中山站越冬前、越冬期（极夜）和度夏期（极昼）的4个标志性时间节点的血样品；同步采用便携式 Embletta X100 Proxy 多导睡眠监测系统记录这4个标志性时间节点第29次越冬队员从入睡到觉醒的连续睡眠（6~8 h）的脑电图（EEG）、眼动电图（EOG）、下颌的肌电图（EMG）、鼾音、鼻气流、脉搏、胸式呼吸、腹式呼吸、血氧饱和度（SpO_2），通过大量记录数据处理分析，评估队员睡眠模式、睡眠质量的动态变化和睡眠呼吸暂停综合征。动态采集第29次南极中山站考察队员上海出发、中山站越冬前、越冬期和度夏期共10个月的48 h尿样品（每48 h按时间顺序留取样品），同步采用一系列国际通用心理量表评估了队员个人季节性行为模式、情绪、压力、睡眠等的变化和团队功能动态变化。血样品和尿样品运回国内实验室，血样品检测分析了参与睡眠调节的一系列激素、中枢神经递质和免疫细胞因子动态变化，如5－羟色胺、去甲肾上腺素和肾上腺素神经递质、生长激素、细胞因子白介素、干扰素和肿瘤坏死因子等指标，尿样品检测分析反映昼夜节律的金指标的褪黑素代谢物6－羟褪黑素磺酸盐（aMT6s）动态变化，建立数据集。通过多次中山站越冬队数据资料积累和综合分析，来评估探明人体生理和心理对南极光－黑暗周期对考察队员睡眠模式、昼夜节律、队员心理行为和团队功能变化的影响。

3.3 考察设备

本专题在考察中共使用了现场数据获取设备、样品采集设备、样品处理与存储设备和样品测试设备四大类设备（表3－4至表3－7）。

表3－4 主要现场数据获取设备

序号	仪器设备名称	型号、规格	生产国别	数量/台	测试项目
1	CTD温盐深仪	RBR concerto	加拿大	1	温度、盐度、深度
2	便携式水质测定仪	YSI－EXO2	美国	1	温度、盐度、pH值、DO
3	数字化无创血流动力学监护系统	Cardiodynamics Bioz. com™	美国	1	心脏功能常规指标及泵血功能等指标
4	便携式心电图仪	GE MAC 800	美国	1	心电传导指标
5	便携式肺功能仪	耶格 Master Screen Rotry	德国	1	肺通气功能指标
6	脑血氧动力学仪	OXYMON MK III	荷兰	1	大脑血氧饱和度检测
7	便携式血气分析仪	i－SATA	美国	1	血气电解质等检测
8	电子血压计	OMRON 7200	日本	2	收缩压、舒张压、心率
9	脉搏血氧仪	MD300－西藏华大科技有限公司	中国	2	指端静脉血氧饱和度
10	睡眠－活动监测腕表	Basic Motionlogger, Ambulatory Monitoring Inc., Ardsley, NY	美国	15	睡眠－觉醒活动记录
11	多导睡眠监测仪	Embletta X100	美国	6	脑电图、肌动图、睡眠时相等监测
12	24 h动态心电图记录仪	GE 24 h holter	美国	6	24 h心电图监测

表 3-5 主要样品采集设备

序号	仪器设备名称	型号、规格	生产国别	数量/台
1	采水器	NISKIN	美国	1
2	卡盖式采水器		中国	1
3	大容量气溶胶采样器	500EL	中国	3
4	移液器	Thermo FINNPIPETTE F3	美国	2
5	一次性采血针	中国康德莱 KDL	中国	若干
6	唾液采集管	IBL RE69991 SALICAPS	德国	若干
7	15 mL 尿液采集离心管	Corning	美国	若干

表 3-6 主要样品处理与储存设备

序号	仪器设备名称	型号、规格	生产国别	数量/台
1	真空泵	Gast	美国	5
2	冷冻干燥仪	松源	中国	2
3	旋转蒸发仪	亚荣	中国	5
4	固相萃取（SPE）仪	Septeck	中国	5
5	固相萃取膜盘	Septeck	中国	5
6	电冰箱	Haier BCD-206S	中国	3
7	超低温冰箱	Thermo HFU586	美国	3
8	超低温冰箱	Thermo Forma 905	美国	2
9	超低温冰箱	Haier 86L626	中国	1
10	过滤器	Nalgen 500 mL	美国	5
11	水平数显摇床	SCILOGEX SK-L180-PRO	美国	1
12	96 孔板混匀仪	SCILOGEX MX-M	美国	1
13	96 孔板洗板机	Thermo MK2	美国	1
14	电磁加热搅拌器	SCILOGEX MS-H-S	美国	1
15	离心机	KA1000	中国	2
16	电热鼓风干燥箱	DHG-9053	中国	1
17	超净工作台	DL-CJ-2NDI	中国	1

表 3-7 主要样品测试设备

序号	仪器设备名称	型号、规格	生产国别	数量/台	测试项目
1	高效液相色谱	Waters、UPLC	美国	1	抗生素
2	气相色谱质谱	Angilent 7890-5973A	美国	1	PAHs
3	气相色谱	岛津 2010	日本	1	PCBs、OCPs

续表

序号	仪器设备名称	型号、规格	生产国别	数量/台	测试项目
4	高效液相色谱串联质谱	Thermo、quantum discovery	美国	1	DPs
5	电感耦合等离子体发射光谱仪	ICP－OES 2000DV	美国	1	常、微量元素
6	高纯锗 γ 谱仪	ORTEC	美国	1	^{210}Pb、^{137}Cs
7	激光粒度仪	LS13320	中国	1	粒度参数
8	磁化率仪	BARTINGTON MS2	英国	1	磁化率
9	ICP 测定仪	ICP－Agilent 720ES	美国	1	土壤重金属
10	原子荧光光度计	AFS－933	中国	1	土壤砷/汞
11	红外分光测油仪	OIL－8	中国	1	土壤石油烃
12	高效液相色谱	HPLC－Agilent 1200	美国	1	土壤多环芳烃
13	离子色谱仪	ICS 5000	中国	1	土壤阴离子
14	TOC 测定仪	TOC－V	日本	1	土壤碳组分
15	紫外/可见分光光度计	752N	中国	1	湖泊营养盐
16	酶标仪	Epoch	美国	1	吸光度值
17	酶标仪	MULTISKAN EX PRIMARY EIA V. 2. 3	美国	1	吸光度值
18	高效液相色谱仪	Waters，HPLC	美国	1	光合色素
19	荧光仪	Turner AU10	美国	1	叶绿素 a
20	CHN 元素分析仪	Elementar	德国	1	POC
21	同位素比质谱仪	Thermo Finnigan	美国	1	稳定碳同位素
22	分光光度计	TU－1810	中国	1	氨氮、生物硅
23	营养盐自动分析仪	Skarlar＋＋	荷兰	1	硝酸盐、硅酸盐、亚硝酸盐与磷酸盐
24	PCR 仪	ABI	美国	2	16S 扩增
25	高效离子色谱仪	ISC－2500 型	美国	1	阴阳离子
26	电感耦合等离子体质谱仪	Agilent 7500ce	美国	1	重金属元素
27	气相色谱－质谱联用仪	shimadu QP－2010	日本	1	OCPS
28	显微镜	Olympus SZ2	菲律宾	1	底栖生物

3.4 考察人员及分工

4年来，共有来自国家海洋局、中国科学院、教育部和卫计委等不同部委14个单位的89名科研人员参加了本专题的考察工作。89名考察人员中，副高以上职称人员占52%（图3－1）。围绕专题考察目标，根据考察要素不同，共把专题任务分成10项子任务，分别由10家单位负责完成（表3－8）。具体的考察人员信息及在专题中承担的任务见附件3。

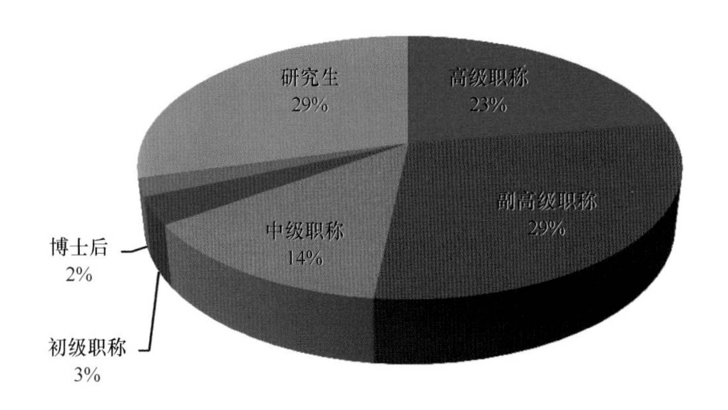

图3－1　考察人员组成

表3－8　专题任务与分工

	单位名称	任　务	参加人数	备注
承担单位	中国极地研究中心	站基近岸海洋浮游生物生态学考察	14	
参与单位	国家海洋局第一海洋研究所	站基土壤微生物考察	5	
	上海海洋大学	站基湖泊生物调查	6	
	中国海洋大学	站基潮间带底栖生物、大型海藻和微生物调查	4	
	国家海洋局第二海洋研究所	站基邻近海域水环境要素调查	9	
	国家海洋局第三海洋研究所	站基大气化学环境调查	7	
	同济大学	站基陆域水与土壤环境基线调查与评价	10	
	国家海洋环境监测中心	站基典型有机污染物时空分布状况调查	10	
	中国科技大学	站基生态环境变化调查与评估	7	
	中国医学科学院基础医学研究所	南极特殊环境对考察队员生理和心理的影响评估	17	其中6人为考察队医生，来自4家医院

3.5　考察完成工作量

本专题已开展了4次南极长城站、3次南极中山站和4次北极黄河站的生物生态环境考察，并分别对3个次队的南极昆仑站内陆队和3个次队的南极中山站越冬队的考察队员进行了生理心理评估，总工作量约为1 480人·月，其中外业工作量133人·月，内业工作量1 347人·月。

3.5.1　站基生物生态环境本底考察工作量

站基生物生态环境本底考察共开展了4个次队的南极长城站现场考察、3个次队的南极中山站现场考察和4个次队的北极黄河站现场考察，外业工作共耗时90人·月。极地现场考察准备、样品测试分析、数据处理和报告编制等内业工作共耗时1 131人·月。因此，站基生物生态环境本底考察完成工作量为1 221人·月。

3.5.1.1 外业工作量

站基生物生态环境本底考察内容涉及生物、物理、化学、污染物等各类要素，调查环境包括海洋、湖泊、潮间带、陆地和大气等，按照不同的调查要素设置站位，共计完成站位897个，耗时90人·月，具体如下所述。

（1）南极长城站生物生态环境本底考察外业工作量。第28次南极考察作为专项的预考察队次，本专题开展了南极长城站生物生态环境部分要素的现场考察工作。从第29次队至第31次队，本专题的现场考察工作全面开展。共完成站位555个，耗时54人·月（表3－9）。

表3－9 南极长城站生物生态环境本底考察外业工作量

项 目	站位数/个				耗时/（人·月）
	第28次队	第29次队	第30次队	第31次队	
近岸海洋浮游生物生态学考察 近岸海域水环境要素调查	10	10	10	10	12
潮间带生物调查	0	20	20	20	7.5
土壤微生物考察	0	21	25	17	4.5
土壤环境调查	0	55	69	20	3
湖泊生物调查	0	3	3	3	1.5
湖泊环境调查	3	3	3	3	1.5
大气化学环境调查*	0	0	1	1	6
典型有机污染物调查	0	39	39	39	9
气候环境演变调查	0	35	42	31	9
总 计	555				54

注："*"为大气化学环境调查为周年连续采样，频率为10 d采集1次。

（2）南极中山站环境本底考察外业工作量。本专题安排人员在第29次、第30次和第31次南极考察中，对南极中山站的生态环境进行了初步考察。共完成站位96个，耗时22人·月（表3－10）。

表3－10 南极中山站生物生态环境本底考察外业工作量

项 目	站位数/个			耗时/（人·月）
	第29次队	第30次队	第31次队	
土壤环境调查	44	15	0	4
大气化学环境调查[a]	1	1	1	6
典型有机污染物调查	0	34	1[b]	12
总 计		96		22

注：[a]为大气化学环境调查为周年连续采样，频率为10 d采集1次；

[b]为第31次队的大气有机污染物调查为周年连续采样，频率为10 d采集1次。

（3）北极黄河站生物生态环境本底考察外业工作量。本专题安排人员在2012年度、2013年度、2014年度和2015年度北极黄河站考察中，对北极黄河站的生态环境进行了初步考察。共完成站位246个，耗时14人·月（表3-11）。

表3-11　北极黄河站生物生态环境本底考察现场调查外业工作量

项　目	站位数/个				耗时/（人·月）
	2012年	2013年	2014年	2015年	
近岸海洋浮游生物生态学考察 近岸海域水环境要素调查	5	5	5	5	4
土壤微生物考察	20	15	8	8	2
土壤环境调查	41	0	0	0	1
大气化学环境调查*	1	1	1	1	3
典型有机污染物调查	21	21	21	21	2
气候环境演变调查	42	31	8	8	2
总 计	289				14

注："*"为大气化学环境调查连续采样3个月，频率为10 d采集1次。

3.5.1.2　内业工作量

站基生物生态环境本底考察的内业工作包括极地现场考察准备、样品测试分析、数据处理和报告编制等，分别耗时54人·月、717人·月、147人·月和213人·月，总计耗时1 131人·月。

3.5.2　南极特殊环境对考察队员生理和心理影响评估工作量

南极特殊环境对考察队员生理和心理影响评估共对第28次、第29次和第31次南极考察队的昆仑站内陆队和第29次、第30次和第31次南极考察队的中山站越冬队进行了470次的现场生理心理测定和医学样品采集，总计耗时约43人·月。极地现场考察准备、样品测试分析、数据处理和报告编制等内业耗时216人·月。因此，南极特殊环境对考察队员生理和心理影响评估总工作量约为259人·月。

3.5.2.1　外业工作量

（1）南极昆仑站内陆队生理和心理影响评估外业工作量。本专题对第28次、第29次和第31次南极考察队的昆仑站内陆队进行了生理和心理的调查评估工作，共完成现场数据测定和样品采集165次，共耗时16人·月（表3-12）。

表 3－12 南极昆仑站内陆队生理和心理影响评估外业工作量

项 目	耗时/（人·月）			合计/（人·月）
	第28次队	第29次队	第31次队	
心血管功能 心电传导功能 肺功能 指端静脉血氧饱和度 血免疫－神经－内分泌网络调节 唾液神经内分泌网络调节 体质表型 急性高原病评估 认知功能 心理问卷	5	5	6	16

（2）南极中山站越冬队生理和心理影响评估外业工作量。本专题对第29次、第30次和第31次南极考察队的中山站越冬队进行了生理和心理的调查评估工作，共完成现场数据测定和样品采集306次，共耗时27人·月（表3－13）。

表 3－13 南极中山站越冬队生理和心理影响评估外业工作量

项 目	耗时/（人·月）			合计/（人·月）
	第29次队	第30次队	第31次队	
免疫－神经－内分泌网络调节 昼夜节律 睡眠模式[a] 心血管功能（24 h心电）[a] 唾液神经内分泌网络调节 体质表型 心血管功能 心电传导功能 肺功能 应激激素 肠道微生物 心理问卷	13	13	12	27

注："a"为周年连续测定。

3.5.2.2 内业工作量

南极特殊环境对考察队员生理和心理影响评估的内业工作包括极地现场考察准备、样品测试分析、数据处理和报告编制等，分别耗时24人·月、80人·月、68人·月和36人·月，总计耗时208人·月。

第 4 章　考察的主要数据与样品

4.1　数据(样品)获取的方式

4.1.1　站基近岸海洋浮游生物生态学考察

4.1.1.1　现场样品采集和预处理

样品采集和前处理按照《极地生态环境监测规范》（国家海洋局南北极环境综合考察与评估专项办公室，2014）中的相关方法进行。通过橡皮艇或小艇抵达站基邻近海域的预设站位，使用 Niskin 采水器或 CTD 采水器分层采集水样。回站区后，利用 Gast 真空泵、Pall 磁性漏斗、Nalgene 抽滤瓶，以及洁净工作台，对每份水样进行如下处理。

（1）DAP 计数样品：在 200 mL 水样中加入 4 mL 经 0.2 μm 过滤后甲醛（终浓度为 2%），黑暗固定 3 ~4 h，分别取 50 mL 过滤到 0.2 μm 聚碳酸酯黑膜上（3 个平行），当过滤到只剩 5 mL 左右时，加入 DAPI 染色剂 1 mL 染色 5 min，滤膜自然晾干后 -20℃保存。

（2）流式细胞仪计数样品：4 mL 水样用 0.4 mL 多聚甲醛（浓度 10%）固定后，-80℃保存。

（3）多样性分析样品：2 L 水样先经 20 μm 筛绢过滤，然后过滤到直径 47 mm 孔径 0.2 μm聚碳酸酯滤膜上，收集滤膜于 2 mL 冻存管中，加入 CTAB 保存液，-80℃保存。全部样品低温冷冻状态下带回国内实验室进行后续测试分析。

4.1.1.2　实验室测试分析

按照《极地生态环境监测规范》（国家海洋局南北极环境综合考察与评估专项办公室，2014）中的相关方法对样品进行测试分析。

（1）采用流式细胞仪计数分析浮游细菌丰度，将冷冻带回的样品在 37℃下解冻之后，取水样 1 mL，加入 SYBR Green I（终浓度 1/10 000）避光染色 15 min 后，以 FACSArai 进行浮游细菌计数。

（2）采用 DAPI 染色显微镜观测法检测微型浮游生物和浮游细菌。将聚碳酸酯滤膜带回实验室后，用镜油固定在载玻片上，盖上盖玻片，然后以用 Nikon Eclipse 80i 显微镜进行观察与计数：① 在蓝色激发光下，观察自养藻类，包括鞭毛藻，硅藻（菱形藻、角毛藻、舟形藻）；② 在紫外激发光下，观察原生动物（鞭毛虫，纤毛虫）和浮游细菌。细胞的数量统计和大小测定采用 JD801 形态学图像分析系统进行处理。丰度转化为生物量计算公式为：① 硅藻生物量换算系数采为：0.11 pg/μm^3（以碳计）；② 鞭毛藻和鞭毛虫细胞生物体积－生物量换算系数 0.14 pg/μm^3（以碳计），纤毛虫体积－碳量的换算系数采用 0.8 pg/μm^3（以碳计）。

（3）采用 PCR－DGGE（聚合酶链式反应－变性梯度凝胶电泳）技术和 Roche 454 高通量测序技术开展多样性分析浮游细菌和微型浮游生物的多样性。

4.1.2 站基邻近海域水环境要素调查

4.1.2.1 现场样品采集和预处理

样品采集和前处理按照《极地生态环境监测规范》（国家海洋局南北极环境综合考察与评估专项办公室，2014）、《海洋调查规范第 4 部分：海水化学要素观测》（GB/T 12763.4—2007）中的相关方法进行。通过橡皮艇或小艇抵达站基邻近海域的预设站位，CTD 获得现场温盐数据，使用 Niskin 采水器或 CTD 采水器分层采集水样。溶解氧（DO）样品现场固定。其他样品回站后立即进行处理。

（1）营养盐样品：300 mL 水样经 GF/F 玻璃纤维滤膜过滤，取 30 mL 过滤液于聚乙烯塑料瓶中，冷冻保存，带回国内实验室分析。

（2）叶绿素 a、光合色素分析以及颗粒有机碳样品：分别取 0.5～1 L、1.5～3 L、1 L 水样使用预先 450℃ 下灼烧过的 GF/F 玻璃纤维滤膜（孔径 0.7 μm）过滤，滤膜样品置于 －20℃ 冷冻保存直至分析（测定颗粒有机碳的滤膜事先在 450℃ 下灼烧 4 h 并称重）。

（3）生物硅分析样品：取 2 L 水样使用孔径 0.8 μm 聚碳酸酯滤膜（Millipore）过滤，滤膜样品 －20℃ 冷冻保存，带回国内实验室进行后续测试分析。

4.1.2.2 实验室测试分析

溶解氧（DO）在 24 h 之内按《海洋调查规范第 4 部分：海水化学要素观测》（GB/T 12763.4—2007）、《极地生态环境监测规范》（国家海洋局南北极环境综合考察与评估专项办公室，2014）在站内实验室使用碘量法测定。亚硝酸盐、磷酸盐依据《海洋调查规范第 4 部分：海水化学要素观测》（GB/T 12763.4—2007）、《极地生态环境监测规范》（国家海洋局南北极环境综合考察与评估专项办公室，2014），使用 7230G 分光光度计（上海精科）进行分析，其中亚硝酸盐、磷酸盐分别采用重氮偶氮法和磷钼蓝法测定。硝酸盐＋亚硝酸盐和硅酸盐使用 Skalar 营养盐自动分析仪测定，依据 Grasshoff 等（1999）主编的《Methods of Seawater Analysis》和《极地生态环境监测规范》（试行）进行水样分析和数据处理，其中硝酸盐＋亚硝酸盐和硅酸盐分别采用镉铜柱还原－重氮偶氮法和硅钼蓝法测定。叶绿素 a 的测定采用《海洋调查规范第 4 部分：海水化学要素观测》（GB/T 12763.4—2007）中的荧光法，滤膜样品用 90% 丙酮萃取，在 －20℃ 冰箱中萃取 24 h 后，萃取液在唐纳荧光计 10 AU 上测定。生物硅（PBSi）浓度测定则采用 Ragueneau 等（2005）的方法进行分析测定。色素萃取方法参考 Van Heukelem 和 Thomas（2001）的方法，使用高效液相色谱仪（HPLC，Waters 600E）分析。具体分析方法见庄燕培等（2012）。色谱柱为 Agilent Eclipse XDB C8 柱（150 mm × 4.6 mm，3.5 μm），检测器为 Waters 2998 二极管阵列检测器。梯度淋洗（min，

A%，B%）：（0，90，10），（36，5，95），（41，5，95），流速1 mL/min，柱温45℃。

4.1.3 站基附近潮间带生物调查

站基附近潮间带生物样品采集与测试分析按照《海洋生物生态调查技术规程》（国家海洋局908专项办公室，2006）、《海洋监测规范第7部分：近海污染生态调查和生物监测》（GB 17378.7—2007）和《海洋调查规范第6部分：海洋生物调查》（GB/T 12763.6—2007）的方法进行。

4.1.3.1 现场样品采集和预处理

（1）大型海藻：由于长城站站基附近大型海藻均生长于岩石基底的潮间带，且潮间带均较窄，因此未对潮间带进行划分，并采用定量样框的方法进行。① 若大型海藻种类栖息密度很高，且分布较均匀，应用25 cm×25 cm的定量样框进行大型海藻样品的采集，每个站位取3个样方，确定样方位置应在宏观观察基础上选取能代表该潮区大型海藻分布的特点。取样时，首先记录样框中每个种类的覆盖面积，然后用小铁铲、凿子或刮刀将所有藻类取净；② 对于栖息密度较低的潮间带站位，采用25 m^2 大面积计算的办法，并采集其中的部分个体，求平均个体重，再换算成单位面积的数量；③ 取样时，测量各潮区优势种的垂直分布高度和滩面宽度，描述生物分布带的特征；④ 采集的大型海藻所有定量和定性样品，经洗净，按类别分开装瓶（或用封口塑料袋装），带回实验室。在实验室内选取完整的新鲜藻体，制作蜡叶标本，用于分子生物学鉴定的样品必须冷冻保存。

（2）底栖生物：使用25 cm×25 cm（沙滩）或50 cm×50 cm（砾石滩）取样框，将取样框内30 cm（沙滩）以深的沉积物或全部沉积物（砾石滩）用铁锹和铲子收集，然后现场淘洗过筛（0.5 mm孔径不锈钢网筛），将残留的生物全部装在样品瓶中，使用体积分数为5%的中性甲醛溶液固定保存，带回国内实验室分析。

（3）微生物：使用铲子刮取表层沉积物，分别装入两个自封袋中，一袋置于4℃保存，一袋置于-20℃保存，低温状态下带回国内实验室做后续分析。

4.1.3.2 实验室测试分析

（1）大型海藻：在实验室内应用Nikon SMZ645体式显微镜、Nikon ECLIPSETS100倒置显微镜对藻体进行形态观察以鉴定种类，应用ITS分子生物学鉴定技术辅助进行大型海藻的种类鉴定。

（2）底栖生物：底栖生物样品带回实验室后在体视显微镜下进行分类、鉴定、计数，使用感量为0.000 1 g的电子天平进行称重，小个体软体动物带壳称重，帽贝等大个体软体动物去壳称重，寄居蟹去壳称重。最后换算成单位面积的生物量（g/m^2）和丰度（ind./m^2）。

（3）微生物：将沉积物样品从-80℃转移到4℃中过夜解冻，称取0.25~0.5 g样品用沉积物DNA提取试剂盒抽提样品总DNA。使用PCR方法扩增16S rRNA基因高变区片段。将该片段连入多克隆载体，转化，提取质粒并线性化，获得用于绘制荧光定量PCR标准曲线的标准品并测定其浓度。采用荧光定量PCR技术，计算每个样品的 *Ct* 值。根据标准曲线，计算每个沉积物样品中细菌的绝对丰度。

4.1.4 站基土壤微生物考察

4.1.4.1 现场样品采集和预处理

根据研究设计选择具有代表性的土壤，确定取样地点。了解取样地点气候等信息，避免雨季采样。采样时所用的无菌铲、密封袋等工具必须事先灭菌，或先用采取的土壤擦拭。采样程序如下：①铲除表层1 cm左右的表土，避免地面微生物与土样混杂；②取重量大体上相当的土样于塑料布上，剔除石砾、植被残根等杂物，取约10～20 g土壤样品；③多点取样，取样点间隔1 m，呈三角形分布；④取样深度依研究设计而定，本研究取样深度为2～5 cm；⑤取苔原植被样品时，将整株植物及根际土壤完整取出，置于无菌密封袋中。

取得的土壤样品低温保存，苔原植被样品采用阴干形式装袋保藏。一部分样品超低温冷冻保存带回国内，一部分现场分离培养微生物。在超净工作台中以无菌操作的方式采用平板涂布法分离培养微生物。细菌分离采用牛肉膏蛋白胨培养基，真菌分离采用PDA培养基。平板采用2浓度（10^{-3}，10^{-4}）3平行的方式分离计数，培养温度为12℃。

4.1.4.2 实验室测试分析

（1）微生物计数与分离纯化：参照《海洋调查规范第6部分：海洋生物调查》（GB/T 12763.6—2007）和《海洋生物生态调查技术规程》（国家海洋局908专项办公室，2006）对分离的微生物种群进行计数统计分析，方法如下：选择菌落数量在30～300内的平板，在放大镜下或用菌落计数器，按菌落形态，分别计算各种培养基中四大菌类的菌落数（必要时，用显微镜观察确证），并根据计数结果计算样品含菌量。对不同菌种采用平板分离和划线方法进行分离、纯化培养（李振高等，2008）。

（2）菌株分子鉴定：参照《海洋生物生态调查技术规程》（国家海洋局908专项办公室，2006）中的方法对细菌进分子鉴定。具体方法如下：细菌采用冻融法或细菌DNA小剂量快速提取试剂盒（Omerga Bio-Tek公司）提取细菌总DNA；真菌需用液氮对新鲜菌丝体（约50 mg）进行充分研磨，然后用真菌DNA小剂量快速提取试剂盒（Omerga Bio-Tek公司）提取真菌总DNA。细菌使用通用引物27F（5′-AGA GTT TGA TCC TGG CTC AG-3′）和1492R（5′-GGT TAC CTT GTT ACG AC T T-3′）进行16S rRNA基因序列PCR扩增；真菌使用通用引物ITS 1（5′-TCCGTAGGTGAACCTGCGG-3′）和ITS 4（5′-TCCTCCGCTTATTGATATGC-3′）进行ITS区序列PCR扩增。电泳观察扩增结果，采用凝胶回收方法对PCR产物进行纯化并送专业生物技术公司进行测序。获得的序列与GenBank数据库中的已知序列进行比较，鉴定各序列所代表的菌株的种属。选取与实验菌株同源性相近的菌株用BioEdit软件的多序列比对排列（Clustalw multiple alignment）进行序列比对，采用Mega5.1软件的邻接法（neighbor-joining method）进行系统发育分析并构建系统发育树。

4.1.5 站基湖泊生物调查

站基附近湖泊浮游生物和底栖动物样品的采集按照《湖泊生态调查观测与分析》（黄祥飞，2010）、《湖泊生态系统观测方法》（陈伟民等，2005）等的方法进行。

4.1.5.1 现场样品采集和预处理

（1）浮游植物：应用5 L有机玻璃采水器采集浮游植物样品水样1 L，盛装于1 L细口塑料瓶中，立即加入中性福尔马林溶液固定，加入量为样品体积的5%。带回长城站实验室后，经24～48 h的沉淀后，浓缩至50～100 mL。

（2）浮游动物：应用5 L有机玻璃采水器采集浮游动物样品水样60 L，经64 μm浮游生物采集网过滤后将浮游动物样品收集于100 mL塑料样品瓶中，立即加入中性福尔马林溶液固定，加入量为样品体积的5%。

（3）底栖动物：应用彼得生采泥器（1/16 m^2）于每个调查站位采集3个底栖动物样品，将采得的底泥样品混为一个样品后，经筛娟孔径为0.5 mm的筛网过滤后，将所有样品转移至50～500 mL广口塑料瓶中，立即加入中性福尔马林溶液固定，加入量为样品体积的5%。

4.1.5.2 实验室测试分析

托运回国的样品，在实验室应用Nikon ECLIPSETS100倒置显微镜进行浮游植物的鉴定和分析，应用Nikon SMZ645体式显微镜进行浮游动物和底栖动物的鉴定和分析。

4.1.6 站基陆域水与土壤环境基线调查

4.1.6.1 现场样品采集和预处理

（1）湖泊水样采集和预处理：湖泊水样的采样和监测技术要求按照《水环境监测规范》进行；pH值、温度、溶解氧和盐度的测试使用便携式水质监测仪在现场实施；湖水样品直接用聚乙烯瓶采取，采样前先用所取湖水洗涤5次而后取水2 L；根据常规方法，营养盐类指标分别采用色度法及消解/光度法24 h内在实验室测定完成，测试前经过0.45 μm膜过滤预处理。

（2）土壤样品采集和预处理：①在采样点位的确定过程中按照《土壤环境监测技术规范》(HJ/T 166—2004)，采用网格布点法，现场考察中对预设站位实地调研，剔除无法进行样品采集的站位（如地表无成熟土壤发育层或基岩覆盖区等情况），并根据具体的地形地貌做适当调整。为后续考察人类活动的影响，在采样点布置中也重点设置了非扰动区和扰动区的比较站位；②利用预清洁工具清理表面砾石、冰雪覆盖物或植被，按照规范从设定深度的土层中取得250～500 g的样品。土壤样品采用铝箔材料和塑封材料分别包装3层，同步记录采样点的经纬度坐标、采样时间和天气状况，并对采样点进行恢复；③土壤样品的预处理按照《土壤环境质量标准》(GB 15618—1995)、《土壤环境监测技术规范》(HJ/T 166—2004)和有关国家标准实施。采集后的土壤样品放置在避光、通风的室内慢慢风干，在至半干状态时压碎土块，除去石块等杂质，铺成薄层，在室温下经常翻动，注意防止阳光直射和尘埃落入及其他污染。土壤样品充分风干后经过磨碎、过筛、混匀、缩分等步骤制备成粒度小于200目的试样再用于分析。样品保存在干净的玻璃瓶内，瓶内外各具标签一张，写明编号、采样地点、土壤名称、采样深度、样品粒径、采样日期、采样人及制样时间等，常温下保存于实验室洁净的储存柜内，样品贮存环境安全、无阳光直射、无腐蚀、清洁干燥。全部分析工作结束，分析数据核实无误后，样品一般还要保存3个月至半年，以备查询。

4.1.6.2 实验室测试分析

土壤和湖泊样品理化因子的测试分析依表4－1所示的方法进行。

表4－1 土壤和湖水样品测试方法

环境样本	测试项目	依据	最低检出限	测试仪器
土壤	镍	HJ/T 166—2004	1.00 mg/kg	ICP 测定仪
	镉		0.100 mg/kg	
	铬		0.01 mg/kg	
	铜		0.100 mg/kg	
	锌		0.100 mg/kg	
	铅		0.01 mg/kg	
	砷		0.01 mg/kg	原子荧光光度计
	汞		0.002 mg/kg	
	石油烃	Antarctic Environmental Monitoring Handbook	10 mg/kg	红外分光测油仪
	多环芳烃	《土壤和沉积物 多环芳烃的测定（征求意见稿）》	1.0 μg/kg	高效液相色谱
	氨氮/硝酸盐/磷酸盐	/	/	离子色谱仪
	碳组分	《土壤 有机碳的测定（燃烧法）（征求意见稿）》	0.5 mg/kg	TOC 测定仪
湖泊	水温	GB 13195—91	/	便携式水质分析仪
	pH 值	GB 6920—86	/	
	DO	GB 11913—89	/	
	盐度	/	/	
	氨氮	GB 7481—87	0.01 mg/L	紫外/可见分光光度计
	硝态氮	GB 7480—87	0.02 mg/L	
	总磷	GB 11893—89	0.01 mg/L	

获得数据后，开展基线分析、基于GIS系统的空间插值分布模拟分析、地质累积指数分析和污染溯源的主成分分析。

（1）基线分析：本调查报告结合统计学方法中的相对累计频率分析和相对累计总量分析方法来确定基线。相对累计总量分析方法采用元素浓度值相对累计密度与元素浓度的双对数分布图，以分布曲线的拐点处元素的浓度值确定为该元素背景与异常的分界线，在小于分界点的元素浓度数据的平均值加2倍标准差的控制线，作为元素的背景值范围。相对累计频率分析方法采用正常的十进制坐标，累计频率－元素浓度的分布曲线可能有两个拐点，值较低的点可能代表元素浓度的上限（基线范围），小于样品元素浓度的平均值或中值即可以为基线值；较高点可能代表异常的下限（人类活动影响的部分）。

（2）基于GIS系统的空间插值分布模拟分析：基于GIS系统的克里格法（Kriging）利用区域化变量的原始数据和变异函数的结构特点，对未采样点的区域化变量取值进行线性无偏最优估计。一般而言，距离越远的观察点对估计点的影响越小，其加权值也随距离变化而不同。如果数据在空间上呈连续分布，则在已知点附近的估算值将获得比较远估算点高的权重。基于GIS系统的反距离加权插值法“地理第一定律”的基本假设，即两个物体相似性随它们间的距离增大而减少。它以插值点与样本点间的距离为权重进行加权平均，离插值点越近的样本赋予的权重越大，此种方法简单易行，直观并且效率高，在已知点分布均匀的情况下插值效果好。

（3）地质累积指数分析：地质累积指数通常称为 Muller 指数，是 20 世纪 60 年代晚期在欧洲发展起来的广泛用于研究沉积物中重金属污染程度的定量指标，是对土壤中重金属污染进行评价的指数。其表达式如式 4－1 所示，其中：C_n 为样品中元素 n 的浓度；BE_n 为基线浓度常数；参数 1.5 为在选择页岩作为基线时，为消除沉积作用影响而设；当选择的基线为区域自身的环境基线时无须乘以 1.5。

$$I_{geo} = \log_2\left(\frac{C_n}{1.5 \times BE_n}\right) \tag{4-1}$$

地质累积指数按 Forstner 等（1990）提出的方法可分为 7 个级别，不同的级别分别代表不同的重金属污染程度，具体分级见表 4－2，在分析站区周边土壤重金属累积水平时，借鉴地质累积指数分析方法，中度污染对应中度富集，强污染对应强富集。

表 4－2　地质累积指数污染富集分级

I_{geo}	级别	污染程度［Forstner 等（1990）］	I_{geo}	级别	污染程度［Anon（1994）］
<0	1	无污染	<0	1	无污染或轻度污染
0～1	2	无污染到中度污染	0～1	2	中度污染
1～2	3	中度污染	1～3	3	中度污染或强污染
2～3	4	中度污染到强污染	3～5	4	强污染
3～4	5	强污染	>5	5	极强污染
4～5	6	强污染到极强污染			
>5	7	极强污染			

（4）污染溯源的主成分分析：在对土壤环境质量进行评价时采用主成分分析统计法，通过提取主要的污染因子，并利用主成分得分进行土壤质量评级。数据处理主要包括数据标准化，由标准化后的数据求协方差矩阵，计算特征方程中所有特征值并根据特征值累计比例确定主成分的数量，计算主成分载荷值和主成分得分，以及进行主成分评分等。主成分分析过程采用 SPSS 软件的相关分析模块进行处理。

4.1.7　站基大气化学环境调查

4.1.7.1　现场样品采集和预处理

样品采集和前处理按照《海洋监测技术规程规范第 4 部分：海洋大气》（HY/T 147.4—2013），在南极长城站站区、中山站站区和黄河站站区，分别安装一台大气气溶胶采样设备，采样器是大容量气溶胶采样器，滤膜为英国瓦特曼 41 型滤纸，采样头离地面 1.5 m 左右。根据天气条件，每隔 10 d 左右换膜一次，收集样品，记下开机和关机流量计读数，计算采集气体样品的体积数，每个样品采集的平均抽气量约为9 000 m^3。样品采集后在4℃的冰箱保存，回国后带到实验室分析。

用有机玻璃剪刀剪取一定面积的滤纸，将剪好的滤纸放入聚四氟乙烯坩埚内，将一定数量的超纯硝酸和氢氟酸加入坩埚内，盖好坩埚盖子，样品酸浸过夜。将浸好的样品放在电热板上加热硝化，消化完后用体积分数为2% HNO_3 溶液溶出并定容。

4.1.7.2 实验室测试分析

大气阴阳离子的测定以"我国近海海洋综合调查与评价专项"研究成果中相应方法作为分析依据，用离子色谱分析法（IC）测定大气气溶胶样品中 F^-、Cl^-、NO_3^-、SO_4^{2-}、PO_4^{3-}、Na^+、Ca^{2+}、Mg^{2+}、NH_4^+、MSA等阴阳离子的含量。

金属元素的测定以《空气和废气　颗粒物中铅等金属元素的测定》（HJ 657—2013）作为分析依据，采用电感耦合等离子体质谱分析法（ICP－MS）测定大气气溶胶样品中Cu、Pb、Zn、Cd等金属元素含量。

4.1.8 站基有机污染物分布状况调查

4.1.8.1 现场样品采集和预处理

选派的现场考察人员均为正式职工，具有良好的敬业精神和较丰富的极地科考经验，熟悉样品采集、前处理、分析等相关工作。PAHs和PCBs以《极地生态环境监测规范》（国家海洋局南北极环境综合考察与评估专项办公室，2014）中有机污染物采集方法为依据，DP、PBDEs作为新型POPs以本课题组成熟的采样方法为依据（因无相关标准），制定极地站基《样品采集实施方案》，掌握现场样品采集、前处理方法。现场采集样品包括海水、海洋沉积物、大气、土壤、动物粪土、潮间带生物样品等，其中大气样品采集包括主动采样和被动采样。

（1）海水：采集表层海水8 L，于2 d内完成前处理；用于有机污染物分析的水样，通过0.45 μm滤膜除杂质，而后以抽滤的方式，通过活化后的C18固相萃取膜萃取。

（2）沉积物：采集表层沉积物500 g，铝箔包裹后置于密实袋保存；所有样品均在站内完成冷冻干燥及研磨处理，以干样形式带回国内实验室进行分析。

（3）大气：采用大气主动和被动采样器，PUF和XAD树脂富集有机污染物；样品密封保存后带回国内实验室进行分析。

（4）土壤：采集500 g，铝箔包裹后置于密实袋保存；所有样品均在站内完成冷冻干燥及研磨处理，以干样形式带回国内实验室进行分析。

（5）动物粪土：采集200 g，铝箔包裹后置于密实袋；所有样品均在站内完成冷冻干燥及研磨处理，以干样形式带回国内实验室进行分析。

（6）生物样品：采集200 g，铝箔包裹后置于密实袋；所有样品均在站内完成冷冻干燥及研磨处理，以干样形式带回国内实验室进行分析。

4.1.8.2 实验室测试分析

PAHs的分析以海洋公益性科研专项研究成果《极地生态环境监测规范》（国家海洋局南

北极环境综合考察与评估专项办公室，2014）作为测定方法依据；PCBs 的分析以《海洋监测技术规程规范》（HY/T 147—2013）中相应方法作为分析依据。DP、PBDEs 作为新型 POPs，其测定方法虽然还没有标准化，但在本课题组已相当成熟，并有相关论文发表。样品前处理与分析方法的依据见表 4 -3。

表 4 -3　PAHs、PCBs 和 DP 样品的前处理和分析方法

测试项目	介质	前处理方法	分析仪器	方法依据
多环芳烃 PAHs	水体	C18 膜萃取	GC - MS	《海洋监测技术规程规范》 （HY/T 147—2013）； 《极地生态环境监测规范》
	沉积物/土壤	ASE		
	苔藓/生物样	ASE		
	大气	索氏萃取		
多氯联苯 PCBs	水体	C18 膜萃取	GC - ECD	《海洋监测技术规程规范》 （HY/T 147—2013）； 《极地生态环境监测规范》
	沉积物/土壤	ASE		
	苔藓/生物样	ASE		
	大气	索氏萃取		
OCPs	水体	C18 膜萃取	GC - ECD	《海洋监测技术规程规范》 （HY/T 147—2013）； 《极地生态环境监测规范》
	沉积物/土壤	ASE		
	苔藓/生物样	ASE		
	大气	索氏萃取		
得克隆 DP	水体	C18 膜萃取	GC - NCI/MS	课题组开发、验证的高灵敏度分析方法
	沉积物/土壤	加速溶剂萃取		
	苔藓/生物样	萃取 - 填充柱净化		
	大气	溶剂萃取		
多溴联苯醚 PBDEs	水体	C18 膜萃取	GC - MS/MS	《海洋监测技术规程规范》 （HY/T 147—2013）； 《极地生态环境监测规范》
	沉积物/土壤	加速溶剂萃取		
	苔藓/生物样	萃取 - 填充柱净化		
	大气	溶剂萃取		

4. 1. 9　站基生态环境演变调查与评估

4. 1. 9. 1　现场样品采集和预处理

植物、生物粪、残骨、基岩、表层沉积物等样品由采样人手工采集（戴一次性手套）；沉积物样品使用便携式采样器或 PVC 管直接采集；海洋沉积物由船载采样器采集。除岩石样品外，所有样品实验室处理前冷冻保存。实验室内，生物样品（植物、残骨、羽毛等）经去离子水超声波反复清洗至洁净，于烘箱内 60℃ 条件下烘干，利用洁净的不锈钢剪刀把样品剪碎待分析；柱状沉积物按 0. 5 cm 或 1 cm 间隔分样并挑出有机残体，分割后的样品洁净室内自然烘干，所有沉积物、生物粪、土壤及岩石样品研磨成过 120 目筛的粉末样品，待测。

4. 1. 9. 2　实验室测试分析

对南北极湖泊沉积物、粪土沉积物、多环境介质样品开展生态地质学和环境地球化学研究，具体分析的地球物理化学指标包括 AMS^{14}C 定年、$^{210}Pb-^{137}Cs$ 定年、粒度、磁化率、烧失量、地球化学常量、微量元素、碳元素、氮元素、同位素比值。

（1）沉积物年代的测定：采用^{14}C 定年法或$^{210}Pb-^{137}Cs$ 定年法测定沉积物年代。^{14}C 定年参照 Huang 等（2009）的方法进行，具体如下：挑选层位中的有机残体清洗干净，直接用于石墨制备；沉积物全样按照“北京大学加速器质谱实验室样品前处理流程”预处理样品：①在洁净的烧杯中用 2 mol/L HCl 浸泡搅拌，加热至沸，过夜，此步去无机碳；②用蒸馏水洗至中性；③加 5% ~10% 的 NaOH 溶液静置一段时间，用蒸馏水洗至中性，此步去腐殖酸；④以2 mol/L HCl 洗，再用蒸馏水洗至偏酸性，去除第③步过程中 NaOH 溶液吸收的 CO_2；⑤烘箱 80℃烘干后，锡箔纸包好；⑥烘干样在石墨制备管中燃烧生成 CO_2，用液氮冷阱和干冰冷阱纯化 CO_2，用 Fe 粉催化还原 CO_2 为石墨。由石墨上加速器质谱测试。$^{210}Pb-^{137}Cs$ 参照 Xu 等（2010）的方法进行，具体如下：样品自然风干，研磨过 120 目筛，静置 1 周，在中国科学技术大学极地实验室年轻年代学实验室上高纯锗 γ 谱仪 HPGe 仪器测试^{210}Pb、^{137}Cs 活度。

（2）总有机碳（TOC）测定：参照《土壤农业化学分析方法》（鲁如坤，2000）油浴加热－重铬酸钾容量法测定沉积物总有机碳含量，流程如下：① 取 50 mL 比色管，将其洗净烘干；② 配制试剂：精确称量 39.225 0 g 重铬酸钾溶于 400 mL 水中，冷却后稀释定容到 1 L，得 0.800 0 mol/L 重铬酸钾溶液，称取 78.4 g 硫酸亚铁铵，加入 6 N 的硫酸 30 mL，冷却后稀释定容到 1 L，得约 0.2 mol/L 硫酸亚铁铵溶液，将硫酸亚铁 0.695 g 和邻啡罗啉 1.485 g 溶于 100 mL 水中，此时形成的红棕色络合物作为指示剂；③ 标定硫酸亚铁铵溶液：取 3 支比色管，分别加入 5 mL 重铬酸钾溶液，1 mL 分析纯硫酸，然后油浴（190℃）沸腾 5 min，取出冷却后移至锥形瓶中，加水和 5 mL 纯磷酸稀释至 90 mL。然后用所配制的硫酸亚铁铵溶液进行滴定，滴定至溶液由橙色变为绿色时加入指示剂，然后继续滴定至溶液再次变为绿色，记录所消耗的溶液量，根据硫酸亚铁铵与重铬酸钾的反应关系及重铬酸钾溶液的浓度计算硫酸亚铁铵溶液的浓度，取 3 次平均值为准；④ 测量样品，用分析天平称取 0.250 0 g（可视具体情况酌量减少）粉末样品放入干燥后的比色管中，分别加入 5 mL 重铬酸钾溶液，1 mL 分析纯硫酸，然后油浴（190℃）沸腾 5 min，取出冷却后移至锥形瓶中，加水和 5 mL 纯磷酸稀释至 90 mL。具体滴定过程同第三步。将滴定结果与无样品时的滴定结果对比算得样品中的 TOC 含量，每批实验设两个空白样，标准采用 GB－7401 管理样，该方法测量误差小于 0.05%。

（3）烧失量的测量：参照 Liu 等（2006）的方法测定样品的烧失量，具体如下：将少量样品（大约 2 g）放在 105℃烘箱中 12 h，取出放入干燥器中；将坩埚洗净、烘干，放在马弗炉中加热至 600℃，灼烧 2 h 至恒重后，取出放入干燥器重冷却 0.5 h，称重记为 M_0，将准备好的 2 g 样品在 0.01% 的天平中称量 1.5 g 左右的样品放置于坩埚中记为 M105，将坩埚转移至马弗炉中，升温至 550℃，灼烧 3 h 至恒重后，从炉中取出放入干燥器中冷却 0.5 h，称重记为 M_{550}，则烧失量（LOI）的表达式为：LOI_{550}（%）＝（$M_{105}\sim M_{550}$）/（$M_{105}\sim M_0$）。

（4）质量磁化率的测量：参照 Liu 等（2006）的方法测定样品的质量磁化率，具体如下：取干净的小塑料杯（仪器配套），用酒精擦洗干净，晾干，将塑料杯放在天平上，去皮，加入样品，称重，记为 M；将用 BARTINGTON 公司生产的 MS2 型双频磁化率仪器打开，校零，记录连续的两个本底值；将塑料杯放在仪器上测量，记录数值，为 MS。磁化率的数值即为 MS 减去两个本底值的平均值的和 M 的比值。

（5）粒度参数的测量：参照 Liu 等（2006）的方法测定样品的粒度参数，具体如下：取 0.1 g晾干未研磨样品，加入 10～20 mL 的 30% H_2O_2，摇匀，在加热器中加热至 150℃，加热 30 min（无气泡产生时即可以停止加热），从加热器中取出冷却 0.5 h；加入 10 mL 10% 的 HCl，加热至 80℃，观察试管中混合液，持续加入 10% HCl 至无大量气泡产生，继续加热至仅有少量液体，加入蒸馏水，加热至半干，取出冷却 0.5 h；再加入 10 mL 10% 的分散剂（六偏磷酸钠），超声 10 min 后，在激光粒度仪（LS13320）测定相关的粒度参数，从对应软件中读出样品的值粒径、平均粒径、标准差、峰度、偏差等参数。

（6）常量、微量元素测定：参照 Huang 等（2009）的方法将测定样品自然风干，研磨过 120 目筛。准确称取 0.250 0 g 样品于微波消解管中，加入 HNO_3、HCl、HF 和、H_2O_2，旋紧管盖于 CEM Mars 高通量密闭微波消解仪中自动消解；自动冷却后取出，旋开管盖放气再冷却后，加入 10 mL 饱和硼酸再次密闭消解以络合 F 离子，冷却后转移并定容至 25 mL 比色管；移取 5 mL 溶液用 AFS－930 原子荧光光度计测量 Hg 含量；转入剩余溶液至消解管，加入 $HClO_4$ 后于自动控温加热电炉上赶酸，赶酸结束冷却后加 HCl 提取并转移至 25 mL 比色管中定容；根据不同元素浓度特征稀释溶液，利用 ICP－OES 测定 Cu、Zn、Cd、Pb、Cr、Fe、Ni、Mn、K、Na、Ca、Mg、P、Sr、Al、Ti、B 和 Ga 的浓度。在上述元素测定过程中，每一批样品至少设定两个空白样和两个国家标准物质作为管理样，常量元素和微量元素分析误差分别控制在 ±0.5% 和 ±5% 之内。

（7）稀土元素测定：参照 Nie 等（2014）的方法测定样品中的稀土元素，具体如下：准确称取 0.050 g 样品于 Teflon 消解管中，加 HNO_3、HF 密封，置于防腐型反应釜内，于 150℃ 烘箱上溶样 24 h；冷却，加 $HClO_4$ 于 150℃ 电热板上敞开蒸酸至近干；然后加 HNO_3、H_2O 密闭于 150℃ 烘箱内回溶 12 h；冷却后，经高纯 H_2O 定容；然后进行上机 ICP－MS 测试，测试误差小于 5%。

（8）C、N、$\delta^{15}N$、δ^{13}测定：参照 Huang 等（2013）的方法进行测定，具体如下：干燥的生物样品经去离子水清洗干净，再利用氯仿－甲醇溶液洗涤后上元素分析仪－同位素质谱仪连用装置测试样品的 C%、N%、$\delta^{15}N$、$\delta^{13}C$。

4.1.10 南极特殊环境对考察队员生理和心理影响评估

4.1.10.1 现场样品采集与数据获取

1）样品采集与预处理

（1）血液样品采集与预处理和保存方式：抽血前一天通知队员 24 h 不饮酒，不做剧烈活动，正常晚餐，晚餐后开始禁食，正常饮水；通知停止服用各种药物。采血前应至少休息 15 min，采血前静坐 5 min。采血及消毒技术按常规操作程序进行，静脉穿刺尽量准确轻柔，避免反复进针、出针，以防止溶血。止血带使用时间应少于 1 min。共采 3 管血，红帽管5 mL 采 1 管（含分离胶，取血清用于生化检测）、紫帽管 5 mL 采两管（EDTA 抗凝，分别用于取血浆）。采血顺序为先红帽管（血清管），再紫帽管（血浆管），采血量保证准确。紫帽管采集后立即握于掌心摇匀（上下颠倒混匀 8 次以上，动作应轻柔），以防凝血的发生，避免剧烈震荡或长时间摇动引起溶血。

①使用红细胞裂解液提取队员白细胞（处理第1支紫头管）：用带滤芯枪头的1 mL移液器将全血移至15 mL离心管中，用20 mL注射器沿着离心管管壁加入10 mL红细胞裂解液（避免白细胞破裂），颠倒混匀，冰上放置5 min，3 000 r/min离心5 min，倾倒丢弃红色的上清液，注意保护沉淀（白细胞）。用1 mL一次性带滤芯的枪头小心的吸除残余的红色液体，再用2～3 mL红细胞裂解液洗涤沉淀，用手指轻轻弹起细胞沉淀，或者用1 mL的枪头柔和地吹打细胞，避免白细胞破裂。3 000 r/min离心5 min，除去上清。用1.5 mL的RNAlater重悬细胞，柔和吹打或弹起，避免细胞破裂。将RNAlater重悬的细胞用1 mL移液器转移至2 mL冻存管，2～4℃放一晚上（在昆仑站时，放在室内已装有蓝冰的小保温包中），第二天再移至-80℃冰箱保存（在昆仑站时，转移到室外的大保温包里）。

②分离EDTA抗凝血浆（处理第2支紫头管）：将紫头管3 000 r/min离心10 min。离心后30 min内，用一次性1 mL普通枪头，将血浆分别转入3只已编号的冻存管中，每个冻存管内大致0.75 mL。-20℃以下储存。

③分离血清（处理红头管）：将红头管3 000 r/min离心10 min。离心后30 min内，用一次性1 mL普通枪头，将血清平均转入至3支蓝色帽冻存管中，每个冻存管内大致0.75 mL。-20℃以下储存。

（2）唾液样品采集与预处理和保存方式：用2 mL唾液采集管（IBL公司）采集唾液，立即放入-20℃以下的冰箱内冻存（在昆仑站时，转移到室外的大保温包里）。清晨唾液在清洁口腔后，早餐前采集。越冬队员每月留取24 h唾液样品，24 h内按时间顺序留取不少于6个时间段样品。

（3）尿液样品采集与预处理和保存方式：48 h内每次小便用一次性纸杯接尿，混匀倒入15 mL的离心管，在粘贴纸写上姓名和ID号，以及留尿的日期和时间并粘贴在离心管上，插入试管架，每管尿液2 h内一定放入-20℃以下的冰箱内冻存。

2）生理学数据获取

通过便携式仪器设备获取心血管功能等生理学数据（表4-4）。

表4-4 心血管功能等生理学数据的现场获取方法

项 目	测定仪器	主要指标
心血管功能	美国BioZ. comTM 数字化无创 血液动力学监护系统	心输出量（CO）、心指数（CI）搏出量（SV）、搏出指数（SI）外周血管阻力（SVR）、外周血管阻力指数（SVRI）、加速度指数（ACI）、速度指数（VI）左心作功量（LCW）、左心作功指数（LCWI）左心射血时间（LVET）、预射血期（PEP）
心电传导功能	美国GE MAC 800 心电分析系统	心率、PR间期、P心电轴、T心电轴、R波和S波幅度、QRS波宽度、QT间期、QTc间期、QRS电轴、RV5幅度、SV1幅度、RV5+SV1
肺通气功能	德国耶格 Master Screen Rotry	肺活量（VC）、用力肺活量（FVC）、1秒量（FEV1）、1秒率（FEV1%）、呼气中段流速（MMEF或FEF25～75%）、最高呼气流速（PEF）、吸气峰流速、75%用力呼气流速（MEF75）、50%用力呼气流速（MEF50）、25%用力呼气流速（MEF25）、中段呼气流速（MMEF75/25）、75%用力呼气流速比85%（FEF75比85）、50%用力呼气峰流速比50%用力吸气峰流速（FEF50比FIF50）

续表

项　目	测定仪器	主要指标
睡眠质量监测	美国 EMBLA X100 多导睡眠仪	睡眠期时间、总睡眠时间、睡眠潜伏期、睡眠效率、睡眠期清醒时间、觉醒次数、NREM 1 期时间占总睡眠时间百分比、NREM 2 期时间占总睡眠时间百分比、NREM 3 期睡眠时间占总睡眠时间百分比、REM 期睡眠时间占总睡眠时间百分比，呼吸事件统计、鼾音、鼻气流、脉搏、胸式呼吸、腹式呼吸、血氧饱和度（SpO_2）
睡眠－活动监测	美国 Ambulatory-monitoring Basic Motionlogger	入睡时间、清醒时间、睡眠时长、睡眠潜伏期、睡眠效率
身体成分	OMRON HBF－701 体脂仪	体重、体重指数、基础代谢率、身体年龄、内脏脂肪指数、全身及各部位肌肉率和脂肪率
指端静脉血氧饱和度	MD300－C 脉搏血氧仪 西藏华大科技有限公司	1. 指端静脉血氧饱和度 2. 心率
血压监测	欧姆龙血压计	收缩压、舒张压、心率

3）心理学数据获取

通过现场问卷调查等方式获取相关的心理学数据（表4－5）。

表4－5　心理学数据的获取方法

项　目	调查方式	主要指标
急性高原病评估	问卷	急性轻型高原病症状分度和评分
认知功能	便携式计算机认知软件	便携式计算机安装认知测试软件后，进行认知功能检测
心理健康评估	国际通用心理问卷	1. POMS 问卷调查（6 方面情绪变化自评） 2. 压力与焦虑自评量表 3. 匹兹堡睡眠质量问卷（PSQI） 4. 症状自评量表（SCL－90） 5. 季节模式评估量表（SPAQ） 6. 清晨型与夜晚型量表（MEQ） 7. 抑郁（PGQ－9）问卷 8. 焦虑（GAD－7）问卷 9. 团队成员交流调查问卷（TMX） 10. 团队行为信任调查表（BTI） 11. 凝聚力调查问卷 12. 主观工作调查问卷

4.1.10.2　实验室测试分析

1）样品测试分析

血样品、唾液样品和尿样品带回国内实验室进行免疫—神经—内分泌激素网络调节的激素、蛋白、神经递质水平变化的分析测试（表4-6）。尿液褪黑素昼夜节律计算，运用MATLAB软件编程，建立余弦法对每月尿液中相对aMT6s浓度进行余弦曲线拟合，获得其峰值相位，即昼夜节律的金指标。

表4-6 血免疫—神经—内分泌网络调节因子检测指标和方法

项目	检测指标	检测方法	使用仪器
血样品			
下丘脑-垂体-甲状腺轴激素	血清总甲状腺素（TT3、TT4） 游离甲状腺素（FT3、FT4） 促甲状腺激素（TSH）	直接化学发光法	德国 SIEMENS ADVIA Centaur XP，全自动化学发光免疫分析仪
免疫球蛋白	免疫球蛋白IgG，IgA，IgM	免疫散射比浊法	美国DADE BEHRING BNⅡ全自动血浆蛋白分析系统
下丘脑-垂体-性腺轴激素	促性腺激素释放激素（GnRH） 睾酮（testosterone） 黄体生成素（LH） 卵泡刺激素（FSH）	酶联免疫吸附法	美国 MULTISKAN EX PRIMARY EIA V. 2.3 酶标仪
下丘脑-垂体-肾上腺轴激素	促肾上腺皮质激素释放激素（CRF） 促肾上腺皮质激素（ACTH） 皮质醇（cortisol） 去甲肾上腺素（NE） 肾上腺素（E） 多巴胺（DA）	酶联免疫吸附法	美国 MULTISKAN EX PRIMARY EIA V. 2.3 酶标仪
心血管功能相关调节肽	心钠肽（ANP） 脑钠肽（BNP） 内皮素1（ET-1） 血管紧张素Ⅱ（AngⅡ） 促红细胞生成素（EPO） 5-羟色胺（5-HT）	酶联免疫吸附法	美国 MULTISKAN EX PRIMARY EIA V. 2.3 酶标仪
炎性因子	肿瘤坏死因子-α（TNF-α） 干扰素-γ（IFN-γ） 高敏C-反应蛋白（hsCRP）	酶联免疫吸附法	美国 MULTISKAN EX PRIMARY EIA V. 2.3 酶标仪
应激激素及代谢相关指标	生长激素（GH） 瘦素（Leptin） 胰岛素（Insulin） 脂联素（Adiponectin） 乙酰化胃促生长素（Acetylated Grelin）	酶联免疫吸附法	美国 MULTISKAN EX PRIMARY EIA V. 2.3 酶标仪 美国Epoch 酶标仪

续表

项　目	检测指标	检测方法	使用仪器
	唾液样品		
应激激素 性激素	促肾上腺皮质激素释放激素（CRF） 皮质醇（cortisol） 睾酮（testosterone）	酶联免疫吸附法	美国 MULTISKAN EX PRIMARY EIA V. 2. 3 酶标仪
	尿液样品		
褪黑素	6－羟褪黑素磺酸盐（aMT6s）	酶联免疫吸附法	美国 Thermo　MULTISKAN MK3 酶标仪

2）调查问卷分析

按照心理学问卷调查常规方法进行每份问卷逐题录入，按标准答案模板统计，形成各类心理问卷数据库。在筛查除去漏选、多选的问卷后，运用 SPSS20 软件分别对每种问卷的所有维度进行统计分析：对所有时间点的数据进行正态性检验和方差齐性检验，对呈正态分布和满足方差齐的数据采用重复测量方差分析进行多个时间点的纵向比较，或用配对 T 检验进行两个时间点的比较；对不满足正态分布和方差不齐的数据采用非参数检验（Friedman 检验，Wilcoxon 符号秩检验）进行多个时间点或两个时间点的比较，$P<0.05$ 有统计学意义。

4. 2　获取的主要数据或样品

本专题通过中国第 28 ~ 31 次南极科学考察，以及 2012 年度、2013 年度、2014 年度和 2015 年度北极黄河站考察，依托南极长城站、中山站、昆仑站和北极黄河站，完成：①西南极菲尔德斯半岛、阿德雷岛、长城湾、阿德雷湾，东南极拉斯曼丘陵协和半岛，以及北极新奥尔松、王湾等区域的生物生态环境本底考察；②南极冰穹 A 低氧复合高寒环境对南极昆仑站内陆考察队员生理心理影响和南极光－黑暗周期对南极中山站越冬队员生理心理影响评估。共采集各类样品 6 945 份（生物生态环境样品 3 834 份、医学样品 3 111 份），以及医学检测和问卷调查报告 7 533 份；获得生物生态环境数据 20 945 个（组），建立考察队员生理和心理数据集 5 个。

4. 2. 1　南极长城站生物生态环境本底考察

通过参加第 28 ~ 31 次南极科学考察，在长城站所在区域的陆地、湖泊、海湾和大气共采集各类样品 2 114 份，其中生物生态学样品 680 份、环境现状样品 1 225 份、环境演变样品 209 份。经实验室测试分析，目前已获得相关数据 12 668 个（组）。

4. 2. 1. 1　生物生态考察

通过参加第 28 ~ 31 次南极科学考察，在长城站所在区域的陆地、湖泊、海湾共采集生物生态学样品 680 份，经实验室测试分析，目前已获得相关数据 1 102 个（组）。

1）近岸海洋浮游生物生态学考察

通过参加第28～31次南极科学考察，在长城站临近的长城湾和阿德雷湾各5个站位，分层采集海洋浮游生物生态学样品312份。经测试分析，目前已获得浮游细菌丰度、自养藻类丰度、浮游细菌群落结构、古菌群落结构和多样性、浮游真核生物群落结构相关数据332个（组）（表4－7）。

表4－7　南极长城站近岸海洋浮游生物生态学考察已获得的数据量

队次	数据类别	数据量
28	浮游细菌丰度	10个
	细菌多样性数据	10组
	微型浮游生物多样性	4组
29	浮游细菌丰度	37个
	浮游自养藻类丰度	37个
	细菌多样性数据	10组
	古菌多样性	8组
	微型浮游生物多样性	10组
30	浮游细菌丰度	37个
	浮游自养藻类丰度	37个
	细菌多样性数据	10组
	古菌多样性	10组
	微型浮游生物多样性	10组
31	浮游细菌丰度	36个
	浮游自养藻类丰度	36个
	细菌多样性数据	10组
	古菌多样性	10组
	微型浮游生物多样性	10组
合计		332个/组

2）站基附近潮间带生物调查

通过参加第29～31次南极科学考察，在长城站所在的菲尔德斯半岛潮间带共采集生物样品296份，其中大型海藻样品54份、底栖生物样品182份和微生物样品60份。经测试分析，目前已获得生物种类组成、丰度、生物量和多样性等相关数据432组（表4－8）。

表4－8　南极长城站附近潮间带生物调查已获得的数据量

队次	数据类别	数据量/组
29	大型海藻种类	20
	大型海藻丰度	20
	大型海藻生物量	20
	底栖生物种类	20
	底栖生物丰度	20
	底栖生物生物量	20
	微生物多样性	20

续表

队次	数据类别	数据量/组
30	大型海藻种类	21
	大型海藻丰度	21
	大型海藻生物量	21
	底栖生物种类	21
	底栖生物丰度	21
	底栖生物生物量	21
	微生物多样性	20
31	大型海藻种类	21
	大型海藻丰度	21
	大型海藻生物量	21
	底栖生物种类	21
	底栖生物丰度	21
	底栖生物生物量	21
	微生物多样性	20
合计		432

3）站基土壤微生物考察

通过参加第29～31次南极科学考察，在长城站所在的菲尔德斯半岛采集土壤样品63份。经测试分析，目前已获得微生物数量、种类组成等相关数据284组（表4－9）。

表4－9　南极长城站土壤微生物考察已获得的数据量

队次	数据类别	数据量/组
29	细菌种类	21
	细菌数量	21
	真菌种类	21
	真菌数量	21
30	细菌种类	25
	细菌数量	25
	真菌种类	25
	真菌数量	25
31	细菌种类	25
	细菌数量	25
	真菌种类	25
	真菌数量	25
合计		284

4）站基湖泊生物调查

通过参加第29～31次南极科学考察，在长城站所在的菲尔德斯半岛采集湖泊浮游生物和湖泊底栖生物样品各9份。经测试分析，目前已获得微生物数量、种类组成等相关数据54组（表4－10）。

表 4－10 南极长城站湖泊生物调查已获得的数据量

队次	数据类别	数据量/组
29	浮游生物种类	3
	浮游生物丰度	3
	浮游生物生物量	3
	底栖生物种类	3
	底栖生物丰度	3
	底栖生物生物量	3
30	浮游生物种类	3
	浮游生物丰度	3
	浮游生物生物量	3
	底栖生物种类	3
	底栖生物丰度	3
	底栖生物生物量	3
31	浮游生物种类	3
	浮游生物丰度	3
	浮游生物生物量	3
	底栖生物种类	3
	底栖生物丰度	3
	底栖生物生物量	3
合计		54

4.2.1.2 环境现状考察

通过参加第28～31次南极科学考察，在长城站所在区域的陆地、湖泊、海湾、大气共采集各类环境样品1 225份，经实验室测试分析，目前已获得相关数据5 116个（组）。

1）站基邻近海域水环境要素调查

通过参加第28～31次南极科学考察，在长城站临近的长城湾和阿德雷湾各5个站位，根据水深分3～5层采集水样145份。经测试分析，目前已获得温度、盐度、营养盐、叶绿素a等数据1 277个（表4－11）。

表 4－11 南极长城站临近海域水环境要素调查已获得的数据量

队次	参数	数据量/个
28	温度	35
	盐度	35
	硝酸盐	35
	亚硝酸盐	35
	磷酸盐	35
	硅酸盐	35
	颗粒有机碳	24
	叶绿素 a	35

续表

队次	参数	数据量/个
29	温度	37
	盐度	37
	硝酸盐	37
	亚硝酸盐	37
	磷酸盐	37
	硅酸盐	37
	铵盐	37
	颗粒有机碳	37
	稳定碳同位素	37
	光合色素	37
	溶解氧	37
	叶绿素 a	37
30	温度	37
	盐度	37
	硝酸盐	37
	亚硝酸盐	37
	磷酸盐	37
	硅酸盐	37
	铵盐	18
	溶解氧	35
	叶绿素 a	37
31	温度	36
	盐度	36
	亚硝酸盐	36
	磷酸盐	36
	硅酸盐	36
	铵盐	36
	溶解氧	36
合计		1 277

2）站基陆域水与土壤环境基线调查

通过参加第 29～31 次南极科学考察，在长城站所在的菲尔德斯半岛采集土壤样品 168 份、湖泊水样 6 份。经测试分析，目前已获得土壤重金属（8～10 种）、土壤化学性质（总氮、总磷、有机质、氟化物、氯化物浓度）、湖泊水理化性质（温、盐、溶解氧、酸碱、氨氮、总磷、硝酸盐氮）等相关数据 185 组（表 4－12）。同时在第 29 次队时，试验用在线传感器于 2013 年 3—5 月连续采集土壤温度和湿度数据 22 000 多组（采集频率为 5 min）。

表4-12 南极长城站土壤与湖泊环境基线调查已获得的数据量

队次	数据类别	数据量/组
29	土壤重金属	55
	土壤化学性质	55
30	土壤重金属	69
	湖泊水理化性质	3
31	湖泊水理化性质	3
合计		185

3）站基大气化学环境调查

通过参加第29~31次南极科学考察，在长城站站区用大容量气溶胶采样器连续采集无机气溶胶样品70个。经测试分析，目前已获得第29次、30次大气阴阳离子（F^-、Cl^-、NO_3^-、SO_4^{2-}、PO_4^{3-}、Na^+、Ca^{2+}、Mg^{2+}、NH_4^+、MSA共10组分）和重金属（Cu、Pb、Zn、Cd共4组分），共计2 940个数据（表4-13）。

表4-13 南极长城站大气成分已获得的数据量

队次	数据类别	数据量/个
29	大气阴阳离子（10组分）	700
	大气重金属（4组分）	280
30	大气阴阳离子（10组分）	700
	大气重金属（4组分）	280
31	大气阴阳离子（10组分）	700
	大气重金属（4组分）	280
合计		2 940

4）站基有机污染物分布状况调查

通过参加中国第29~31次南极科学考察，在南极长城站所在的菲尔德斯半岛区域共采集了836份样品，包括141份大气样品，26份土壤，142份粪土（企鹅粪、海豹粪和鸟粪），107份水样，37份沉积物，234份植被，170份生物样品。经测试分析，目前已获得数据714组（以1份样品中1类有机污染物的分析结果计为1组数据）（表4-14）。

表4-14 南极长城站有机污染物分布状况调查所获得的数据量 单位：组

队次	测试项目	水体	沉积物	大气	土壤粪土	植被	生物	合计
29	PAHs	44	3	12	25	21	15	120
	PCBs	44	3	12	25	21	15	120
30	PAHs	14	2	24	4	7	3	54
	PCBs	14	2	24	4	7	2	53
	OCPs	14	2	24	4	7	2	53
	DPs	28		30	23		21	102

续表

队次	测试项目	水体	沉积物	大气	土壤粪土	植被	生物	合计
31	PAHs	9	3	6	26	10		54
	PCBs	9	3	6	26	10		54
	OCPs	9	3	6	26	10		54
	HBCDs	8		7	20	10	5	50
合计		158	12	126	81	63	70	714

4.2.1.3 生态环境演变调查与评估

通过参加中国第29~31次南极科学考察，在南极长城站所在的菲尔德斯半岛区域共采集了209份样品，其中包括湖泊表层沉积物59份、海洋表沉积物3份、柱状湖泊沉积物4根（约4 m）、粪土柱状沉积物13根（约6 m）、表层土壤样品50份、苔藓和地衣样品50份、企鹅羽毛和海豹胡须毛发样品30个。经测试分析，目前已获得相关地质地球化学数据6 450个（表4-15）。

表4-15 南极长城站生态环境演变调查已获得的数据量

样品	数据类别	数据量/个
GA-2沉积柱	AMS^{14}C年代	18
	C同位素	18
	LOI（烧失量）	278
	粒度	1 380
	磁化率	272
	Sr/Ba、B/Ga	128
CH沉积柱	LOI	198
	粒度	198
	磁化率	198
J沉积柱	LOI	110
	粒度	110
	磁化率	110
T沉积柱	LOI	22
	粒度	12
	磁化率	22
Q1沉积柱	^{210}Pb-^{137}Cs定年	48
	LOI	62
	粒度	310
	Cu、Zn、Sr、Ba、Ca、P、S浓度	434
	C/N比值	62
Q2沉积柱	TN、TC、含水率、LOI	96
	Fe/Al-P、Ca-P、IP、OP浓度	96
	Cu、Zn、Ba、Sr、Ca、Fe、P、S浓度	192

续表

样品	数据类别	数据量
G1 沉积柱	TN、TC、含水率、LOI	180
	Fe/Al-P、Ca-P、IP、OP 浓度	180
	Cu、Zn、Ba、Sr、Ca、Fe、P、S 浓度	360
LL2 沉积柱	Cu、Zn、Co、Ni、Cr、Al、Fe、Ca、K、Na、Sr、Ba、Mn、Mg、P、Ti 浓度	512
表层沉积物	Cu、Zn、Pb、Ni、P、Cr、Cd、Co、As、Se、Sb、Hg 浓度	744
海豹胡须、毛发	C、N 同位素	50
	C、N 浓度	50
合计		6 450

4.2.2 南极中山站环境本底考察

通过参加第 29 ~ 31 次南极科学考察，在中山站所在区域的陆地、湖泊、海湾和大气共采集各类环境样品 273 份。经实验室测试分析，目前已获得相关数据 3 265 个（组）。

4.2.2.1 站基陆域水与土壤环境基线调查

通过参加第 29 次和第 31 次南极科学考察，在中山站所在的协和半岛采集土壤样品 97 份。经测试分析，目前已获得土壤重金属（10 种）和土壤化学性质（总氮、总磷、有机质、氟化物、氯化物浓度）等相关数据 219 组（表 4-16）。

表 4-16 南极中山站土壤环境基线调查已获得的数据量

队次	数据类别	数据量/组
29	土壤重金属	44
	土壤化学性质	44
31	土壤重金属	53
	土壤石油烃	53
	土壤化学性质	25
合计		219

4.2.2.2 站基大气化学环境调查

通过参加第 29 ~ 31 次南极科学考察，在中山站站区用大容量气溶胶采样器连续采集无机气溶胶样品 70 个。经测试分析，目前已获得第 29 次和第 30 次大气阴阳离子（F^-、Cl^-、NO_3^-、SO_4^{2-}、PO_4^{3-}、Na^+、Ca^{2+}、Mg^{2+}、NH_4^+、MSA 共 10 组分）和重金属（Cu、Pb、Zn、Cd 共 4 组分），共计 2 940 个数据（表 4-17）。

表 4-17　南极中山站大气成分已获得的数据量

队次	数据类别	数据量/个
29	大气阴阳离子（10 组分）	700
	大气重金属（4 组分）	280
30	大气阴阳离子（10 组分）	700
	大气重金属（4 组分）	280
31	大气阴阳离子（10 组分）	700
	大气重金属（4 组分）	280
合计		2 940

4.2.2.3　站基有机污染物分布状况调查

通过参加第 30 次南极科学考察，开展了中山站拉斯曼丘陵地区典型 POPs（多环芳烃 PAHs、多氯联苯 PCBs）分布状况调查，获取了大气、土壤、湖水、雪水等多介质环境样品 106 份，包括 38 份大气样品、20 份土壤、6 份粪土、16 份水样、6 份沉积物、22 份植被、4 份生物样品。经测试分析，目前已得到相关数据 106 组（表 4-18）。

表 4-18　南极中山站有机污染物分布状况调查所获得的数据量　　单位：份

队次	测试项目	水体	沉积物	大气	土壤	粪土	植物	生物	合计
30	PAHs	8	3	19	10	3	11	2	53
	PCBs	8	3	19	10	3	11	2	53
合计		16	6	38	20	6	22	4	106

4.2.3　北极黄河站生物生态环境本底考察

通过参加 2012 年度、2013 年度、2014 年度和 2015 年度北极黄河站考察，在黄河站所在区域的陆地、海湾共采集 1 447 份，其中生物生态学样品 441 份、环境现状样品 877 份、环境演变样品 159 份。经实验室测试分析，目前已获得相关数据 5 012 个（组）。

4.2.3.1　生物生态考察

通过参加 2012 年度、2013 年度、2014 年度和 2015 年度北极黄河站考察，在黄河站所在区域的陆地、海湾共采集生物生态学样品 441 份，经实验室测试分析，目前已获得相关数据 587 个（组）。

1）近岸海洋浮游生物生态学考察

通过参加临近的王湾海域调查站位分层采集水样 390 份。经测试分析，目前已获得浮游细菌丰度、自养藻类丰度、浮游细菌群落结构、古菌群落结构和多样性、浮游真核生物群落结构相关数据 383 个（组）（表 4-19）。

表 4－19 北极黄河站近岸海洋浮游生物生态学考察已获得的数据量

年 度	数据类别	数据量
2012	浮游细菌丰度	22 个
	微型浮游生物丰度和群落结构	56 组
	微型浮游生物多样性	14 组
2013	浮游细菌丰度	22 个
	微型浮游生物丰度和群落结构	69 组
	微型浮游生物多样性	14 组
2014	浮游细菌丰度	37 个
	微型浮游生物丰度和群落结构	42 组
	微型浮游生物多样性	14 组
2015	浮游细菌丰度	37 个
	微型浮游生物丰度和群落结构	42 组
	微型浮游生物多样性	14 组
合计		383 个/组

2）站基土壤微生物考察

通过参加2012年度、2013年度、2014年度和2015年度北极黄河站科学考察，在黄河站所在区域采集土壤样品51份。经测试分析，目前已获得微生物数量、种类组成等相关数据204组（表4－20）。

表 4－20 北极黄河站土壤微生物考察已获得的数据量

年度	数据类别	数据量/组
2012	细菌种类	20
	细菌数量	20
	真菌种类	20
	真菌数量	20
2013	细菌种类	15
	细菌数量	15
	真菌种类	15
	真菌数量	15
2014	细菌种类	8
	细菌数量	8
	真菌种类	8
	真菌数量	8
2015	细菌种类	8
	细菌数量	8
	真菌种类	8
	真菌数量	8
合计		204

4.2.3.2 环境现状考察

通过参加2012年度、2013年度、2014年度和2015年度北极黄河站考察，在北极黄河站所在区域共采集各类环境样品877份。经测试分析，已获得数据2 783个（组）。

1）站基邻近海域水环境要素调查

通过参加2012年度、2013年度、2014年度和2015年度北极黄河站考察，在黄河站临近的王湾海域调查站位分层采集水样237份。经测试分析，目前已获得温度、盐度、营养盐、叶绿素a等数据1 316个（表4－21）。

表4－21　北极黄河站临近海域水环境要素调查已获得的数据量

年度	数据类别	数据量/个
2012	温度	42
	盐度	42
	硝酸盐浓度	42
	亚硝酸盐浓度	42
	磷酸盐浓度	42
	硅酸盐浓度	42
	叶绿素a浓度	42
2013	温度	61
	盐度	61
	硝酸盐浓度	61
	亚硝酸盐浓度	61
	磷酸盐浓度	61
	硅酸盐浓度	61
	叶绿素a浓度	61
2014	温度	43
	盐度	43
	硝酸盐浓度	43
	亚硝酸盐浓度	43
	磷酸盐浓度	43
	硅酸盐浓度	43
	叶绿素a浓度	43
2015	温度	39
	盐度	40
	硝酸盐浓度	43
	亚硝酸盐浓度	43
	磷酸盐浓度	43
	硅酸盐浓度	43
	叶绿素a浓度	43
合计		1 316

2）站基陆域水与土壤环境基线调查

通过参加2012年度黄河站科学考察，在黄河站所在区域采集土壤样品41份。经测试分析，目前已获得土壤重金属（8种）和土壤化学性质（总氮、总磷、有机质、氟化物、氯化物浓度）等相关数据53组（表4－22）。

表4－22　北极黄河站土壤环境基线调查已获得的数据量

年度	数据类别	数据量/组
2012	土壤重金属	41
	土壤化学性质	12
合计		53

3）站基大气化学环境调查

通过参加2012年度、2013年度、2014年度和2015年度黄河站科学考察，在黄河站用大容量气溶胶采样器连续采集无机气溶胶样品60个。经测试分析，目前已获得2012年度、2013年度和2014年度大气阴阳离子（F^-、Cl^-、NO_3^-、SO_4^{2-}、PO_4^{3-}、Na^+、Ca^{2+}、Mg^{2+}、NH_4^+、MSA共10组分）和重金属（Cu、Pb、Zn、Cd共4组分），共计840个数据（表4－23）。

表4－23　北极黄河站大气成分已获得的数据量

年度	数据类别	数据量/个
2012	大气阴阳离子（10组分）	150
	大气重金属（4组分）	60
2013	大气阴阳离子（10组分）	150
	大气重金属（4组分）	60
2014	大气阴阳离子（10组分）	150
	大气重金属（4组分）	60
2015	大气阴阳离子（10组分）	150
	大气重金属（4组分）	60
合计		840

4）站基有机污染物分布状况调查

通过参加2012年度、2013年度、2014年度和2015年度北极黄河站考察，共采集北极黄河站所在地区的各类有机污染物样品539份，包括69份水样，69份沉积物样，133份大气样品，106份土壤样品，62份粪土样品（驯鹿粪、鸟粪）和100份植物。经测试分析，目前已获得相关有机污染物数据574组（表4－24）。

表4－24　北极黄河站有机污染物分布状况调查所获得的数据量　　单位：组

年度	测试项目	水体	沉积物	大气	土壤	粪土	植物	合计
2012	PCBs	8	8	16	12	6	13	63
	PAHs	8	8	16	12	6	13	63
	PBDEs	8	8	16	12	6	13	63

续表

年度	测试项目	水体	沉积物	大气	土壤	粪土	植物	合计
2013	PCBs	8	8	16	12	6	13	63
	PAHs	8	8	16	12	6	13	63
	PBDEs	8	8	16	12	6	13	63
2014	PCBs	8	8	16	13	10	8	63
	PAHs	8	8	16	13	10	8	63
2015	PCBs	5	5	5	8	6	6	35
	PAHs	5	5	5	8	6	6	35
合计		74	74	138	114	68	106	574

4.2.3.3 生态环境演变调查与评估

通过参加2012年度、2013年度和2014年度北极黄河站考察，在北极黄河站周边典型区域共采集样品159份，包括海洋表层沉积物24份、柱状湖泊沉积物15根（约7 m）、表层土壤样品50份、苔藓样品40份、驯鹿毛发粪便和鸟粪30份。经测试分析，目前已获得相关地质地球化学数据1 642个（表4－25）。

表4－25 北极黄河站生态环境演变调查已获得的数据量

样品	数据类别	数据量/个
泥炭沉积柱	Sc、La、Ce、Pr、Nd、Sm、Eu、Gd、Tb、Dy、Ho、Er、Tm、Yb、Lu、Y、Hf、Ta、Zr、Rb稀土元素浓度	500
BJ沉积柱	210Pb－137Cs定年	66
	TOC、TN、TC、Hg、Ga、Ba、Co、Cr、Cu、Ni、Pb、Zn、Al、Ca、Fe、K、Na、Mg、Ti、Mn、P、Sr浓度	968
LDP沉积柱	TOC、N、C、S、粒度、磁化率	108
合计		1 642

4.2.4 南极特殊环境对考察队员生理和心理影响评估

通过中国第28～31次南极考察，依托昆仑站内陆队和中山站越冬队，共采集各类医学样品3 111份，获得医学检测和问卷调查报告7 533份，建立考察队员生理和心理数据集5个。

4.2.4.1 南极昆仑站内陆队

通过参加第28次、第29次和第31次南极考察的昆仑站内陆队，共采集内陆队队员血液样品218份和唾液样品426份，获得医学检测和问卷调查报告5 125份（表4－26）。经测试分析，目前已建立了《第28次南极考察内陆队生理和心理数据集》、《第29次南极考察内陆队生理和心理数据集》和《第31次南极考察昆仑站内陆队生理心理数据集》3个数据集（约600 kb，Spss格式），第31次南极考察昆仑站内陆队的数据集正在整理中。

表 4-26 南极昆仑站内陆队已获得的医学检测和问卷调查报告数量

队次	报告类别	数量/份
28	心血管功能检测报告	125
	心电传导检测报告	125
	指端静脉血氧饱和度和心率报告	75
	血压检测报告	75
	认知功能检测报告	75
	急性高原病问卷调查报告	50
	情绪状态 POMS 问卷调查报告	100
	压力与焦虑自评问卷调查报告	100
29	心血管功能检测报告	142
	心电传导检测报告	133
	指端静脉血氧饱和度和心率报告	249
	血压检测报告	249
	急性高原病问卷调查报告	249
	情绪状态 POMS 问卷调查报告	148
	压力与焦虑自评问卷调查报告	148
31	心血管功能检测报告	158
	心电传导检测报告	158
	肺功能检测报告	158
	血压检测报告	320
	指端静脉血氧饱和度和心率报告	320
	身体成分报告	135
	多导睡眠监测报告	30
	急性高原病问卷调查报告	594
	情绪状态 POMS 问卷调查报告	162
	压力、焦虑与抑郁自评量表报告	405
31	匹兹堡睡眠质量问卷（PSQI）调查报告	238
	症状自评量表（SCL-90）	81
	团队成员交流调查问卷（TMX）报告	81
	团队行为信任调查表（BTI）报告	81
	凝聚力调查问卷报告	81
	主观工作调查问卷报告	80
合计		5 125

4.2.4.2 南极中山站越冬队

通过参加第 29 次和第 30 次南极考察的中山站越冬队，共采集越冬队队员血液样品 126 份、唾液样品 1 141 份，尿液样品 1 020 份，大便样品 180 份，获得医学检测和问卷调查报告 2 408 份（表 4-27）。经测试分析，目前已建立了《第 29 次中山站越冬队生理和心理数据集》和《第 30 次南极考察中山站越冬队生理心理数据集》各 1 个数据集（约

400 kb，Spss 格式）。

表 4－27　南极中山站越冬队已获得的医学检测和问卷调查报告数量

队次	报告类别	数量/份
29	多导睡眠监测报告	63
	情绪状态 POMS 问卷调查报告	195
	压力与焦虑自评量表报告	195
	季节性行为模式调查表（SPAQ）报告	60
	成人健康估量表（SCL－90）报告	60
	团队成员交流（TMX）报告	60
	行为信任调查表（BTI）报告	60
	清晨型与夜晚型量表（MEQ）报告	50
30	24 h 动态心电传导（Holter）检测报告	56
	心电传导检测报告	124
	血压检测报告	178
	身体成分报告	178
	情绪状态 POMS 问卷调查报告	191
	压力与焦虑自评量表报告	191
	匹兹堡睡眠质量问卷（PSQI）报告	191
	季节模式评估量表（SPAQ）报告	73
	清晨型与夜晚型量表（MEQ）报告	73
	焦虑（GAD－7）问卷调查报告	191
	抑郁（PGQ－9）问卷报告	191
	主观工作调查问卷报告	28
合计		2 408

4.3　质量控制与监督管理

站基生物生态环境本底考察中的海洋、大气生态环境考察按照《海洋监测规范》（GB 17378—2007）、《海洋调查规范》（GB 12763—2007）、《极地生态环境监测规范》（试行）和《我国近海海洋综合调查与评价专项》中的《海洋生物生态调查技术规程》中的技术方法进行；湖泊生态环境考察按照《水环境监测规范》、《湖泊生态调查观测与分析》（黄祥飞，2010）和《湖泊生态系统观测方法》（陈伟民，2005）中的技术方法进行；陆地土壤生态环境考察按照《土壤环境监测技术规范》（HJ/T 166—2004）和《土壤环境质量标准》中的技术方法进行；污染物调查按照《极地生态环境监测规范》（试行）和《海洋监测技术规程》（HY/T 147—2013）中的技术方法进行；医学调查按照临床相关要求的技术方法进行。

海水样品在样品采集、贮运过程中的质量控制采用现场空白样、现场平行样，质量控制样品数量为采集水样总数的20%，包括内标的添加、固定剂的添加，其运输保存、分析与样品同等处理。沉积物和土壤样品的质量控制采用现场平行双样控制，按照平行样占样品总数的10%计算。除沉积物、土壤外，植被、潮间带生物和粪土样品均采集1个站位的现场平行样。

样品装运前核对，在采样现场样品必须逐件与样品登记表、样品标签和采样记录进行核对，核对无误后分类装箱；为了避免样品运输周期长、中转次数多等特点，部分样品（以满足实验室分析和通关要求为标准）由现场执行人员带回国内实验室，其他样品从智利或挪威托运回国。为避免在运输过程中对样品带来污染，所有样品均采用三层密封袋封装。

样品运回实验室后立即组织进行样品分析，整个分析过程完全按照或参照国家计量认证实验室质量控制程序进行，包括实验室试剂空白、实验空白和标准参考物质分析等，所有样品均采用内标法定量，全部结果均满足方法质量控制要求。

在专题实施期间，按照专项的统一要求对项目实行了严格的质量管理，实行单位、项目负责人、项目执行人三级责任制，现场考察根据专项统一要求设置质量监督员，保障了项目的高质量实施。

4.4 数据总体评价情况

所有样品数据均遵循规范方法，开展分析工作，通过严格的质量控制，得到的数据真实可靠。在项目执行期间，部分实验室多次参与了实验室比对和国际互校，获得了理想的结果。数据准确可靠，可以与国际水平接轨。其中部分数据已发表学术论文52篇，其中SCI文章32篇，充分说明数据质量得到公共认可。

参考文献

陈伟民，黄祥飞，周万平，等.2005. 湖泊生态系统观测方法［M］. 北京：中国环境科学出版社.

李振高，骆永明，滕应.2008. 土壤与环境微生物研究法［M］. 北京：科学出版社.

鲁如坤.2000. 土壤农业化学分析方法［M］. 南京：河海大学出版社.

庄燕培，金海燕，陈建芳，等.2012. 西赤道太平洋暖池区光合色素分布及其对浮游植物群落的指示作用［J］. 海洋学报，34（2）：143－152.

黄祥飞.2000. 湖泊生态调查观测与分析［M］. 北京：中国标准出版社.

国家海洋局.HY/T 147—2013 海洋监测技术规程第4部分：海洋大气［S］.

国家海洋局.GB/T 12763.4—2007 海洋调查规范第4部分：海水化学要素调查［S］.

国家海洋局.GB/T 12763.6—2007 海洋调查规范第6部分：海洋生物调查［S］.

国家海洋局.GB 17378.7—2007 海洋监测规范第7部分：近海污染生态调查和生物监测［S］.

国家海洋局908专项办公室.2006. 海洋生物生态调查技术规程［M］. 北京：海洋出版社.

国家海洋局南北极环境综合考察与评估专项办公室.2014. 极地生态环境监测规范［M］. 北京：海洋出版社.

环境保护部科技标准司.HJ 657—2013 空气和废气颗粒物中铅等金属元素的测定［S］.

国家环境保护总局科技标准司.HJ/T 91—2002 地表水和污水监测技术规范［S］.

国家环境保护总局科技标准司.HJ/T 166—2004 土壤环境监测技术规范［S］.

国家环保总局科技标准司和上海市环境保护局.HJ/T 350—2007 展览会用地土壤环境质量评价标准（暂行）［S］.

环境保护部科技标准司.HJ 680—2013 土壤和沉积物汞、砷、硒、铋、锑的测定微波消解/原子荧光法［S］.

国家环保总局科技标准司.HJ/T 346—2007 水质硝酸盐氮的测定紫外分光光度法（试行）［S］.

国家环保总局科技标准司．HJ 535—2009 水质氨氮的测定纳氏试剂分光光度法［S］．

国家环保总局科技标准司．HJ 636—2012 水质总氮的测定碱性过硫酸钾消解紫外分光光度法［S］．

国家环境保护局．GB 15618—1995 土壤环境质量标准［S］．

Huang T，Sun LG，Long NY，et al. 2013. Penguin tissue as a proxy for relative krill abundance in East Antarctica during the Holocene［J］. Sci Rep，3：2807 DOI：10. 1038/srep02807.

Huang T，Sun LG，Wang YH，et al. 2009. Penguin population dynamics for the past 8500 years at Gardner Island，Vestfold Hills［J］. Antarct Sci，21：571－578.

Heukelem L V，Thomas C S. 2001. Computer-assisted high-performance liquid chromatography method development with applications to the isolation and analysis of phytoplankton pigments［J］. Journal of Chromatography A，910（1）：31－49.

Grasshoff K，Kremling K，Ehrhardt MG. 1999. Methods of Seawater Analysis［M］. 3rd Edition. Weinheim：VCH Publishers：159－223.

Liu XD，Zhao SP，Sun LG，et al. 2006. Geochemical evidence for the variation of historical seabird population on Dongdao Island of the South China Sea［J］. J Paleolimnol，36：259－279.

Nie YG，Liu XD，Emslie SD. 2014. Distribution and sources of rare earth elements in ornithogenic sediments from the Ross Sea region，Antarctica［J］. Microchemical Journal，114：247－260.

Ragueneau O，Savoye N，Amo Y D，et al. 2005. A new method for the measurement of biogenic silica in suspended matter of coastal waters：using Si：Al ratios to correct for the mineral interference［J］. Continental Shelf Research，25（5－6）：697－710.

U. S. Environmental Protection Agency. OSWER Directive 9285. 7－55 Guidance for Developing Ecological Soil Screening Levels［S］.

Xu LQ，Liu XD，Sun LG，et al. 2010. Distribution of radionuclides in the guano sediments of Xisha Islands，South China Sea and its implication［J］. Journal of Environmental Radioactivity，101：362－368.

第5章 主要分析与研究成果

5.1 南极长城站站基生物生态环境特征分析

5.1.1 生物群落结构与多样性特征分析

5.1.1.1 近岸海域海洋浮游微生物群落结构与多样性特征分析

1）南极长城站近岸海域浮游细菌群落结构

浮游细菌不但在海洋的物质循环中发挥关键作用，而且还可以作为海洋环境的指示物。采用基于16S rRNA 基因的高通量测序方法对阿德雷湾及长城湾表层水体中的浮游细菌群落组成进行了分析。从图5－1可见这两个海湾中的细菌组成相似，皆是以拟杆菌、α－变形细菌及γ－变形细菌为主。此外，有相当大的一部分序列（平均为每个站位5.3%）不能确定分类学地位。与阿德雷湾相比，长城湾叶绿素浓度及颗粒有机碳浓度更高，但细菌丰富度及多样性却更低。在这两个海湾中的夏季浮游细菌包括了化能异养及光能异养这两种代谢类型的细菌。一些广布性细菌，如极地杆菌属、亚硫酸盐杆菌属等，属于在海洋细菌群落中通常都占优势地位的一些细菌种群，它们可能在处于不同地理位置但却具有相似特征的海洋环境中发挥着相似的生态学功能（Zeng et al.，2014）。

2）南极长城站近岸海域古菌群落结构

采用454高通量测序技术，对上述站位中的10个表层海水的环境DNA进行了古菌群落结构分析。结果表明，长城站近岸海域中能检测到广古菌和泉古菌序列，其中广古菌占据明显优势（≥75%），与上一年度调查结果无显著差异。在广古菌中，与Grzymski等在南极半岛Anvers Island的Arthur Harbor冬季近岸表层海水中检测到的广古菌序列SHFC1070具有较高相似性的序列占绝对优势。在长城站附近海域表层海水中，奇古菌（中温泉古菌）序列所占比例较小，在各站位的比列范围为2%～17%（图5－2）。

3）长城站近岸海域微型浮游真核生物群落结构

一直以来，南极沿岸海域的微型浮游生物多样性成果大多局限于传统的显微观测，因此它们的生物多样性可能会被大大低估。因此，南极菲尔德斯半岛海湾亦被认定由硅藻为优势主导的微型浮游生物群落组成，而其他潜在的浮游微型生物可能被忽视。本研究首次运用Illumina Miseq 2000高通量测序法调查了长城湾和阿德雷海湾的微型浮游真核生物（≤20 μm）的遗传多样性，并对夏季菲尔德斯半岛长城站附近沿岸带的两个海湾中的浮游植物根据营养模式进行了初步探索调查和分析。图5－3显示，常见的微型浮游鞭毛类以腰鞭毛类，隐藻，不等鞭毛类，塔胞藻，*Telonema*，*Cryothecomonas* 等为该沿岸海域的优势微型真核生物群落组成，这些类群也被预测为在海湾生态系统中扮演着重要的生态角色；长城湾和阿

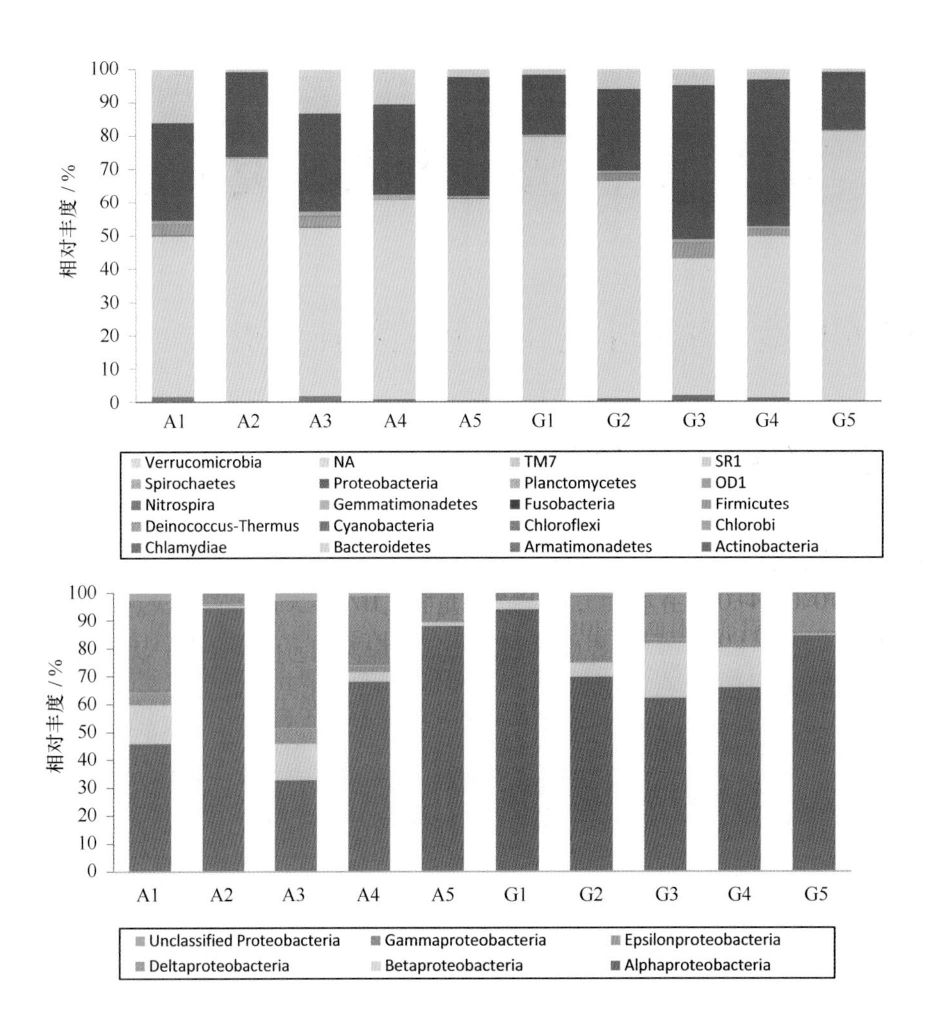

图 5－1　阿德雷湾及长城湾不同站位的细菌多样性

A1～A5，表示阿德雷湾的 5 个站位；G1～G5，表示长城湾的 5 个站位；上图为门水平上的细菌组成情况，下图为变形细菌门内的细菌组成情况

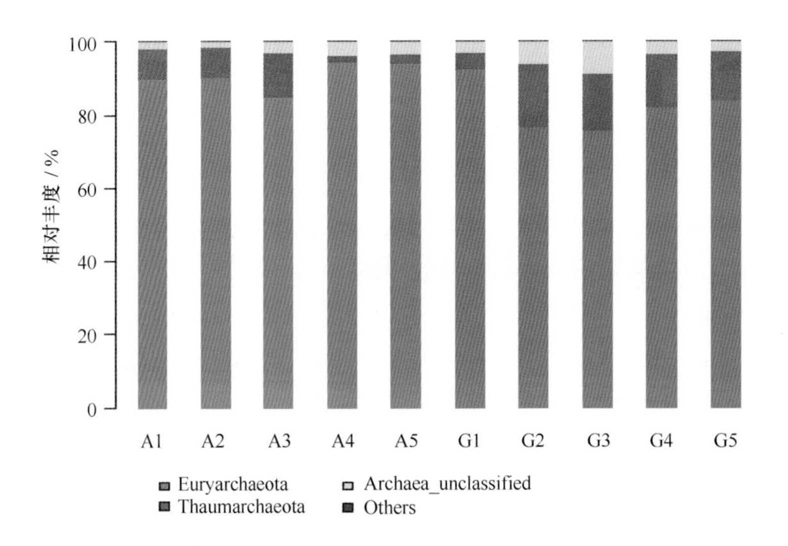

图 5－2　南极长城站近岸海域中古菌多样性

A1～A5，表示阿德雷湾的 5 个站位；G1～G5，表示长城湾的 5 个站位

德雷湾之间的海流亦是影响它们的微型浮游真核生物多样性的重要物理因素，种群多样性的聚类分析证实了这种假设，由于企鹅岛和主岛形成了半封闭性水体，由长城湾内湾的站点（G1～G3）为代表，它们形成典型的浅滩样品的微型浮游真核生物群落结构而相互紧密相关联，而长城湾外湾的两个站点（G4，G5）则以典型的开阔水域微型浮游真核生物群落结构组成特点，与阿德雷湾的站点样品相互关联；微型浮游植物多样性分析的α指数显示，长城湾相比阿德雷海湾具有更为丰富的多样性（Luo et al.，2015）。

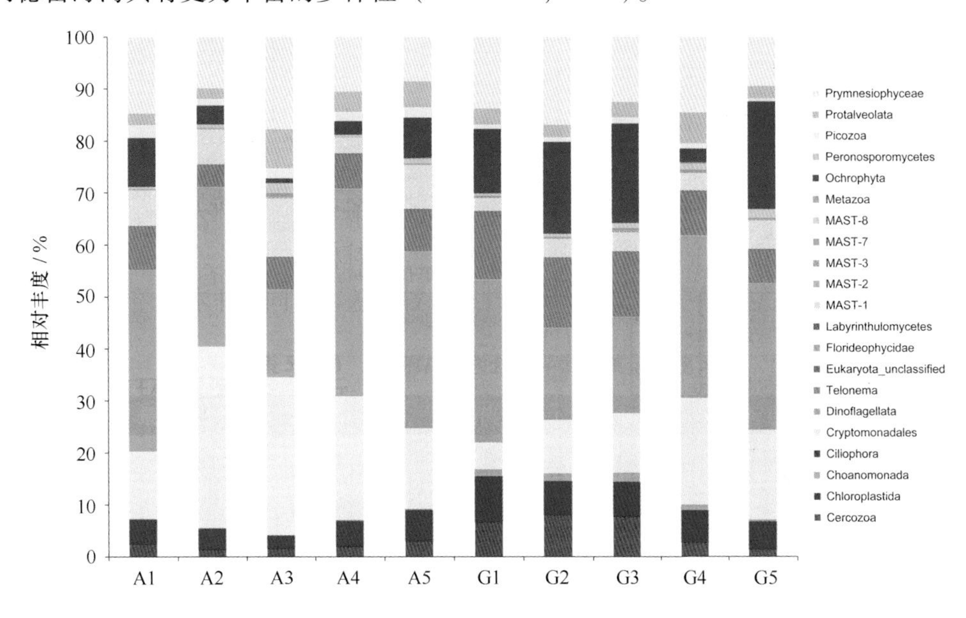

图5-3 南极长城站近岸海域中微型浮游生物多样性

A1～A5，表示阿德雷湾的5个站位；G1～G5，表示长城湾的5个站位

5.1.1.2 潮间带生物群落结构与多样性特征分析

5.1.1.2.1 大型海藻

1）种类组成

本次调查共在南极长城站所在的菲尔德斯半岛发现大型藻类资源26种，主要有羽状尾孢藻 *Urospora penilliformis*、倒卵银杏藻 *Iridaea obovata*、疣状杉藻 *Gigartina papillosa*、小腺囊藻 *Adenocystis utricularis*、叉分酸藻 *Desmarestia anceps*、一种红皮藻 *Palmaria decipiens*、顶管藻 *Acrosiphonia arcta*、褐藻 *Petalonia fascia*、囊翼藻 *Ascoseira mirabilis*、囊球藻 *Cystosphara jacquinotii*、礁膜 *Monostroma hariotii*、一种褐藻 *Callophyllis variegate*、一种红藻 *Georgiella confluens*、海头红 *Plocamium cartilagineum*、一种未知名红藻、酸藻 *Desmarestia ligulata*、孟氏酸藻 *Desmarestia menziesii*、一种酸藻 *Desmarestia* sp.、一种红藻 *Georgiella confluens*、杉藻 *Gigartina skottsbergii*、一种褐藻 *Himantotalus grandifolium*、多条藻 *Myriogramme mangini*、厚膜藻 *Pachymenia orbicularis*、一种绿藻 *Phaeurus antarcticus*、一种红藻 *Ballia* sp.、鸭毛藻 *Symphyocladia latiuscula*。其中红藻类10种，褐藻7种，绿藻类9种。优势种类为小腺囊藻 *Adenocystis utricularis*、羽状尾孢藻 *Urospora penilliformis*、礁膜 *Monostroma hariotii* 和顶管藻 *Acrosiphonia arcta*、一种红皮藻 *Palmaria decipiens* 和厚膜藻 *Pachymenia orbicularis* 6种藻类。如包括杨宗岱等（1992）报道的在本次调查中尚未采集到的石叶藻 *Littophyllum* sp.、石枝藻 *Lithothumnia* sp.、海膜 *Haly-*

menia sp. 、浒苔 *Enteromorpha bulbosa*、石叶藻 *Lithophyllum aequabile*、石花菜 *Gelidium* sp. 、绵形藻 *Spongonorpha arcta* 和丝藻 *Ulothrix* sp. ，仅潮间带的大型海藻种类可达到 34 种之多。长城站附近潮间带大型海藻的种类如图 5 -4 所示。

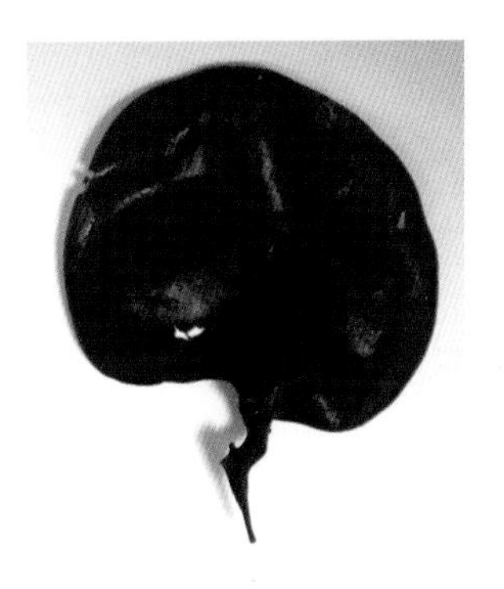

倒卵银杏藻 *Iridaea obovata*

疣状杉藻 *Gigartina papillosa*

小腺囊藻 *Adenocystis utricularis*

一种红皮藻 *Palmaria decipiens*

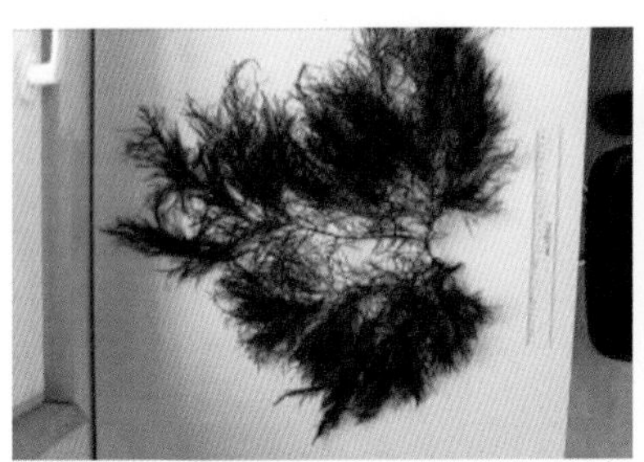

叉分酸藻 *Desmarestia anceps*

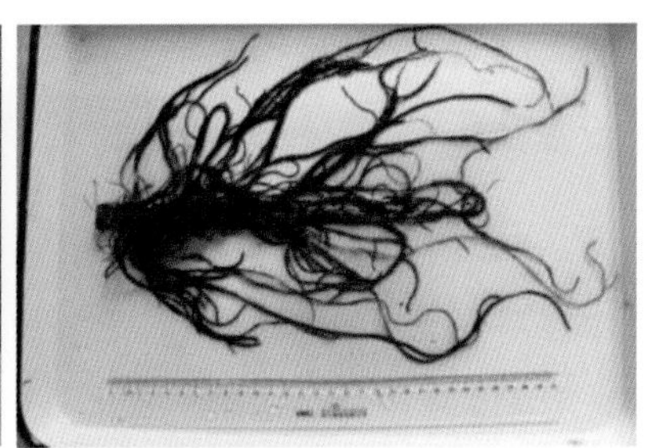

一种绿藻 *Phaeurus antarcticus*

顶管藻 *Acrosiphonia arcta*

翼藻 *Ascoseira mirabilis*

图 5 -4　潮间带大型藻类

幅叶藻 *Petalonia fascia*

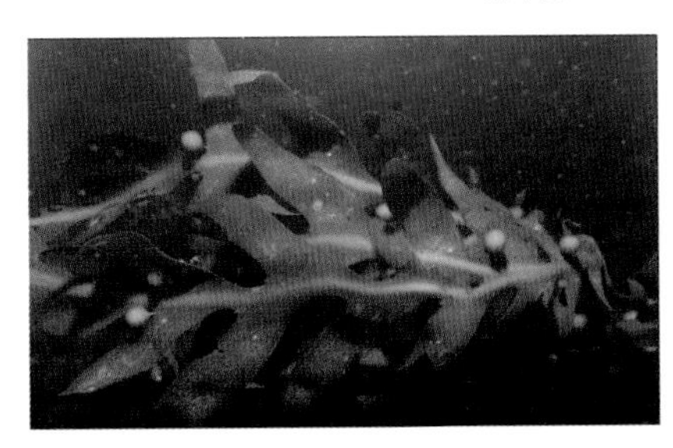

囊球藻 *Cystosphara jacquinotii*

礁膜 *Monostroma hariotii*

褐藻 *Callophyllis variegate*

鸭毛藻 *Symphyocladia latiuscula*

海头红 *Plocamium cartilagineum*

一种未知名红藻

酸藻 *Desmarestia ligulata*

图5－4　潮间带大型藻类（续）

孟氏酸藻 *Desmarestia menziesii*

一种红藻 *Georgiella confluens*

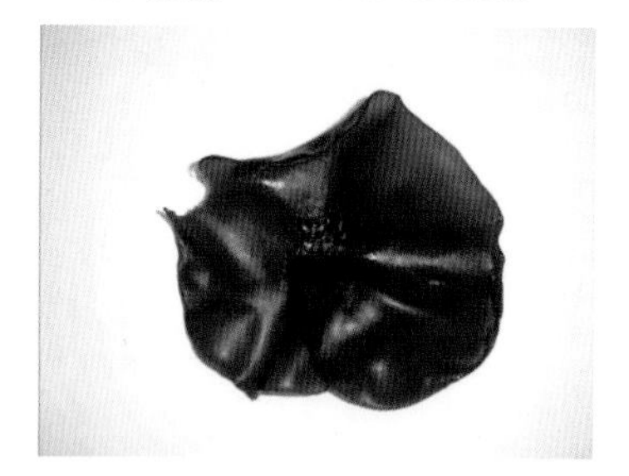

杉藻 *Gigartina skottsbergii*

一种褐藻 *Himantotalus grandifolium*

多条藻 *Myriogramme mangini*

厚膜藻 *Pachymenia orbicularis*

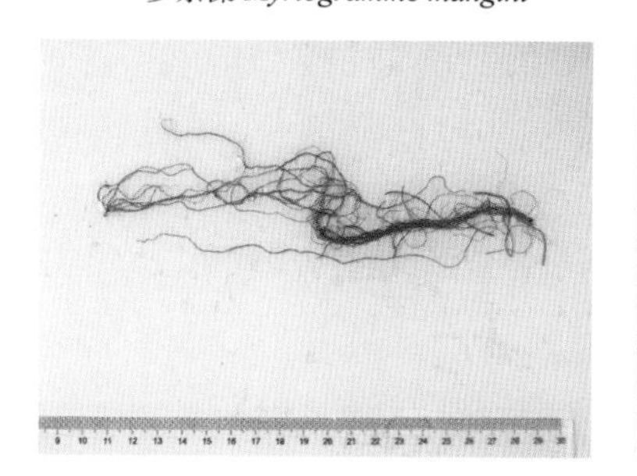

羽状尾孢藻 *Urospora penilliformis*

一种酸藻 *Desmarestia* sp.

雷松藻 *Lessonia vadosa*

图 5－4　潮间带大型藻类（续）

2）生物量

大型海藻生物量的分析与评价按菲尔德斯东海岸和西海岸两个大区域、7个小区域进行：阿德雷湾潮间带，包括岩石湾和诺玛湾两个监测站位；阿德雷岛区域，指的是达德雷岛，包括本调查中的企大角、企灯塔和企地面；长城湾内调查区域，指的是半边山到长城站这段区域，调查的站位包括半边山、长城湾、玉泉河、长城站G1、长城站G5这5个监测站位；长城湾外调查区域，包括长城站G6、长城站G7和半山角3个监测站位；菲尔德斯海峡区域的碧玉滩调查区域，主要包括碧玉滩东和碧玉滩西两个监测站位；马尔什北部沿岸，包括幸福湾、地质湾和风暴湾3个调查海湾；生物湾沿岸，包括格兰德谷、海豹湾和地理湾3个监测海湾（图5－5和图5－6）。

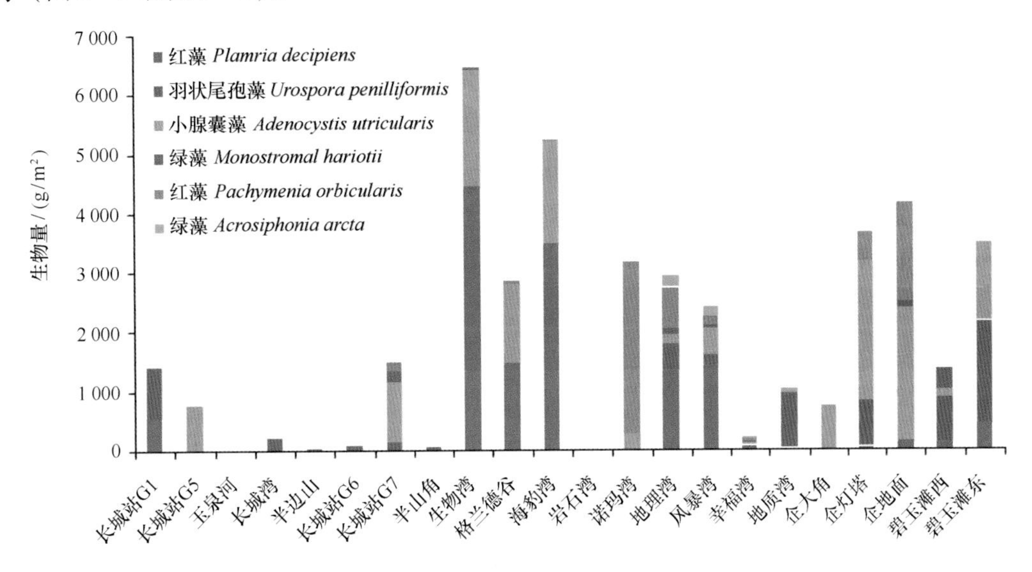

图5－5　2014年菲尔德斯半岛各监测站位优势大型海藻的生物量

（1）阿德雷湾调查区域。该调查区域大型海藻生物种类和生物量分布均较少，岩石湾仅发现极少量红藻 *P. orbicularis* 分布。诺玛湾发现3种大型藻类，其中红藻 *P. orbicularis* 为优势种，2013年和2014年生物量高达3 400 g/m² 和2 891 g/m²；小腺囊藻 *A. utricularis* 覆盖面积为观测面积的35%～50%，但生物量仅为320 g/m² 和276 g/m²；另外还有少量囊翼藻 *A. mirabilis* 分布。

（2）阿德雷岛调查区域。阿德雷岛大型藻类整体生物量较为丰富，共发现5种大型藻类，但各站位分布有差异。其中企大角大型海藻生物量较低，仅有小面积小腺囊藻 *A. utricularis* 和极少量红藻 *P. decipiens* 分布，小腺囊藻的生物量为688～724 g/m²。企灯塔的优势种为小腺囊藻，生物量高达2 375～3 120 g/m²，覆盖面积为观测区域的45%～60%；红藻 *P. orbicularis* 和羽状尾孢藻生物量也相当可观，分别为473～540 g/m² 和760～840 g/m²，其中羽状尾孢藻分布最为广泛，覆盖面积达观面积的100%；红藻 *P. decipiens* 分布也较为广泛，但是生物量仅为47～88 g/m²；观测面积内绿藻 *M. hariotii* 仅有极少量分布。企地面占绝对优势的种类也是小腺囊藻，覆盖面积达观测区域的80%，生物量高达2 243～3 776 g/m²；另一优势种为红藻 *P. orbicularis*，生物量可达1 560～1 669 g/m²；红藻 *P. decipiens* 和羽状尾孢藻仅有少量分布；绿藻 *M. hariotii* 较企灯塔分布较多，生物量可达100～132 g/m²。

（3）长城湾内调查区域。长城湾内调查区域多为沙质海滩，生境单一，大型藻类生物多

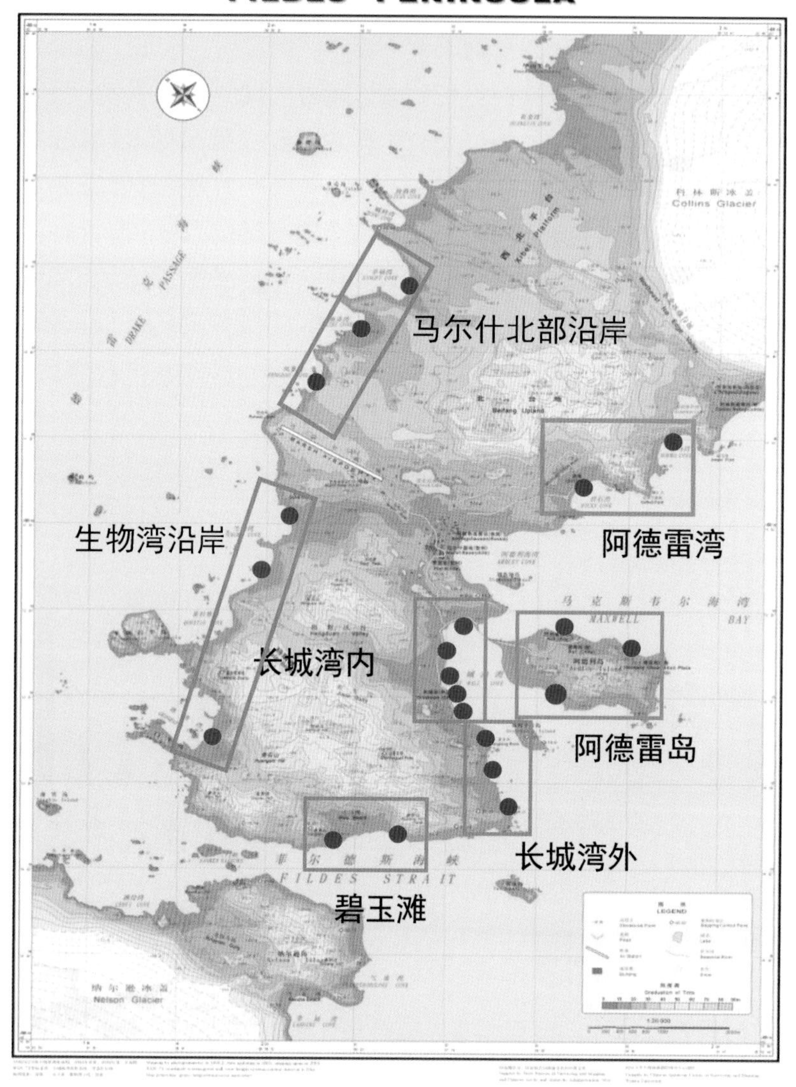

图 5-6 大型海藻定量监测的 7 个小区域

样性较低，整个调查区域内只观测到 3 种优势大型藻类。其中，半边山、长城湾和玉泉河站位都只有羽状尾孢藻分布，生物量依次为 192 g/m^2、240 g/m^2 和 264 g/m^2，其中玉泉河站位尾孢藻的覆盖面积最大，达到观测面积的 40% ~60%，另外两个站位均为 30%。长城站 G1 站位观测面积内 80% ~90% 覆盖有羽状尾孢藻，生物量为 870 ~1 080 g/m^2，另外还有少量红藻 *P. decipiens* 分布，生物量仅为 55 g/m^2。长城站 G5 站位仅有小面积小腺囊藻分布，覆盖面积为 20% ~30%，但生物量却相对较大，高达 2 576 g/m^2 和 746 g/m^2。

（4）长城湾外调查区域。该调查区域共观测到 5 种大型海藻，但整体生物量相对较低。长城站 G6 站位大型藻类种类相对较多，共观测到 4 种，但是生物量不大，其中，羽状尾孢藻为该区域的优势种，生物量也仅为 48 ~63 g/m^2；其他 3 种都只有少量分布。长城站 G7 站位也有 4 种大型藻类分布，生物量及覆盖面积相对较大。其中，小腺囊藻为优势种，生物量高达 1 021 ~2 288 g/m^2；绿藻 *M. hariotii* 分布也相对较广，覆盖面积达观测面积的 40% ~50%，但生物量仅为 198 ~ 288 g/m^2；红藻 *P. orbicularis* 和羽状尾孢藻生物量相近，分别为 148 ~ 188 g/m^{2}和 136 ~ 176 g/m^2，但覆盖面积占观测面积的比例相差较大，分别为 5% ~ 15% 和 20% ~ 30%。半山角站位仅有一种羽状尾孢藻大型藻类分布，覆盖面积高达观测面积的 80% 和 20%，生物量为 992 g/m^2 和 56 g/m^2，年际间波动较大。

（5）碧玉滩调查区域。碧玉滩调查区域两个站位生物量相差较大。碧玉滩东站位发现 3 种大型藻类，其中小腺囊藻生物量最大，高达 1 336 ~ 1 536 g/m^2，羽状尾孢藻生物量也较大，为 1 312 ~ 1 734 g/m^2，但两种藻的分布覆盖面积占观测面积的比例相差较大，分别为 20% 和 70% ~ 80%；另外还有少量红藻出现。碧玉滩西大型海藻生物种类和生物量相对较为丰富，除了与碧玉滩东站位重叠的 3 种藻以外，还发现有绿藻 *M. hariotii* 的分布。其中羽状尾孢藻为优势种，覆盖面积达观测面积的 70% ~ 80%，生物量为 640 ~ 750 g/m^2；小腺囊藻和绿藻覆盖面积比例均为 20% ~ 30%，但是生物量相差较大，分别为 142 ~ 160 g/m^2 和 344 ~ 363 g/m^2；红藻 *P. decipiens* 生物量比碧玉滩东站位大，为 110 ~ 200 g/m^2。

（6）生物湾沿岸调查区域。生物湾沿岸调查区域大型海藻生物多样性及生物量分布都很高，3 个站位生物种类比较均匀，但总生物量分布有较大差异。其中，海豹湾大型藻类总生物量最大，其优势种红藻 *P. decipiens* 生物量可高达 4 400 g/m^2，覆盖面积占观测面积的 80% ~ 90%；另一优势中小腺囊藻 *A. utricularis* 生物量也高达 1 960 ~ 2 560 g/m^2；绿藻 *M. hariotii*、羽状尾孢藻 *U. penilliformis* 及红藻 *P. orbicularis* 分布较少。格兰德谷站位优势种也是红藻 *P. decipiens* 和小腺囊藻 *A. utricularis*，生物量分别为 1 450 ~ 1 668 g/m^2 和 1 008 ~ 1 337 g/m^2。地理湾有 6 种大型藻类分布，多样性最高，优势种红藻 *P. decipiens* 生物量高达 1 336 ~ 3 312 g/m^2；羽状尾孢藻 *U. penilliformis* 和红藻 *P. orbicularis* 生物量也较大，分别为 438 ~ 576 g/m^2 和 691 ~ 732 g/m^2；其他几种大型藻类覆盖面积比例及生物量分布相近。首次在生物湾发现紫菜。

（7）马尔什北部沿岸调查区域。该调查区域大型藻类生物多样性也较大，种类分布较均匀，但各个站位生物量相差非常大。其中，暴风湾大型海藻生物种类及生物量相对最为丰富，各个种类覆盖面积占观测面积的比例相当，优势种类红藻 *P. decipiens* 生物量可达 1 308 ~ 1 421 g/m^2；其次是小腺囊藻 *A. utricularis*，生物量为 372 ~ 449 g/m^2；其他 4 种藻类生物量较少。幸福湾大型藻类生物多样性较高，但各个种类生物量都很小，生物量最大的红藻 *P. orbicularis* 也仅为 36 ~ 77 g/m^2。地质湾发现 4 种大型藻类，优势种羽状尾孢藻 *U. penilliformis* 在观测面积内都有分布，生物量可达 880 ~ 930 g/m^2；其余 3 种仅有少量分布。

（8）东海岸大型海藻分布特征。本次调查中共鉴定出大型海藻 26 种，其中东海岸调查区域内共发现 7 种优势种类，各个观测区域生物种类及生物量分布差异较大。从在观测面积内的覆盖面积和生物量分布来看，整个东海岸优势种为小腺囊藻 *A. utricularis* 和羽状尾孢藻 *U. penilliformis*，除苏菲尔德角附近调查区域外，其他 4 个调查区域均有大量分布，另外红藻 *P. orbicularis* 在苏菲尔德角附近调查区域有大量分布。囊翼藻 *A. mirabilis* 和绿藻 *M. hariotii* 分布较少，其中囊翼藻 *A. mirabilis* 仅在诺玛湾调查区域有分布；红藻 *P. decipiens* 虽然 4 个调查区域都有发现，但分布面积和生物量均有限；绿藻 *M. hariotii* 在 3 个调查区域发现，但覆盖面积及生物量都较小。在 4 个调查区域中，阿德莱德岛（企鹅岛）调查区域和长城湾外调查区域 5 种大型藻类都有分布，藻类区系相对较为丰富；其次是碧玉滩调查区域，有 4 种大型藻类分布；苏菲尔德角附近调查区域和长城湾内调查区域仅有 3 种大型藻类分布，大型藻类区

系较简单。

（9）西海岸大型海藻分布特征。整个西海岸总共只有两个调查区域，6 个观测站位，但整体大型藻类生物种类和生物量都非常丰富，调查区域共发现 6 种优势大型藻类。从在观测面积内的覆盖面积和生物量分布来看，整个西海岸优势种为红藻 *P. decipiens*，6 个观测站位均有分布，另外生物湾调查区域小腺囊藻 *A. utricularis* 有大量分布。两种绿藻在多个站位均有分布，但生物量都不大；羽状尾孢藻 *U. penilliformis* 在各个观测站位均有分布，但除在地理湾有相当生物量分布外，其他站位生物量分布均较小；红藻 *P. orbicularis* 在 5 个观测站位均有发现，但也只在地理湾有较大生物量的分布，其他几个站位都有少量分布。两个调查区域 6 种藻类都有分布，整个西海岸藻类区系相对较为均匀和丰富，但从生物量分布情况来看，生物湾沿岸调查区域生物量更为丰富。

5.1.1.2.2　底栖动物

1）种类组成和多样性

共鉴定出大型底栖动物 34 种，包括软体动物门 9 种，节肢动物门 9 种，环节动物门 9 种，扁形动物门 3 种，腔肠动物门、纽形动物门、星虫动物门、棘皮动物门各 1 种。其中，环节动物占总丰度的 46.20%、扁形动物占 24.59%、软体动物占 16.83%、节肢动物占 12.28%，其他门类仅占总丰度的 0.10%（图 5－7）。

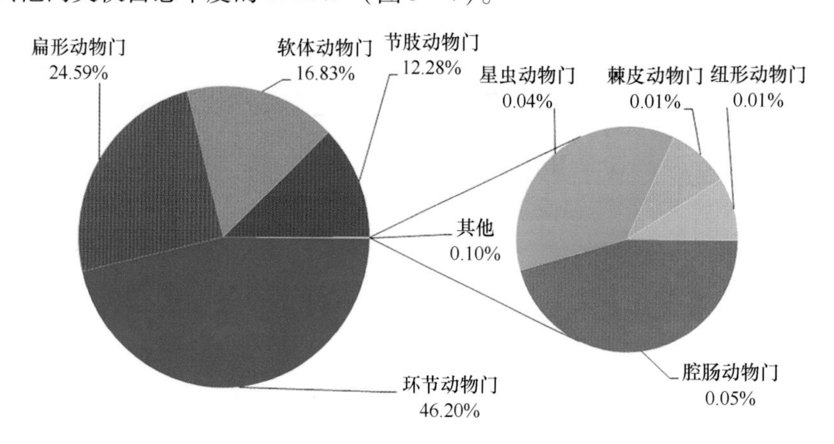

图 5－7　菲尔德斯半岛潮间带大型底栖动物各门类丰度百分比

各个站位的种类数目不同，其中西海岸的生物湾（W1）、格兰德谷口（W2）、霍拉修湾（W3）、地质湾（W7）生物种类很少。而位于长城湾的企鹅岛坝西南（E7）（17 种）的种数最多，其次是同样位于长城湾的长城站（E9），有 16 种。地质湾（W7）丰富度指数、均匀度、香农－威纳（Shannon－wiener）多样性指数最低分别为 0.142 7、0.061 9、0.042 9，位于企鹅岛坝西南（E7）丰富度指数最高为 1.888 0，地理湾（W4）均匀度最高为 1.545 0，长城站（E9）香农－威纳指数最高，为 1.545 0。E9 优势度指数最低为 0.268 9，地质湾（W7）优势度指数最高为 0.985 6。平均生物种类数、丰富度指数、香农－威纳多样性指数方面，东海岸较西海岸高，平均均匀度、优势度指数方面，西海岸较东海岸高（图 5－8）。

2）物种丰度和生物量

菲尔德斯半岛潮间带各个站位的底栖生物的丰度和生物量不同，变化范围 20 ~ 9 264 ind. /m^2，平均为 2 112 ind. /m^2；生物量变化范围为 0.002 8 ~ 145.261 g/m^2（湿重），平均为

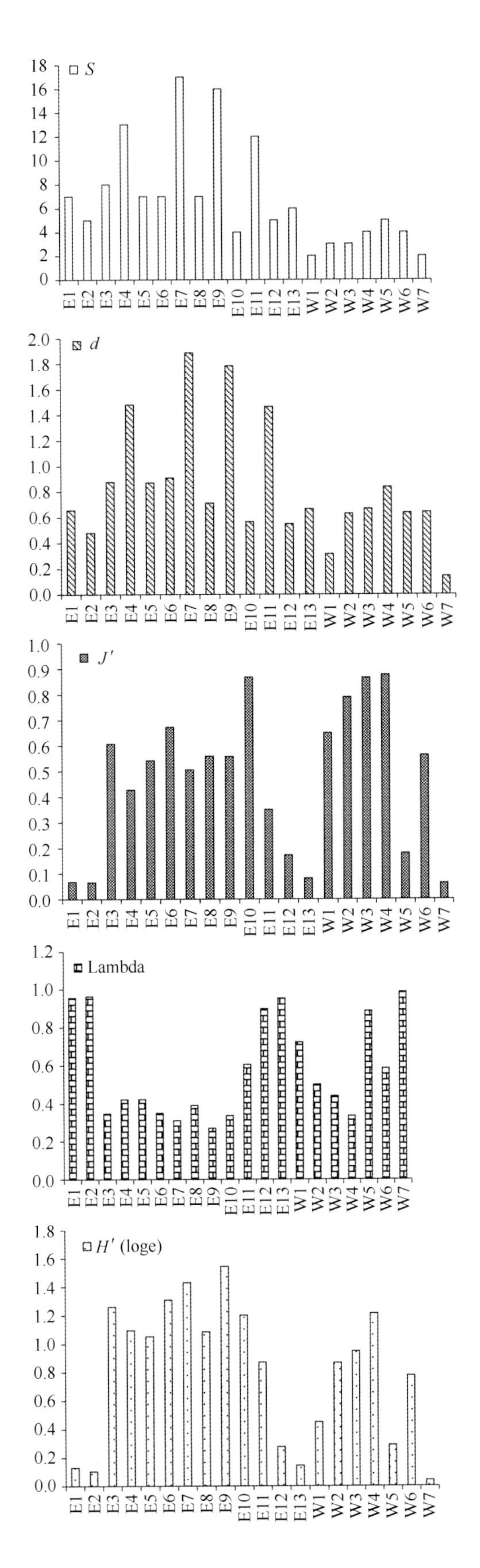

图5-8 菲尔德斯半岛潮间带底栖动物的生物多样性

26.95 g/m² （湿重）。东海岸碎石底质的生物量最高，东海岸砂质底质的丰度最高：东海岸碎石底质平均丰度为 2 455.64 ind./m²、平均生物量为 52.45 g/m² （湿重）；东海岸砂滩平均丰度为 4 778.67 ind./m²、平均生物量为 1.873 g/m² （湿重）；西海岸砂滩底质平均丰度为 264.57 ind./m²、平均生物量为 1.26 g/m² （湿重）。丝线蚓在大多数站位对总丰度具有重要贡献，在西海岸的 W7 站位达到 99.3%。从图 5-9 和图5-10可知，东海岸砂质底质丰度较高且东海岸碎石底质生物量较大，这主要是因为东海岸砂质底质站位都有丝线蚓分布，碎石底质大部分站位有南极帽贝分布。而西海岸所有站位均未发现个体较大的南极帽贝分布，且仅有很少的丝线蚓。

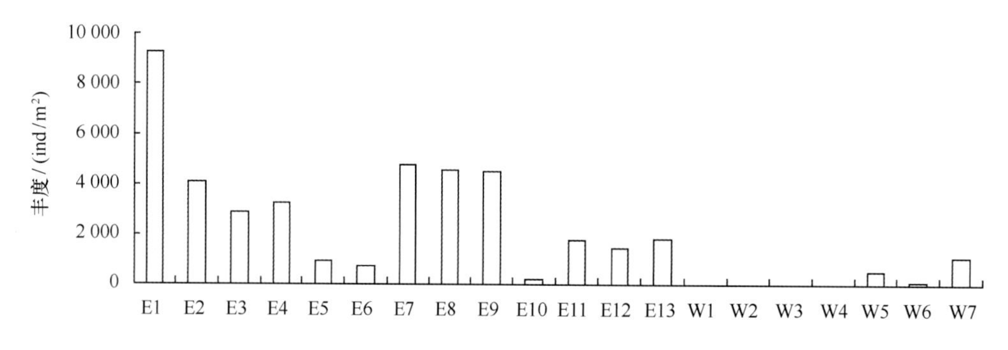

图 5-9　菲尔德斯半岛潮间带大型底栖动物的丰度分布

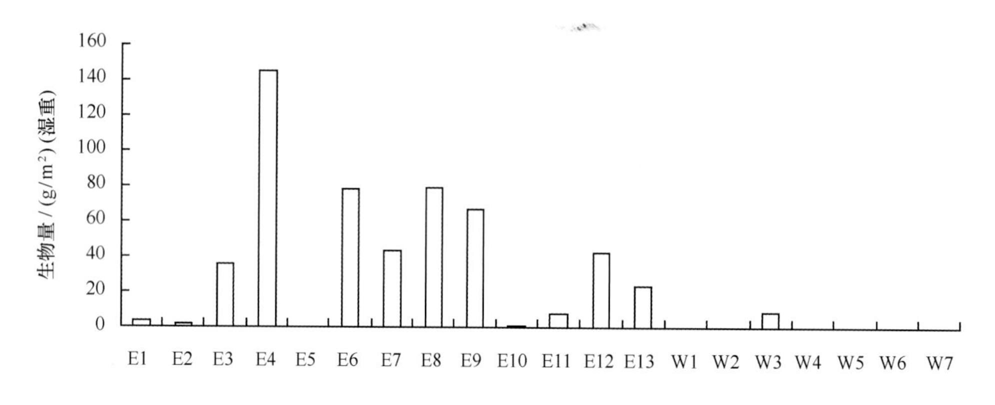

图 5-10　菲尔德斯半岛潮间带大型底栖动物的生物量分布

3）底栖动物群落结构

使用 PRIMER 软件中的 CLUSTER 工具对研究站位底栖生物的群落结构分析结果见图 5-11。从图 5-11 可知，20 个采样站位，可显著划分为两大类型的群落，群落 1 以西海岸站位为主，仅包括东海岸的站位 E5（企鹅岛避难所）、E12（岩石湾）、E13（诺玛湾），这些站位除岩石湾、诺玛湾以外，都是砂滩底质，且大部分站位都有淡水河流注入，主要优势种为丝线蚓（*Lumbricillus* sp.）。群落 2 以东海岸站位为主，同时包括西海岸的站位 W7（地质湾），这些站位除 E1、E2、W7 外基本上是碎石海岸，主要优势种有南极帽贝（*Nacella concinna*）、小红蛤（*Margarilla antarctica*）、极地光滨螺（*Laevilacunaria antarctica*），环节动物丝线蚓（*Lumbricillus* sp.）、节肢动物马耳他钩虾（*Melita* sp.）和一种涡虫（*Plagiostomum* sp.）

4）底栖动物优势种与环境因子的相关性

（1）优势种与环境因子的相关关系。对优势种丰度与环境因子进行相关性分析（表

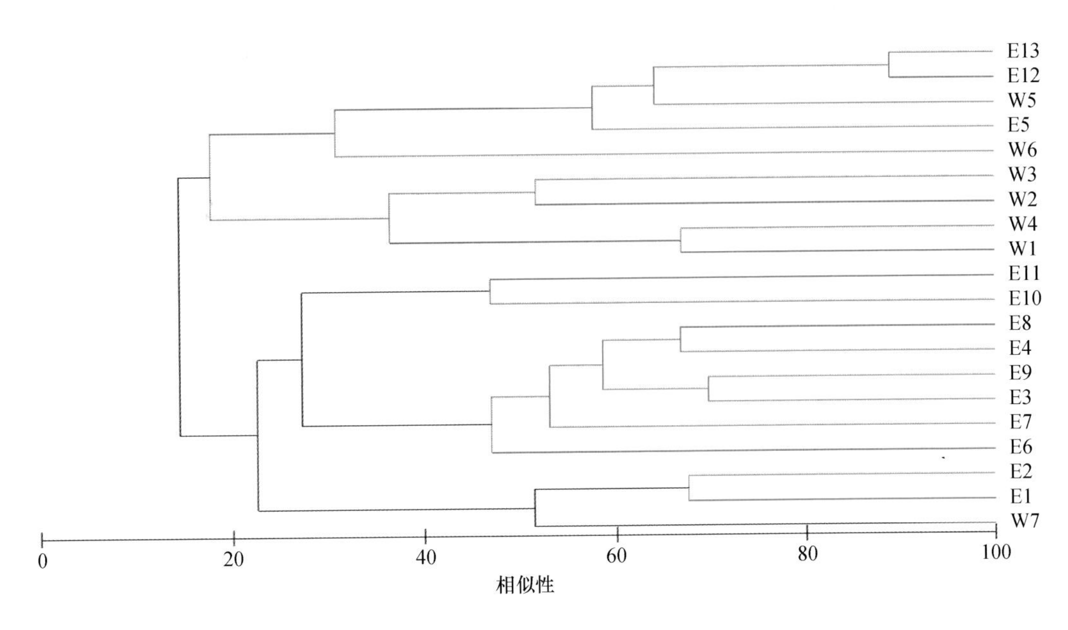

图 5-11 菲尔德斯半岛潮间带大型底栖动物群落的 CLUSTER 聚类分析

5-1)，结果表明：小红蛤与 Pha 显著正相关；极地光滨螺与 Pha、T 呈显著正相关；异毛艾裂虫与 SWT、Pha 显著正相关；香螺与 Pha 显著正相关。对优势种生物量与环境因子进行相关性分析（表 5-2)，结果表明：南极帽贝与 T 呈显著正相关；小红蛤与 Pha 显著正相关；异毛艾裂虫与 T、Pha 显著正相关；希波钩虾与 Pha、OM 显著正相关；涡虫科一种与 Pha 显著正相关。

（2）优势种与环境因子 BIO-ENV 分析。对优势种丰度、生物量与环境因子的 BIOENV 分析表明：优势种丰度和生物量受多种环境因素的综合影响。两个变量（Chl a，OM）能够最好地匹配优势种丰度和生物量，相关系数分布为 0.172、0.155（表 5-1 和表 5-2)。而盐度并未出现在分析结果中，说明盐度对南极 Fildes Peninsula 优势种丰度、生物量的影响较小。

表 5-1 菲尔德斯半岛潮间带大型底栖动物群落与环境因子的相关分析（基于优势种丰度）

环境因子数量	相关系数	环境因子
2	0.172	Chl a，OM
3	0.159	Chl a，Pha，OM
2	0.147	Chl a，Pha
2	0.121	Pha，OM
1	0.118	Pha
4	0.117	Md，Chl a，Pha，OM
1	0.113	Chl a
3	0.111	Md，Chl a，Pha
3	0.107	Md，Chl a，OM
4	0.103	T，Chl a，Pha，OM

表5-2　菲尔德斯半岛潮间带大型底栖动物群落与环境因子的相关分析（基于优势种生物量）

环境因子数量	相关系数	环境因子
2	0.155	Chl a，OM
3	0.114	Chl a，Pha，OM
1	0.107	Chl a
2	0.102	Chl a，Pha
3	0.100	pH，Chl a，OM
3	0.086	T，Chl a，OM
3	0.075	Md，Chl a，OM
1	0.072	OM
4	0.068	T，Chl a，Pha，OM
2	0.066	Pha，OM

（3）生物多样性各指数与环境因子的相关关系。对优势度丰度与环境因子进行相关性分析（表5-3），结果表明：丰富度（*d*）与Pha、OM显著正相关；均匀度（*J'*）与Chl a、OM显著正相关；香农-威纳多样性指数（*H'*）与Pha、OM显著正相关；优势度（λ）与Pha、OM显著负相关。

表5-3　菲尔德斯半岛底栖动物与环境因子的相关分析结果

	S	*d*	*J'*	*H'*	λ	SWT	SWS	pH	MD	Chl a	Pha
d	0.957**										
J'	-0.068	0.154									
H'	0.537*	0.675**	0.765**								
λ	-0.426	-0.580**	-0.838**	-0.988**							
SWT	0.382	0.378	0.012	0.231	-0.196						
SWS	0.070	0.170	0.150	0.164	-0.130	0.109					
PH	-0.083	-0.061	-0.035	-0.189	0.189	0.386	-0.228				
MD	0.098	0.049	-0.229	-0.180	0.197	0.046	-0.034	-0.021			
Chl a	-0.103	0.110	0.621**	0.394	-0.441	0.100	0.223	0.135	0.068		
Pha	0.369	0.465*	0.435	0.572**	-0.544**	0.157	0.118	-0.037	0.049	0.632**	
OM	0.359	0.504*	0.526*	0.644**	-0.617**	0.017	0.271	-0.064	0.083	0.758**	0.798**

5.1.1.2.3　微生物

对采集到的21个沉积物样品，我们采用基于非培养和培养两种方法对潮间带沉积物微生物多样性进行了调查。

1）基于非培养方法的微生物多样性

选取其中18个潮间带沉积物样品，用OMEGA试剂盒提取沉积物全基因组DNA，用PCR和电泳检测后，采用454焦磷酸高通量测序，研究不同样品细菌16S rDNA多样性。每个样品测10 000条序列，α多样性见表5－4。

表5－4 潮间带沉积物样品微生物群落α多样性统计

样品编号	Reads	0.97				
		OTU	ACE	Chao1	Shannon	Simpson
E1	11 928	750	914	887	5.04	0.019 7
E2	9 171	827	1 050	1 053	5.41	0.013 7
E3	8 469	792	1 047	1 025	5.22	0.018 3
E4	8 348	769	978	935	5.36	0.013
E5	11 378	888	1 095	1 055	5.13	0.034
E6	5 368	625	819	802	5.19	0.018 6
E7	5 830	575	788	782	4.47	0.057 2
E8	7 487	734	927	945	5.36	0.012
E9	5 789	531	722	720	4.52	0.055 7
E10	6 494	680	941	923	4.96	0.028 9
E11	5 963	606	820	843	5.12	0.017 1
E12	7 155	675	879	851	4.91	0.039 6
W1	6 022	526	717	709	4.24	0.099 3
W2	4 631	356	498	544	4.15	0.060 3
W3	5 588	388	485	483	4.01	0.093 7
W4	4 640	380	528	530	4.04	0.086 5
W5	5 954	483	810	673	4.44	0.040 9
W6	6 516	637	856	844	5.03	0.022 4

在门水平上，拟杆菌门、变形菌门和放线菌门是该区域的支配类群，占群落90%以上，而变形菌门中γ变形菌纲是支配类群（图5－15）。

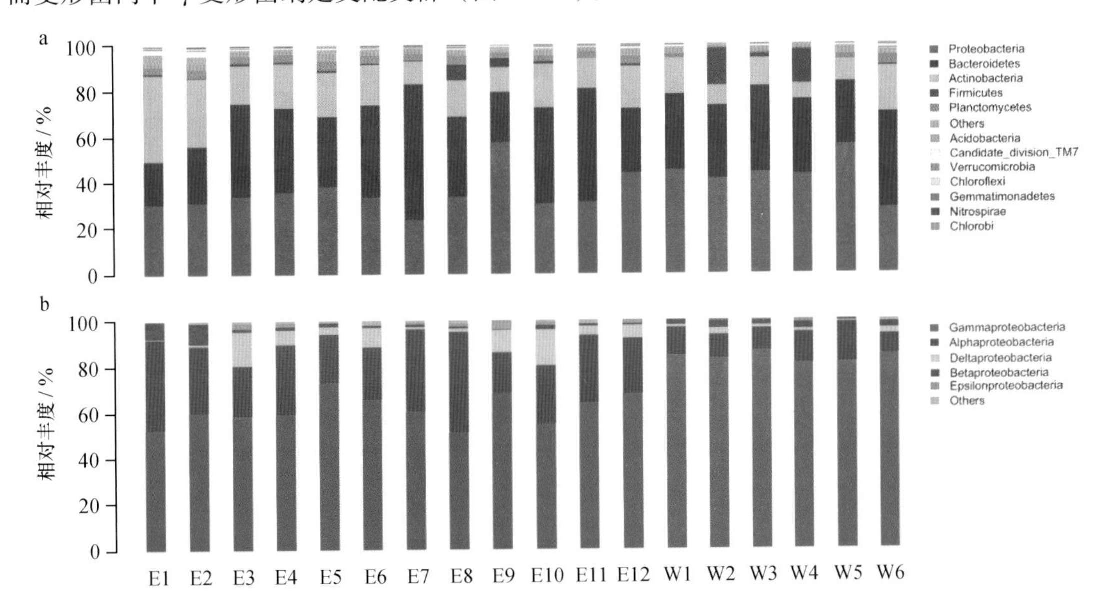

图5－12 18个站位细菌和变形菌多样性

a. 细菌门水平，b. 变形菌门纲水平；E1～E12，东海岸站位；W1～W6，西海岸站位同时我们用 Primer－E 和 Canoco 5 软件计算了该区域微生物群落的 β 多样性。主成分分析（PCA）的结果显示，18 个站位可以分为 3 簇，E1 和 E2 站位聚为一簇，其余东部站位聚为一簇，所有西部站为聚为一簇（图 5－13），多样品相似性树状图显示了相似的结果（图 5－14）。

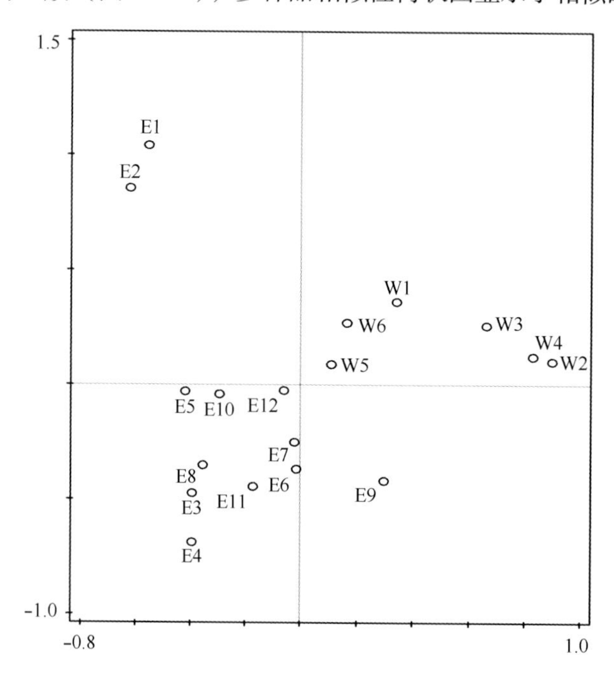

图 5－13　18 个站位细菌群落结构主成分分析示意图（OTU 水平）

E1～E12，东海岸站位；W1～W6，西海岸站位

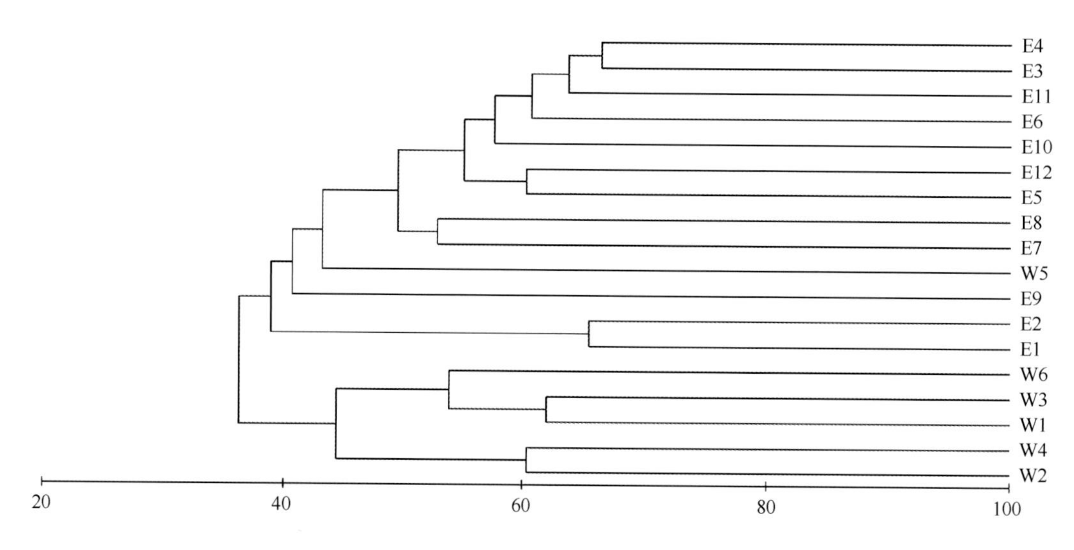

图 5－14　多样品细菌群落结构相似性树状图（OTU 水平）

E1～E12，东海岸站位；W1～W6，西海岸站位

为了研究这 3 组站位间细菌群落结构的差异，我们运用在线工具 LEfSe，寻找每一簇站位的代表类群（图 5－15）。在东部站位中，δ 变形菌纲细菌较多，在西部站为中 γ 变形菌纲细菌较多，而在 E1 和 E2 站位中，放线菌门，α 和 β 变形菌纲细菌较多。

另外，我们通过 heatmap 热图寻找在该区域具有支配地位的 OTU（图 5－16），发现几乎在所有站位中，着色菌目的颗粒杆菌属都是支配类群，而该属细菌是典型的硫酸盐氧化菌，说明该区域硫酸盐氧化较为活跃。

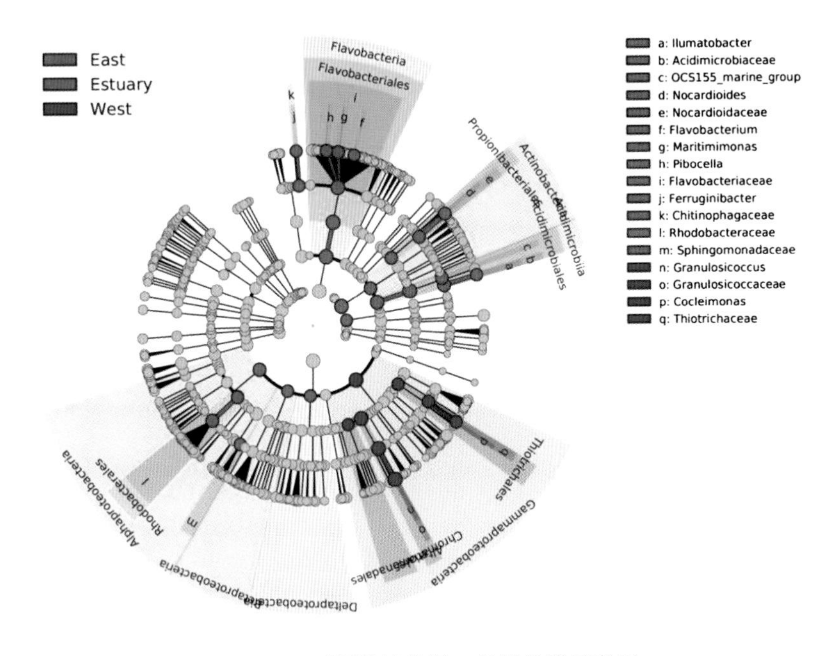

图5-15 不同簇站位间，差异类群示意图

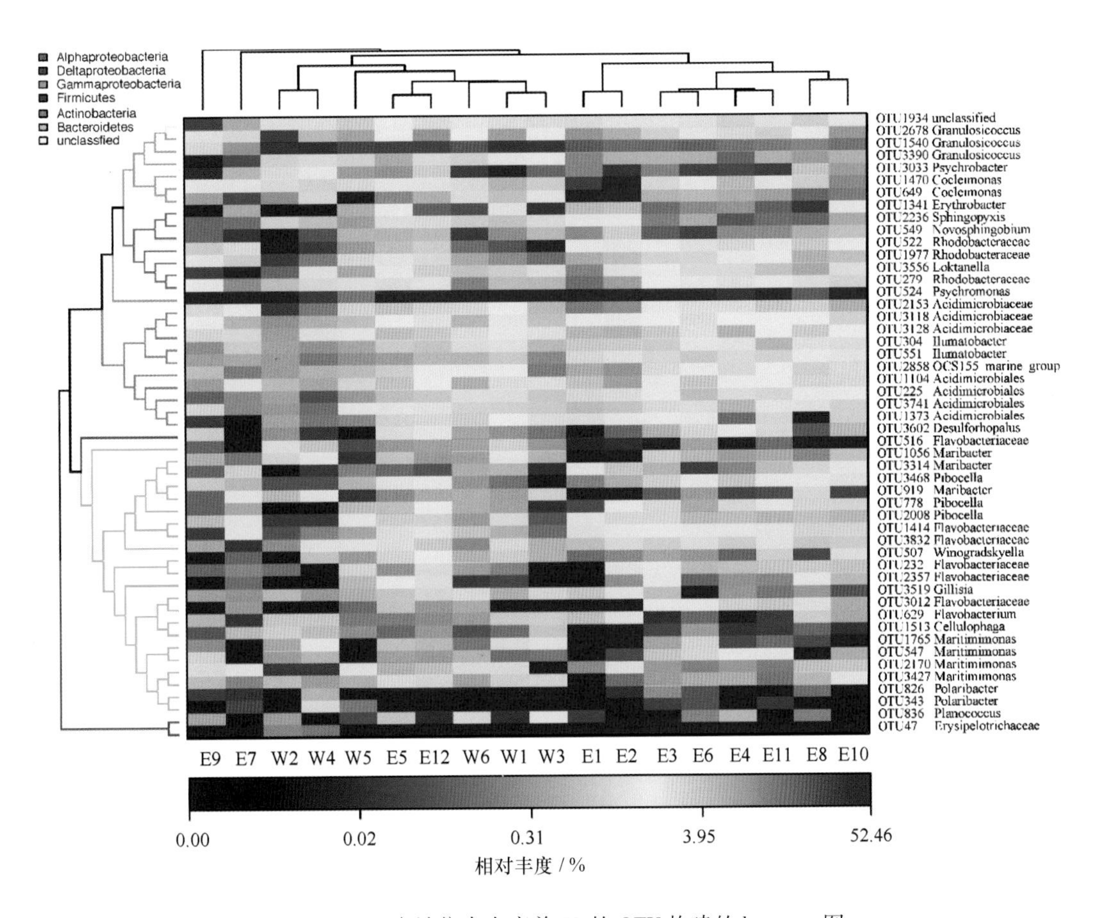

图5-16 18个站位中丰度前50的OTU构建的heatmap图

我们采用荧光定量 PCR，测定了每个站位中细菌的丰度（表 5 -5）。从表 5 -5 中可以看出，菲尔德斯半岛西侧潮间带沉积物细菌丰度高于东部地区。

表 5 -5　18 个站位每克沉积物样品中细菌 16S 拷贝数统计

样品	E1	E2	E3	E4	E5	E6
Cells/g	1. 93E +08	1. 35E +08	2. 01E +09	3. 31E +08	1. 12E +08	1. 09E +09
样品	E7	E8	E9	E10	E11	E12
Cells/g	7. 52E +09	2. 78E +08	2. 01E +09	2. 34E +08	9. 26E +08	5. 08E +08
样品	W1	W2	W3	W4	W5	W6
Cells/g	3. 73E +08	1. 45E +10	7. 33E +08	2. 05E +10	1. 38E +08	5. 98E +08

（2）基于培养方法的微生物多样性。将 4℃保存的样品用无菌海水重悬后，采用不同稀释度，涂布于 2216E - K、高氏一号和 R2A 等培养基平板，4℃、10℃、16℃分别培养（图 5 -17）。将获得的菌株进行分离纯化，保存于 - 80℃。提取其基因组 DNA，对其 16S rDNA 序列进行测定，确定其分类。目前已经获得细菌 89 株，其最相似菌及相似度见表 5 -6，并采用 NJ 法构建系统进化树（图 5 -18）。

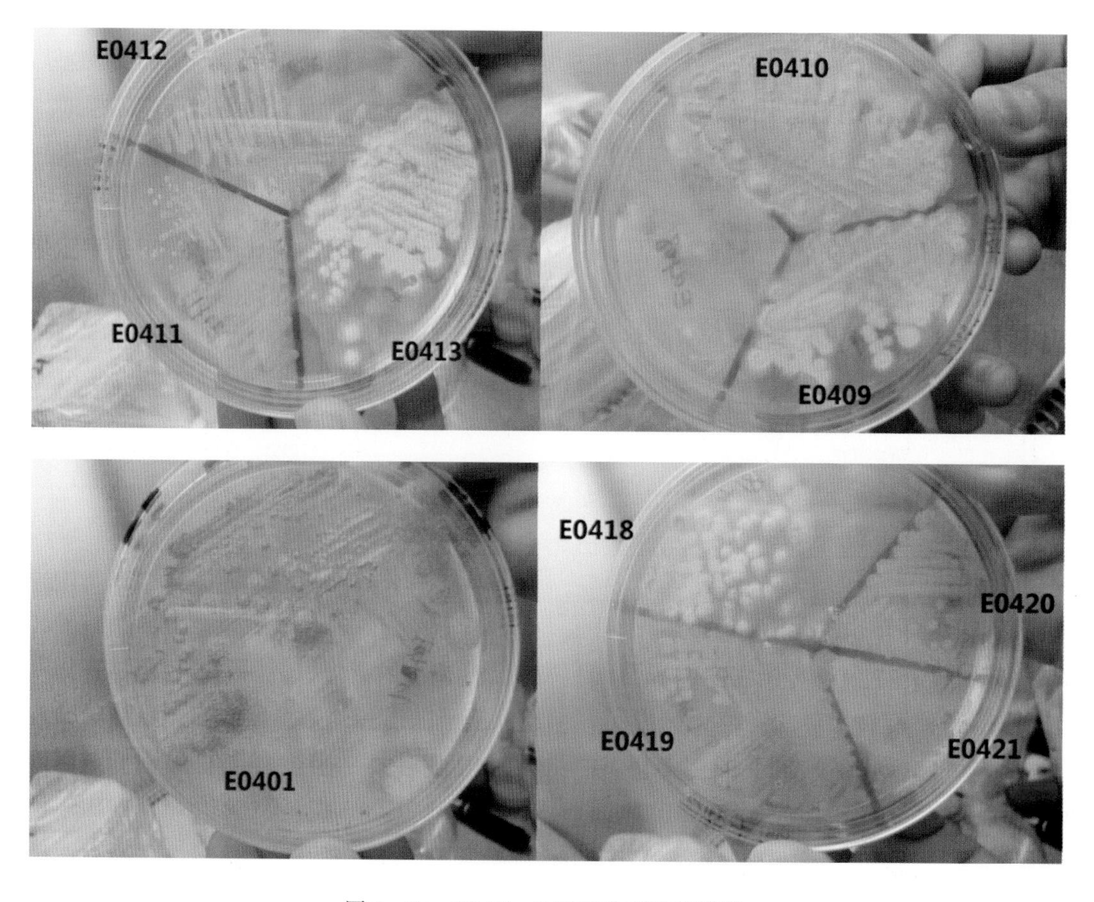

图 5 -17　2216E - K 平板分离培养情况

表5－6 部分菌株测序信息

序号	菌株数	最相似菌株	相似度/%
1	6	*Polaribacter sejongensis*	98. 31
2	2	*Polaribacter butkevichii*	98. 09
3	1	*Zobellia laminariae*	98. 77
4	2	*Cellulophaga algicola*	99. 82
5	1	*Maribacter aquivivus*	99. 05
6	2	*Flavobacterium frigidarium*	98. 33
7	1	*Flavobacterium degerlachei*	98. 74
8	1	*Flavobacterium jumunjinense*	99. 47
9	1	*Nonlabens xylanidelens*	98. 76
10	3	*Cellulophaga fucicola*	99. 83
11	1	*Mariniflexile jejuense*	96. 65
12	2	*Jeotgalicoccus psychrophilus*	99. 82
13	1	*Carnobacterium viridans*	99. 82
14	1	*Bacillus galliciensis*	100
15	1	*Paenibacillus taichungensis*	99. 82
16	1	*Planococcus donghaensis*	98. 95
17	31	*Pseudoalteromonas arctica*	100
18	1	*Pseudoalteromonas translucida*	99. 11
19	4	*Pseudoalteromonas agarivoran*	100
20	5	*Pseudoalteromonas distincta*	100
21	1	*Alteromonas fuliginea*	100
22	2	*Pseudoalteromonas elyakovii*	100
23	1	*Pseudomonas cuatrocienegasensis*	98. 59
24	2	*Psychrobacter fozii*	100
25	2	*Psychrobacter cryohalolentis*	99. 3
26	4	*Psychrobacter nivimaris*	100
27	2	*Marinomonas primoryensis*	98. 77
28	3	*Loktanella rosea*	98. 4
29	1	*Phycicola gilvus*	99. 14
30	1	*Salinibacterium amurskyense*	99. 12
31	1	*Arthrobacter oryzae*	100
32	1	*Kocuria rosea*	99. 64

从所得菌株鉴定结果可以看出，分离得到的89株细菌分属32个种，来自4个门，22个属。其中放线菌门细菌4株（图5－19）。有明显优势类群为γ－变形菌纲的假交替单胞菌属。

5.1.1.3 土壤微生物群落结构与多样性特征分析

1）基于培养方法的细菌多样性

2013年度从21个站位中共分离培养得到74株细菌，通过16S rDNA序列分析表明分属

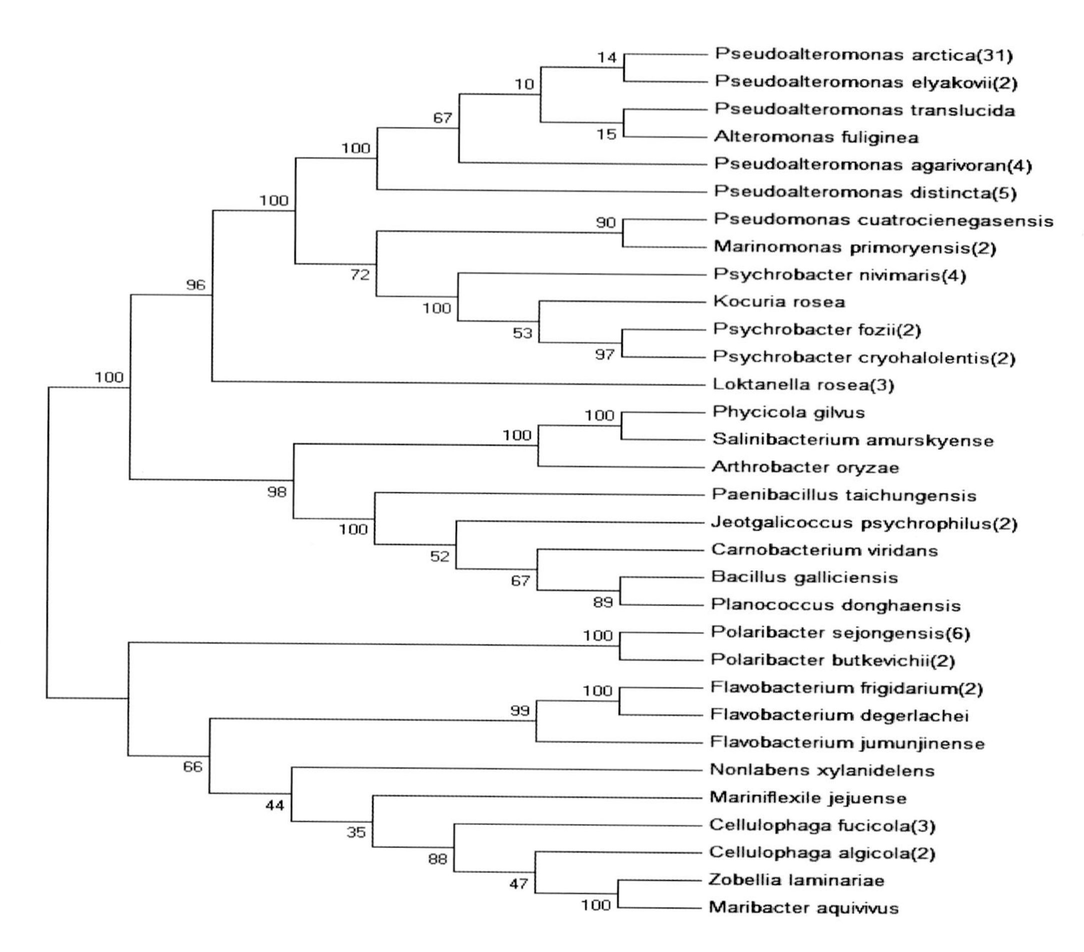

图 5－18　基于 16S rRNA 基因序列的细菌系统进化树

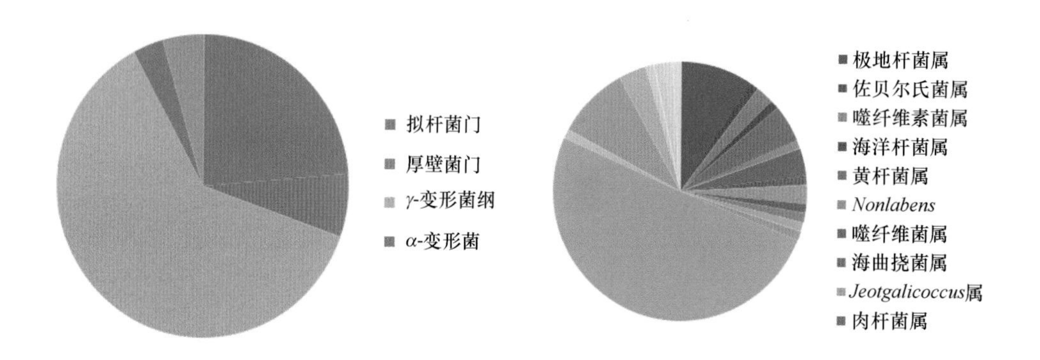

图 5－19　菌株在门水平和属水平饼状图

于 3 个门，分别为放线菌门、变形菌门和拟杆菌门，16 个属。平板涂布计数结果显示数量介于 1.3×10^3 cfu/g 至 9.7×10^5 cfu/g 之间。2014 年度从南极 25 个站位共分离培养得到 88 株细菌，通过 16S rDNA 序列分析表明它们分属于 3 个门，分别为放线菌门、变形菌门和拟杆菌门；15 个属。平板涂布计数结果显示数量介于 7.3×10^3 cfu/g 至 1.02×10^6 cfu/g。两个年度的统计结果均显示该地区的优势类群为假单胞菌属（*Pseudomonas*）和节杆菌属（*Arthrobacter*），其菌株数目和分布站位都远高于其他种属。可培养细菌的具体站位几率和物种几率信息见表 5－7 和表 5－8。

表 5-7 2013 年度南极可培养细菌物种几率与站位几率

属	菌株数/株	物种几率/%	站位数目/个	站位几率/%
Pseudomonas	28	37.84	15	71.43
Streptomyces	2	2.70	2	9.52
Rhodococcus	1	1.35	1	4.76
Sphingomonas	1	1.35	1	4.76
Polaromonas	2	2.70	2	9.52
Pedobacter	4	5.41	3	14.29
Chryseobacterium	2	2.70	2	9.52
Flavobacterium	7	9.46	5	23.81
Salinibacterium	1	1.35	1	4.76
Psychrobacter	2	2.70	1	4.76

表 5-8 2014 年度南极可培养细菌物种几率与站位几率

属	菌株数/株	物种几率/%	站位数目/个	站位几率/%
Pseudomonas	28	31.82	23	82.14
Arthrobacter	27	30.68	19	67.86
Flavobacterium	6	6.82	8	28.57
Cryobacterium	4	4.55	1	3.57
Pedobacter	4	4.55	6	21.43
Chryseobacterium	3	3.41	3	10.71
Leifsonia	2	2.27	3	10.71
Streptomyces	2	2.27	6	21.43
Rhodococcus	2	2.27	2	7.14
Sphingomonas	2	2.27	2	7.14
Variovorax	2	2.27	1	3.57
Polaromonas	2	2.27	2	7.14
Psychrobacter	2	2.27	1	3.57
Brevundimonas	1	1.14	1	3.57
Salinibacterium	1	1.14	1	3.57

综合 2013 年和 2014 年两个年度长城站附近区域的可培养细菌的物种几率和站位几率的统计结果可知，该区域的细菌多样性较高，在门分类水平上，主要的细菌门类为放线菌门、变形菌门和拟杆菌门；在属分类水平上，两个年度的分离获得的可培养细菌的优势菌属均为假单胞菌属（*Pseudomonas*）和节杆菌属（*Arthrobacter*），两个年度的采样站位并不完全重叠，显示了这两类菌在该区域的广泛分布。对比两个年度获得的可培养细菌的站位几率和物种几率发现，近两年长城站区域的可培养细菌多样性并没有明显的变化（图 5-20 和图 5-21）。

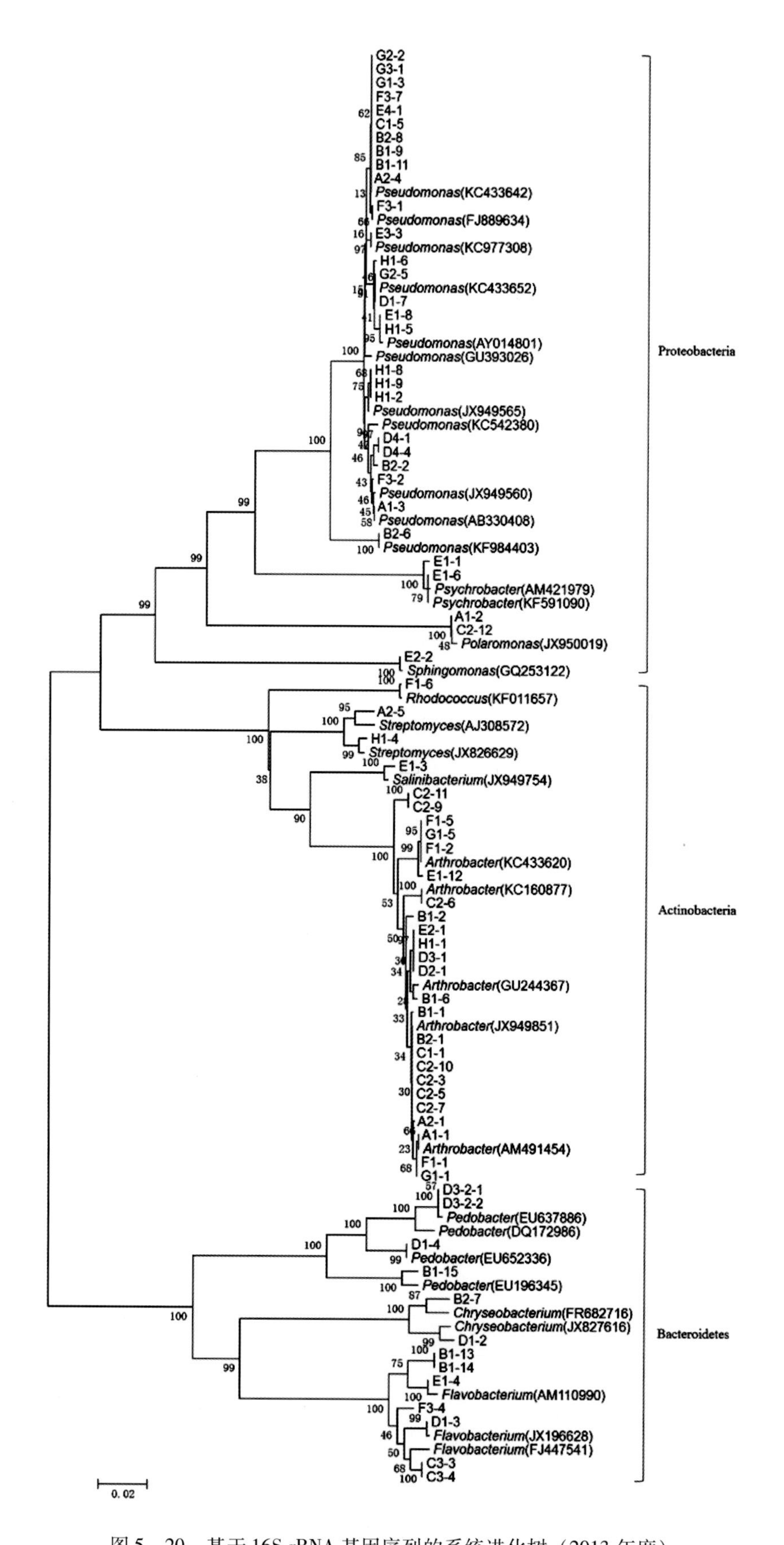

图 5－20　基于 16S rRNA 基因序列的系统进化树（2013 年度）

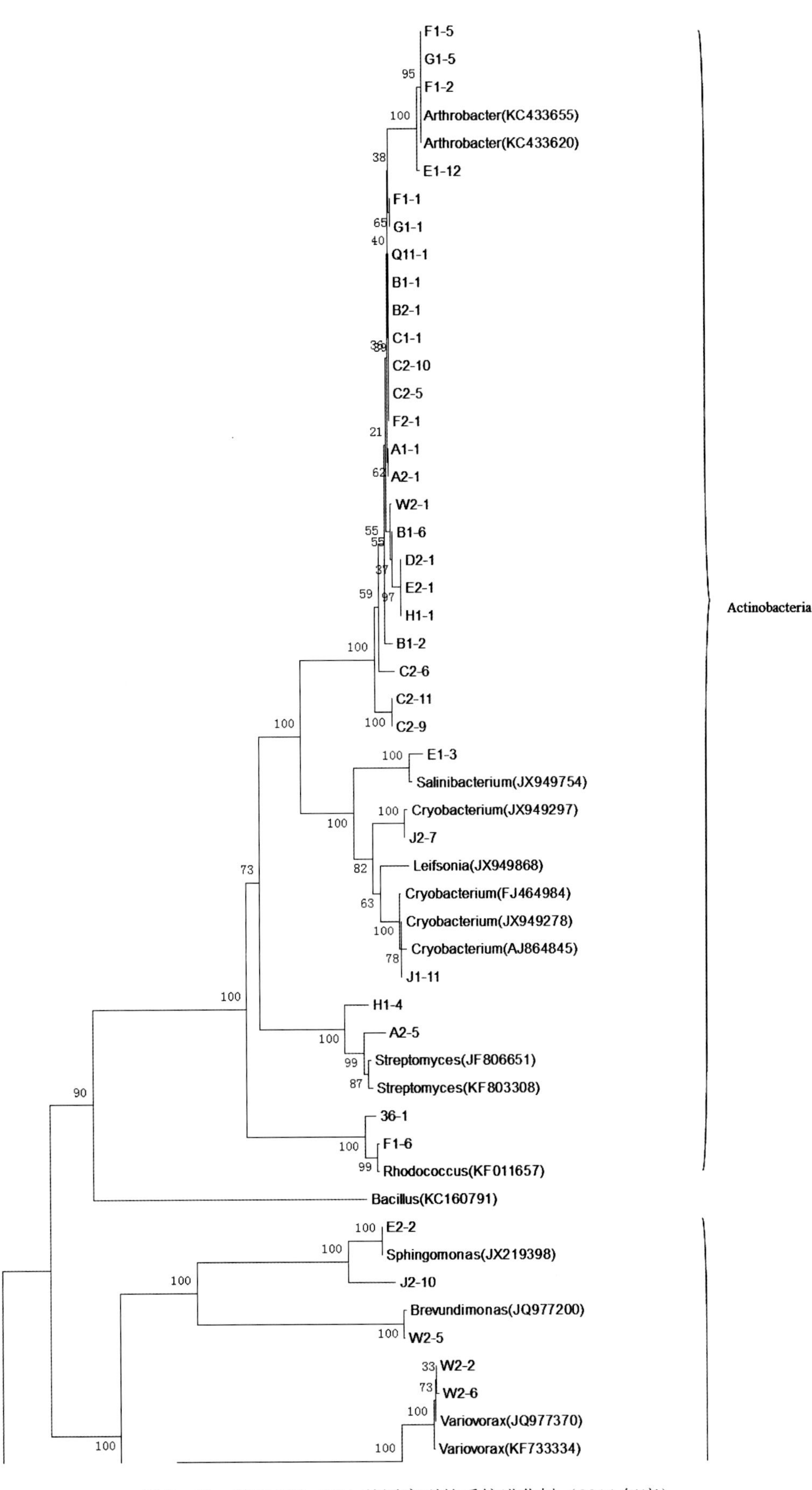

图5-21　基于16S rRNA基因序列的系统进化树（2014年度）

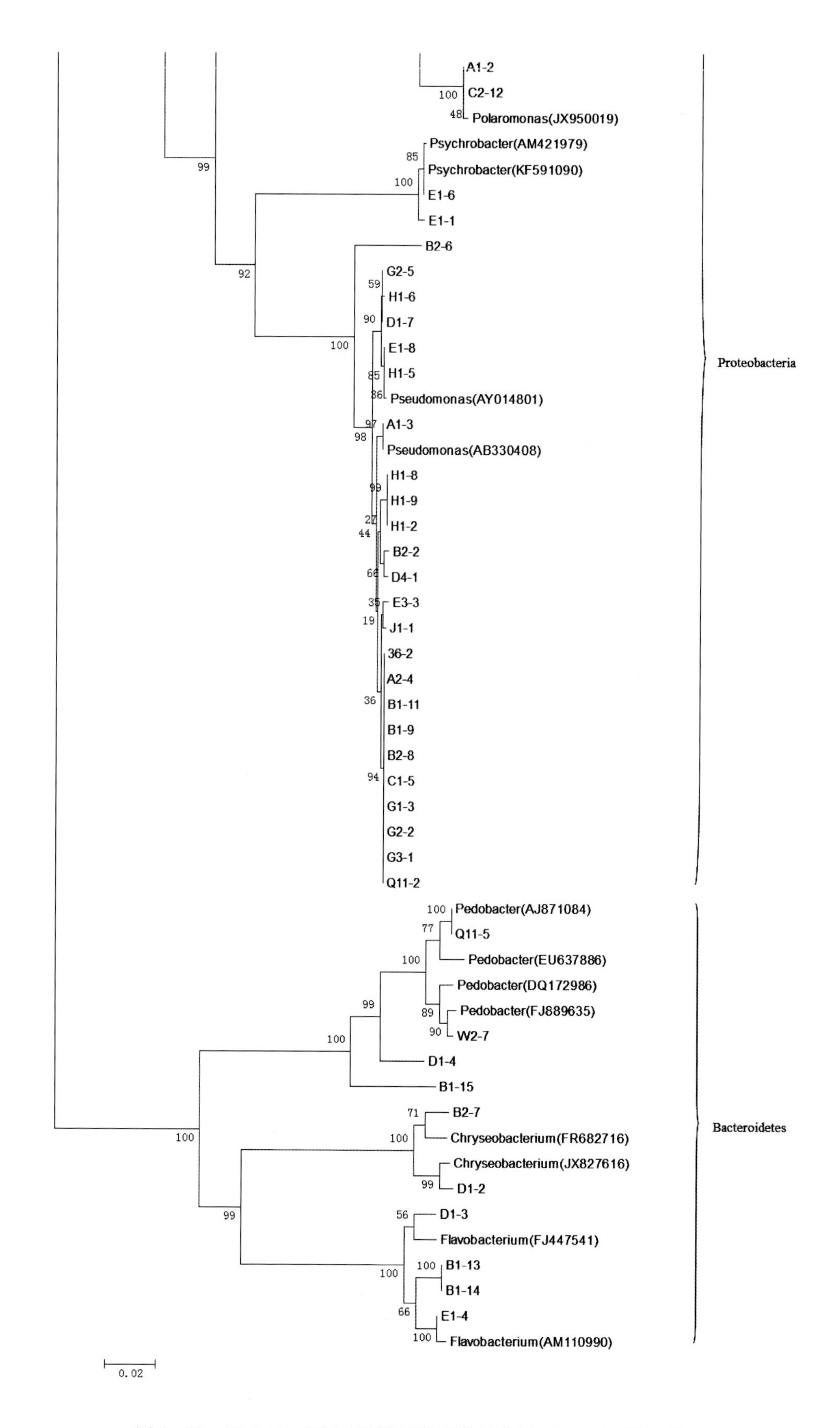

图 5－21　基于 16s rRNA 基因序列的系统进化树（2014 年度）（续）

2）基于培养方法的真菌多样性

2013 年度从长城站附近 21 个站位中共分离培养得到 31 株真菌，分属于两个门，分别为子囊菌门（Ascomycota）和接合菌门（Zygomycota），5 个属，数量介于小于 300 cfu/g 至 8.3×10^3 cfu/g。2014 年度从 25 份样品中共分离培养得到 41 株真菌，通过 ITS 序列分析表明它们分属于两个门，分别为子囊菌门和接合菌门，5 个属。数量介于小于 300 cfu/g 至 5.7×10^3 cfu/g。两个年度的统计结果显示优势真菌类群为被孢霉属（*Mortierella*），其次为地丝霉属（*Geomyces*），其菌株数目和分布站位都远高于其他种属（表 5－9 和表 5－10）。

表 5－9　2013 年度南极可培养真菌物种几率与站位几率

属	菌株数/株	物种几率/%	站位数目/个	站位几率/%
Mortierella	16	51.61	12	57.14
Geomyces	12	38.71	8	38.10
Talaromyces	1	3.23	1	4.76
Helotiales	1	3.23	1	4.76

表 5－10　2014 年度南极可培养真菌物种几率与站位几率

属	菌株数/株	物种几率/%	站位数目/个	站位几率/%
Mortierella	22	53.66	16	64.00
Geomyces	16	39.02	11	44.00
Penicillium	1	2.44	1	4.00
Talaromyces	1	2.44	1	4.00
Helotiales	1	2.44	1	4.00

对比 2013 年度和 2014 年度两个年度长城站附近可培养真菌的数据发现，可培养真菌分类相对简单，不管是在门分类水平还是属分类水平，两个年度的真菌类群都保持一致（图 5－22和图 5－23）。相对于温热带地区，南极区域的生存环境更为恶劣，常年的低温、强辐射等严酷生存条件可能是导致该区域真菌类群相对单一的主要因素。

3）人类及动物活动对土壤微生物的影响

为了研究人类及动物活动对南极土壤微生物群落的影响，选取了 4 个典型站位，采用 454 焦磷酸测序技术对土壤中细菌的群落结构进行了分析。4 个站位分别为：长城站周边的人类活动影响区域（W2）、企鹅活动影响区域（Q11）、象海豹活动影响区域（36）和环境本底区域（A1）（图 5－24）。4 个典型站位的土壤理化性质见表 5－11。

从图 5－25 可以看出，在南极菲尔德斯半岛 4 个典型站位中，本底水平上（站位 A1）黏胶球形菌门（Lentisphaerae）的丰度明显高于其他区域，厚壁菌门（Firmicutes）、纤维杆菌（*Fibrobacteria*）也具有较高的丰度；而在人类活动较多的长城站驻地，受车辆压踏、人类踩踏、生活用水、垃圾焚烧等影响，土壤中营养丰富，有机碳氮含量较高，细菌的群落结构中拟杆菌（*Bacteroidetes*）丰度高于其他区域，纤维杆菌（*Fibrobacteria*）几乎没有，在其他南极自然区域数量极少的异常球菌－栖热菌门（Deinococcus-Thermus）丰度较高，说明人类活动带来的明显影响。而在企鹅岛上，酸杆菌门（Acidobacteria）、芽单胞菌门（Gemmatimonadetes）丰度较高，可能与企鹅粪便的成分有关；在海豹区，厚壁菌门（Firmicutes）明显少于其

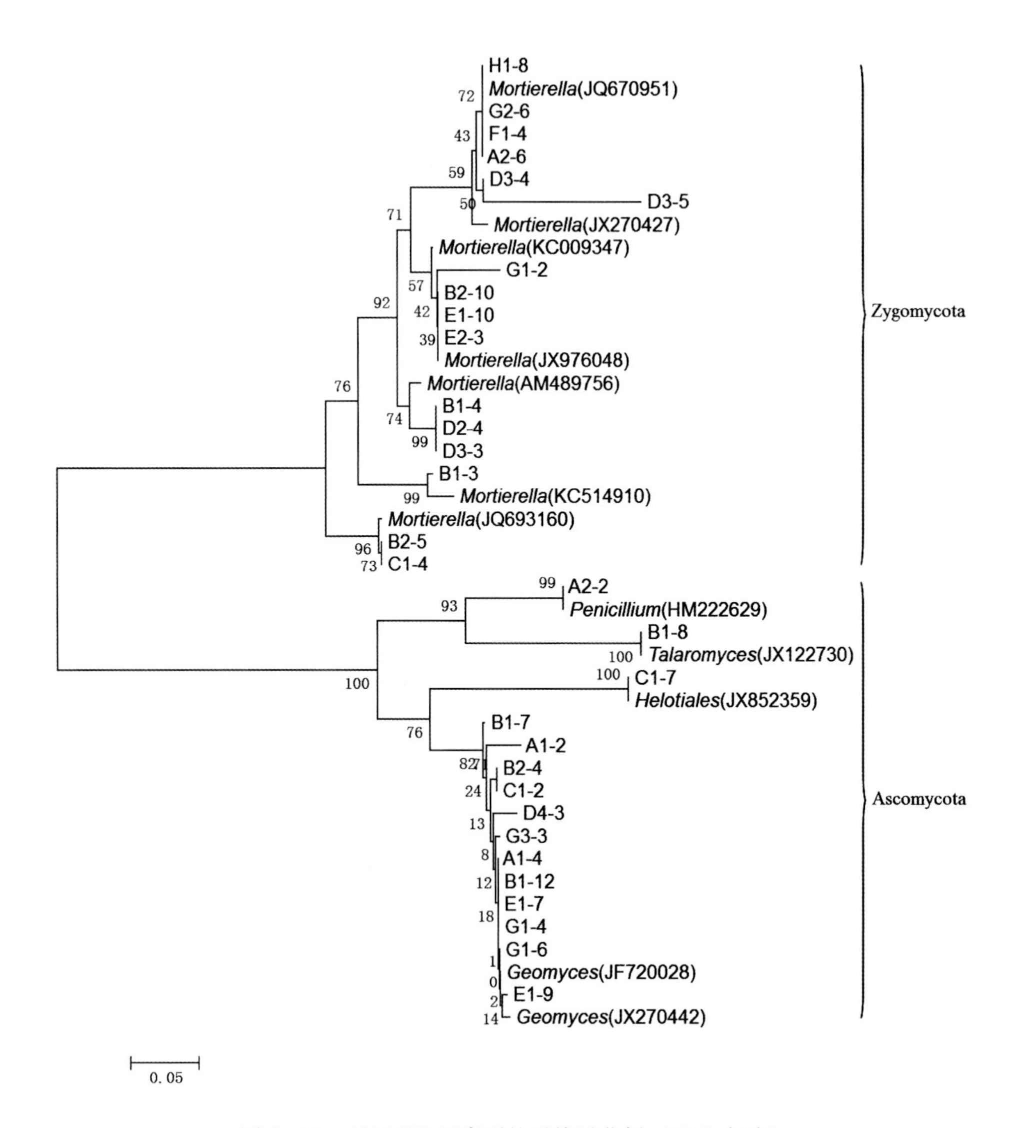

图 5-22　基于 ITS 区序列的系统进化树（2013 年度）

他区域，不可分类细菌（unclassified）多，纤维杆菌（*Fibrobacteria*）也具有较高的丰度。结合土壤的理化性质发现，受人类活动影响的站位 W2 水含量，pH 值，有机碳，氮和磷的含量都比较高，这可能是由于人类在该区域的频繁活动，许多有机质可以直接从人类的食物和废弃物中获得，人类的活动（如漏油、化学污染、污水处理等）可以直接改变周围土壤的物理化学性质，并可以对土壤中生存的微生物进行再选择，进而影响土壤微生物的多样性。此外，人类活动也可引入一些非土著微生物，改变微生物的多样性。

从图 5-26 可以看出，有机碳、氮、溶解氮、磷酸盐、pH 值均对人类活动频繁的 W2 站位产生正影响，说明 W2 的特殊性明显是由人的活动造成的，人通过站区活动给土壤带来了丰富的营养物，引起土壤 pH 值升高，从而改变土壤中细菌的群落结构，形成与其他南极自然站位不同的群落结构特征。受人类活动影响的站位 W2 水含量、pH 值，有机碳，氮和磷的含量都比较高（表 5-11），对土壤中生存的微生物进行再选择，进而影响土壤微生物的多样性。此外，人类活动也可引入一些非土著微生物，改变微生物的多样性。同环境背景区域站位（A1）相比，受企鹅活动影响的站位（Q11）和受海豹活动影响的站位（36）的土壤理化

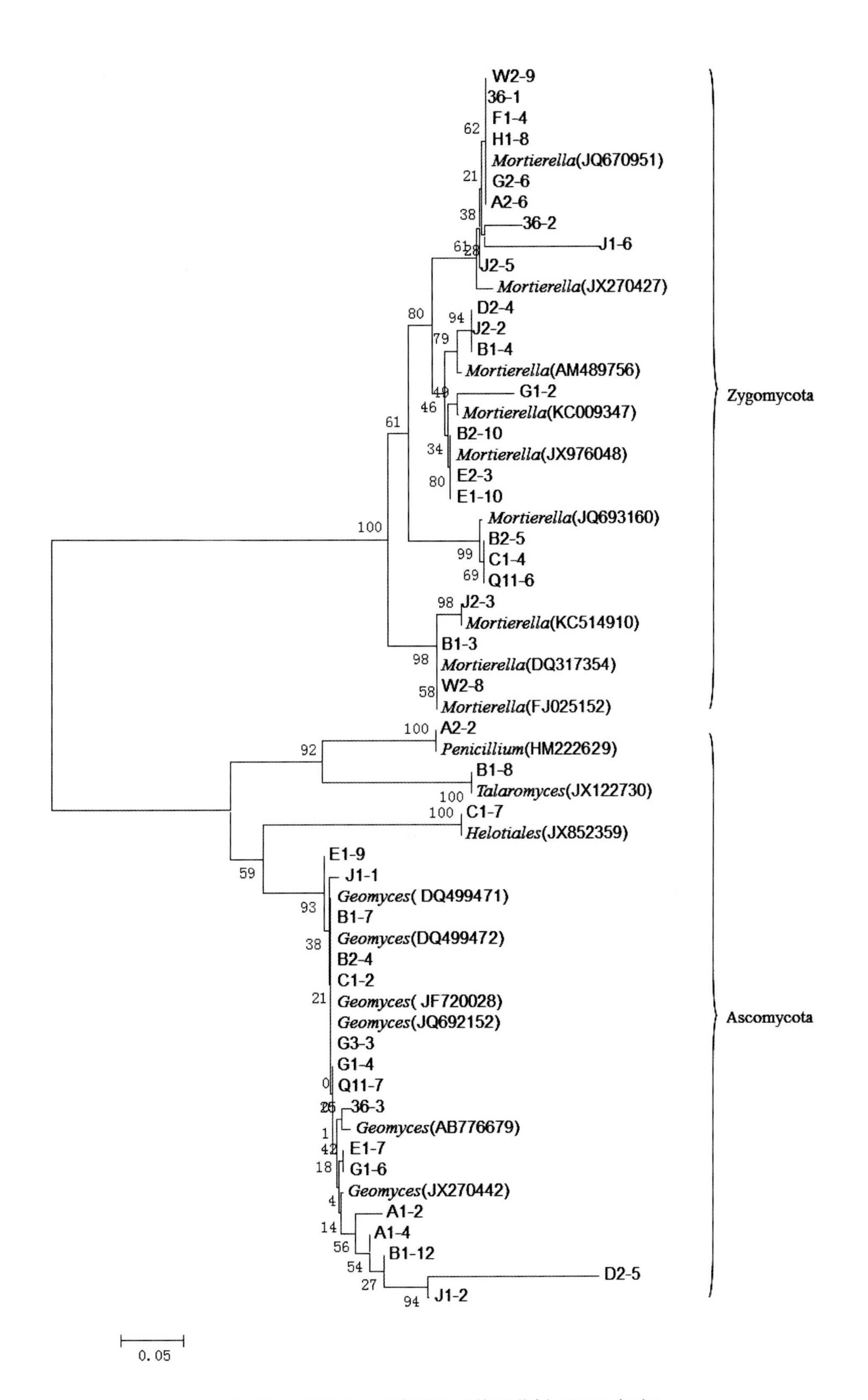

图5-23 基于ITS区序列的系统进化树（2014年度）

性质中的 pH 值，含水率和有机物质碳，氮和磷的含量也非常高。Simas 等的研究发现，频繁的企鹅活动会导致土壤的粪化，土壤的氮、磷含量会升高。企鹅的粪便、羽毛、蛋壳、尸体都可导致土壤中有机质的增加，同样海豹的排泄物也是其影响区域重要的有机质来源，有研究表明，海豹的活动会导致当地微生物多样性显著减少。此外，海豹和企鹅体内富含肠道细菌群落，可能会通过排泄物影响土壤细菌群落。

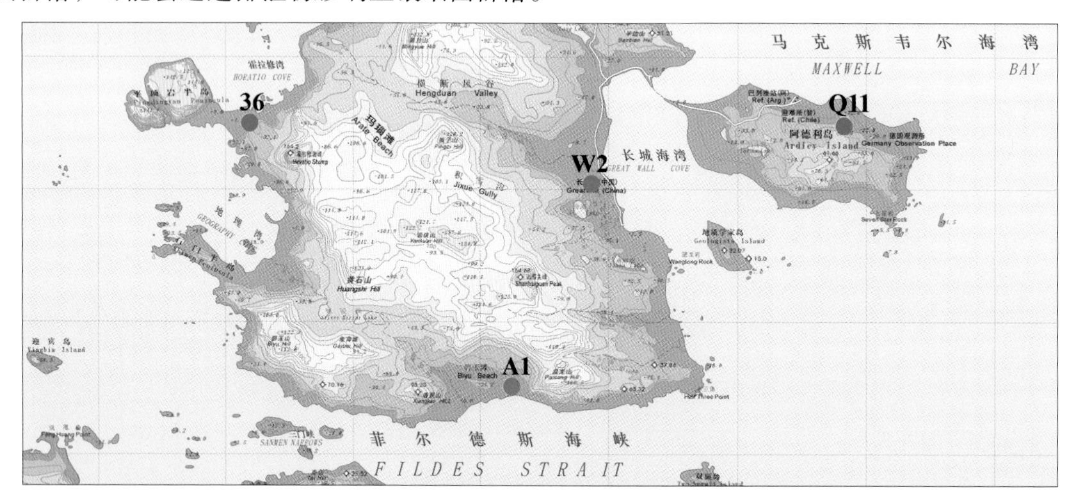

图 5－24　菲尔德斯半岛 4 个典型采样站位

表 5－11　菲尔德斯半岛典型站位土壤样品理化性质结果

样品	含水量 /%	pH 值	有机碳 /%（m/m）	有机氮 /%（m/m）	NH_4^+ －N /（mg/g）	SiO_4^{2-} /（mg/g）	NO_2^- －N /（mg/g）	PO_4^{3-} －P /（mg/g）	NO_3^- －N /（mg/g）
A1－1	12.58	5.92	0.041	0.001	1.349	1.032	1.042	0.073	1.625
A1－2	16.88	5.77	0.022	0.002	1.161	0.910	1.378	0.065	2.418
A1－3	15.65	5.78	0.066	0.001	0.999	0.909	1.096	ND	1.608
Q11－1	15.99	6.33	0.238	0.020	1.309	3.003	0.228	0.966	3.673
Q11－2	17.74	6.68	0.949	0.061	1.349	2.336	0.326	1.530	3.546
Q11－3	17.57	6.69	0.835	0.054	2.169	1.641	0.426	2.007	3.861
36－1	14.98	6.66	0.182	0.024	1.328	3.283	0.352	2.579	0.798
36－2	14.32	6.90	0.069	0.016	1.031	4.401	0.612	1.628	1.322
36－3	13.50	7.20	0.064	0.027	0.833	4.541	0.505	1.664	0.619
W2－1	20.28	7.34	3.338	0.421	2.074	1.169	1.622	3.335	8.799
W2－2	22.96	7.33	3.381	0.375	2.653	1.508	2.243	3.732	13.371
W2－3	18.60	7.44	3.862	0.444	1.989	1.514	2.388	3.776	7.760

本调查结果表明，受人类和动物影响的土壤同环境背景区相比，微生物多样性并没有明显下降。但土壤细菌群落结构（门、属和 OTU 的水平）存在明显差异。人类及动物活动均引入了非土著细菌，我们认为人类、企鹅、海豹的活动对当地土壤理化性质以及土壤微生物多样性均产生了影响，各种因素的综合共同形成了菲尔德斯半岛地区不同区域的细菌群落结构。

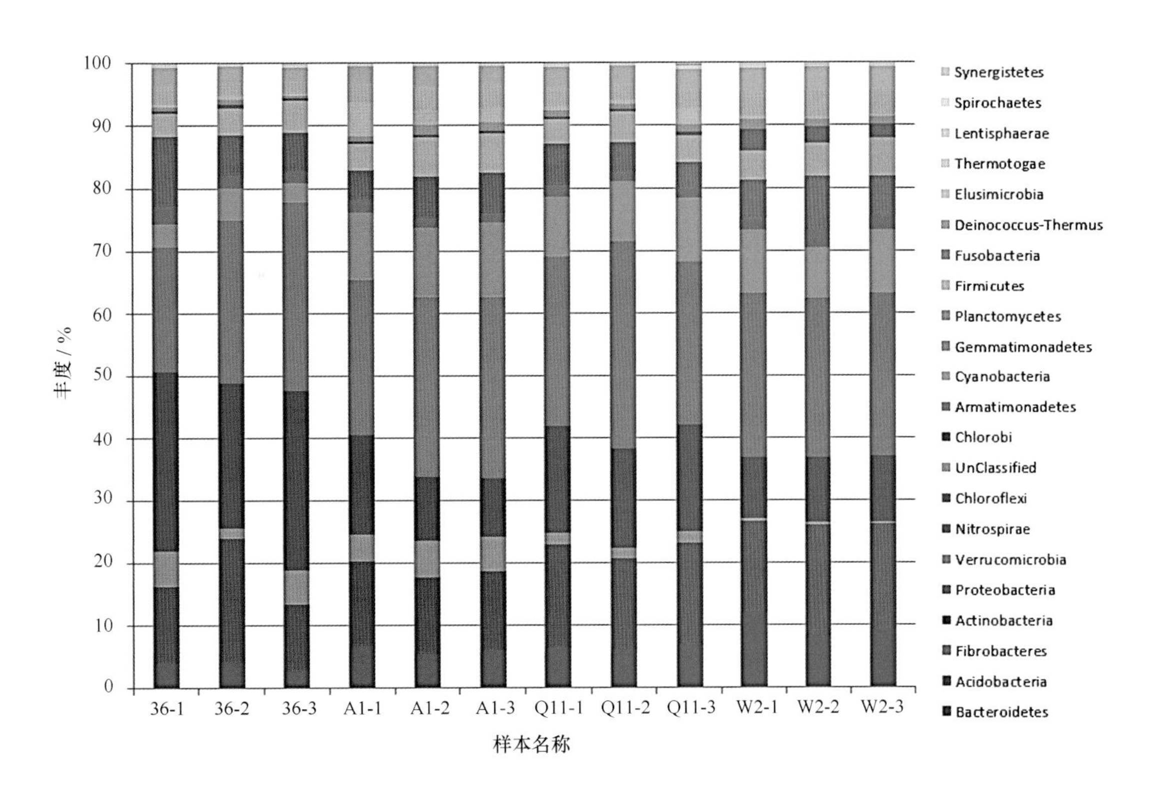

图5－25 各样本门水平上群落结构组成的差异

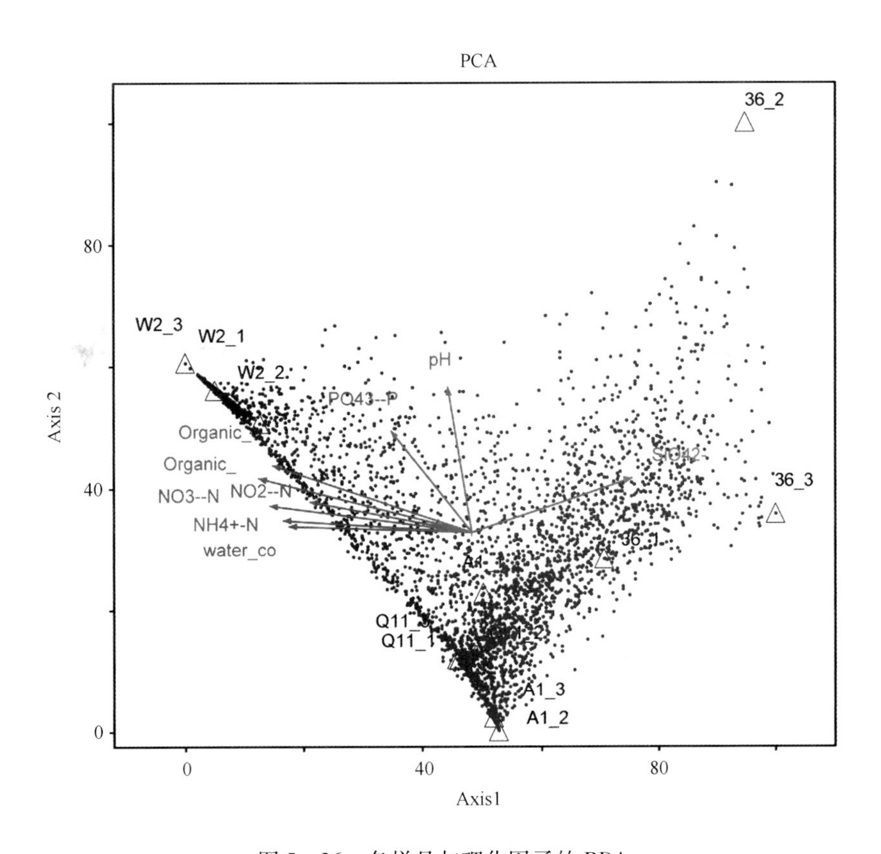

图5－26 各样品与理化因子的RDA

5.1.1.4 湖泊生物群落结构与多样性特征分析

1）浮游植物

（1）浮游植物种类组成：2013 年和 2014 年分别调查的 12 个湖泊和 5 个湖泊各鉴定出的湖泊浮游植物种类数为 95 种（属）和 64 种（属），如表 5 - 12 所示。2013 年调查的浮游植物为属 3 个门类，其中蓝藻门为 16 种（属），硅藻门 56 种（属），而绿藻门为 23 种（属）。2014 年调查的浮游植物分属 5 个门，其中蓝藻门 10 种（属），硅藻门 40 种（属），绿藻门 12 种（属），金藻门和隐藻门的各 1 种（属）。两次调查共有的种类为蓝藻门 7 种，硅藻门 33 种，绿藻门 9 种。由于 2014 年只调查了 5 个湖泊，因此可能是浮游植物种类数要少于 2013 年调查的 12 个湖泊的种类数的原因。各个湖泊出现的种类数见图 5 - 27。2013 年调查的 12 个湖泊中浮游植物的种类数为 15 ~ 31 种，其中无名湖种类数最高，而银镜湖最低为 15 种；2014 年调查的 5 个湖泊中浮游植物的种类数为 15 ~ 33 种，其中月牙湖 15 种，西湖为 33 种。其中月牙湖的种类数差别较大，从 2013 年的 24 种变为 2014 年的 15 种。优势种为 7 种，分别为居氏黏球藻 *Gloeocapsa küetzingiana*（0.024）、南极席藻 *Phormidium antarcticum*（0.108）、针杆藻属 *Synedra* sp.（0.050）、短小舟形藻 *Navicula exigua*（0.020）、间断羽纹藻 *Pinnularia interrupta*（0.024）、池生菱形藻 *Nitzschia stagnorum*（0.028）、隐头舟形藻 *Navicula cryptocephala*（0.027），前两个种类属于蓝藻门，后 5 个种类为硅藻门的种类。2014 年调查的 5 个湖泊的优势种为 9 种，分别为居氏黏球藻 *Gloeocapsa küetzingiana*（0.053）、南极席藻 *Phormidium antarcticum*（0.169）、针杆藻属 *Synedra* sp.（0.042 9）、短小舟形藻 *Navicula exigua*（0.062 5）、间断羽纹藻 *Pinnularia interrupta*（0.045 9）、窄异极藻 *Gomphonema angustatum*（0.024 3）、曲壳藻属 *Achnanthes* sp.（0.023 3）、池生菱形藻 *Nitzschia stagnorum*（0.035 1）、隐头舟形藻 *Navicula cryptocephala*（0.040 0），其中属于蓝藻门的种类为居氏黏球藻和南极席藻，其他种类均为硅藻门种类。2013 年调查的 7 种优势种类也是 2014 年调查的优势种种类（表 5 - 12）。

表 5 - 12　2013 年和 2014 年长城站站基湖泊浮游植物种类组成

种类	2013 年	2014 年
蓝藻门 Cyanophyta		
居氏黏球藻 *Gloeocapsa küetzingiana*	•	•
鱼腥藻属 *Anabaena* sp.	•	•
南极席藻 *Phormidium antarcticum*	•	•
寒冷席藻 *Phormidium frigidum*	•	•
断裂颤藻 *Oscillatoria fracta*	•	•
帕氏席藻 *Phormidium pristleyi*	•	
多变鱼腥藻 *Anabaena varibilis*	•	
捏团黏球藻 *Gloeocapsa magma*	•	
煤黑厚皮藻 *Pleurocapsa fuliginosa*	•	
微小平裂藻 *Merismopedia tenuissima*	•	
小颤藻 *Oscillatoria tenuis*	•	

续表

种类	2013 年	2014 年
线形黏杆藻 *Gloeothece linearis*	•	
微小色球藻 *Chroococcu minutus*	•	•
微囊藻属 Microcystis sp.	•	
湖沼色球藻 *Chroococcu limneticus*	•	
色球藻属 *Chroococcu* sp.	•	•
点形黏球藻 *Gloeocapsa punctata*		•
点状平裂藻 *Merismopedia punctata*		•
腔球藻属 *Coelosphaerium* sp.		•
硅藻门 Bacillariophyta		
平板藻属 *Tabellaria* sp.		•
直链藻属 *Melosira* sp.	•	•
绒毛平板藻 *Tabellaria flocculasa*	•	
针杆藻属 *Synedra* sp.	•	•
短角美壁藻 *Caloneis silicula*	•	
辐节藻属 *Stauroneis* sp.	•	•
短小舟形藻 *Navicula exigua*	•	•
长圆舟形藻 *Navicula oblonga*	•	•
系带舟形藻 *Navicula cincta*	•	•
双头舟形藻 *Navicula dicephala*	•	•
间断羽纹藻 *Pinnularia interrupta*	•	•
尖异极藻 *Gomphonema acuminatum*	•	•
窄异极藻 *Gomphonema angustatum*	•	•
曲壳藻属 *Achnanthes* sp.	•	•
扁圆卵形藻 *Cocconeis placentula*	•	•
池生菱形藻 *Nitzschia stagnorum*	•	•
双菱藻属 *Surirellia* sp.	•	•
舟形藻属 *Navicula* sp.	•	•
凸出舟形藻 *Navicula protracta*	•	•
隐头舟形藻 *Navicula cryptocephala*	•	•
两栖菱形藻 *Nitzschia amphibia*	•	•
双头菱形藻 *Nitzschia amphibia*		•
双尖菱板藻 *Hantzschia amphioxys*	•	•
双头辐节藻线形变种 *Stauroneis anceps* f. *linearis*	•	
尖辐节藻 *Stauroneis* acuta	•	
细条羽纹藻 *Pinnularia microstauron*	•	
波形羽纹藻 *Pinnularia undulata*		•
双眉藻属 *Amphora* sp.	•	
碎片菱形藻 *Nitzschia frustulum*	•	
等片藻属 *Diatoma* sp.	•	•

续表

种类	2013 年	2014 年
脆杆藻属 *Fragilaria* sp.	●	●
瞳孔舟形藻 *Navicula pupula*	●	●
近缘针杆藻 *Synedra affinis*	●	
双头菱形藻 *Nitzschia amphibia*	●	
双头辐节藻 *Stauroneis anceps*	●	●
双头辐节藻线形变种 *Stauroneis anceps* f. *linearis*		●
异极藻属 *Gomphonema* sp.	●	●
披针曲壳藻椭圆变种 *Achnanthes lanceolata* var. *elliptica*	●	
羽纹藻属 *Pinnularia* sp.	●	●
矮小辐节藻 *Stauroneis pygmaea*	●	●
短小曲壳藻 *Achnanthes exigua*	●	●
小环藻属 *Cyclotella* sp.	●	
尖针杆藻 *Synedra acus*	●	
圆环舟形藻 *Navicula placenta*	●	●
斜纹长篦藻 *Neidium kozolowi*	●	
尖头舟形藻凸顶变种 *Navicula cuspidata*	●	
披针曲壳藻椭圆变种 *Achnanthes lanceolata* var. *elliptica*	●	
弯形弯楔藻 *Rhoicosphenia curvata*	●	
双尖菱板藻小头变型 *Hantzschia amphioxys* f. *capitata*	●	
雪生舟形藻 *Navicula nivalis*	●	
尖头舟形藻 *Navicula cuspidada*	●	
近缘桥弯藻 *Cymbella affinis*	●	
波形羽纹藻 *Pinnularia undulata*	●	
双头舟形藻 *Navicula dicephala*	●	●
窗格平板藻 *Tabellaria fenestriata*	●	●
缢缩异极藻头状变种 *Gomphonema constrictum* var. *capitata*	●	●
直链藻属 *Melosira* sp.	●	
桥弯藻属 *Cymbella* sp.	●	●
双壁藻属 *Diploneis* sp.	●	
短小舟形藻 *Navicula exigua*	●	●
菱形藻属 *Nitzschia* sp.		●
线形菱形藻 *Nitzschia linearis*		●
卵圆双壁藻 *Diploneis ovalis*		●
绿藻门 Chlorophyta		
顶棘藻属 *Chodatella* sp.		●
雪衣藻 *Chlamydomonas nivalis*	●	
纤维藻属 *Ankistrodesmus* sp.	●	●
丝藻属 *Ulothrix* sp.	●	
绿球藻属 *Chlorococcum* sp.	●	

续表

种类	2013 年	2014 年
杆裂丝藻 *Stichococcus bacillaris*	•	
辐射鼓藻属 *Actinotaenium* sp.	•	
六刺角星鼓藻 *Staurastrum hexacerum*	•	
十字藻属 *Crucigenia* sp.	•	
小球藻 *Chlorella* sp.	•	
弓形藻属 *Schroedria robusta*	•	•
疏刺多芒藻 *Golemkinia paucispina*	•	
并联藻 *Quadrigula chodatii*	•	
鼓藻属 *Gonatozygon* sp.	•	•
项圈鼓藻 *Cosmarium moniliforme*	•	•
土生绿球藻 *Chlorococcum humicola*	•	•
中带鼓藻 *Mesotaenium endlicherianum*	•	•
水溪绿球藻 *Chlorococcum infusionum*	•	•
纺锤柱形鼓藻 *Penium libellula*	•	•
绿星球藻属 *Asterococcus* sp.	•	
囊裸藻属 *Trachelomonas* sp.	•	
衣藻属 *Chlamydomonas* sp.	•	•
细链丝藻 *Hoemidium subtile*		•
针丝藻 Raphidonema nivale	•	
肾形藻属 *Nephrocytium* sp.		•
蹄形藻 *Kirchneriaella lunaris*	•	
金藻门 Chrysophyta		
鱼鳞藻属 *Mallomonas* sp.		•
裸藻门 Euglenophyta		
尾裸藻 *Euglena caudata*		•

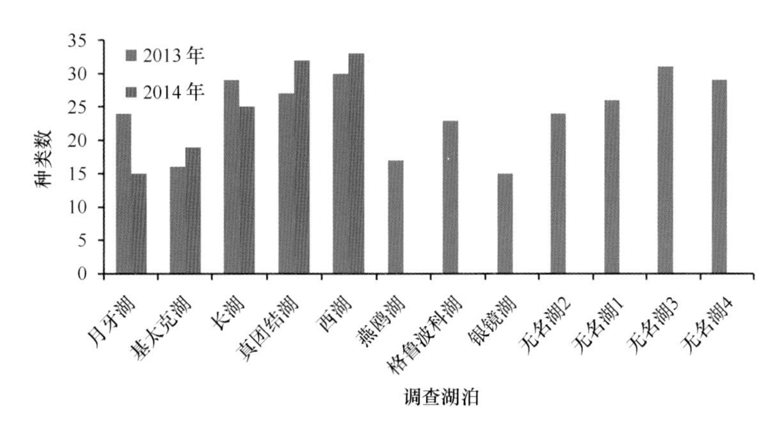

图 5－27　2013 年和 2014 年调查湖泊浮游植物的种类数

从图 5－28 可知，2013 年 7 种优势种类贡献了浮游植物总丰度的近 40%，而 2014 年 9

种浮游植物优势种类占到浮游植物总丰度的 68.20%。其中，2013 年南极席藻贡献率为 14.41%，居氏黏球藻 7.22%，针杆藻属为 5.45%，其中种类均在 3%～4% 之间。而 2014 年南极席藻、居氏黏球藻、短小舟形藻和隐头舟形藻的贡献率分别为 21.14%、13.28%、10.42% 和 5.00%，其他优势种的贡献率在 3%～4% 之间。

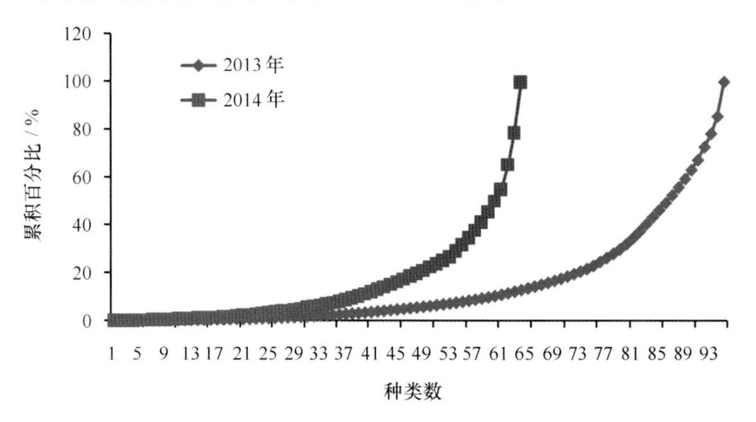

图 5－28　浮游植物种类丰度的累积百分比

（2）丰度分布：2013 年和 2014 年湖泊浮游植物细胞丰度见图 5－29。2013 年调查湖泊浮游植物丰度范围为 4.35×10^4～34.55×10^4 cells/L，平均为 17.2×10^4 cells/L，其中燕鸥湖浮游植物细胞丰度最低，而长湖细胞丰度最高。2014 年调查的 5 个湖泊的浮游植物丰度范围为 3.9×10^4～27.55×10^4 cells/L，平均为 16.79×10^4 cells/L，其中基太克湖最低，而团结湖最高。在两次调查期间，共监测的 5 个湖泊中，月牙湖、基太克湖、长湖和西湖的浮游植物在 2014 年调查中均比 2013 年显著降低，分别从 19.2×10^4 cells/L、9.3×10^4 cells/L、34.55×10^4 cells/L 和 30×10^4 cells/L 降到 10.55×10^4 cells/L、3.9×10^4 cells/L、15.55×10^4 cells/L 和 26.4×10^4 cells/L，而团结湖的浮游植物丰度则由 22.05×10^4 cells/L 增加到 27.55×10^4 cells/L。

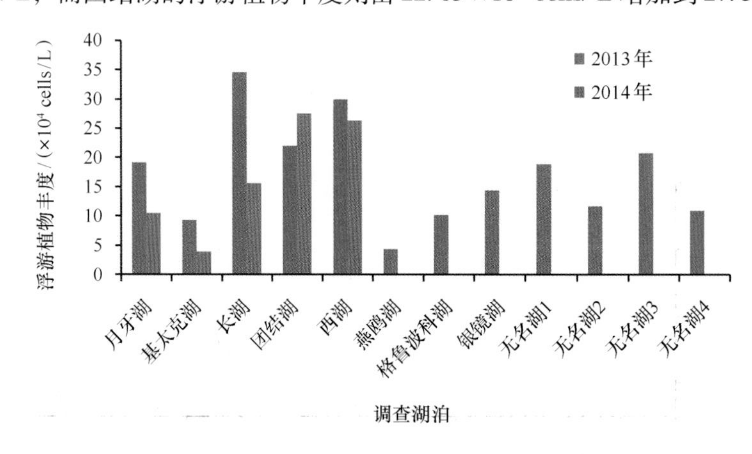

图 5－29　2013 年和 2014 年各调查湖泊浮游植物的丰度

2013 年调查中，蓝藻门对浮游植物贡献达到 50% 以上的湖泊有长湖、燕鸥湖、银镜湖、无名湖 1 和无名湖 3，硅藻门对浮游植物总丰度贡献达到 50% 以上的湖泊有基太克湖、团结湖、西湖和无名湖 4，绿藻门对浮游植物总丰度的贡献率为 2.13%～32.02%（图 5－30）。2014 年调查中，蓝藻门对浮游植物贡献率超过 50% 的湖泊只有月牙湖，而其他 4 个湖泊硅藻门贡献率均达到57%～91%。金藻门和隐藻门只在西湖中发现，而且只有1个种类（图5-31）。与2013年监测的结果相比较，蓝藻门对浮游植物贡献在月牙湖、西湖和团结湖增加，而硅藻类在基太克湖和长湖对浮游植物的贡献增加。

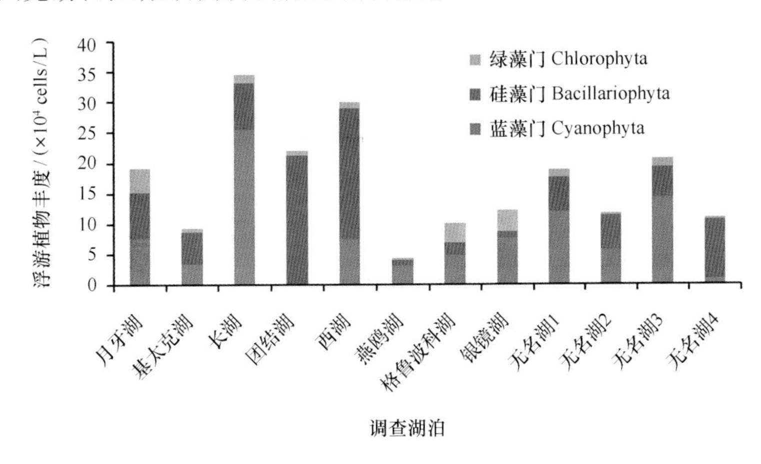

图5-30 2013年监测湖泊浮游植物门类组成

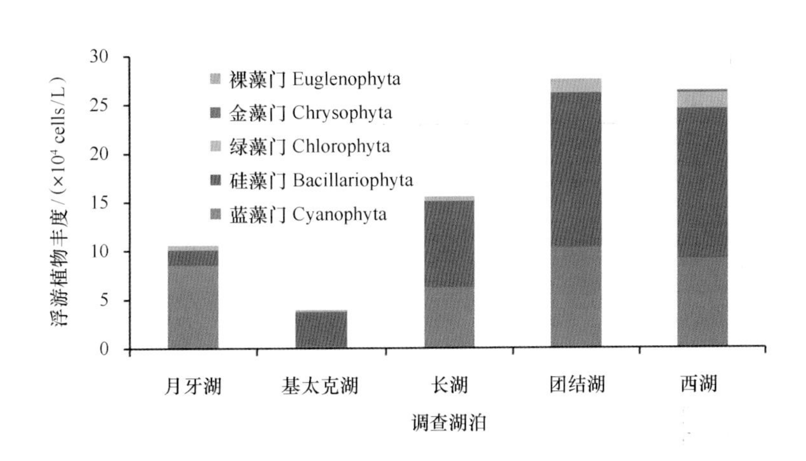

图5-31 2014年监测湖泊浮游植物门类组成

2013年和2014年浮游植物优势种在各监测湖泊总的丰度见图5-32和图5-33。从图5-32和图5-33可知，2013年和2014年优势种类在各湖泊中均有分布，丰度存在着一定的波动，总的来讲与各优势种类的优势度相一致。

（3）多样性特征：在2013年调查中，除了燕鸥湖浮游植物的多样性指数为2.29外，其他湖泊浮游植物多样性指数为3.00～4.36。均匀性指数燕鸥湖为0.60，其他湖泊为0.679～0.898。2014年调查中，月牙湖浮游植物多样性指数和均匀性指数仅有1.43和0.366，而其他湖泊多样性指数和均匀性指数的范围为3.370～4.101和0.746～0.924。从图5-34和图5-35可以看出，除了月牙湖2014年调查的浮游植物多样性指数和均匀性指数小于2013年以外，其他调查湖泊差异不大。

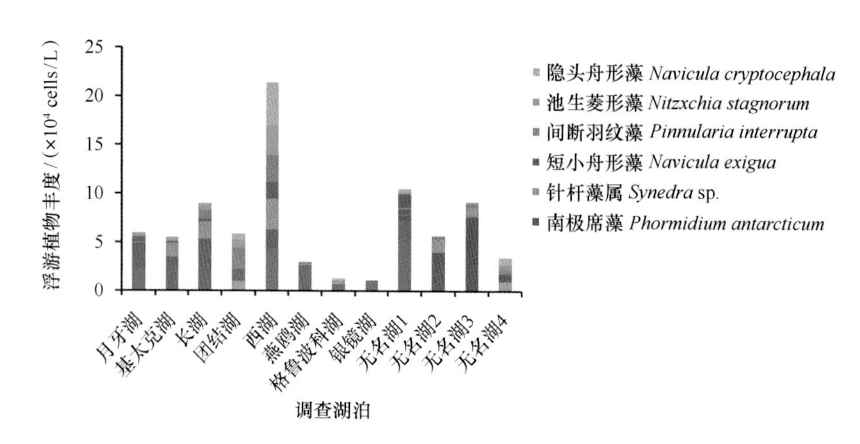

图 5-32　2013 年浮游植物优势种在各调查湖泊的丰度

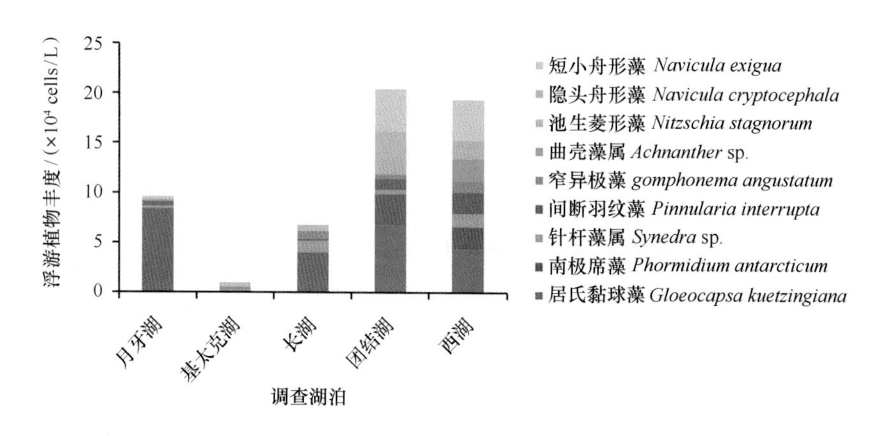

图 5-33　2014 年浮游植物优势种在各调查湖泊的丰度

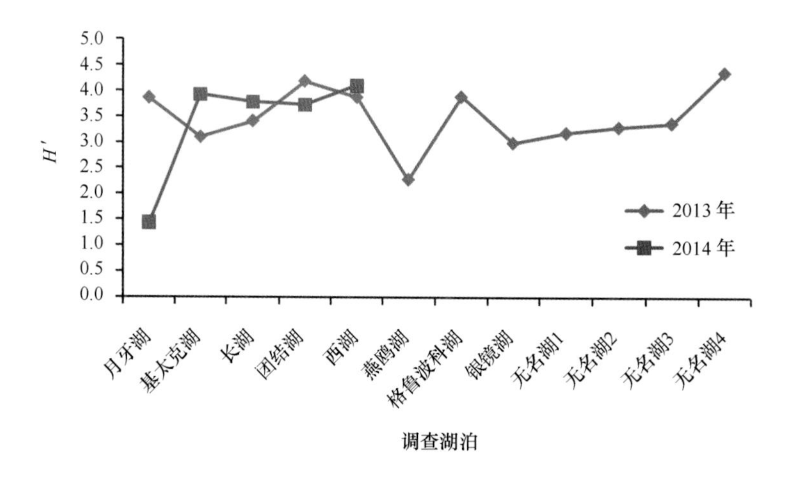

图 5-34　2013 年和 2014 年各监测湖泊浮游植物的多样性指数

2）浮游动物

（1）种类组成：2013 年和 2014 年对湖泊浮游动物调查共检出 7 种（属或类），同时无甲类的丰年虫在某些湖泊中有出现，但丰度很低，在定量样品中均未采集到。检测到的浮游动物种类主要包括刺剑水蚤属 *Acanthocyclops*、近镖水蚤属 *Tropodiaptomus*、许水蚤属 *Schmackeria*、剑

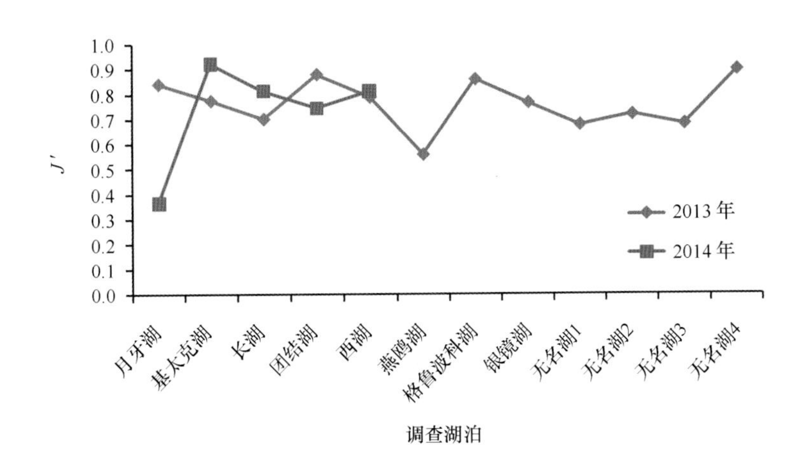

图5-35 2013年和2014年各监测湖泊浮游植物的均匀性指数

水蚤属 *Cyclops*、桡足幼体和无节幼体以及一种桡足类的未定种（表5-13）。

（2）丰度分布：相对浮游植物的丰度而言，湖泊浮游动物的丰度非常低，2013年浮游动物丰度的范围为0.02～13.75 ind./L，银镜湖浮游动物丰度最高，而长湖和团结湖仅有0.02 ind./L。其他湖泊中，除了基太克湖和无名湖4种浮游动物的丰度为1.1 ind./L和2.25 ind./L外，剩余其他湖泊的浮游动物的丰度均低于1 ind./L，为0.07～0.98 ind./L。种类分布方面，基太克湖和银镜湖出现6种浮游动物，剑水蚤属种类和桡足类的未定种未在基太克湖和银镜湖中出现，无名湖1和无名湖4具有5种浮游动物出现，但均未发现剑水蚤属种类和桡足类的未定种，格鲁波科湖和无名湖2出现了4种和3种浮游动物，除了无节幼体和桡足幼体之外，还发现了刺剑水蚤属和近镖水蚤属的种类。月牙湖、西湖和无名湖3均只发现了无节幼体和桡足幼体，长湖和团结湖只发现了刺剑水蚤属种类和桡足幼体。2014年月牙湖和西湖浮游动物丰度分别为3.02 ind./L和1.01 ind./L，其他3个湖泊浮游动物丰度均低于1，为0.22 ind./L，0.71 ind./L和0.14 ind./L。种类分布来看，月牙湖中发现5种浮游动物，未发现桡足类的未定种；基太克湖和西湖均发现有4种浮游动物，共有的种类为剑水蚤属 *Acanthocyclops*、近镖水蚤属 *Tropodiaptomus* 和许水蚤属 *Schmackeria*，在基太克湖中还发现了甲壳动物的无节幼体，而西湖中还发现了桡足类的未定种。长湖和团结湖分别发现3种和2种浮游动物，为无节幼体、桡足幼体和刺剑水蚤属种类（表5-13）。

2013年和2014年相比较而言，在同一湖泊中监测到的浮游动物种类和丰度存在着一定的差别，这可能与采样的时间和具体的采样位置有关。总的来讲，长城站附近湖泊浮游动物种类数和丰度均较低（表5-13）。

3）底栖动物

2014年第30次队调查中发现，长城站站基附近淡水湖泊的底栖动物的种类依然较少，与2013年第29次队调查的结果相类似，只有寡毛类出现，丝线蚓 *Lumbricillus* sp. 和 *Pramoera* sp. 两个种类在样品中出现（图5-36）。月牙湖和长湖中仍然仅发现丝线蚓 *Lumbricillus* sp.，丰度为7.33 ind./m^2 和12.66 ind./m^2，与2013年调查发现的5.33 ind./m^2 和10.66 ind./m^2 的丰度相近。而基太克湖中仍仅发现寡毛类 *Pramoera* sp.，丰度为12 ind./m^2，与2013年该湖泊中的丰度16 ind./m^2 接近。比较2013年和2014年的调查结果，表明长城站站基附近湖泊底栖动物的种类较少，丰度也较低，这是与南极淡水湖泊生态环境相适应的，即较低的温度与食

表 5 - 13　2013 年和 2014 年长城站站基附近湖泊浮游动物调查结果

单位：ind. /L

种类	月牙湖		基太克湖		长湖		团结湖		西湖		格鲁波科湖	银镜湖	无名湖 1	无名湖 2	无名湖 3	无名湖 4
	2013 年	2014 年	2013 年	2014 年	2013 年	2014 年	2013 年	2014 年	2013 年	2014 年	2013 年	2013 年	2013 年	2013 年	2013 年	2013 年
无节幼体	0. 08	0. 05	0. 58	0. 02		0. 02		0. 02	0. 25		0. 08	0. 25	0. 43	0. 02	0. 33	0. 75
桡足幼体	0. 04	0. 33	0. 22			0. 67	0. 02		0. 13		0. 05	2. 25	0. 5	0. 03	0. 48	1. 18
刺剑水蚤属 *Acanthocyclops*		1. 48	0. 15	0. 15	0. 02	0. 02		0. 12		0. 6	0. 08	6. 25	0. 02	0. 02		0. 17
近镖水蚤属 *Tropodiaptomus*		0. 83	0. 08	0. 03						0. 3	0. 03	2. 5	0. 02			0. 07
许水蚤属 *Schmackeria*		0. 33	0. 05	0. 02						0. 03		2	0. 02			0. 08
剑水蚤属 *Cyclops*												0. 5				
未定种			0. 02							0. 08						
总计	0. 12	3. 02	1. 1	0. 22	0. 02	0. 71	0. 02	0. 14	0. 38	1. 01	0. 25	13. 75	0. 98	0. 07	0. 82	2. 25

物来源等。但底栖动物在南极淡水湖泊的物质循环和能量流动中应该起着重要的作用，因此有必要开展详细的调查研究（表5－14）。

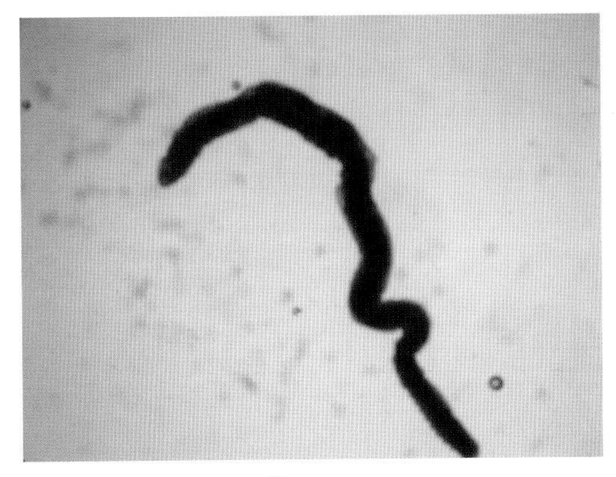

Pramoera sp.

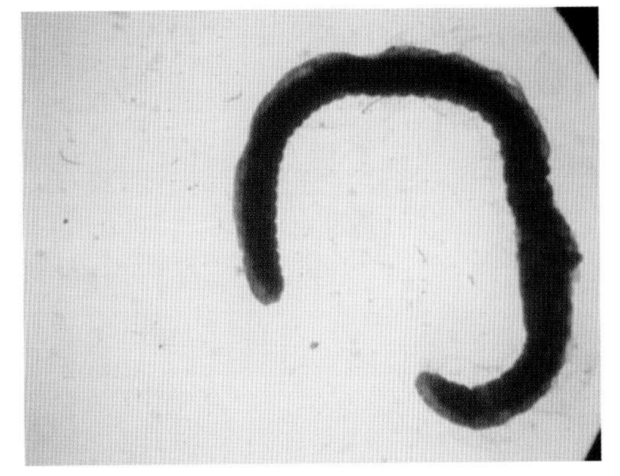

丝线蚓 *Lumbricillus* sp.

图5－36 淡水湖泊底栖动物

表5－14 2013年和2014年湖泊底栖动物种类组成及丰度分布 单位：ind./m²

种类	月牙湖		基太克湖		长湖	
	2013年	2014年	2013年	2014年	2013年	2014年
丝线蚓 *Lumbricillus* sp.	5.33	7.33			10.66	12.66
Pramoera sp.			16	12		
合计	5.33	7.33	16	12	10.66	12.66

5.1.2 环境现状分析

5.1.2.1 近岸海域水环境要素特征分析

长城站邻近海域长城湾和阿德雷湾主要受到布兰斯菲尔德（Bransfield）水团和陆地径流及冰雪消融输入海湾的淡水之间的混合作用。以2012/2013年南半球夏季为例，长城湾与阿德雷湾两个断面的盐度范围为33.97～34.23，平均值34.12±0.04（$n=1\ 813$），温度范围为0.48～1.36℃，平均值0.83±0.23℃（$n=1\ 813$）。两个断面的温盐变化趋势相似，从表层到底层，温度逐渐降低，盐度逐渐增高，且两个断面在海湾最内部10 m以浅各存在一个相对高温和低盐的水团。如图5－37所示，两个断面的温、盐之间呈对应的分布趋势，即高温水体相对低盐，低温水体相对高盐。温盐分布较好地说明夏季乔治王岛冰雪融水入海径流对长城湾及阿德雷湾的温盐分布有着显著的影响，尤其是对湾内表层海水而言。

长城站邻近海域海水生态环境表现出高营养盐低叶绿素a特征（HNLC）。长城湾和阿德雷湾夏季水体营养盐含量普遍较高，在调查期间年际变化不显著，而叶绿素a与历史调查结果也较相近。其中，长城湾和阿德雷湾2009/2010年度硝酸盐、磷酸盐、硅酸盐浓度分别为16.76～30.89 μmol/L（平均值26.72 μmol/L），1.46～2.24 μmol/L（平均值1.98 μmol/L），61.09～71.51 μmol/L（平均值67.65 μmol/L）；2010/2011年度硝酸盐、磷酸盐、硅酸盐浓度分别为19.05～27.22 μmol/L（平均值22.68 μmol/L），0.43～2.21 μmol/L（平均值

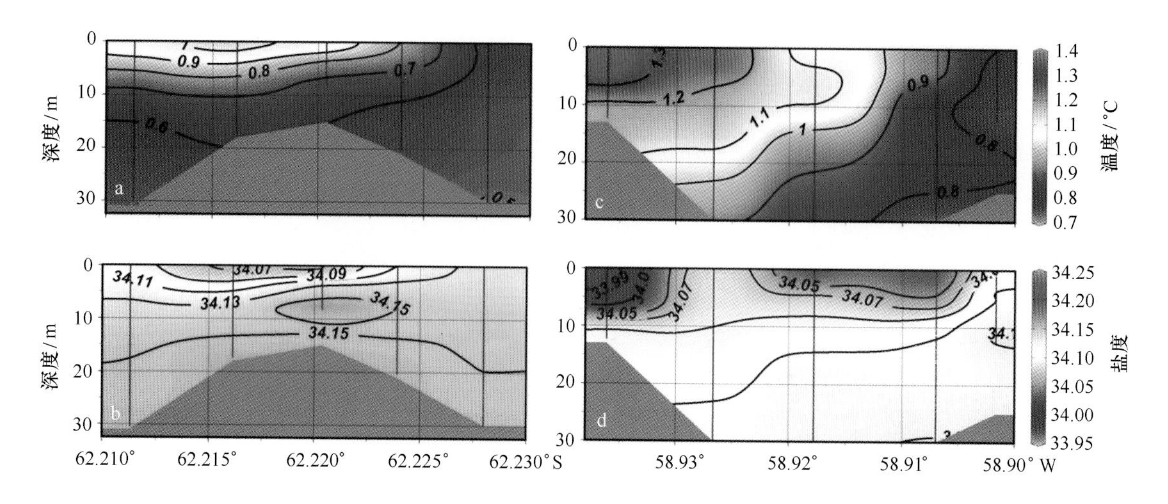

图5－37　长城湾G断面、阿德雷湾A断面温盐剖面图

a. G断面温度剖面；b. G断面盐度剖面；c. A断面温度剖面；d. A断面盐度剖面

1.81 μmol/L)，65.67～77.62 μmol/L（平均值69.54 μmol/L）；长城湾和阿德雷湾2009/2010年度叶绿素a浓度为1.91 μg/L（平均值），变化范围为0.76～6.38 μg/L（图5－38和图5－39）。

2011/2012年度长城湾调查站位溶解氧DO的平均浓度分别为（9.55±0.44）mg/L，阿德雷湾DO平均浓度为（9.70±0.41）mg/L。长城湾的硝酸盐、亚硝酸盐、磷酸盐及硅酸盐的平均浓度分别为（13.2±2.4）μmol/L、（0.18±0.021）μmol/L、（89±0.13）μmol/L、（48.4±6.7）μmol/L，阿德雷湾的4项营养盐平均浓度分别为（12.4±2.5）μmol/L、(0.17±0.02）μmol/L、(1.87±0.05）μmol/L、(48.2±6.6）μmol/L，表明两个湾的基本水质参数基本上没有区别，显然与两个湾之间良好的水体交换有关。长城湾和阿德雷湾的N/Si比的分布表明，硅酸盐相对于硝酸盐远远过剩，这与南极海域整体硅酸盐的高浓度分布相符，水体硅酸盐来自于天然硅酸盐和铝硅酸盐矿物的风化，人为来源基本没有影响。两个湾中的水体平均N:P比值为6.9，远远低于Redfield比值（N:P=16:1），表明长城湾和阿德雷湾水体属于潜在的氮限制。融冰期注入长城湾的溪水营养盐浓度不高，而对阿德雷岛企鹅栖息地附近地表水调查发现，靠近阿德雷湾一侧的地表径流对阿雷德湾的磷酸盐和硝酸盐具有一定的贡献。长城湾水体叶绿素a平均浓度为（0.94±0.49）μg/L，颗粒有机碳（POC）的浓度则达到（81.8±31.6）μg/L。而阿德雷湾叶绿素a及POC的平均浓度分别为（1.02±0.73）μg/L和（53.0±16.5）μg/L。两个湾的叶绿素a含量相差不大，颗粒有机碳则长城湾明显高于阿德雷湾（图5－38和图5－39）。

2012/2013年度南极长城站邻近海域调查结果显示，2012/2013年度硝酸盐、磷酸盐、硅酸盐浓度分别为24.01～26.07 μmol/L（平均值24.93 μmol/L），1.65～2.03 μmol/L（平均值1.86 μmol/L），67.27～69.21 μmol/L（平均值68.50 μmol/L）（图5－40和图5－41）。夏季长城湾、阿德雷湾营养盐总的分布特征为表层低、底层高，湾内向湾口逐渐增高趋势，营养盐浓度与水体盐度成正相关关系。高营养盐的布兰斯菲尔德流从菲尔德斯半岛南部侵入，成为长城站临近海域营养盐的主要提供者。融冰期注入长城湾、阿德雷湾的溪水硝酸盐和磷酸盐浓度普遍都很低（表5－15），淡水硝酸盐、磷酸盐和硅酸盐浓度分别占长城湾和阿德雷湾营养盐浓度平均值的8.9%、6.7%和35.2%，表明周边注入的河水、雪融水以及冰川融化

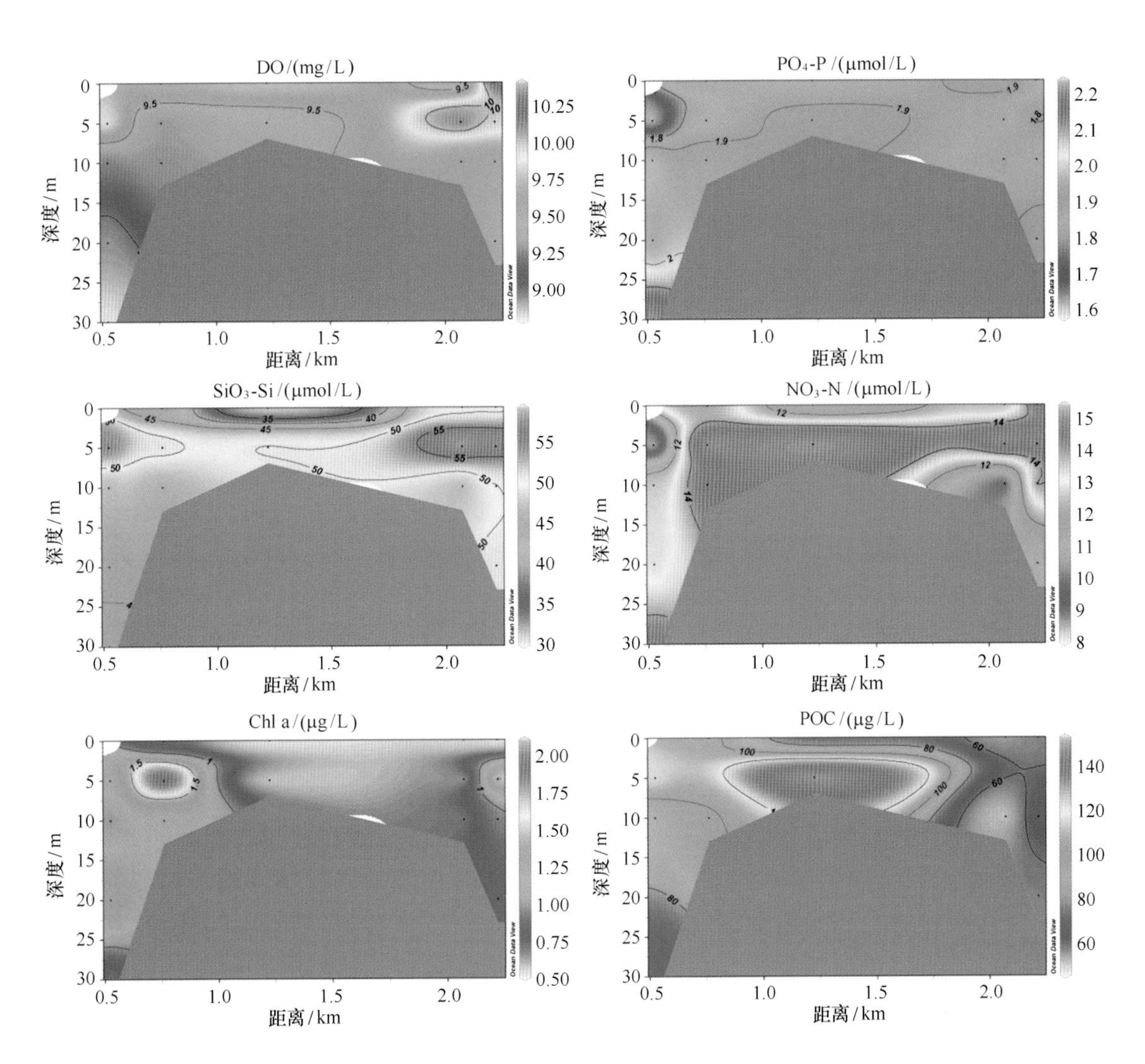

图5－38　2011/2012年度长城湾溶解氧（DO）、营养盐、叶绿素a（Chl a）及颗粒有机碳（POC）的分布

均对两湾营养盐的分布起稀释作用。2012/2013年度叶绿素a浓度范围为0.42～3.08 μg/L（平均值1.18 μg/L），调查期间低温以及强风引起上层水体不稳定成为阻碍浮游植物生长的主要因素之一，使得浮游植物对营养盐的利用率较低。

表5－15　长城站周边入海河流及湖泊水环境要素　　单位：μmol/L

径流类型	PO_4-P	NO_2-N	NH_4-N	NO_3-N	SiO_3-S
基特河	0.12	0.06	1.38	3.10	39.02
长河	0.18	0.03	2.15	2.90	28.17
玉泉河	0.09	<0.01	0.37	0.95	19.32
拒马河	0.09	0.71	0.96	2.94	23.68
九泉河	0.21	0.09	1.41	2.82	27.36

2013/2014年度长城湾和阿德雷湾硝酸盐、磷酸盐、硅酸盐浓度分别为17.66～21.5 μmol/L（平均值20.29 μmol/L），1.46～2.15 μmol/L（平均值1.78 μmol/L），48.41～

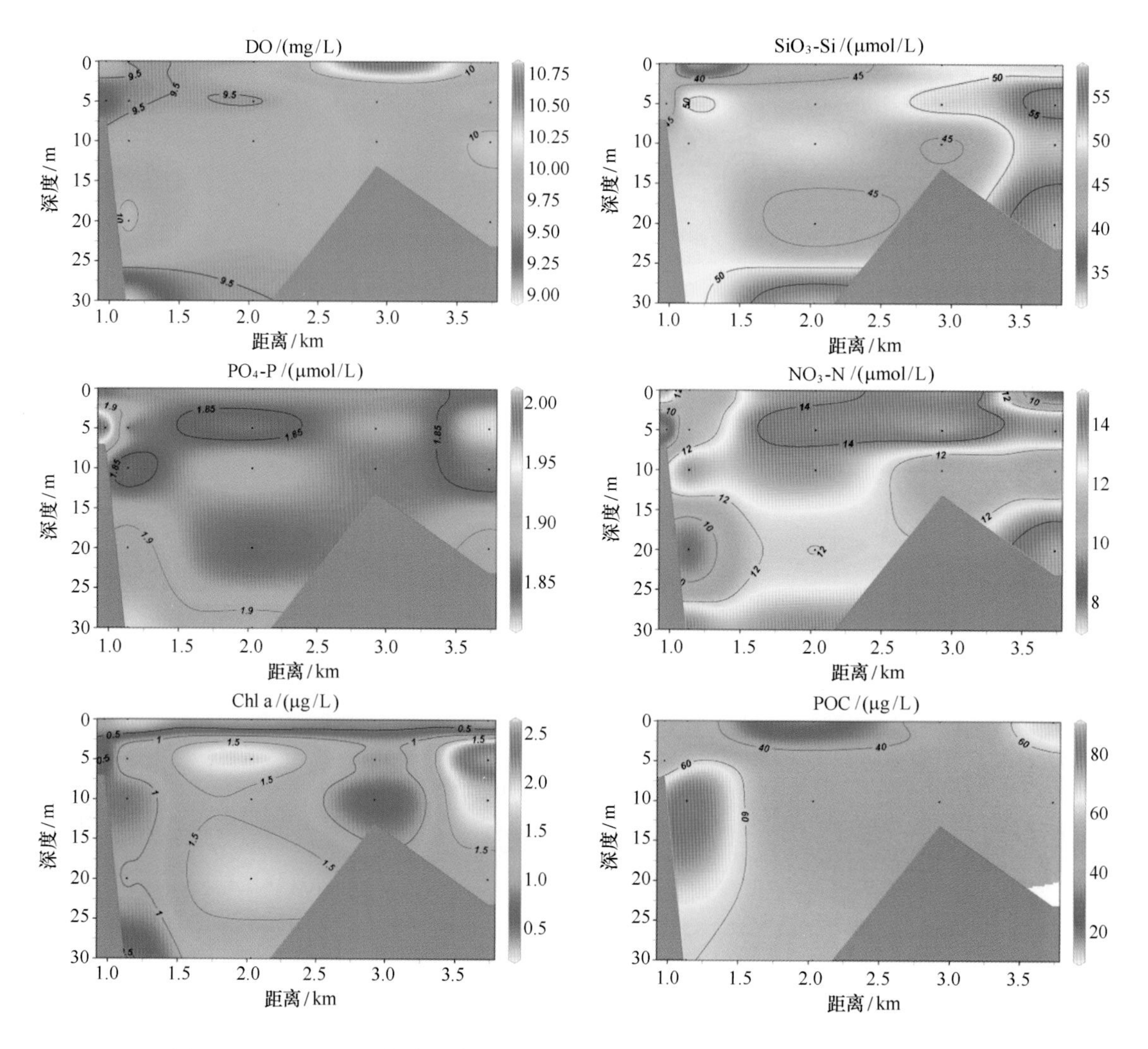

图 5－39　2011/2012 年度阿德雷湾溶解氧（DO）、营养盐、叶绿素 a（Chl a）及颗粒有机碳（POC）的分布

88.11 μmol/L（平均值 78.54 μmol/L）。2013/2014 年度叶绿素 a 浓度范围为 1.21 ~6.01 μg/L（平均值 2.93 μg/L）（图 5－42 和图 5－43）。据 2012/2013 年度资料（表 5－15），夏季流入长城湾、阿德雷湾的溪流水营养盐浓度普遍都很低，表明周边注入的河水、雪融水以及冰川融化均对两湾营养盐的分布起稀释作用。受南部富含营养盐的布兰斯菲尔德海流的强劲影响及湾内企鹅等鸟粪的降解是湾内水域营养盐的主要来源。南极长城站附近夏季较低的水温和较高的风速天气则是浮游植物营养盐生物利用较低的主要原因。而从营养盐年度变化上来看，2014 年度南极长城站邻近海域营养盐浓度较 2013 年度的营养盐水平低。2013 年 1 月长城湾和阿德雷湾磷酸盐、总溶解态氮（DIN）和硅酸盐平均浓度分别为 1.94 μmol/L，25.36 μmol/L，78.61 μmol/L 和 1.96 μmol/L，25.94 μmol/L，79.32 μmol/L，叶绿素 a 则相对较低（平均分别为 1.29 μg/L 和 1.08 μg/L），呈高营养盐低叶绿素 a 特征（HNLC）。但这不能简单地说是年际上的变化，这种变化不仅包含年际变化同时也存在季节尺度上的变化。因为 2014 年度样品采集时间要比 2013 年度晚 1.5 个月。

2014 年长城湾和阿得雷湾硝酸盐和磷酸盐浓度低于 2013 年也与冰雪融水的注入稀释有

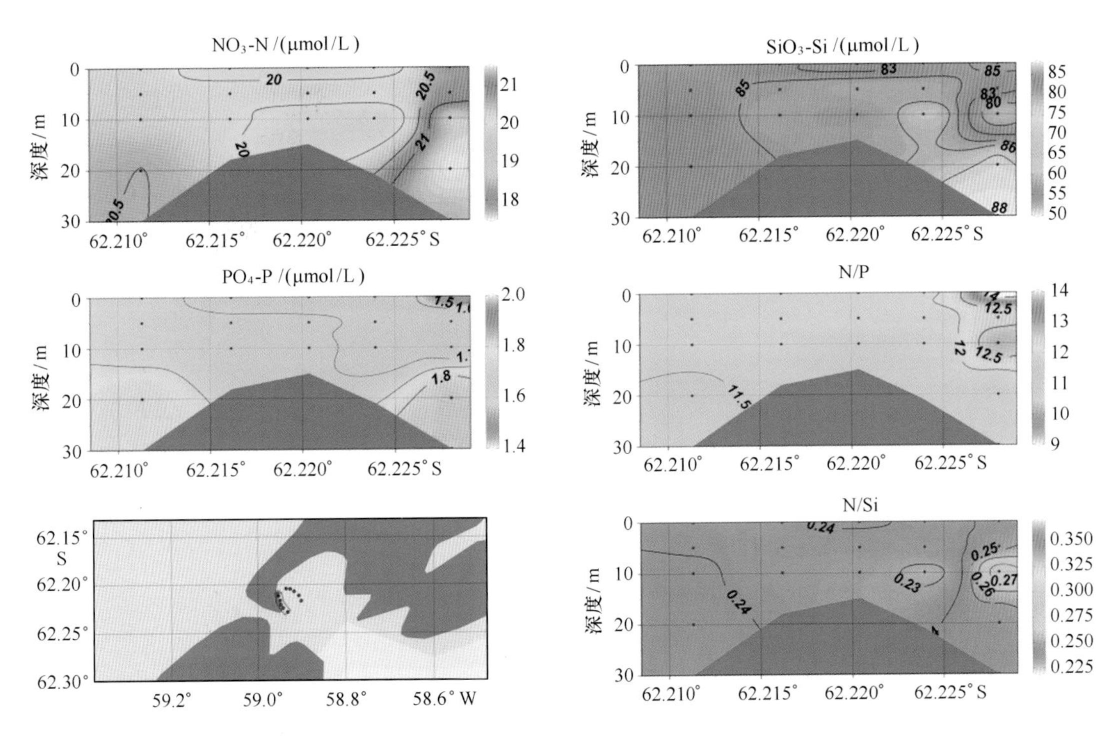

图5-40　2012/2013年度长城湾营养盐各要素的断面分布

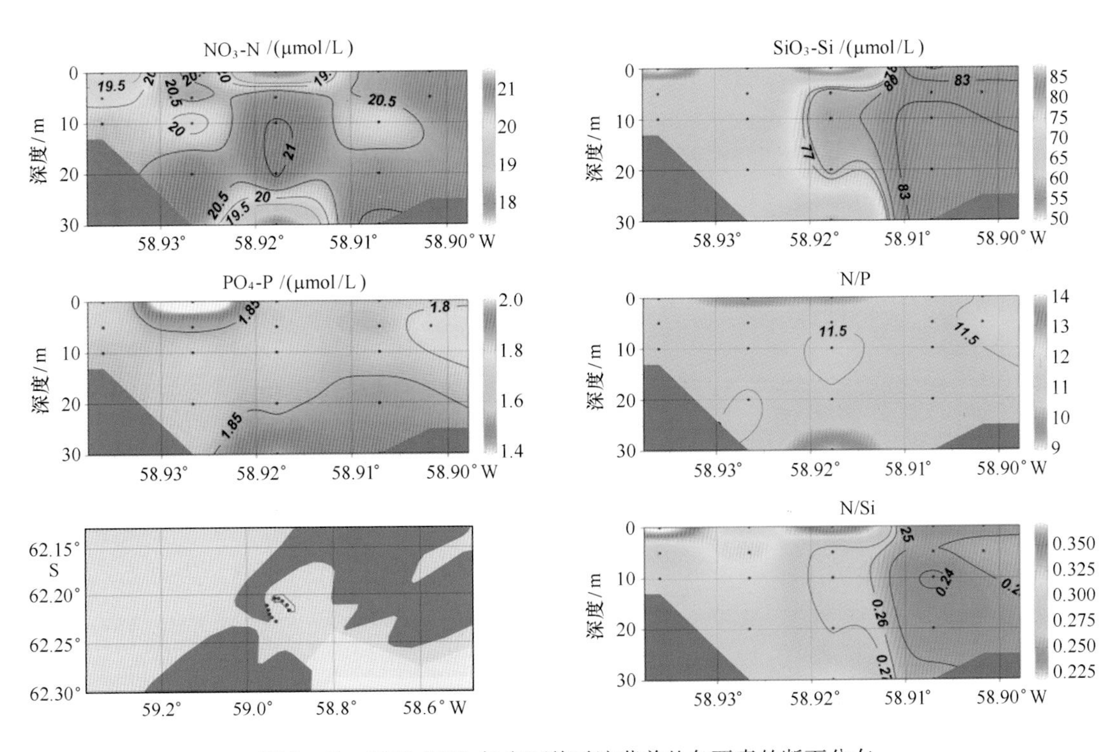

图5-41　2012/2013年度阿德雷湾营养盐各要素的断面分布

关。而硅酸盐的浓度分布在阿得雷湾和长城湾存在较大的不同，表明硅酸盐除了冰融水注入稀释作用外，还有其他的生物地球化学过程，有待进一步研究。

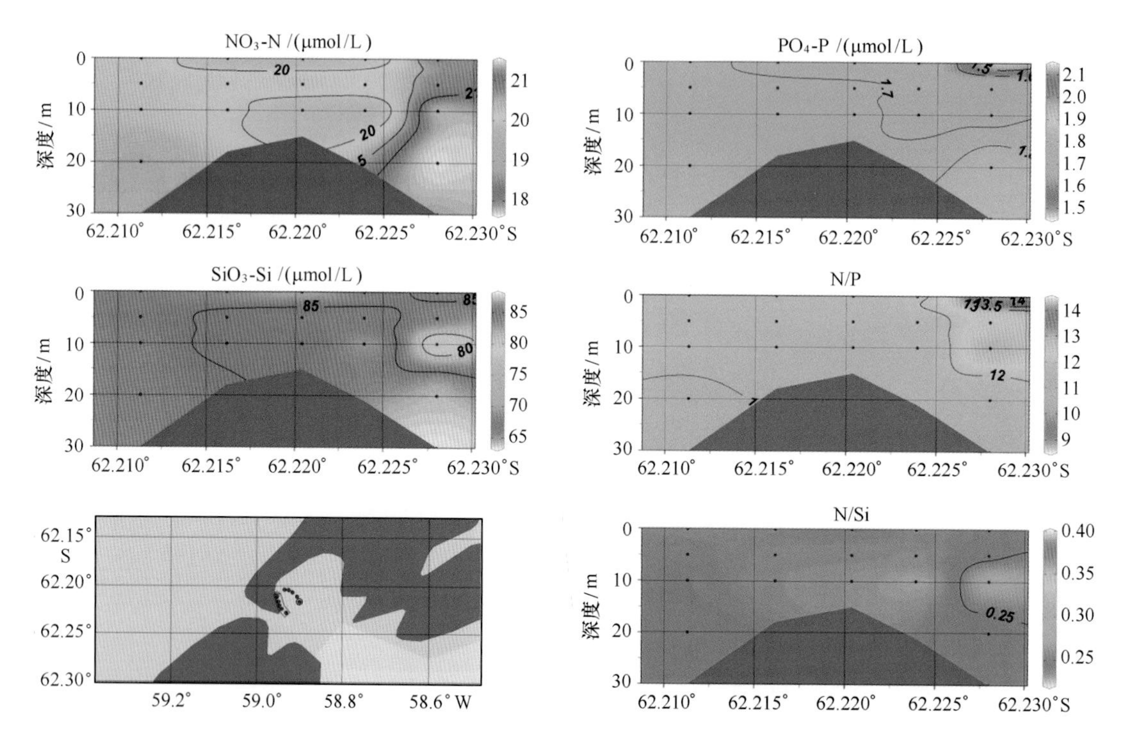

图 5－42　2013/2014 年度长城湾营养盐各要素断面分布

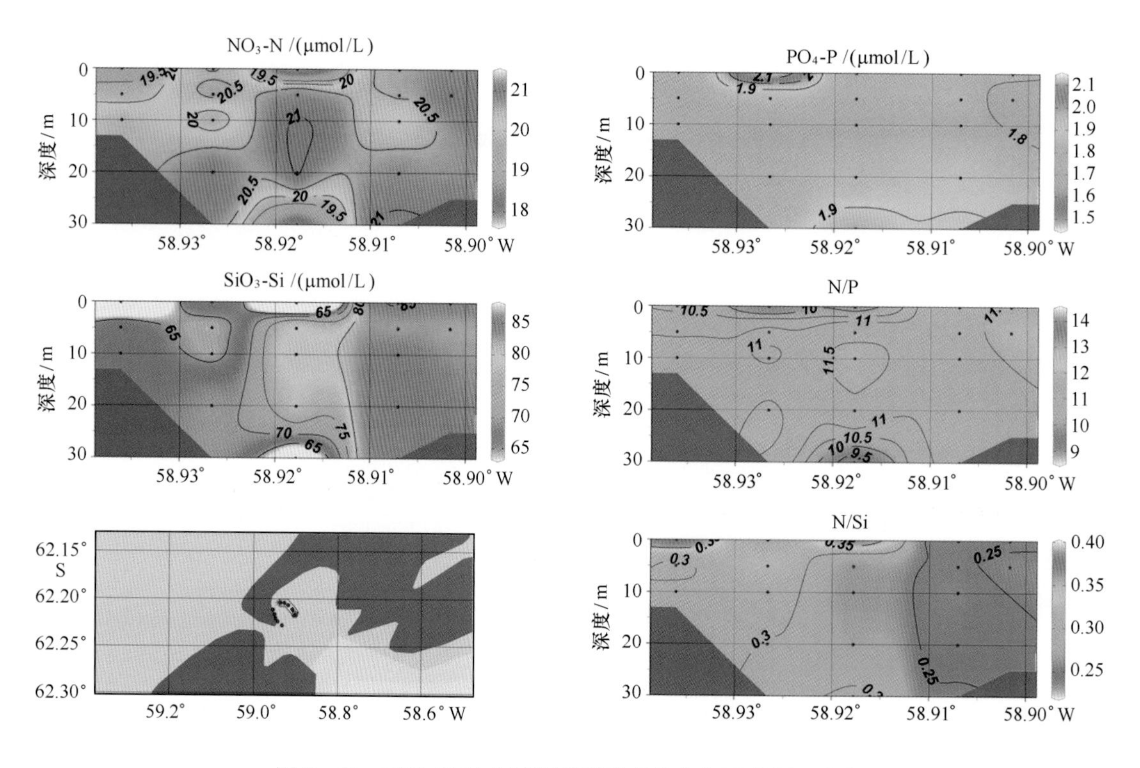

图 5－43　2013/2014 年度阿德雷湾营养盐各要素断面分布

5.1.2.2 大气化学环境要素特征分析

1）长城站大气气溶胶主要离子成分及存在形式

长城站大气中阴阳离子浓度由大到小依次为 Cl^-、Na^+、SO_4^{2-}、Mg^{2+}、Ca^{2+}、K^+、NO_3^-、NH_4^+、MSA、F^-（图5-44）。各离子浓度的平均值分别为：Na^+ 3.42 μg/m³，Mg^{2+} 0.311 μg/m³，NH_4^+ 0.032 μg/m³，Ca^{2+} 0.134 μmg/m³，K^+ 0.157μg/m³，Cl^- 6.22 μg/m³，SO_4^{2-} 0.700 μg/m³，NO_3^- 0.036 μg/m³，MSA 0.012 μg/m³，F^- 0.001 ng/m³。可见主要的离子组成是 Na^+、Cl^-、SO_4^{2-}、Mg^{2+}、Ca^{2+}，5种离子浓度对气溶胶载量的贡献平均为91.3%，其中 Na^+ + Cl^- 的贡献平均约为79.3%，可见海盐颗粒是最主要的海洋气溶胶成分，其次是硫酸盐气溶胶（图5-44）。

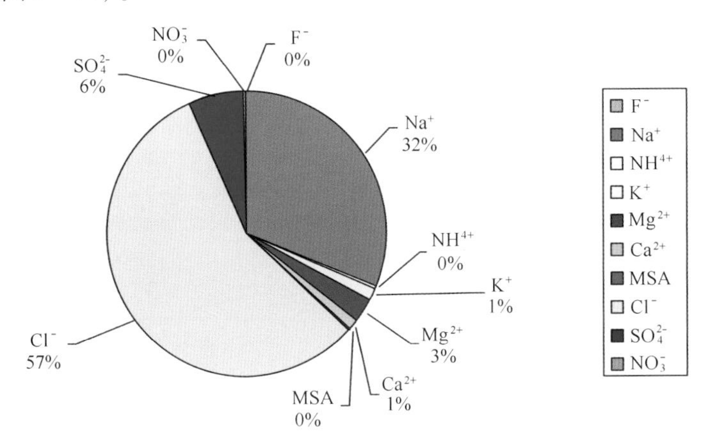

图5-44 长城站大气主要阴阳离子的比例分布

由以上的分析可知，气溶胶主要由海盐颗粒物质和硫酸盐、硝酸盐组成，其中气溶胶中的硫酸盐粒径范围一般为0.1～1.0 μm，而在这个粒径范围内的气溶胶粒子对太阳辐射的影响较大，同时由于硫酸盐离子易溶于水，可有效地作为云凝结核（CCN），从而对气候变化具有显著的影响，因此历来是大气化学科学家们研究关注的重点。对于测定得到的硫酸盐，因其一方面来源于海盐，该部分为海盐硫酸盐（sea - salt SO_4^{2-}，简称 ss - SO_4^{2-}），另一方面来源于人类活动排放以及海洋生物生产活动释放，故该部分为非海盐硫酸盐（non - sea - salt SO_4^{2-}，简称 nss - SO_4^{2-}），其计算公式为 nss - SO_4^{2-} = $[SO_4^{2-}]_{Total}$ - $[Na^+]$ * 0.251 6，其中0.251 6为海水中 SO_4^{2-} 与 Na^+ 的比值。二次气溶胶离子 NO_3^-、NH_4^+ 和 nss - SO_4^{2-} 三者之间均存在显著的正相关性，这说明 NH_4^+ 可能以 NH_4NO_3、NH_4HSO_4 以及 $NH_4(SO_4)_2$ 的形式存在，许多研究文献表明在大气颗粒物中参与 NH_4^+ 生成的可能化学反应过程为：

$$NH_3(g) + HNO_3(g) \rightarrow NH_4NO_3; \quad (5-1)$$

$$NH_3 + H_2SO_4 \rightarrow (NH_4)HSO_4; \quad (5-2)$$

$$NH_3 + (NH_4)HSO_4 \rightarrow (NH_4)_2SO_4; \quad (5-3)$$

可知，NO_3^- 主要是由反应式（5-1）过程生成，另外在海盐颗粒物表面上发生的反应：

$$HNO_3 + NaCl \rightarrow NaNO_3 \quad (5-4)$$

同样可以带来额外的 NO_3^-。而 NH_4^+ 则由反应式（5-1）至式（5-3）三个过程产生。

2）长城站大气气溶胶主要阴阳离子变化特征

图5-45至图5-55显示了长城站大气 F^-、Cl^-、NO_3^-、SO_4^{2-}、PO_4^{3-}、Na^+、Ca^{2+}、K^+、Mg^{2+}、NH_4^+、MSA随时间的变化情况。从这些图中可见，2013年5月25日至6月6日采集的一个气溶胶样品中，大气气溶胶 F^-、Cl^-、SO_4^{2-}、Na^+、Ca^{2+}、K^+、Mg^{2+} 6种阴阳离子的含量分布是呈现脉冲式的升高，这主要是由于海上风浪较大，风速较快，海洋飞沫所富集的高浓度海盐颗粒带入大气中。

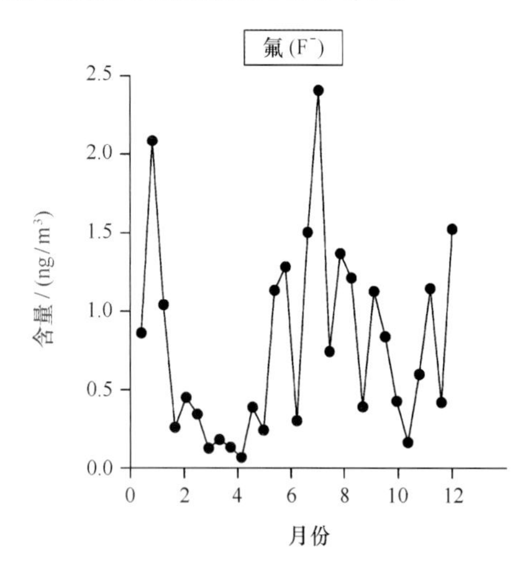

图5-45　2013年长城站大气氟离子（F^-）含量随时间变化

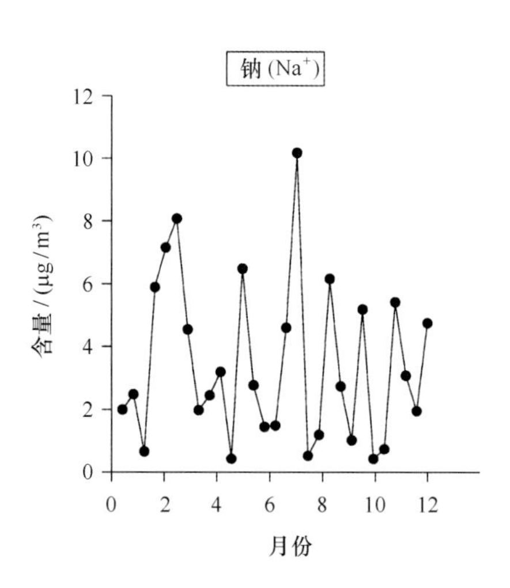

图5-46　2013年长城站大气钠离子（Na^+）含量随时间变化

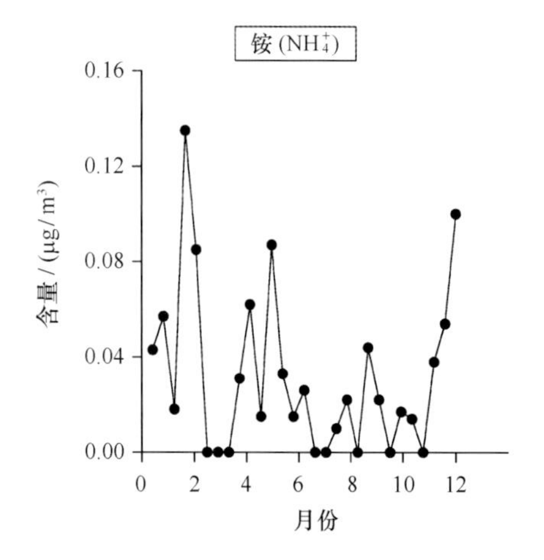

图5-47　2013年长城站大气铵离子（NH_4^+）含量随时间变化

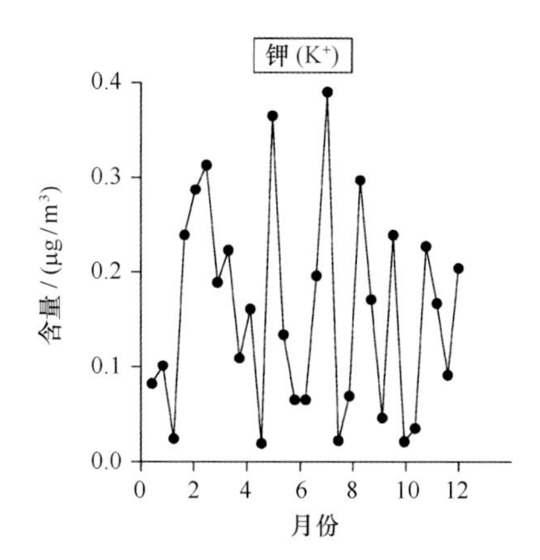

图5-48　2013年长城站大气钾离子（K^+）含量随时间变化

从图5-47可见，长城站大气 NH_4^+ 含量大体在0~0.135 μg/m³，在2013年3月31日至4月10日采集的样品中出现异常高值，最高值达到0.135 μg/m³，这可能是通过大气气溶胶的远距离输送，以及颗粒物表面发生的一系列大气光化学反应。该样品的大气 SO_4^{2-}、NO_3^- 同样为异常高值，这表明有上述讨论的式（5-1）至式（5-3）反应参与，可见，长城站大气气溶胶中的离子成分受陆源物质传输有一定的影响。

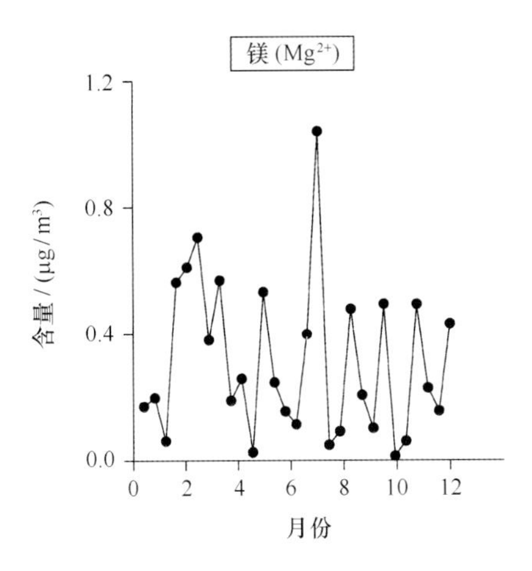

图5-49 2013年长城站大气镁离子(Mg^{2+})含量随时间变化

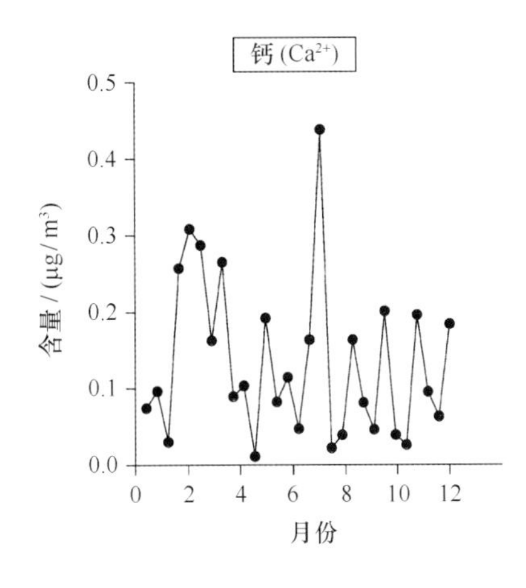

图5-50 2013年长城站大气钙离子(Ca^{2+})含量随时间变化

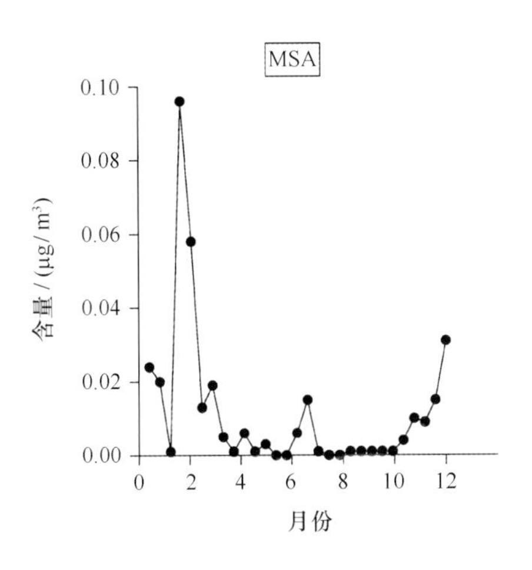

图5-51 2013年长城站大气二甲基硫(MSA)含量随时间变化

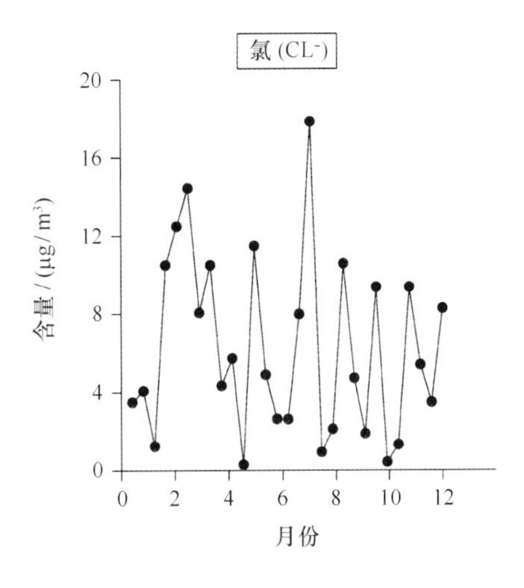

图5-52 2013年长城站大气氯离子(Cl^-)含量随时间变化

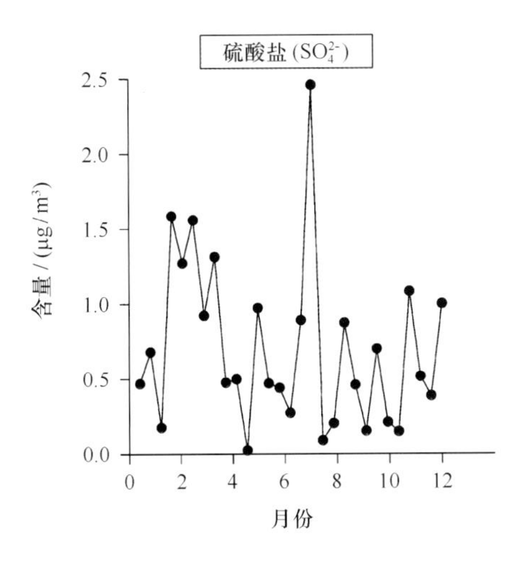

图5-53 2013年长城站大气硫酸盐(SO_4^{2-})含量随时间变化

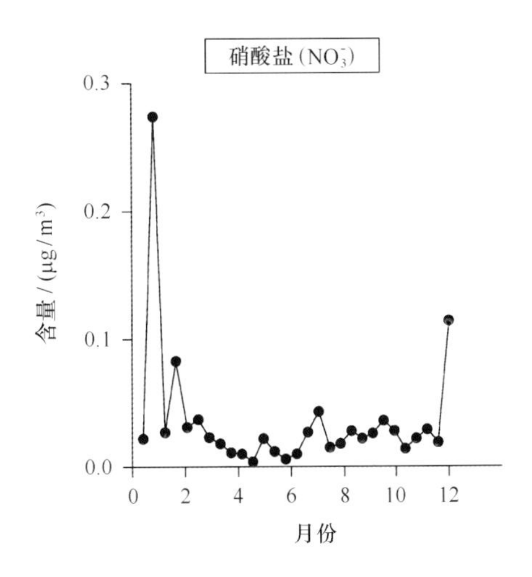

图5-54 2013年长城站大气硝酸盐(NO_3^-)含量随时间变化

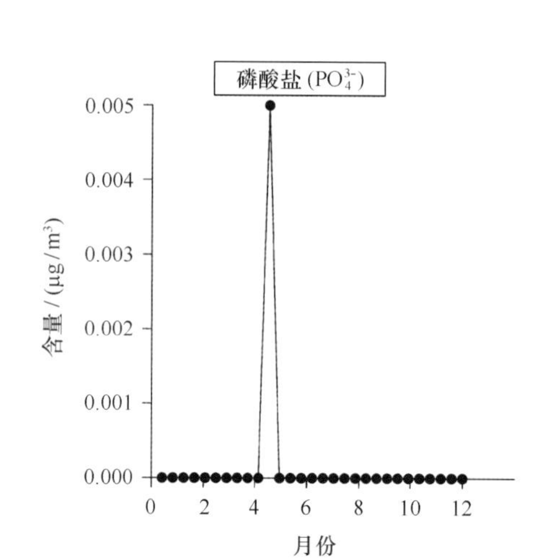

图 5-55　2013 年长城站大气磷酸盐（PO_4^{3-}）含量随时间变化

对于 NO_3^-，如图 5-54 所示，其浓度趋势与 NH_4^+ 相似，高值同样出现于 2013 年 3 月 31 日至 4 月 10 日采集的样品中，因此其浓度很大程度上受到人类活动排放的影响，也就是通过在颗粒物表面的化学反应式（5-1）和式（5-4），由 HNO_3 参与反应生成而来，而在长城站，反应式（5-4）可能为生成 NO_3^- 的主要过程。

图 5-51 是 2013 年长城站大气二甲基硫（MSA）随时间变化情况，从图 5-51 可以看出，长城站大气二甲基硫（MSA）有明显的季节变化，呈现出冬季低、夏季高的变化趋势。在 4—10 月的南极冬季，大气 MSA 的浓度处于极其低的水平，这主要是由于冬季南极陆地和海洋被冰雪所覆盖，海洋和陆地动植物活动所释放的二甲基硫极少。而在 11 至翌年 3 月的夏季，随着冰雪融化和气温升高，海洋和陆地动植物活动不断加强，向大气释放的 MSA 增加，导致大气 MSA 升高。

图 5-55 是 2013 年长城站大气磷酸盐（PO_4^{3-}）随时间变化情况，从图 5-55 可以看出，长城站大气 PO_4^{3-} 含量非常低，除了 6 月 1—6 日采集的一个样品检出了 PO_4^{3-} 外，大部分样品均未检测出 PO_4^{3-}。

5.1.2.3　土壤环境要素特征分析

对于菲尔德斯半岛陆域的土壤基础调查，目标在于获取陆域夏季无冰区土壤典型金属和基础理化成分的背景水平，并通过调查确定金属元素背景基线，为考察站周边的长期环境管理和环境保护提供参照依据。

按照地形地貌、成土母质、植被类型、动物活动和科学考察站区域等主要影响因素，在 2012—2015 年度的调查中，将菲尔德斯半岛土壤背景调查区域适当分区，按照各个分区获取典型样本开展调查和统计分析。

1）土壤基本性质

对土壤基础理化性质的调查涉及有机物和氮、磷、氯、氟等基础矿物盐，总体数据统计见表 5-16。其中，硝酸盐、磷酸盐、氯化物和氟化物等 4 种矿物盐成分的空间分布均匀性相近。受生物活动、植被残留等多重因素的影响，有机物在陆域空间分布的不均匀性更为显著。

表5－16 菲尔德斯半岛土壤基础理化指标统计 单位：mg/kg

统计因子	TOC	硝酸盐	磷酸盐	氯化物	氟化物
最大值	2 514	6.5	4.6	121	105
最小值	143	0.8	0.4	12	7
中值	436	3.4	1.6	38	32
均值	481.8	3.4	1.8	41.5	31.9
标准偏差	363.3	1.4	0.9	16.7	17.5
变异系数	0.8	0.4	0.5	0.4	0.5

2）土壤重金属基线

按照总体调查数据和典型调查区域的划分，2012—2015年度对菲尔德斯半岛的土壤金属全量背景值的统计结果见表5－17。总体上，各调查区金属全量均值的偏差最大为As，其他金属全量总体上都较为接近，如在菲尔德斯半岛北部、中部和南部，以及阿德利岛自然背景浓度上，As全量浓度的变化范围为3.6～11.5 mg/kg，显示了成土母质及历史植被分布对土壤背景成分的影响（图5－56）。包括主要动物活动区和考察站区在内的各典型区域，背景浓度也基本保持了自然背景的水平（表5－18）。

表5－17 菲尔德斯半岛土壤背景金属全量统计 单位：mg/kg

元素	最小值	最大值	均值	中值	标准偏差	变异系数
Cr	4	42	12.87	10	7.98	0.62
Ni	6	29	13.75	12	5.35	0.39
Cu	28	165	90.18	88	30.45	0.34
Zn	14	102	54.47	53	17.14	0.31
As	0.28	30.8	4.37	1.94	7.09	1.62
Cd	0.01	0.88	0.15	0.09	0.16	1.08
Hg	0.005	0.214	0.03	0.02	0.03	1.07
Pb	0.1	2.8	1.04	0.9	0.64	0.61

表5－18 菲尔德斯半岛各调查区土壤背景金属全量统计 单位：mg/kg

各调查区均值	调查金属元素全量							
	Cr	Ni	Cu	Zn	As	Cd	Hg	Pb
菲尔德斯北部背景	9.0	10.0	72.0	56.0	11.5	0.13	0.02	0.80
菲尔德斯中部背景	10.3	11.7	70.9	55.3	9.1	0.13	0.03	1.20
菲尔德斯南部背景	15.8	13.7	86.8	52.0	3.6	0.14	0.03	1.39
阿德利岛背景	13.0	12.7	78.8	53.6	6.3	0.13	0.03	1.30
阿德利岛企鹅繁殖地	10.1	12.3	71.3	56.6	10.0	0.14	0.03	1.19
智利站区	11.6	12.5	75.1	55.1	8.1	0.14	0.03	1.24
长城站区	10.9	12.4	73.2	55.9	9.1	0.14	0.03	1.21

利用半岛全部背景样本金属全量数据，采用相对累计频率和标准元素法（Fe作为标准金

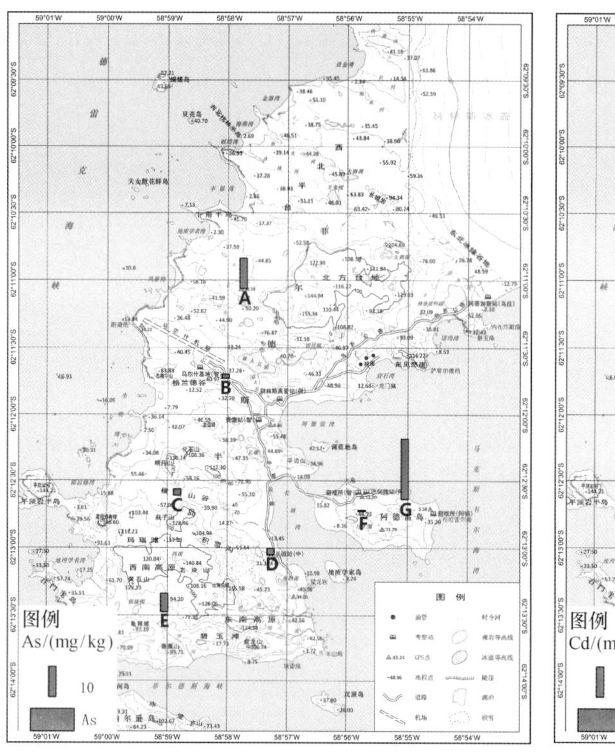

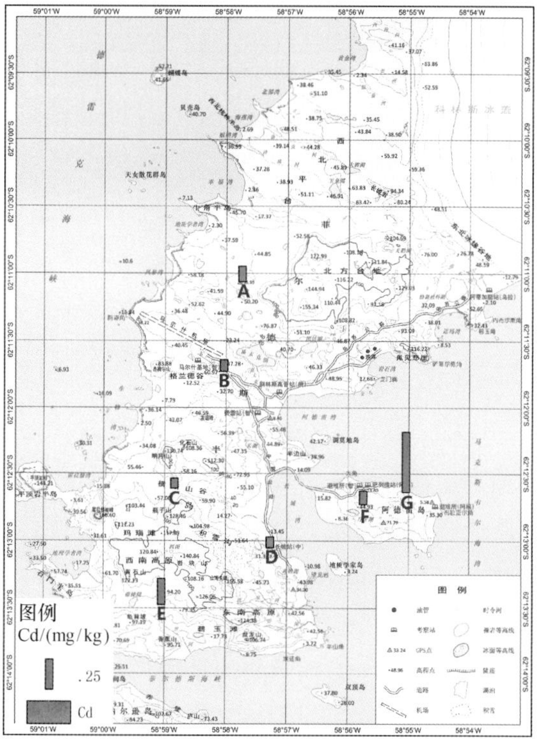

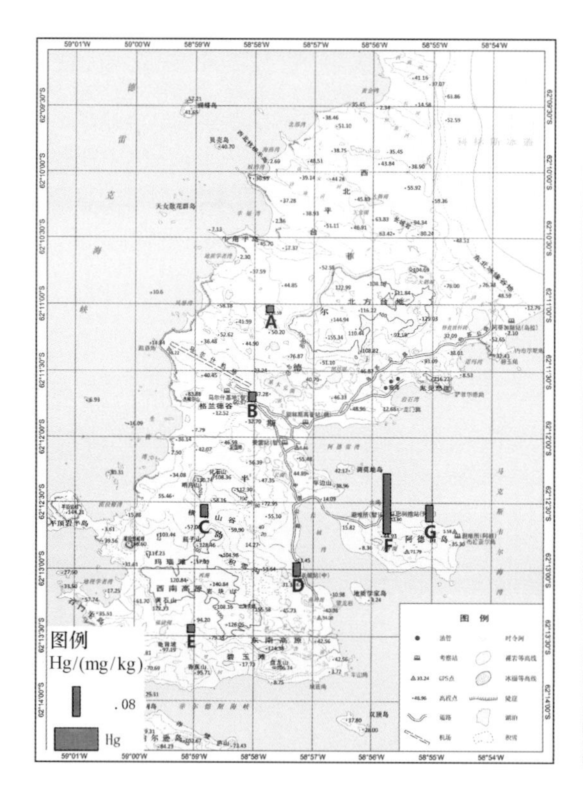

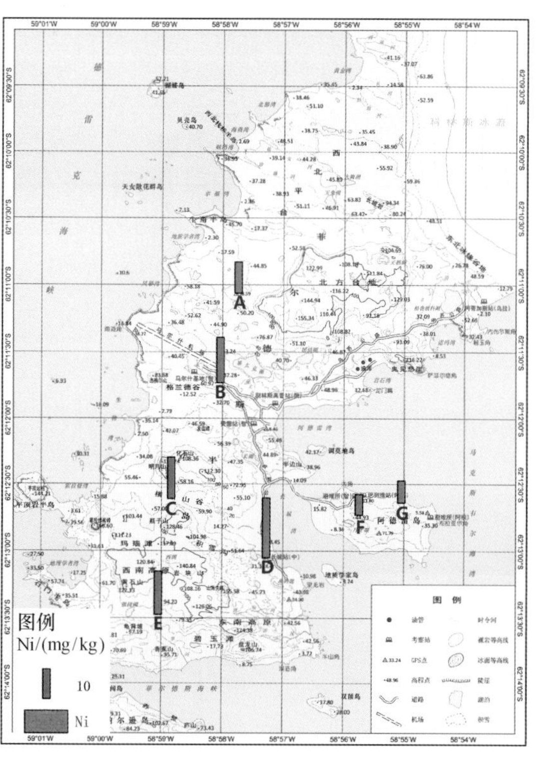

图5－56　长城站及周边地区重金属全量分布统计

A. 菲尔德斯北部背景；B. 智利站区；C. 菲尔德斯中部背景；D. 长城站区；
E. 菲尔德斯南部背景；F. 阿德利岛背景；G. 阿德利岛企鹅繁殖地

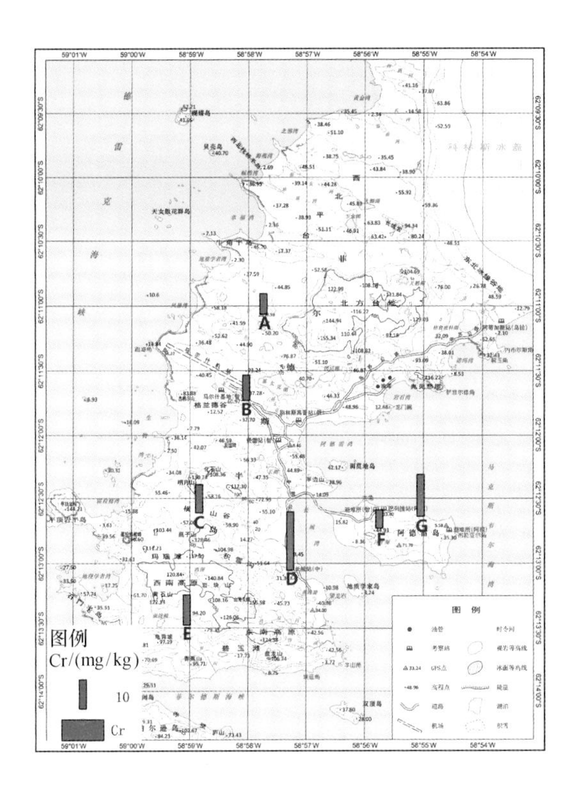

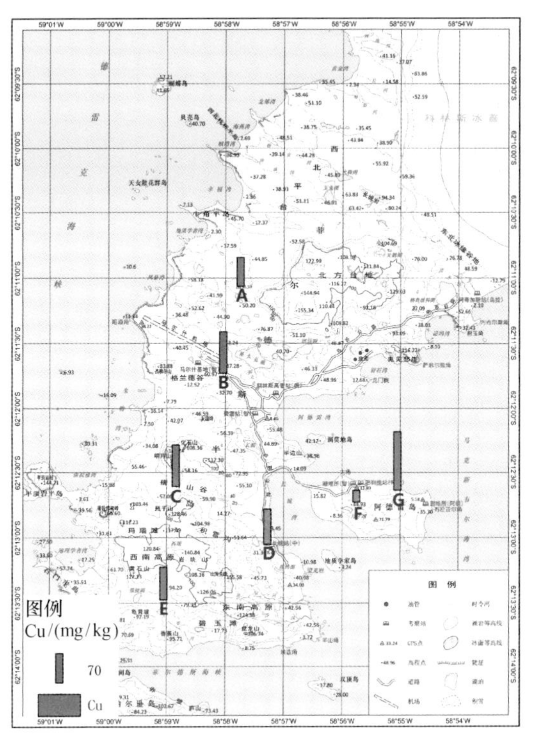

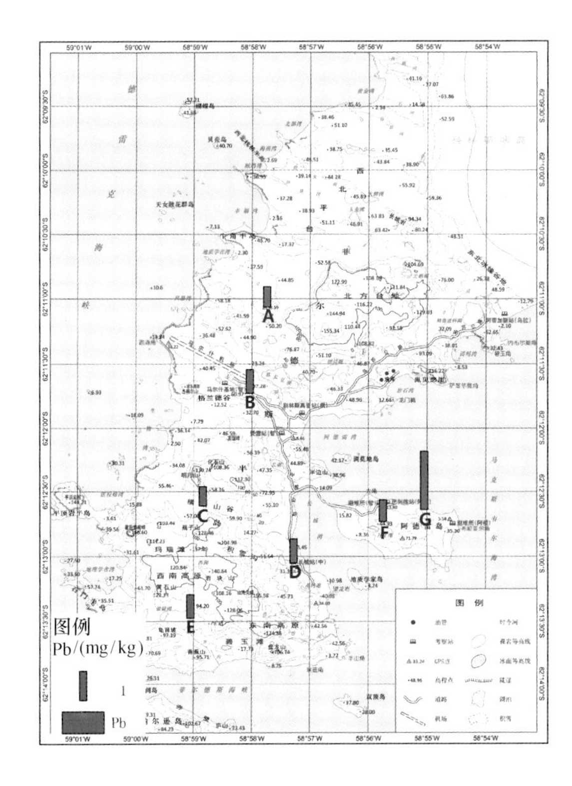

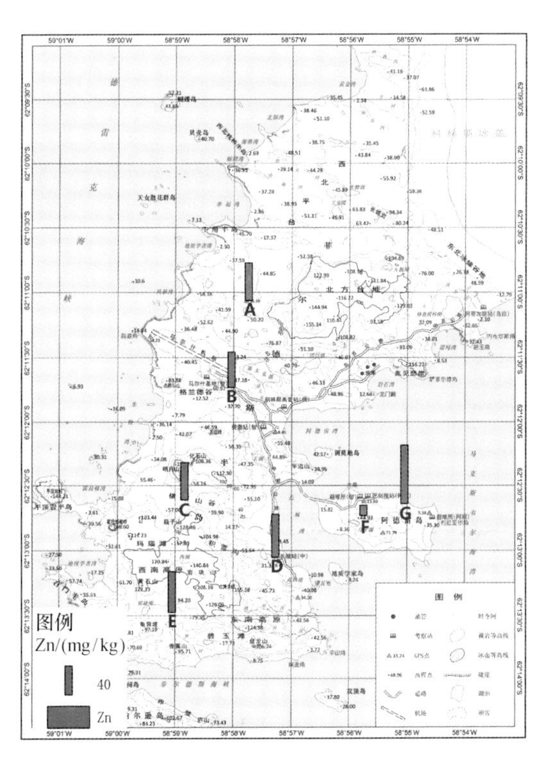

图5－56 长城站及周边地区重金属全量分布统计（续）

A. 菲尔德斯北部背景；B. 智利站区；C. 菲尔德斯中部背景；D. 长城站区；

E. 菲尔德斯南部背景；F. 阿德利岛背景；G. 阿德利岛企鹅繁殖地

属）等两种方法（图 5－57），确定了 8 种金属元素背景基线（表 5－19）。两种不同方法确定的表层土壤重金属基线值较为相近。

表 5－19　菲尔德斯半岛土壤重金属背景基线　　单位：mg/kg

元素	金属元素全量背景基线值							
	Cr	Ni	Cu	Zn	As	Cd	Hg	Pb
地质累积频率法	6.5	13.8	81.6	36.4	1.54	0.09	0.019	0.65
标准化法	13.8	13.5	89.7	53.0	2.36	0.13	0.02	0.97
均值	10.15	13.65	85.65	44.7	1.95	0.11	0.0195	0.81

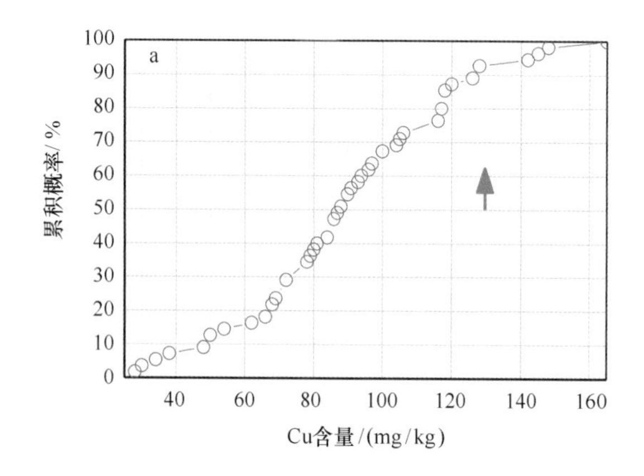

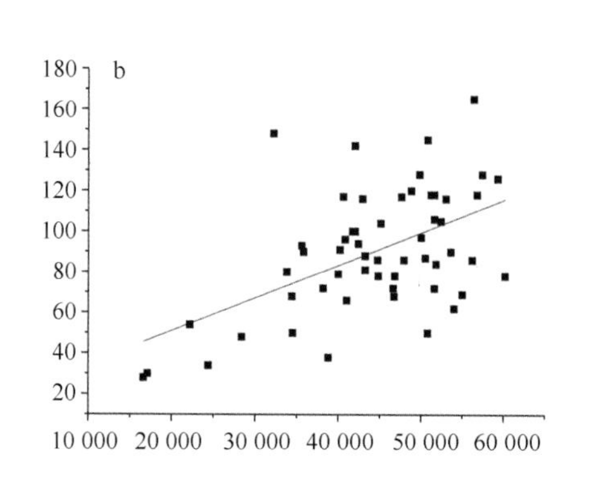

图 5－57　采用地质累积频率法（a）和标准化法（b）确定基线（以 Cu 为例）

长城站土壤重金属基线与东亚和北美地区典型重金属基线对比分析见图 5－58。由于受到菲尔德斯半岛基岩的影响，菲尔德斯半岛陆域重金属基线中 Cu 全量水平相对较高，基本上为北美和东亚地区基线浓度的 2～3 倍；Pb 全量基线值显著低于两个对照地区的基线值，因此，总体上，基线中"富铜贫铅"的特征较为显著。基线中的 As、Cr 的全量背景基线浓度也低于北美和东亚区自然背景平均水平；Zn、Ni 基线值与北美对照区接近，同时也比我国国内基线低约 50% 左右。

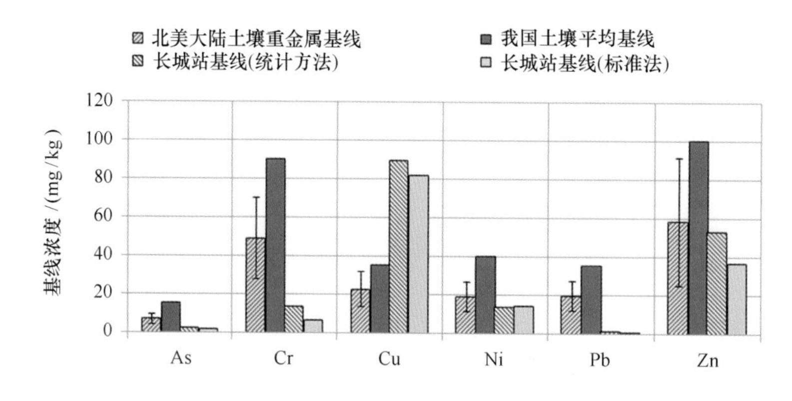

图 5－58　菲尔德斯半岛重金属环境与世界其他地区对比

为进一步确定长城站周边土壤金属基线的特征，以"可氧化态"、"可交换态"、"可还原态"和"残渣态"等不同金属形态浓度，对比分析了菲尔德斯半岛不同区域和我国西藏地区典型背景样本特征。图5－59显示，对于大部分金属元素，自然背景中残渣态成分占有绝对优势；相对其他元素，Cd元素的可交换态在背景指纹中的占比相对为最高，占比从10%到30%不等。来自菲尔德斯半岛周边不同区域的背景样本，金属形态指纹也存在差异，总体上，企鹅等生物活动会显著改变和提高“可氧化态”、“可交换态”和“可还原态”的组分贡献；长城站周边背景区的金属形态指纹与纳尔逊半岛背景样本更为类似，与阿德利岛背景样本差异加大，推断其原因可能来自植被覆盖对表层土壤物质累积的影响。

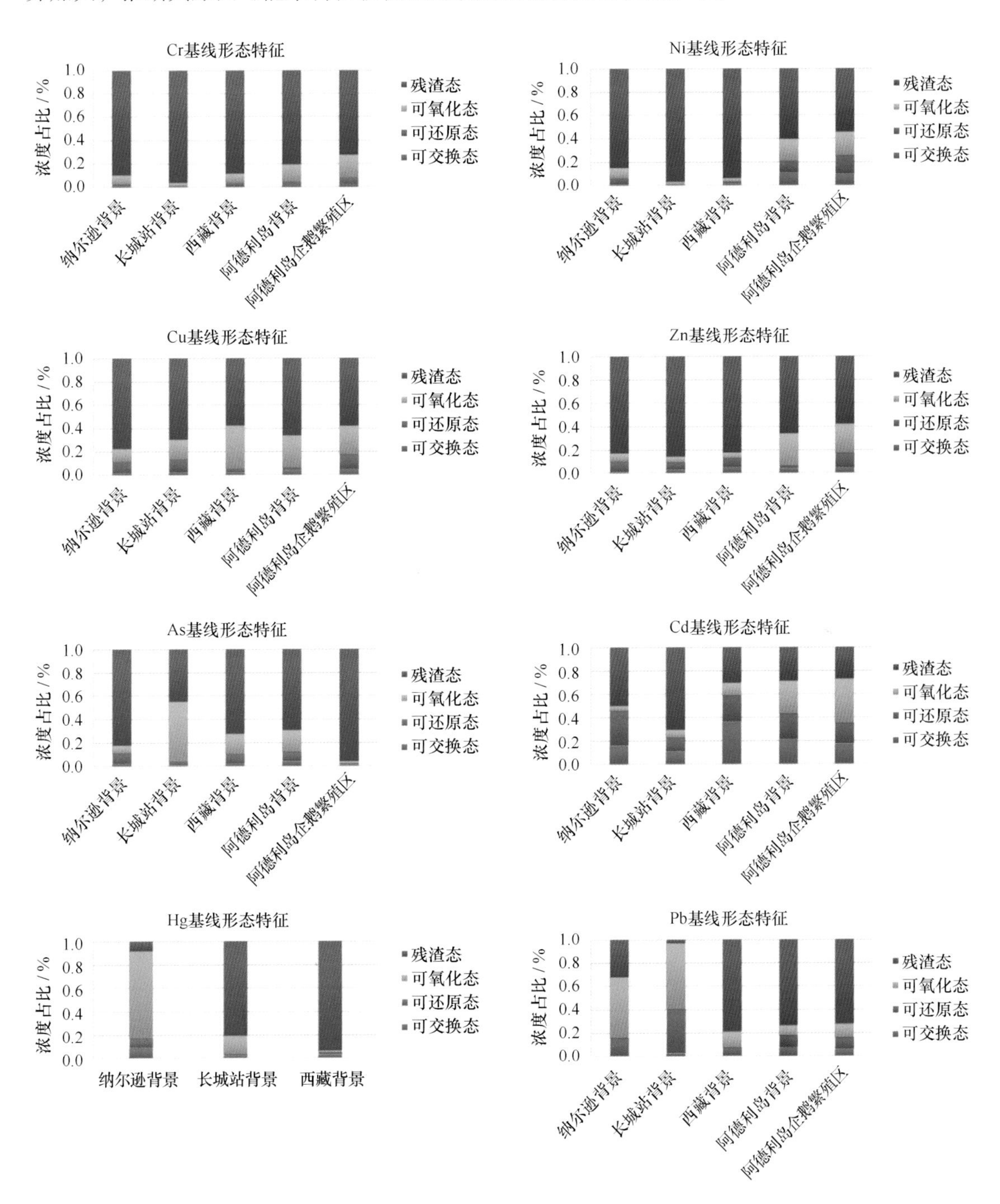

图5－59 菲尔德斯半岛典型金属基线浓度形态对比分析

5.1.2.4 湖泊水环境要素特征分析

2012—2015年度对长城站周边典型3个湖泊开展了基础理化性质的调查，以反映陆域湖泊的总体水环境质量。总体上，主要湖泊的水质因子无显著变化，氮、磷等营养盐的主要浓度没有超过统计学意义的差异；表明周边站区及自然环境对主要湖泊不存在显著物质输送，无显著影响。3个考察湖泊表层水保持中性，盐度含量极少；在夏季相应温度范围内，溶解氧饱和度很高，表层水－气交换充分，无水生生物包括微生物的耗氧活动存在；结合湖泊生物生态调查的结果可以推断，站区周边的主要湖泊受生态行为和站区人为影响作用微弱，水体物质迁移和元素循环主要受夏季融水输入和表层水－气交换的控制，且无显著变化（图5－60）。

5.1.2.5 典型污染物环境分布特征（环境行为）分析

5.1.2.5.1 大气中的典型污染物

1）多环芳烃（PAHs）

2013年（第29次队）菲尔德斯半岛地区大气气相中多环芳烃总浓度（ΣPAHs）的范围为39.00～99.36 ng/m^3，平均值为68.76 ng/m^3，颗粒相中ΣPAHs的浓度范围为0.95～1.84 ng/m^3，平均值为1.28 ng/m^3；2014年度（第30次队）大气气相中ΣPAHs的浓度范围为4.07～31.52 ng/m^3，平均值为10.51 ng/m^3，颗粒相中ΣPAHs的浓度范围为1.02～3.83 ng/m^3，平均值为1.80 ng/m^3（表5－20）。两个采样年份气相中ΣPAHs的变化比较明显，而颗粒相中的浓度变化不显著，其中气相中含量变化较大的组分主要为萘等低分子量单体，原因是低分子量的单体挥发性较强，受环境因素和采样过程的影响较大。与其他区域相比，该地区大气气相中ΣPAHs的浓度略高于南极中山站，略低于北极黄河站，但显著低于中低纬度地区。此外，颗粒相中ΣPAHs的浓度与上述两个区域没有明显的差异，但同样明显低于中低纬度地区。

表5－20 长城站大气中ΣPAHs浓度 单位：ng/m^3

相态	统计值	第29次	第30次
气相	最小值	39.00	4.07
	最大值	99.36	31.52
	平均值	68.76	10.51
	中值	66.75	9.71
颗粒相	最小值	0.95	1.02
	最大值	1.84	3.83
	平均值	1.28	1.80
	中值	1.32	1.32

对比表5－20和图5－61可知，大气中PAHs主要存在于气相中，颗粒相中PAHs的平均比例仅占大气中总浓度的2%左右，并且气相和颗粒相中ΣPAHs随时间的变化趋势不明显。大气中总悬浮颗粒物（TSP）的浓度范围为9.91～31.3 μg/m^3，平均值为16.8 μg/m^3，TSP

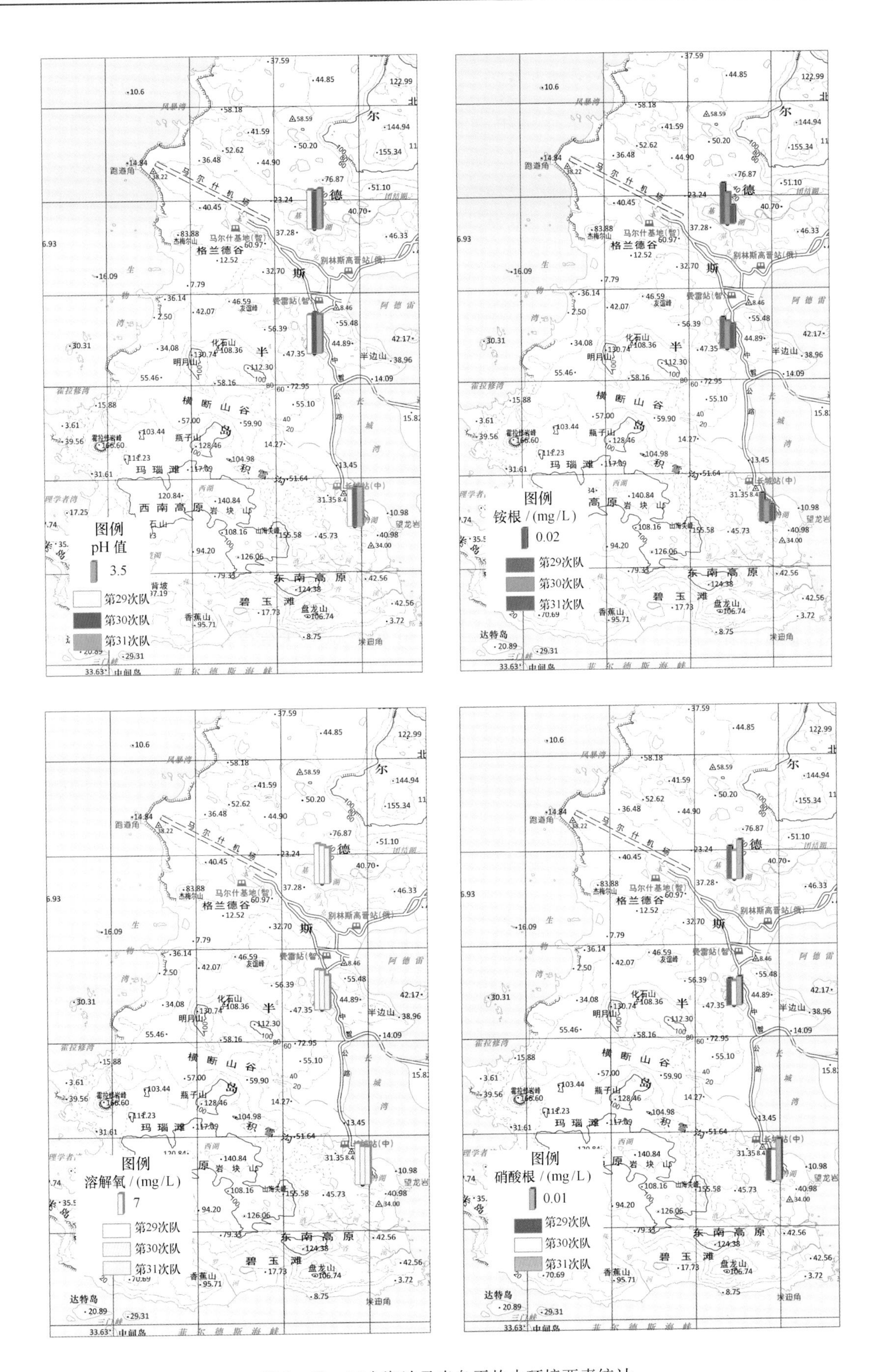

图5-60　三个湖泊及半岛平均水环境要素统计

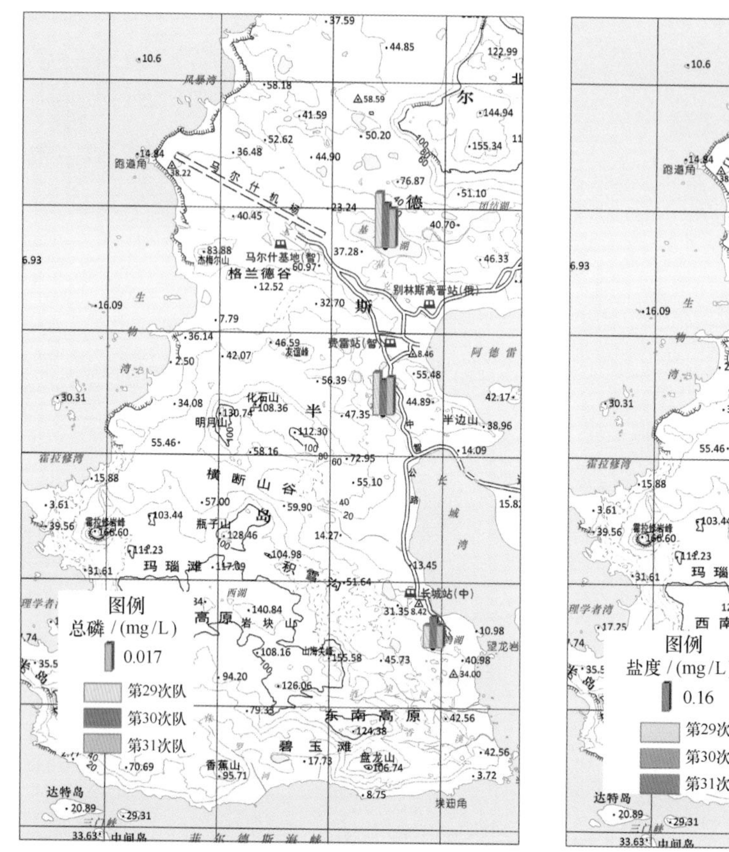

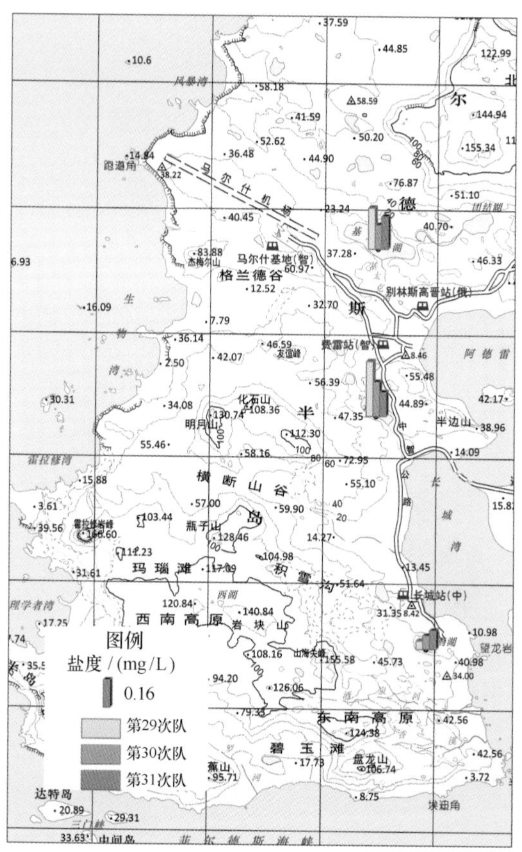

图 5-60　三个湖泊及半岛平均水环境要素统计（续）

浓度随采样时间的变化波动同样不明显；此外，颗粒相中 ΣPAHs 与 TSP 浓度并未表现出显著的相关性（$P>0.05$），说明该地区影响 PAHs 传输的因素比较复杂。

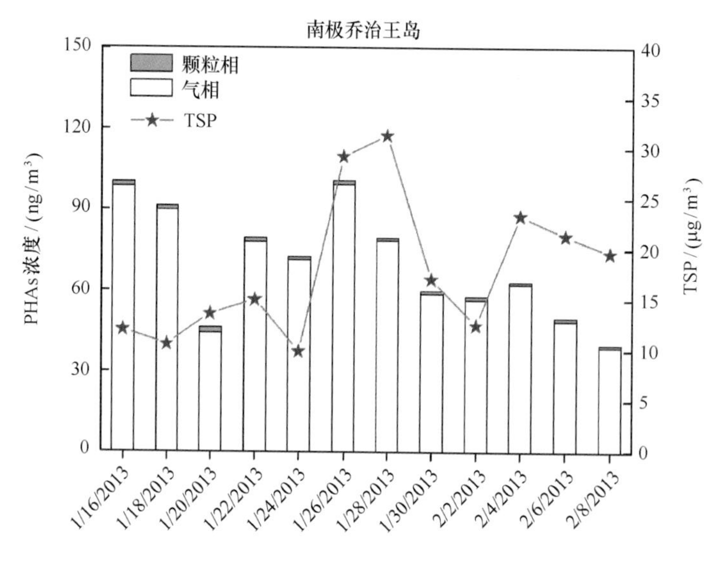

图 5-61　大气中 ΣPAHs 含量的时间变化趋势

2）多氯联苯（PCBs）

南极长城站大气中 PCBs 的浓度值列于表 5-21。表 5-21 给出了大气中气相和颗粒相中

30种PCBs和总PCBs浓度的平均值、标准偏差、中值、最小值和最大值。在长城站大气中气相总PCBs的浓度范围为1.338～8.157 pg/m³，平均浓度为3.421 pg/m³，在大气中颗粒相总PCBs的浓度范围为0.262～4.630 pg/m³，平均浓度为1.489 pg/m³。从组成特征上看（图5－62），气相中CB－8、CB－18、CB－28、CB－52、CB－77和CB－87占总PCBs的比例较大，而颗粒相中CB－28、CB－52和CB－44占总PCBs的比例较大。

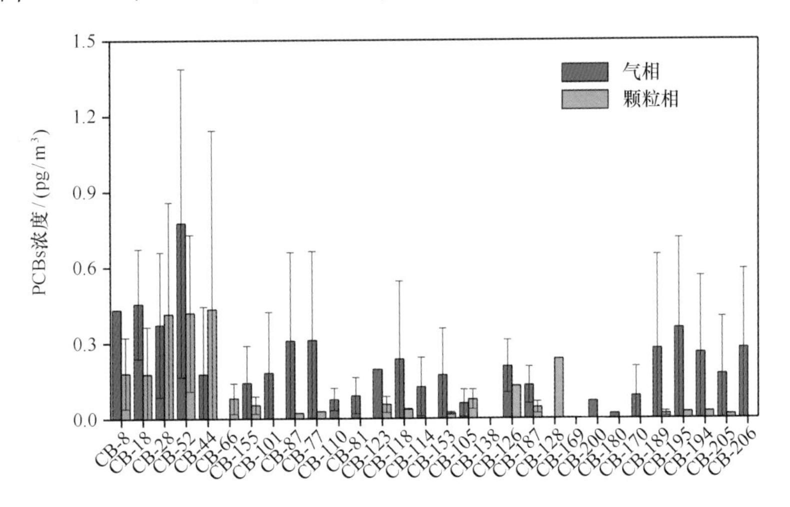

图5－62 南极长城站大气中气相和颗粒相PCBs的浓度特征

表5－21 南极长城站大气中气相和颗粒相PCBs的浓度特征 单位：pg/m³

PCBs	气相					颗粒相				
	均值	标准偏差	中值	最小值	最大值	均值	标准偏差	中值	最小值	最大值
CB－8	0.432	0	0.432	0.432	0.432	0.181	0.141	0.206	0.018	0.413
CB－18	0.455	0.217	0.443	0.200	0.747	0.177	0.187	0.085	0.054	0.393
CB－28	0.372	0.287	0.315	0.086	0.901	0.415	0.443	0.240	0.035	1.302
CB－52	0.776	0.611	0.500	0.205	1.806	0.419	0.311	0.246	0.055	0.845
CB－44	0.177	0.267	0.077	0.033	0.778	0.434	0.708	0.100	0.011	1.684
CB－66	—	0	—	—	—	0.080	0.061	0.046	0.031	0.168
CB－155	0.142	0.147	0.117	0.018	0.451	0.053	0.034	0.041	0.026	0.120
CB－101	0.182	0.241	0.074	0.038	0.712	—	0	—	—	—
CB－87	0.308	0.352	0.163	0.025	0.906	0.022	0	0.022	0.022	0.022
CB－77	0.311	0.353	0.162	0.033	0.889	0.028	0	0.028	0.028	0.028
CB－110	0.076	0.045	0.071	0.029	0.133	—	0	—	—	—
CB－81	0.091	0.072	0.077	0.013	0.193	—	0	—	—	—
CB－123	0.196	0	0.196	0.196	0.196	0.056	0.032	0.040	0.030	0.114
CB－118	0.236	0.308	0.104	0.023	0.916	0.037	0.002	0.037	0.035	0.039
CB－114	0.126	0.117	0.103	0.026	0.452	—	0	—	—	—
CB－153	0.173	0.184	0.112	0.016	0.561	0.020	0.005	0.020	0.017	0.024
CB－105	0.061	0.055	0.045	0.018	0.214	0.077	0.039	0.070	0.025	0.143
CB－138	—	0	—	—	—	—	0	—	—	—
CB－126	0.207	0.104	0.163	0.069	0.362	0.130	0	0.130	0.130	0.130
CB－187	0.133	0.073	0.095	0.085	0.217	0.045	0.023	0.043	0.012	0.072

续表

PCBs	气相					颗粒相				
	均值	标准偏差	中值	最小值	最大值	均值	标准偏差	中值	最小值	最大值
CB-128	—	0	—	—	—	0.237	0	0.237	0.237	0.237
CB-169	—	0	—	—	—	—	0	—	—	—
CB-200	0.069	0	0.069	0.069	0.069	—	0	—	—	—
CB-180	0.019	0	0.019	0.019	0.019	—	0	—	—	—
CB-170	0.089	0.116	0.045	0.034	0.395	—	0	—	—	—
CB-189	0.276	0.373	0.116	0.045	0.939	0.018	0.010	0.018	0.011	0.025
CB-195	0.357	0.357	0.203	0.057	0.968	0.025	0	0.025	0.025	0.025
CB-194	0.259	0.305	0.110	0.046	0.752	0.027	0	0.027	0.027	0.027
CB-205	0.175	0.226	0.095	0.039	0.717	0.016	0	0.016	0.016	0.016
CB-206	0.278	0.313	0.170	0.072	0.976	—	0	—	—	—
∑PCBs	3.421	2.180	2.899	1.338	8.157	1.489	1.550	0.782	0.262	4.630

注："—"表示未检出。

3）有机氯农药（OCPs）

第29次和第30次南极考察对长城站区域大气OCPs污染调查结果显示（表5-22，表5-23和图5-63），16种OCPs被动检出率高于主动检出率，六六六、七氯检出最为明显。第30次调查结果偏高于第29次调查结果。主动监测气相监测结果表明：六六六检出范围为nd～70.28 pg/m^3（nd为未检出，以下均用nd表示），DDT检出范围为nd～36.44 pg/m^3；主动监测颗粒相监测结果显示，六六六检出范围为nd～3.35 pg/m^3，DDT检出范围为nd～2.94 pg/m^3；被动监测气相监测结果显示，六六六检出范围为0.13～6.83 pg/m^3，DDT检出范围为nd～19.02 pg/m^3；检出限0.01 pg/m^3。

表5-22 第29次队长城站大气中OCPs调查结果 单位：pg/m^3

组分	主动						被动		
	气相			颗粒相			气相		
	均值	最大值	最小值	均值	最大值	最小值	均值	最大值	最小值
α-六六六	1.00	1.67	—	0.96	1.86	—	0.02	0.07	—
β-六六六	0.37	1.84	—	0.06	0.48	—	0.08	0.21	0.01
γ-六六六	1.17	1.94	—	0.11	0.62	—	0.05	0.07	0.03
δ-666	0.20	0.83	—	—	—	—	0.63	2.05	0.02
七氯	0.55	1.46	—	0.19	0.70	—	0.04	0.06	0.03
γ-氯丹	0.09	0.97	—	0.03	0.26	—	0.02	0.07	—
硫丹Ⅰ	—	—	—	0.10	0.57	—	0.01	0.03	—
α-氯丹	—	—	—	0.13	0.84	—	—	—	—
p，p'-DDE	—	—	—	0.24	1.47	—	—	—	—
硫丹Ⅱ	—	—	—	0.08	0.90	—	—	—	—
p，p'-DDD	—	—	—	0.15	0.90	—	—	—	—
p，p'-DDT	0.62	1.98	—	0.26	1.75	—	—	—	—
∑BHCs	2.73	4.78	—	1.13	2.96	—	0.77	2.35	0.10
∑DDTs	0.63	1.98	—	0.65	2.94	—	—	—	—

注："—"表示未检出。

表 5－23　第 30 次队长城站大气中 OCPs 调查结果

单位：pg/m^3

组分	主动						被动		
	气相			颗粒相			气相		
	均值	最大值	最小值	均值	最大值	最小值	均值	最大值	最小值
α－BHC	5.19	22.22	1.43	1.13	2.62	0.37	3.32	6.7	1.9
β－BHC	0.06	0.46	—	0.25	0.4	0.13	0.35	1.5	—
γ－BHC	0.34	0.54	0.1	0.10	0.17	0.05	0.03	0.13	—
δ－BHC	6.82	47.52	—	0.19	0.38	—	0.30	0.97	—
p，p′－DDE	—	—	—	—	—	—	0.29	1.11	—
p，p′－DDD	—	—	—	0.06	0.2	—	0.09	0.42	—
o，p′－DDT	4.93	28.2	0.29	0.11	0.33	—	7.10	11	2.6
p，p′－DDT	4.45	10.09	—	0.25	0.45	—	3.46	8.02	0.61
∑BHC	12.41	70.28	2.79	1.66	3.35	0.73	3.99	6.83	2.22
∑DDT	9.40	36.44	0.29	0.43	0.77	0.22	10.94	19.02	3.46

注：“—”表示未检出。

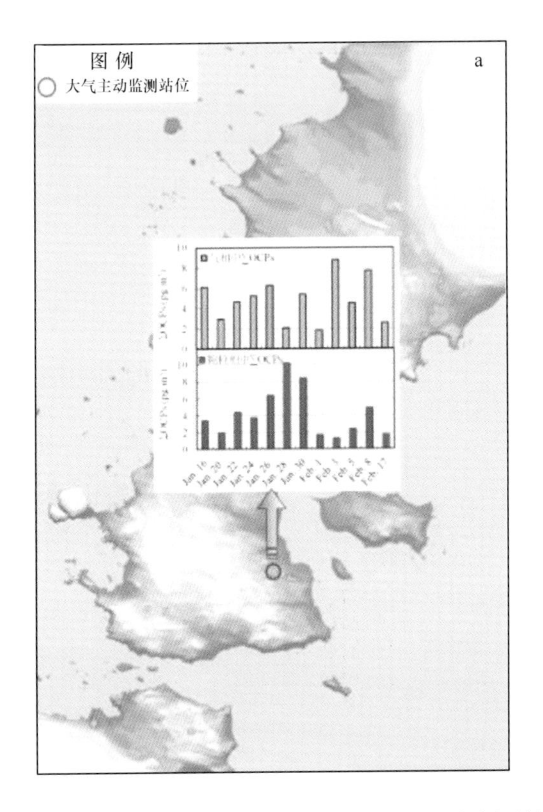

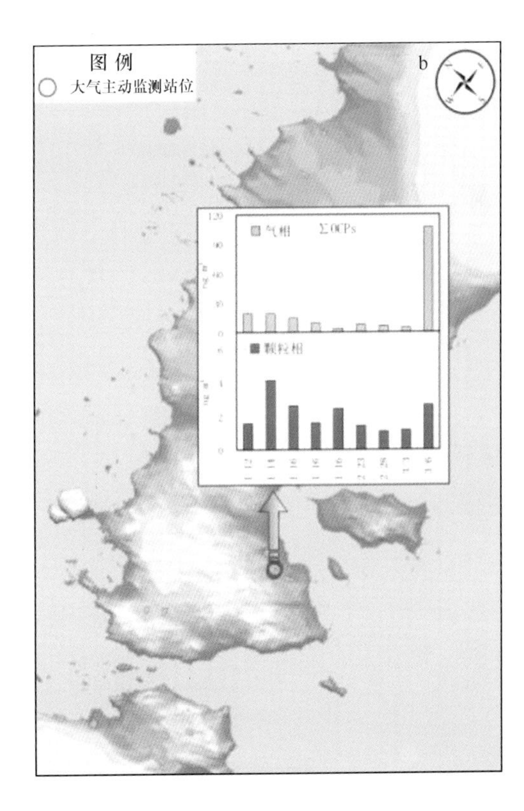

图 5－63　夏季长城站大气 OCPs 区域分布

a 为第 29 次，b 为第 30 次

4）得克隆（Decs）

如表5-24所示，南极长城站所在地菲尔德斯半岛地区大气气相中ΣDecs的浓度范围为0.896~23.913 pg/m^3，平均值为6.960 pg/m^3，颗粒相中ΣDecs的浓度范围为0.148~14.936 pg/m^3，平均值为5.830 pg/m^3。颗粒相对ΣDecs并没有表现出富集特征。然而值得关注的是，与气相浓度相比，颗粒相Dec 604的浓度比例明显降低，*syn*-DP和*anti*-DP的比例明显升高。Dec 603在气相中没有检测到，而在颗粒相中检出率91.7%，浓度均值为0.060 pg/m^3。这表明，*syn*-DP、*anti*-DP和Dec 603可能在颗粒相中富集，甚至*anti*-DP比*syn*-DP更易于存在于颗粒相中。

表5-24　菲尔德斯半岛大气中得克隆含量分布　　单位：pg/m^3

得克隆（Decs）	气相浓度				颗粒相浓度			
	最小值	最大值	均值	比例/%	最小值	最大值	均值	比例/%
Dec 602	—	0.147	0.022	0.31	—	0.029	0.006	0.10
Dec 603	—	—	—	0	—	0.341	0.060	1.02
Dec 604	0.451	22.459	4.623	66.42	0.007	0.965	0.277	4.75
syn-DP	0.181	6.723	1.304	18.73	0.054	4.911	2.497	42.83
anti-DP	—	3.720	1.012	14.54	0.086	10.388	2.991	51.30
总量	0.896	23.913	6.960	100	0.148	14.936	5.830	100

注：“—”表示未检出。

如图5-64所示，大气中ΣDecs的气相浓度和颗粒相浓度随时间的变化趋势并没有明显的规律。但通过分析当时采样情况，可以推测ΣDecs分布可能与天气状况有一定的关系。图5-65显示了大气（被动采样）中ΣDecs的空间分布状况，由此可以发现站区附近ΣDecs含量较高。

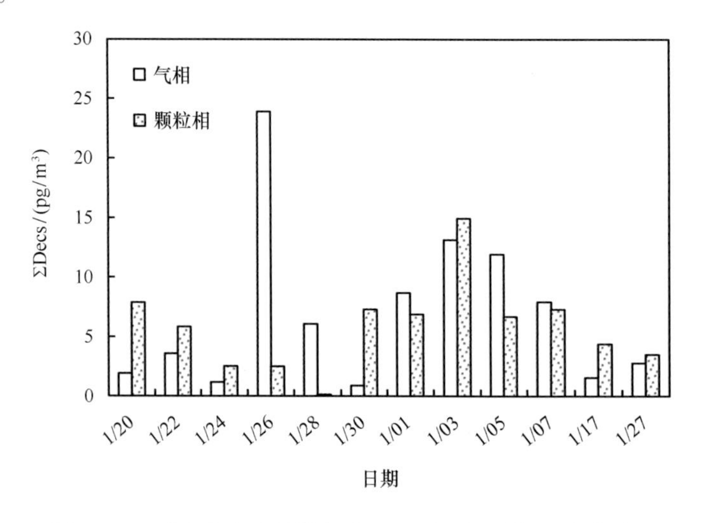

图5-64　大气气相和颗粒相中Decs含量随时间的变化趋势

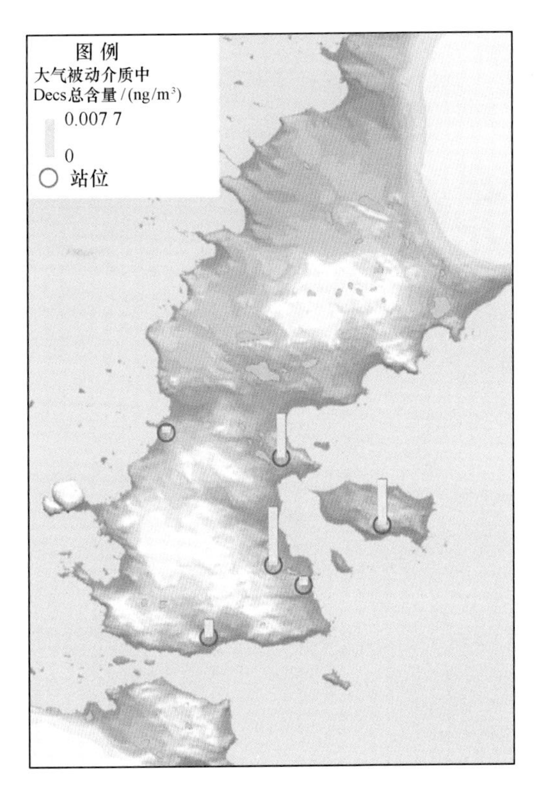

图 5-65 大气（被动采样）中 ΣDecs 的空间分布状况

5.1.2.5.2 水体中的典型污染物

1）多环芳烃（PAHs）

菲尔德斯半岛地区不同水体中 PAHs 的含量如表 5-25 所示。其中，2013 年度长城湾和阿德雷湾表层海水中溶解态 ΣPAHs 的浓度范围为 117.1～327.7 ng/L，平均浓度为 209.8 ng/L，而颗粒相中 ΣPAHs 的浓度范围为 10.0～26.6 ng/L，平均浓度为 14.6 ng/L，溶解态 ΣPAHs 的浓度显著高于颗粒相中 ΣPAHs 的浓度；该区域溶解态 PAHs 与 1992 年南极 Signy 岛附近海水中 PAHs 的浓度相当（110～216 ng/L），与 Cincinelli 等报道的南极罗斯海结果相当（5.1～69.8 ng/L，Nap、Ace、Acp 除外）。同样，湖水和雪水中 ΣPAHs 的分布规律与海水相似，即溶解态的 ΣPAHs 均显著高于颗粒相中的 ΣPAHs；此外，相同站位雪水中 PAHs 的浓度与 2009 年相比，浓度相当，但略高于 2009 年（52.2～272.3 ng/L）。

表 5-25 长城站水体中 ΣPAHs 浓度　　单位：ng/L

介质	相态	统计值	第 29 次	第 30 次
海水	溶解态	最小值	117.1	59.9
		最大值	327.7	142.6
		平均值	209.8	91.3
		中值	176.8	81.4
	颗粒态	最小值	10.0	18.1
		最大值	26.6	41.0
		平均值	14.6	29.8
		中值	12.8	30.0

续表

介质	相态	统计值	第29次	第30次
湖水	溶解态	最小值	145.6	88.1
		最大值	339.4	120.4
		平均值	220.1	104.3
		中值	197.7	—
	颗粒态	最小值	8.6	61.4
		最大值	11.6	77.4
		平均值	10.5	69.4
		中值	10.9	—
雪水	溶解态	最小值	89.2	—
		最大值	407.8	—
		平均值	221.2	—
		中值	222.7	—
	颗粒态	最小值	9.6	—
		最大值	16.8	—
		平均值	12.1	—
		中值	11.3	—

注："—"表示未做统计。

由图5－66可知，长城湾海水中溶解态ΣPAHs浓度的最高点位于湾口区域，随着离岸距离的增加，浓度呈降低趋势，这说明该湾受陆源输入的影响相对明显；阿德雷湾并未表现出明显的变化特征，根据现场的科考发现，阿德雷湾中ΣPAHs浓度最高点出现在A4站位，该海域主要用作大型舰船的锚地，这说明来自海上船舶的污染对该海域海水中PAHs的影响比较明显。由图5－66同样可以发现，两个海湾海水溶解态和颗粒态的空间分布特征类似，说明两相中PAHs可能具有相同的输入来源。

由图5－67可知，菲尔德斯半岛地区4个湖泊水体中溶解态ΣPAHs浓度的最高点位于机场附近，随着距离的增加，浓度呈降低趋势，这说明机场地区的陆源输入对湖泊中PAHs的赋存影响比较明显；而颗粒相中并未表现出明显的变化特征，说明在相对空间尺度较小的菲尔德斯半岛地区，干沉降作用随着离污染源距离的增加降低的趋势并不明显。

图5－68表明，雪水中溶解态和颗粒态ΣPAHs的空间分布特征与湖水相似，说明来自该地的人类活动对当地PAHs的赋存水平具有一定的影响，同时也说明大气的传输以及干湿沉降是该地区PAHs的一个主要传输方式（Na et al.，2011）。

2）多氯联苯（PCBs）

菲尔德斯半岛地区不同水体中PCBs的含量如表5－26所示。其中，长城湾和阿德雷湾表层海水中溶解态ΣPCBs的浓度范围为0.51～3.16 ng/L，平均浓度为1.32 ng/L，而颗粒相中ΣPCBs的浓度范围为0.36～2.56 ng/L，平均浓度为0.77 ng/L，溶解态ΣPAHs的浓度高于颗粒相中ΣPAHs的浓度；该地区溶解态PCBs的浓度明显高于罗斯海海水中ΣPCBs的含量（平均值为50 pg/L），同样高于波罗的海地区海水ΣPCBs的含量（60～400 pg/L），低于中低纬度地区的浓度（韩国Gwang yang湾，2.99±0.13 ng/L）；湖水和雪水中ΣPAHs的分布规律与

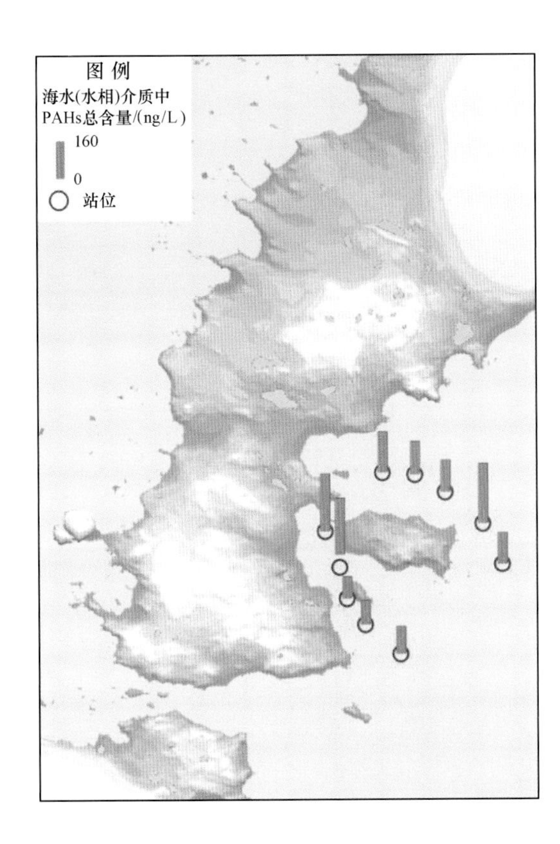

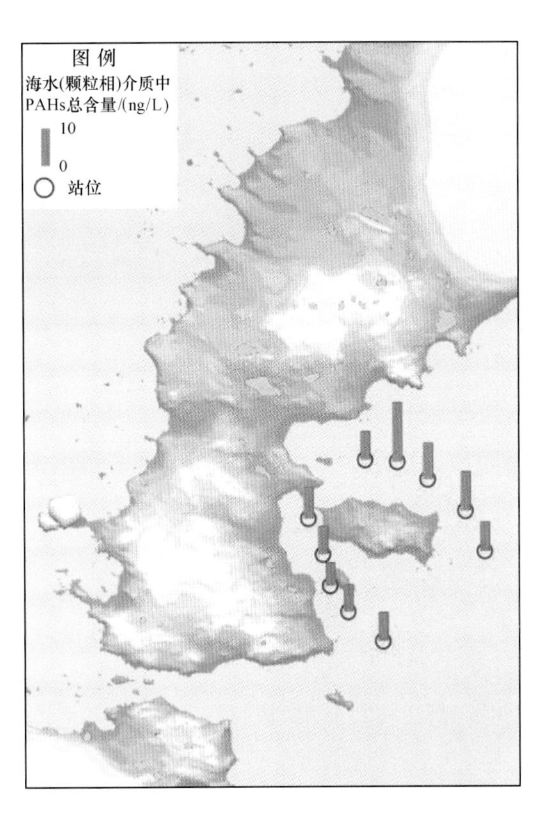

图5-66 海水溶解相及颗粒相中PAHs的空间分布特征

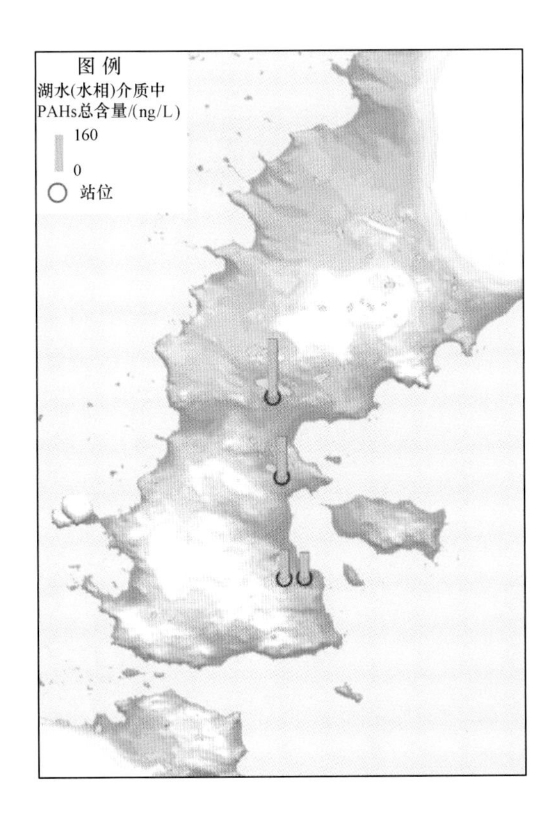

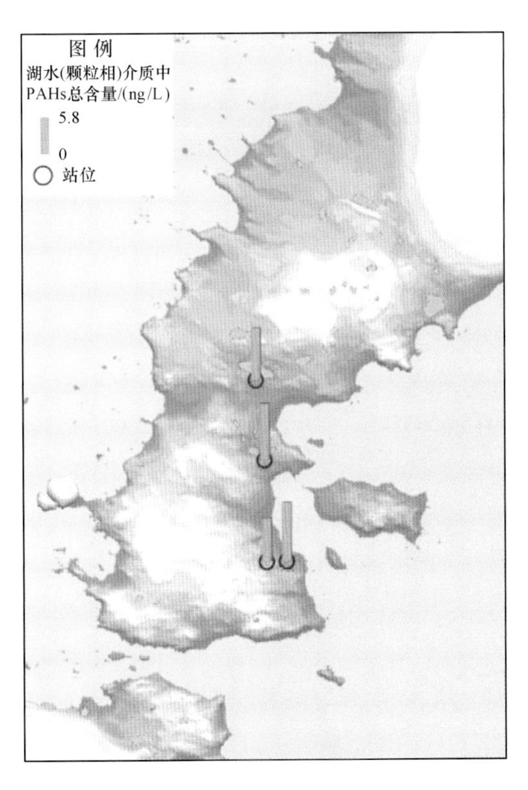

图5-67 湖水溶解相及颗粒相中PAHs的空间分布特征

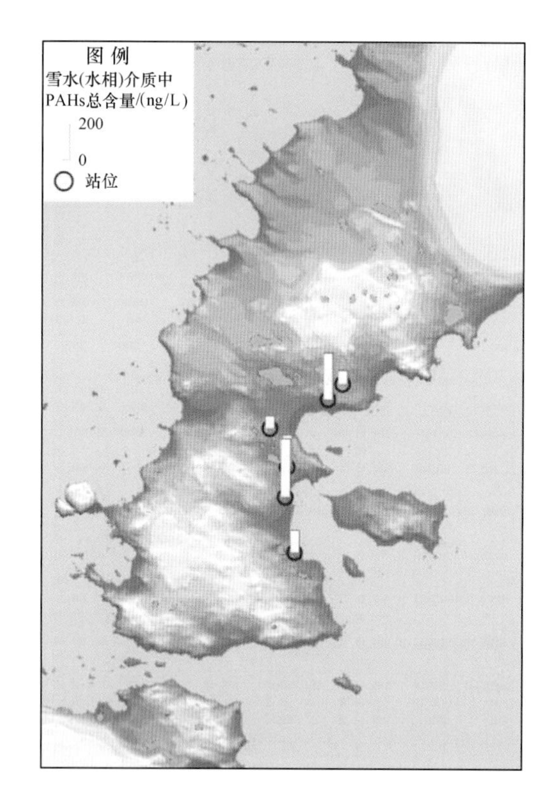

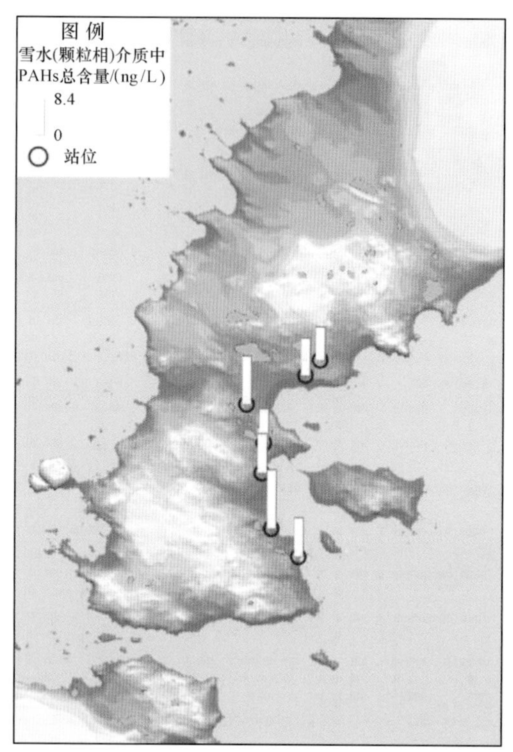

图 5-68 雪水溶解相及颗粒相中 PAHs 的空间分布特征

海水相似，即溶解态的 ΣPAHs 均高于颗粒相中的 ΣPAHs。

表 5-26 不同水体中 30 组分 PCBs 总量 单位：ng/L

介质	水相			颗粒相		
	最小值	最大值	平均值	最小值	最大值	平均值
海水	0.51	3.16	1.32	0.36	2.56	0.77
湖水	0.88	17.73	5.91	0.25	6.91	3.01
雪水	0.85	2.33	1.24	0.21	1.07	0.64

由图 5-69 可知，长城湾海水中溶解态 ΣPCBs 浓度的并未表现出明显的空间分布特征；而阿德雷湾中 ΣPCBs 浓度最高的点同样出现在 A4 站位，说明来自海上人类活动可能对该海域海水中的 PCBs 具有一定的影响；图 5-70 表明雪水中 PCBs 在菲尔德斯半岛地区没有明显的空间变化。

3）有机氯农药（OCPs）

第 29 次和第 30 次南极长城站近岸海水 OCPs 调查结果（表 5-27、表 5-28 和图 5-71、图 5-72）显示，监测的 16 种 OCPs 溶解态检出率高于颗粒态检出率，六六六、七氯检出率最高。第 30 次调查结果低于第 29 次调查结果。溶解态（水相）监测结果表明：六六六检出范围为 0.40～9.48 ng/L，DDT 检出范围为 nd～0.43 ng/L；颗粒相监测结果显示，六六六检出范围为 nd～5.50 ng/L，DDT 检出范围为 nd～0.30 ng/L；检出限 0.01 ng/L；水相 OCPs 含量较高于颗粒相，即溶解态是长城站海水中 OCPs 的主要存在形式。数据显示，在采样区域，并无明显的分布规律。

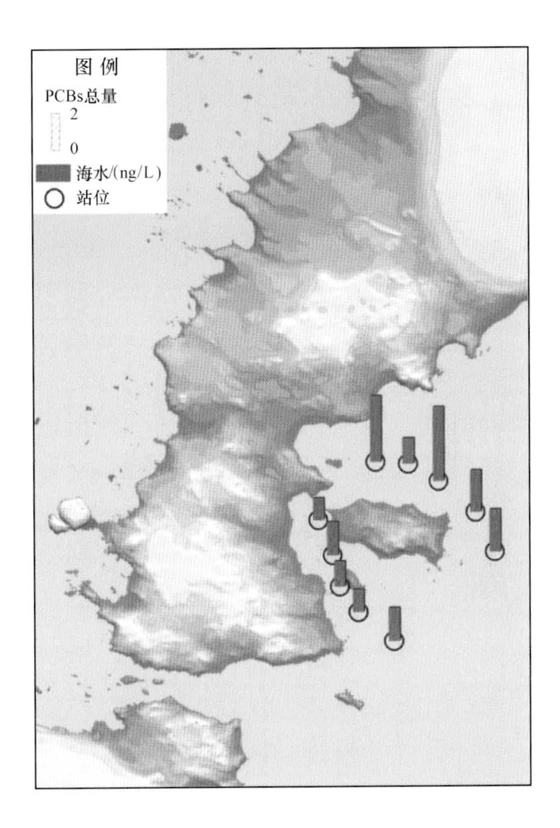

图5-69 海水中溶解态PCBs的空间分布特征

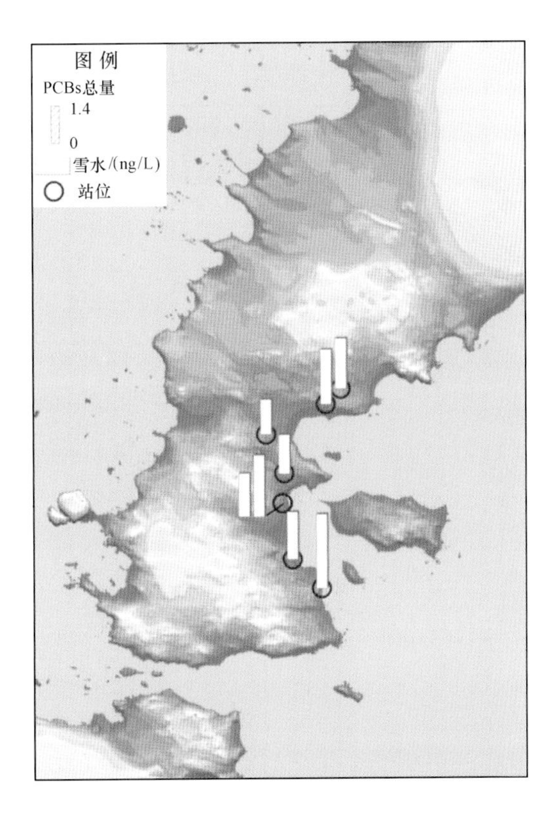

图5-70 雪水中溶解态PCBs的空间分布特征

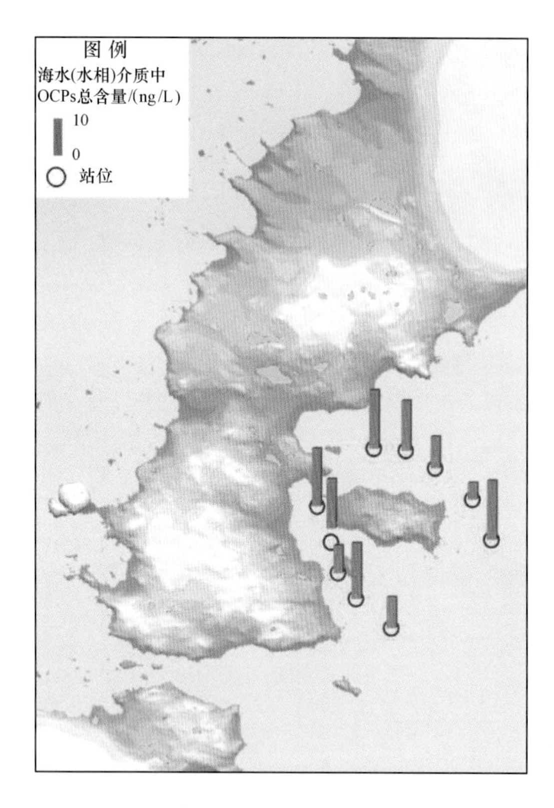

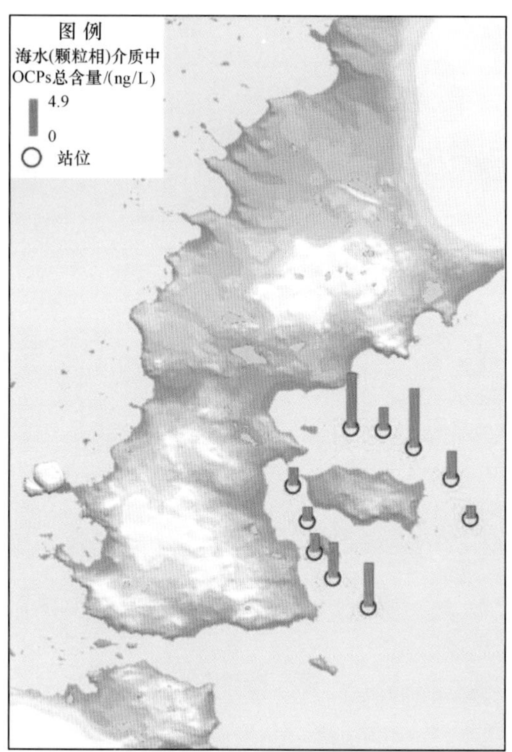

图 5－71　第 29 次长城站海水中 OCPs 区域分布

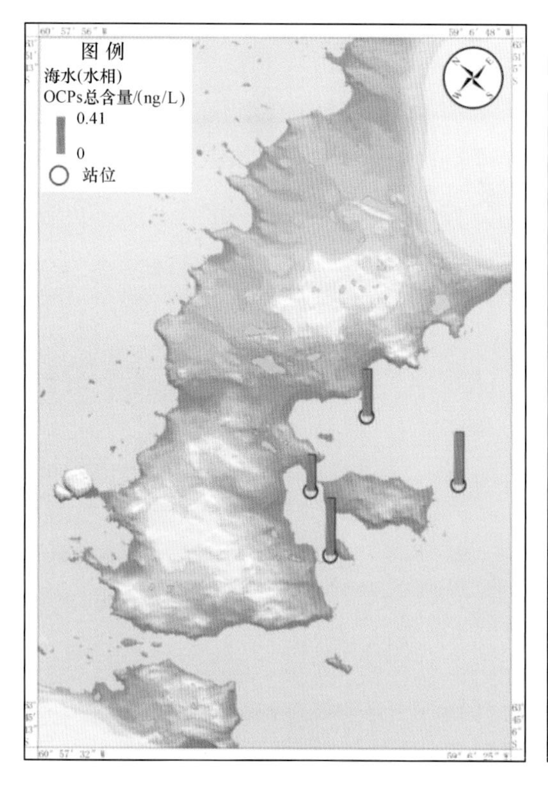

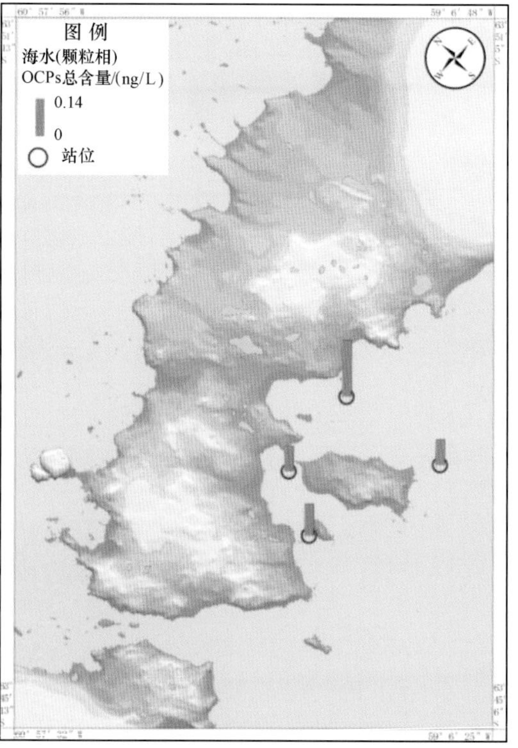

图 5－72　第 30 次长城站海水中 OCPs 区域分布

表 5-27 第 29 次长城站海水 OCPs 调查结果

单位：ng/L

组分	水相			颗粒相		
	均值	最大值	最小值	均值	最大值	最小值
α-六六六	0.94	3.87	0.27	1.81	5.50	—
β-六六六	3.16	5.72	0.49	—	—	—
γ-六六六	0.76	2.37	—	—	—	—
δ-六六六	0.64	1.78	—	0.24	0.77	—
七氯	4.79	8.91	1.09	0.05	0.47	—
γ-氯丹	0.07	0.39	—	0.07	0.64	—
硫丹 I	0.10	0.64	—	0.05	0.50	—
α-氯丹	0.10	0.60	—	—	—	—
p，p′-DDE	0.04	0.39	—	—	—	—
硫丹 II	—	—	—	—	—	—
p，p′-DDD	—	—	—	—	—	—
p，p′-DDT	—	—	—	0.03	0.30	—
∑BHCs	5.51	9.48	1.53	2.06	5.50	0.40
∑DDTs	0.05	0.39	—	0.04	0.30	—

注：“—”表示未检出。

表 5-28 第 30 次长城站海水 OCPs 调查结果

单位：ng/L

组分	水相			颗粒相		
	均值	最大值	最小值	均值	最大值	最小值
α-BHC	0.34	0.46	0.28	0.02	0.02	0.01
β-BHC	0.06	0.08	0.03	—	—	—
γ-BHC	0.01	0.01	—	0.02	0.03	—
δ-BHC	0.06	0.06	0.05	0.01	0.02	—
p，p′-DDE	0.01	0.01	—	—	—	—
p，p′-DDD	—	—	—	—	—	—
o，p′-DDT	0.18	0.41	—	0.07	0.10	0.02
p，p′-DDT	0.05	0.10	—	0.07	0.13	—
∑BHC	0.47	0.58	0.40	0.05	0.05	0.03
∑DDT	0.25	0.43	0.10	0.14	0.23	0.08

注：“—”表示未检出。

第 29 次队对南极长城站近岸雪水 OCPs 污染调查结果（表 5-29 和图 5-73）显示，监测的 16 种 OCPs 溶解态检出率高于颗粒态检出率，六六六、七氯检出最为明显。溶解态（水相）监测结果表明：六六六检出范围为 0.51～3.02 ng/L，DDT 检出范围为 nd～5.02 ng/L；颗粒相监测结果显示，六六六检出范围为 0.17～1.06 ng/L，DDT 检出范围为 nd～0.03 ng/L。

表 5－29　第 29 次长城站雪水中 OCPs 调查结果表　　单位：ng/L

组分	水相			颗粒相		
	检出率/%	最大值	最小值	检出率/%	最大值	最小值
α－六六六	92	0.83	0.14	92	1.06	—
β－六六六	67	1.16	—	17	—	—
γ－六六六	92	0.68	—	17	—	—
δ－666	42	0.83	—	0	0.45	—
七氯	58	2.38	0.80	42	—	—
γ－氯丹	8	0.56	—	8	—	—
硫丹Ⅰ	0	1.22	—	25	—	—
α－氯丹	0	0.49	—	25	—	—
p，p′－DDE	0	1.59	—	33	—	—
硫丹Ⅱ	0	1.05	—	8	—	—
p，p′－DDD	0	3.58	—	17	—	—
p，p′－DDT	33	3.01	—	25	—	—
∑BHCs	92	3.02	0.51	92	1.06	0.45
∑DDTs	33	5.02	—	42	—	—

注：“—”表示未检出。

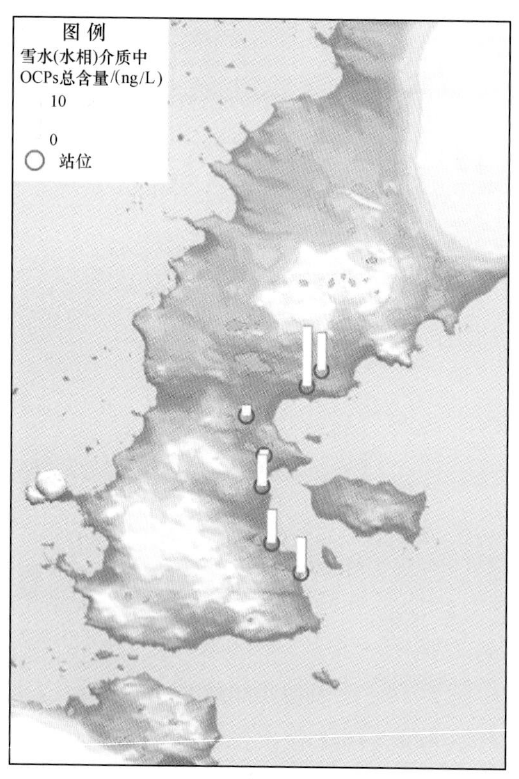

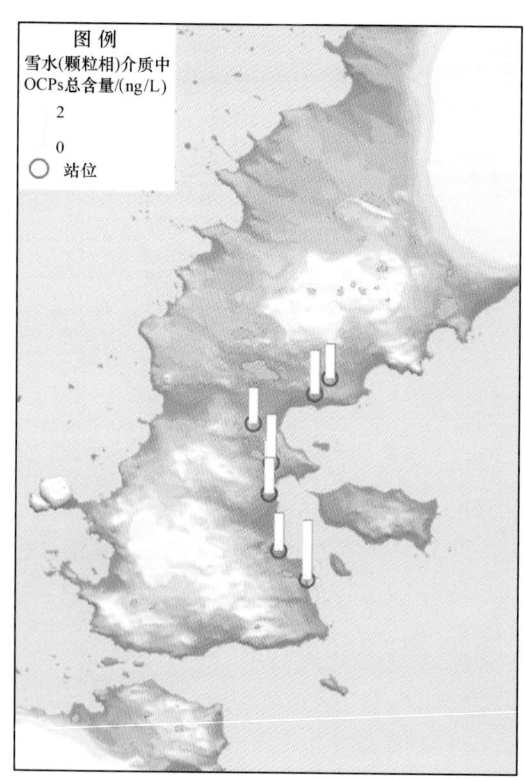

图 5－73　第 29 次长城站雪水 OCPs 区域分布

第29、第30次队对南极长城站湖水OCPs污染调查结果（表5-30、表5-31和图5-74、图5-75）显示，监测的16种OCPs溶解态检出率和含量均高于颗粒态，六六六、七氯检出最为明显。第30次调查结果偏低于第29次调查结果。溶解态（水相）监测结果表明：六六六检出范围为0.32~3.92 ng/L，DDT检出范围为nd~1.72 ng/L；颗粒相监测结果显示，六六六检出范围为0.16~4.52 ng/L，DDT检出范围为nd~1.09 ng/L；检出限0.01 ng/L。湖水中OCPs含量无明显的区域分布特征。

表5-30　第29次长城站湖水中OCPs调查结果　　单位：ng/L

组分	水相			颗粒相		
	均值	最大值	最小值	均值	最大值	最小值
α-六六六	1.00	1.39	0.56	1.90	4.52	—
β-六六六	1.55	2.06	1.17	—	—	—
γ-六六六	0.36	0.73	—	—	—	—
δ-六六六	0.56	1.30	0.19	0.23	0.50	—
七氯	1.43	2.71	0.29	—	—	—
γ-氯丹	0.25	0.68	—	—	—	—
硫丹Ⅰ	0.12	0.25	—	—	—	—
α-氯丹	0.13	0.27	—	—	—	—
p，p′-DDE	0.25	0.80	—	—	—	—
硫丹Ⅱ	0.20	0.54	—	—	—	—
p，p′-DDD	0.09	0.33	—	—	—	—
p，p′-DDT	0.23	0.59	—	—	—	—
∑BHCs	3.48	3.92	2.95	2.14	4.52	0.5
∑DDTs	0.57	1.72	—	—	—	—

注：“—”表示未检出。

表5-31　第30次长城站湖水中OCPs调查结果　　单位：ng/L

组分	水相			颗粒相		
	均值	最大值	最小值	均值	最大值	最小值
α-BHC	0.22	0.22	0.21	0.09	0.11	0.08
β-BHC	0.06	0.12	—	0.04	0.05	0.04
γ-BHC	—	—	—	0.02	0.02	0.01
δ-BHC	0.09	0.1	0.08	0.21	0.39	0.03
p，p′-DDE	—	—	—	—	—	—
p，p′-DDD	0.01	0.01	—	0.26	0.51	—
o，p′-DDT	0.02	0.04	—	0.05	0.1	—
p，p′-DDT	0.06	0.09	0.03	0.24	0.48	—
∑BHC	0.37	0.42	0.32	0.36	0.56	0.16
∑DDT	0.09	0.09	0.07	0.56	1.09	—

注：“—”表示未检出。

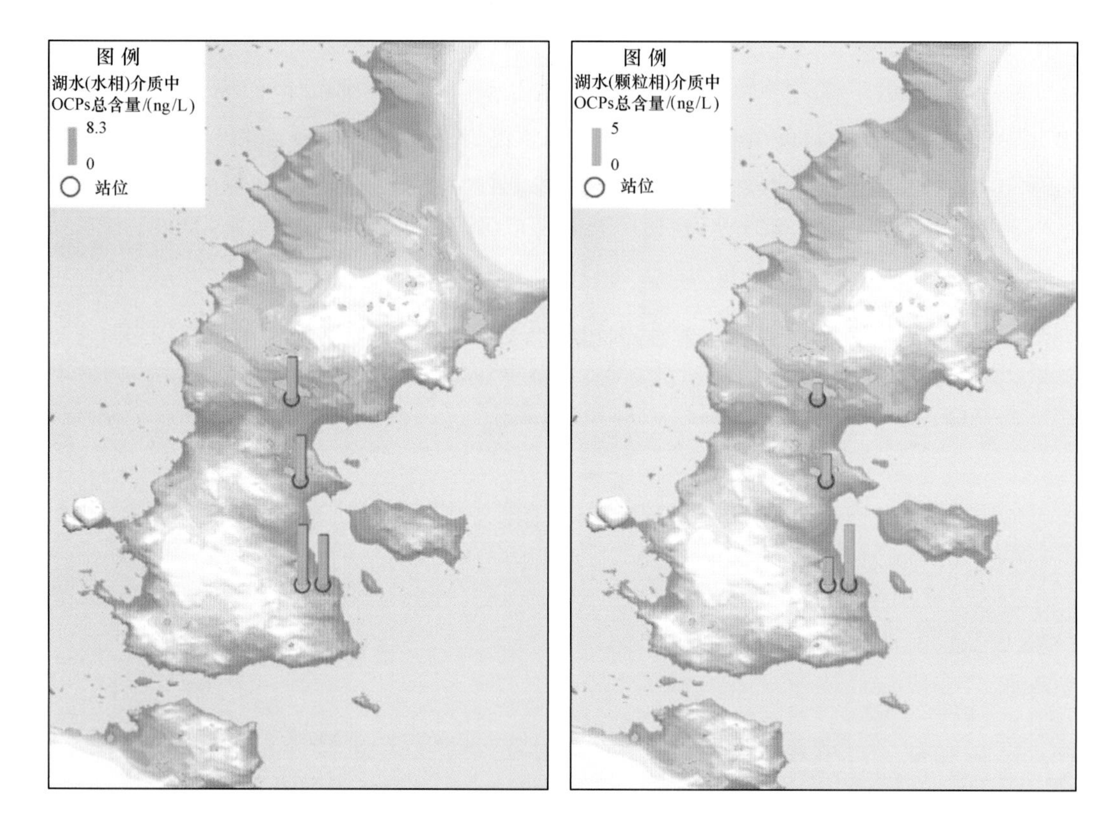

图 5－74　第 29 次长城站湖水介质中 OCPs 区域分布

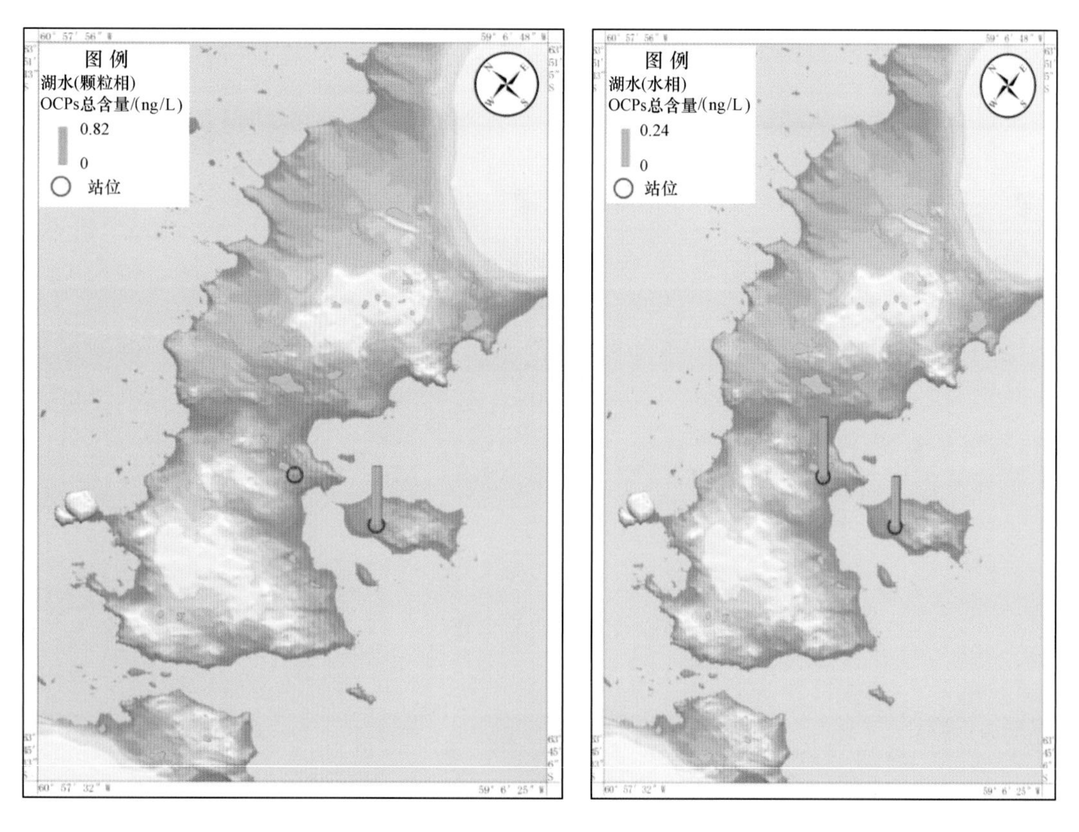

图 5－75　第 30 次长城站湖水介质中 OCPs 区域分布

4）得克隆（Decs）

菲尔德斯半岛地区不同水体（海水、湖水和雪水）中 Decs 的总含量及单体分布情况如表 5－32 所示。其中，菲尔德斯半岛长城湾和阿德雷湾表层海水中溶解态 ΣDecs 的浓度范围为 85.9～4 821.9 pg/L，平均浓度为 1 010.6 pg/L，而颗粒相中 ΣDecs 的浓度范围为 37.5～1 418.6 pg/L，平均浓度为 405.7 pg/L，溶解态 ΣDecs 的浓度显著高于颗粒相中 ΣDecs 的浓度。该区域 ΣDecs 的浓度水平远高于 Moller 等所测海水中的含量（最高达 1.3 pg/L），但低于黄渤海水体中 Decs 的含量（1.8 ng/L）。

湖水中 ΣDecs 的分布规律与海水相似，即溶解态的 ΣDecs 显著高于颗粒相中的 ΣDecs，平均浓度分别为 282.5 pg/L 和 46.7 pg/L。在雪水中，溶解态和颗粒相 ΣDecs 却表现出不同的分布规律，前者（280.8 pg/L）低于后者（1 713.9 pg/L）。

表 5－32 不同水体中 Decs 的总量和单体分布比例

介质	ΣDecs/（pg/L）			Decs 单体浓度比例/%				
	最小值	最大值	均值	Dec 602	Dec 603	Dec 604	*syn*－DP	*anti*－DP
海水水相	85.9	4 821.9	1 010.6	1.3	54.7	5.3	16.7	22.0
海水颗粒相	37.5	1 418.6	405.7	0.6	4.6	19.4	41.6	33.7
湖水水相	151.3	477.0	282.5	3.7	10.9	19.0	30.1	36.2
湖水颗粒相	36.9	57.7	46.7	0.0	0.0	15.9	64.0	20.1
雪水水相	56.3	780.0	280.8	0.8	5.5	23.4	44.3	26.0
雪水颗粒相	526.3	2 525.0	1 713.9	0.2	14.4	15.3	57.0	13.0

分析不同水体溶解态 Decs 总量的空间分布情况（图 5－76），发现阿德雷湾和长城湾均有一个站点海水中 ΣDecs 较高。这两个站点经常作为舰船的锚地，这说明来自海上船舶的污染对该海域海水中 Decs 分布的影响比较明显。另外湖水中 ΣDecs 含量最高的站点和雪水中 ΣDecs 含量最高的站点是相同的，都是位于燕鸥湖附近，和前述中大气（被动采样）中 ΣDecs 最高点也是统一的，这表明湖水中 ΣDecs 较多来自于雪水的消融。

5.1.2.5.3 土壤中的典型污染物

1）多环芳烃（PAHs）

2013 年度菲尔德斯半岛地区土壤中 ΣPAHs 的浓度范围为 66.3～609.9 ng/g（干重），平均浓度为 288.3 ng/g（干重），2014 年度土壤中 ΣPAHs 的浓度范围为 212.9～336.3 ng/g（干重），平均浓度为 272.3 ng/g（干重）（表 5－33）。该结果与南舍德兰群岛地区土壤中 PAHs 的含量（12～1 182 ng/g）（干重）以及地球“第三极”珠穆朗玛峰地区 PAHs 的浓度（168～595 ng/g）（干重）相当，略高于北极新奥尔松地区浓度（37～324 ng/g）（干重），平均值为 157 ng/g，但明显远低于中低纬度人口密集地区 PAHs 的含量水平。

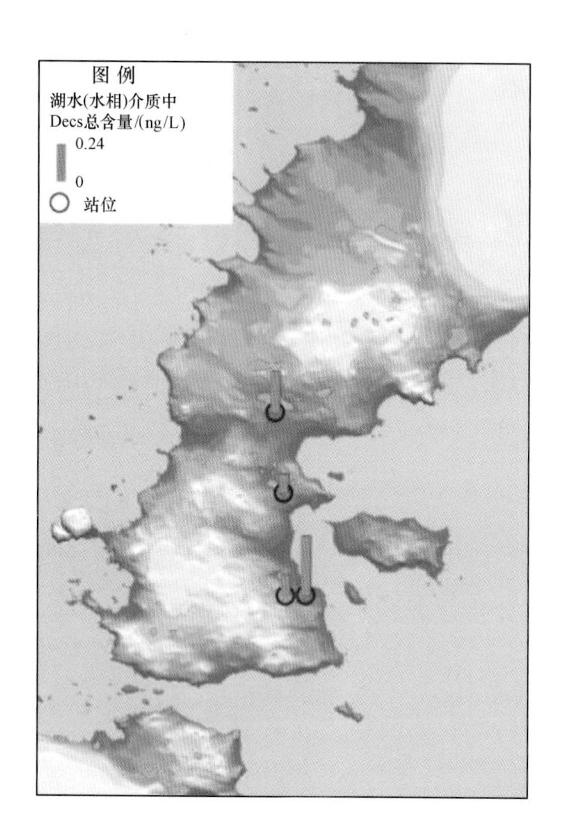

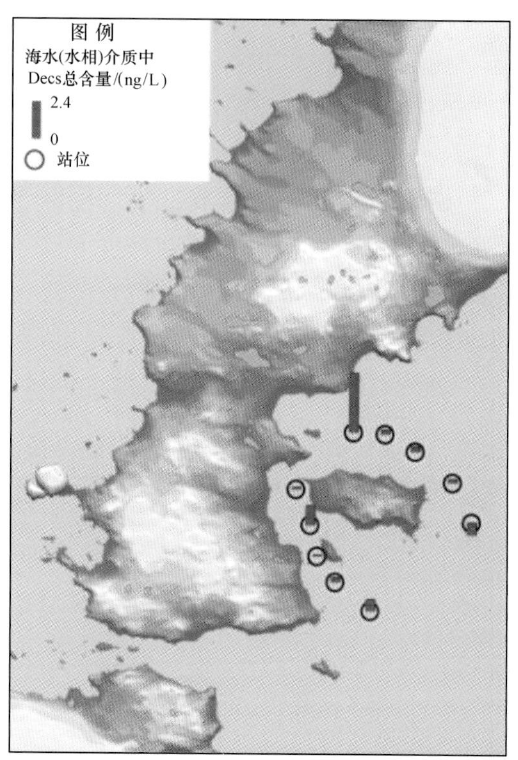

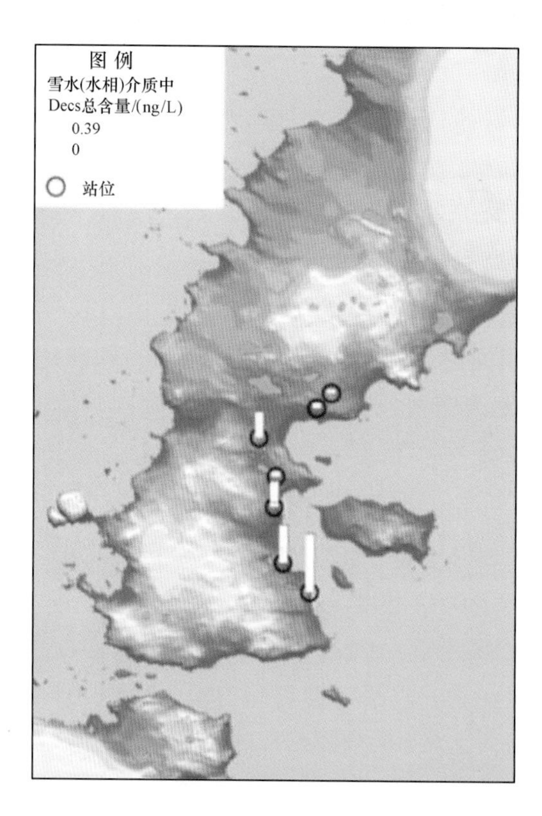

图 5-76 海水、湖水和雪水中溶解态 Decs 总量的空间分布特征

表5-33 长城站土壤中PAHs浓度 单位：ng/g（干重）

化合物	2013年度（第29次）				2014年度（第30次）			
	最小值	最大值	平均值	中值	最小值	最大值	平均值	中值
Nap	22.8	280.6	138.1	129.5	132.1	240.5	177.2	168.1
Ace	1.7	22.4	8.7	7.5	4.2	9.9	6.1	5.2
Acp	1.9	32.1	8.7	5.7	3.2	8.2	4.7	3.6
Fl	2.7	115.9	38.3	29.1	9.5	20.3	14.2	13.6
Phe	7.4	378.7	70.1	42.6	15.7	46.7	30.4	29.7
An	1.0	9.6	3.5	2.7	1.6	3.2	2.2	2.0
Flu	1.2	9.3	3.1	2.4	3.6	7.3	4.9	4.3
Pyr	0.2	6.1	1.7	1.3	5.5	9.0	6.6	6.0
BaA	0.1	2.8	0.7	0.4	0.4	0.8	0.6	0.5
Chr	0.5	18.8	4.5	1.9	1.6	2.4	1.9	1.8
BbF	0.3	11.3	3.0	1.5	2.2	8.5	4.1	2.8
BkF	0.2	10.1	2.3	1.1	1.1	1.7	1.4	1.3
BaP	0.1	52.0	4.3	0.7	0.3	14.2	4.2	1.1
DbA	0.1	13.0	1.4	0.3	0.2	6.1	1.9	0.6
BghiP	0.1	2.6	0.5	0.3	0.3	1.4	0.6	0.4
InP	0.1	1.5	0.3	0.2	0.4	33.7	11.4	5.8
总量	66.3	609.9	288.3	257.8	212.9	336.3	272.3	270.0

由图5-77可知，菲尔德斯半岛地区土壤中ΣPAHs浓度最高的站位主要集中在靠近机场附近的区域，靠近俄罗斯站南部的油罐区域以及企鹅岛朝向阿德雷湾区域，阿德雷湾海水中PAHs的分布特征表明了该海域船舶的排放对附近海域的影响，同样，随着大气的传输，该海域附近路上区域可能同样受到船舶排放的影响。需要指出的是，菲尔德斯半岛西海岸地区土壤中ΣPAHs的浓度偏高，原因有待进一步的研究。

2）多氯联苯（PCBs）

南极长城站土壤样品采样点见图5-78。本研究共分析了土壤中30种PCBs同族物的含量，在所有样品中，30种PCBs的浓度范围为1.392～15.800 ng/g（干重），中值为4.869 ng/g，平均浓度为5.883 ng/g，标准偏差为3.956 ng/g。分析30种PCBs各单体的浓度分布，可以明显看出，CB-44、CB-8、CB-18、CB-28、CB-138和CB-195的含量较高。四氯和五氯、三氯取代的PCBs含量占总PCBs的比例较高，分别占总PCBs的34.3%、17.6%和13.4%。其中单体含量较高的CB-44、CB-8、CB-18、CB-28、CB-138和CB-195占总PCBs的百分比例分别为23.9%、9.2%、7.3%、6.1%、4.5%和6.2%。

本项目检测到的9种二噁英类PCBs及其占总PCBs浓度的百分比分别为：CB-77（1.4%）、CB-81（2.6%）、CB-105（2.2%）、CB-114（1.8%）、CB-118（2.9%）、CB-123（1.1%）、CB-126（2.4%）、CB-169（0.9%）和CB-189（0.9%）。其中毒性最大的4种PCBs（CB-77、CB-81、CB-126和CB-169）在南极长城站土壤中均有检出，占总PCBs的7.3%。

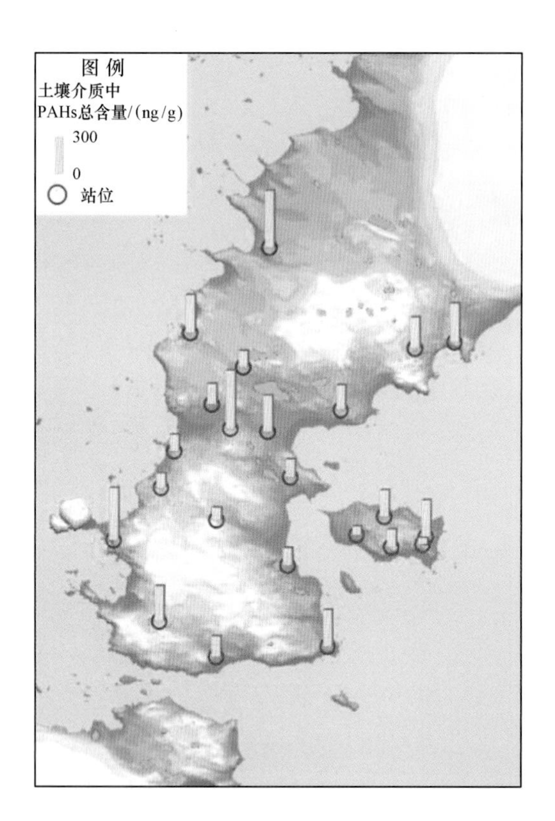

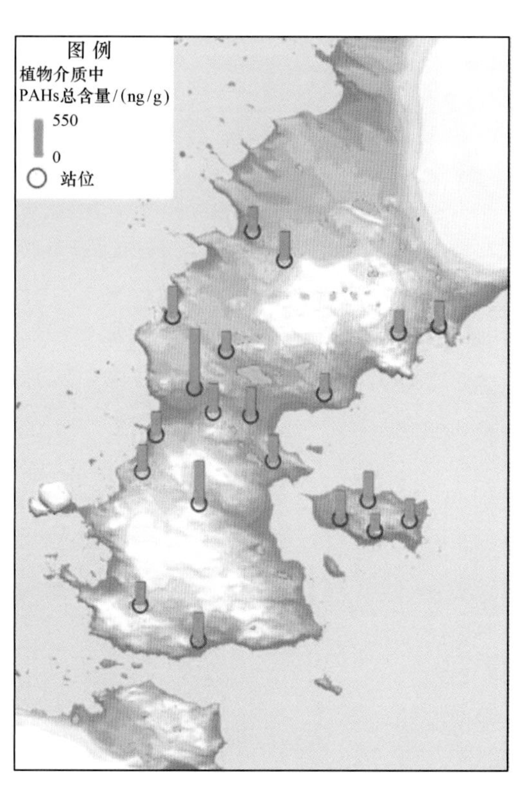

图 5－77　土壤和植被中 PAHs 的空间分布特征

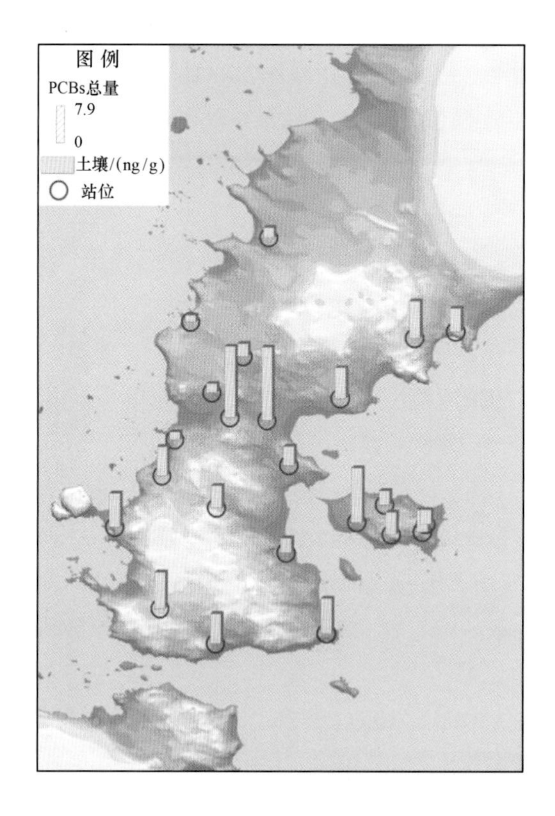

图 5－78　长城站土壤样品采样点与 PCBs 含量

3）有机氯农药（OCPs）

第29次和第30次南极长城站极地土壤OCPs污染调查，结果显示，监测的16种OCPs检出率要低于大气和水体，六六六、七氯检出率较高。监测结果表明：六六六检出范围为0.67～12.94 ng/g，DDT检出范围为nd～0.33 ng/L；检出限0.025 ng/g。第29次长城站显示，α、γ检出率低，含量低，β、δ检出率高，含量相对高；无明显的区域分布特征（表5－34，表5－35和图5－79）。

表5－34　第29次长城站土壤中OCPs调查结果　　单位：ng/g

组分	检出率/%	均值	最大值	最小值
α－六六六	9	0.10	1.5	—
β－六六六	87	3.24	6.72	—
γ－六六六	0	—	—	—
δ－六六六	100	—	8.94	1.1
七氯	57	—	3.7	—
γ－氯丹	0	—	—	—
硫丹Ⅰ	0	—	—	—
α－氯丹	0	—	—	—
p，p′－DDE	0	—	—	—
硫丹Ⅱ	0	—	—	—
p，p′－DDD	0	—	—	—
p，p′－DDT	0	—	—	—
∑BHCs	100	8.17	12.94	1.1
∑DDTs	0	—	—	—

注：“—”表示未检出。

表5－35　第30次长城站土壤中OCPs调查结果　　单位：ng/g

组分	检出率%	均值	最大值	最小值
α－BHC	100	0.32	0.57	0.17
β－BHC	100	0.52	0.78	0.35
γ－BHC	67	0.08	0.19	—
δ－BHC	100	0.12	0.14	0.09
p，p′－DDE	50	—	—	—
p，p′－DDD	89	0.03	0.07	—
o，p′－DDT	60	—	—	—
p，p′－DDT	100	0.16	0.33	0.06
∑BHC	100	1.04	1.34	0.67
∑DDT	100	0.20	0.33	0.09

注：“—”表示未检出。

4）得克隆（Decs）

土壤中Decs的含量变化为97.2～2 250.5 pg/g（干重）（表5－36），平均含量为447.8 pg/g

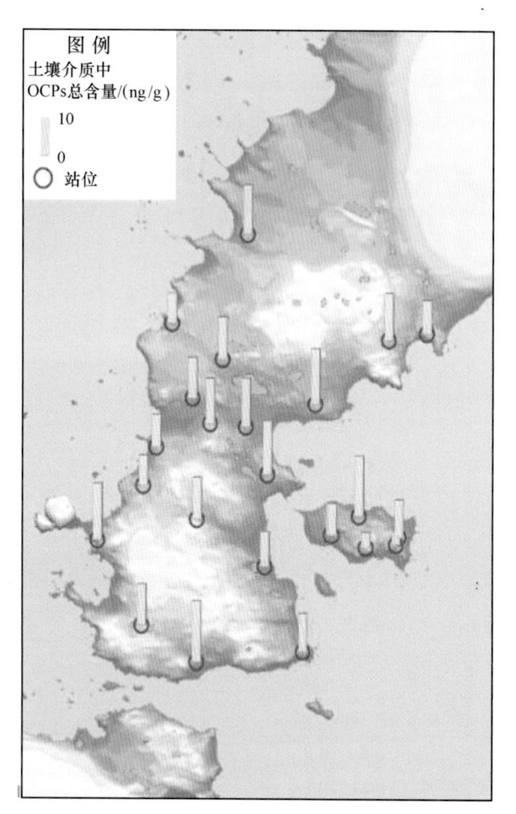

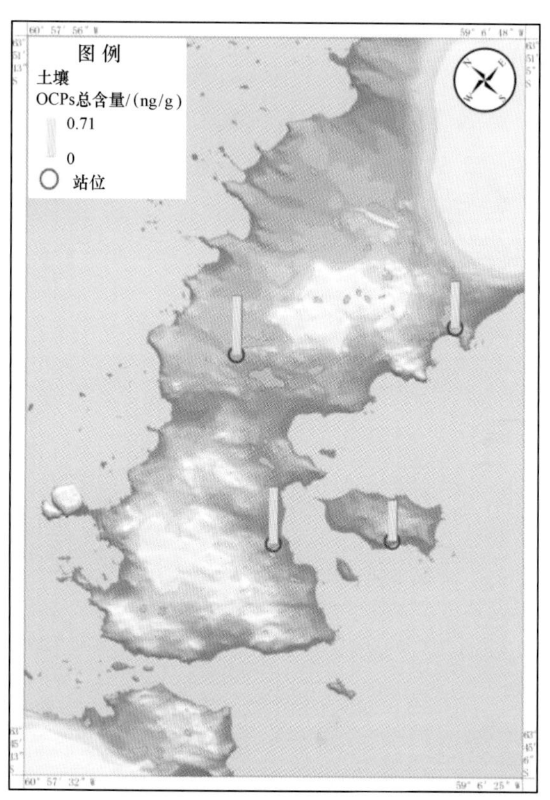

图 5-79　第 29、30 次长城站土壤介质中 OCPs 区域分布

（干重），明显低于我国典型城市土壤中 Decs 浓度（5 ng/g）（干重）（Yu et al.，2010；Wang et al.，2010），并远低于 Decs 生产厂和电子拆卸厂附近土壤中 Decs 的浓度。例如，清远附近 Decs 的浓度高达 3 300 ng/g（干重）。根据图 5-80 所示土壤中 ΣDecs 含量水平的空间分布状况，机场西南侧 ΣDecs 浓度最高，高达 2 250.5 pg/g（干重），这说明来自该地的人类活动对当地 Decs 的赋存水平具有一定的影响。

表 5-36　土壤中 Decs 的总量和单体分布比例

介质	ΣDecs/（pg/g）			Decs 单体浓度比例/%				
	最小值	最大值	均值	Dec 602	Dec 603	Dec 604	*syn*-DP	*anti*-DP
土壤	97.2	2 250.5	447.8	0.4	3.4	33.3	33.4	29.5

5.1.2.5.4　植被中的典型污染物

1）多环芳烃（PAHs）

2013 年度菲尔德斯半岛地区植被中 ΣPAHs 的浓度范围为 308.2～1 100.2 ng/g（干重），平均浓度为 504.8 ng/g（干重），2014 年度植被中 ΣPAHs 的浓度范围为 261.3～605.5 ng/g（干重），平均浓度为 415.0 ng/g（干重）（表 5-37），该结果高于北极新奥尔松地区苔藓中 ΣPAHs 浓度（158～244 ng/g）（干重），略低于我国南岭北坡苔藓中的含量（均值 640.8 ng/g）（干重）（刘向等，2015），但明显低于欧洲地区苔藓中含量（910～1 920 ng/g）（干重）（Maria et al.，2006）。

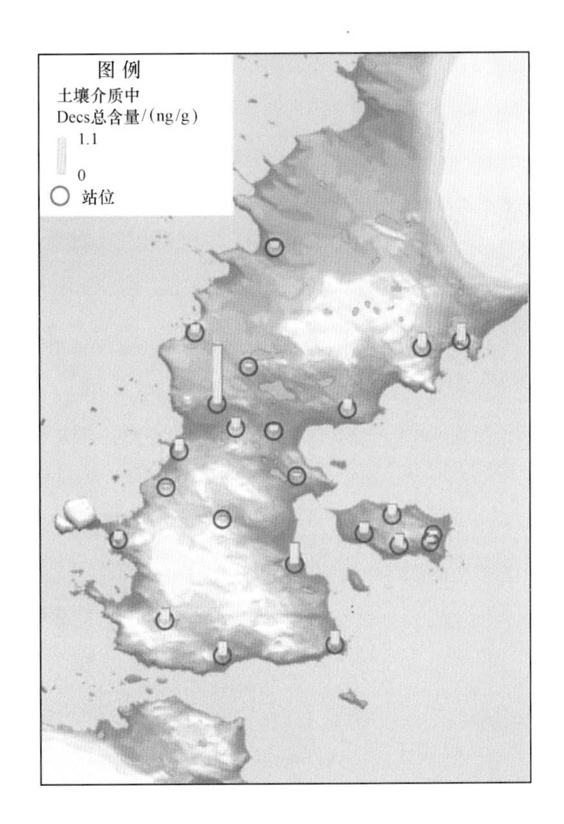

图 5-80 土壤中 ΣDecs 含量水平的空间分布状况

表 5-37 长城站植被中 PAHs 浓度 单位：ng/g（干重）

化合物	2013 年度（第 29 次）				2014 年度（第 30 次）			
	最小值	最大值	平均值	中值	最小值	最大值	平均值	中值
Nap	88.5	284.0	163.3	171.4	81.7	163.9	130.6	146.3
Ace	4.1	13.1	6.3	5.6	1.3	2.4	1.9	2.0
Acp	6.8	23.4	13.1	11.9	1.9	2.6	2.2	2.2
Fl	7.1	19.5	12.2	12.2	0.9	2.0	1.4	1.2
Phe	111.9	728.4	258.2	233.7	88.8	236.8	141.9	100.0
An	2.0	26.7	11.7	10.3	37.5	85.4	58.3	52.0
Flu	1.0	58.3	15.5	10.7	9.7	42.9	22.4	14.4
Pyr	0.9	11.1	4.0	3.9	33.0	79.3	50.1	38.1
BaA	0.2	1.4	0.7	0.6	0.1	0.1	0.1	0.1
Chr	1.0	20.8	6.4	4.7	0.3	0.4	0.3	0.3
BbF	0.5	13.6	3.6	2.3	0.9	1.6	1.2	1.0
BkF	0.6	6.0	2.1	1.5	0.9	1.3	1.1	0.9
BaP	0.8	13.7	5.1	3.6	0.3	2.1	1.1	1.0
DbA	0.5	3.0	1.4	1.1	0.6	1.0	0.9	1.0
BghiP	1.0	8.7	2.7	1.7	0.5	1.3	1.0	1.3
InP	0.6	5.5	2.1	1.5	0.6	0.6	0.6	0.6
总量	308.2	1 100.2	504.8	486.9	261.3	605.5	415.0	378.2

菲尔德斯半岛地区植被中ΣPAHs的空间分布特征，整体上与土壤类似，浓度最高的站位同样主要集中在靠近机场附近的区域，靠近俄罗斯站南部的油罐区域以及企鹅岛朝向阿德雷湾区域。

2）多氯联苯（PCBs）

南极长城站植物样品采样点见图5－81。本研究共分析了植物中30种PCBs同族物的含量，在所有样品中，30种PCBs的浓度范围在4.674～16.971 ng/g（干重），中值为15.993 ng/g，平均浓度为16.971 ng/g，标准偏差为4.674 ng/g。图5－82给出了30种PCBs各单体的浓度分布图，并比较了长城站和黄河站植物中PCBs的浓度。可以看出，CB－8、CB－18、CB－44、CB－195和CB－200的含量较高。从图5－81也可以发现，二氯和四氯取代的PCBs含量占总PCBs的比例较高，分别占总PCBs的29.5%和18.2%。其中单体含量较高的CB－8、CB－18、CB－44、CB－195和CB－200占总PCBs的百分比例分别为29.5%、7.5%、12.7%、7.3%和5.6%。

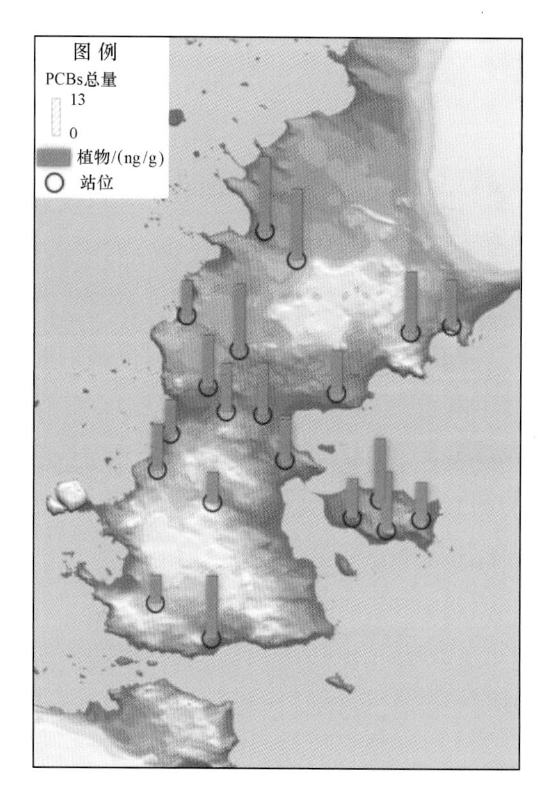

图5－81　长城站植物样品采样点及PCBs浓度

图5－83则比较了南极长城站植被和土壤中不同氯数取代PCBs的百分含量。PCBs在土壤和植物中分布特征的差异主要是这两种介质富集PCBs的途径以及不同PCBs单体物化性质的差别造成的。由于CB－8的挥发性较强（即过冷液体饱和蒸气压p°_{L}较大），在大气中主要存在于气相中，而高分子量PCBs的挥发性相对较弱，主要存在于大气颗粒相中。而南极环境中PCBs主要来源于大气的长距离迁移，通过大气沉降和雨雪沉降等进入不同环境介质。而土壤中PCBs主要来自颗粒相的干湿沉降，所以土壤中大分子量的PCBs比例较大，植物叶面作为半挥发性有机物的大气被动采样器，主要通过“吸收”过程富集气相污染物，与土壤相比，植物中主要以低分子量为主。这就是长城站植物中CB－8的百分含量要明显高于土壤

中的百分含量的原因。

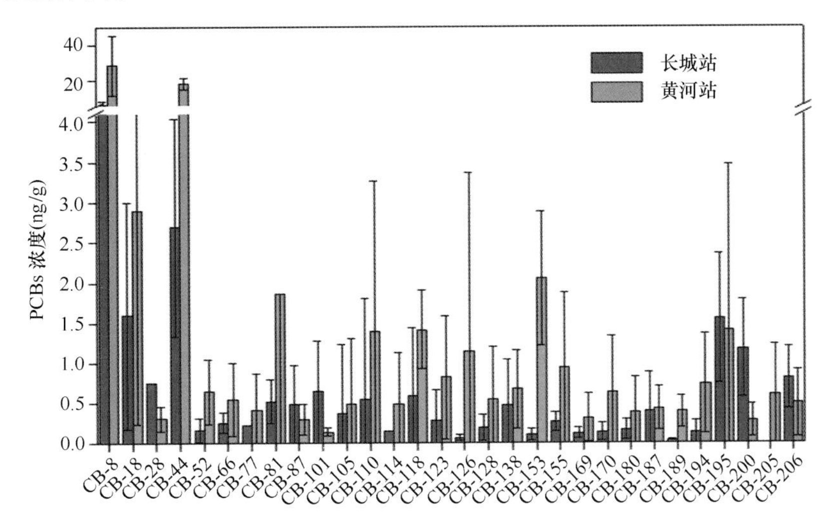

图5-82　长城站和黄河站植物中PCBs的浓度分布比较

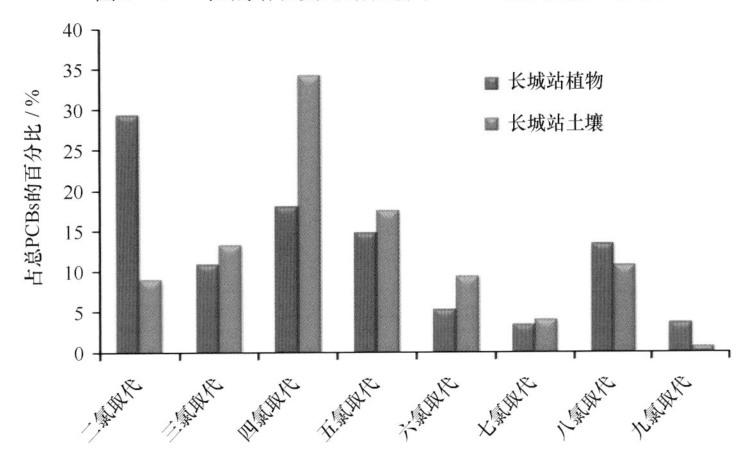

图5-83　长城站植物和土壤中不同氯取代PCBs百分含量比较

PCBs的气/固分配系数（K_P）受其物理化学性质影响，如Pankow等考察了PCBs的$\log K_P$与$\log p^\circ_L$的关系并给出了如下方程：

$$\log K_P = m_r \log p^\circ_L + b_r \tag{5-5}$$

其中，m_r和b_r是常数。可以看出PCBs的p°_L是决定其K_P的重要参数。如上所述，由于土壤中PCBs主要来自大气颗粒物的干湿沉降过程，植物中PCBs主要来自对气相PCBs的吸收，那么，PCBs在土壤-植物中的分布是否也与其在气/固间分配行为类似，受p°_L的影响呢？为验证该假设，定义PCBs在土壤-植物中的分布系数（Q_{SM}）为：

$$Q_{SM} = C_S / C_M \tag{5-6}$$

其中，C_S和C_M分别为PAHs在土壤和植物中的浓度（pg/g）。

考虑到一些PCBs同族物在土壤和植物中的浓度低于检出限，所以在本节的研究中，选取了其中8种PCBs同族物作为目标物，考察其在土壤和植物中分布的规律，这8种PCBs同族物分别是：CB-52、CB-101、CB-114、CB-118、CB-138、CB-153、CB-180和CB-195。这8种PCBs在土壤和植物中的分布关系Q_{SM}与PCBs的过冷液体饱和蒸气压（p°_L）

具有显著的对数线性关系（图5－84）：

$$\log Q_{SM} = -0.18\ \log p^{\circ}_{L} - 0.96 \qquad (r^2 = 0.41,\ P < 0.01) \qquad (5-7)$$

该结果表明，$\log p^{\circ}_{L}$ 可以用于表征 PCBs 在土壤和植物之间的分布行为（$\log Q_{SM}$），并可以发现，相对比于植物，PCBs 在土壤中的含量会随着其过冷液体饱和蒸汽压的增加而增加。该结果与北极黄河站的研究结果一致。

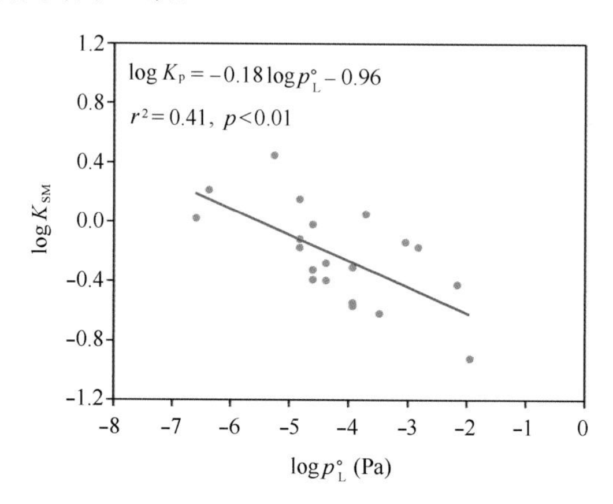

图5－84　8种PCBs同族物的logQSM与其 $\log p^{\circ}_{L}$（5℃）的良好线性关系

3）有机氯农药（OCPs）

第29次和第30次南极长城站极地植物OCPs污染调查，监测结果表明（表5－38，表5－39和图5－85）：南部含量低于北部，企鹅岛上OCPs含量高于菲尔德斯半岛。DDT检出率和含量高于其他两个降解产物，与土壤有相同的组成特征。BHC检出率较低，其中α是检出最高的异构体。六六六检出范围为2.9～10.99 ng/L，DDT检出范围为nd～0.63 ng/L；检出限0.025 ng/g。

表5－38　第29次长城站植物中OCPs调查结果　　单位：ng/g

组分	检出率/%	均值	最大值	最小值
α－六六六	67	0.78	1.9	—
β－六六六	19	0.81	6.21	—
γ－六六六	33	0.55	3.31	—
δ－六六六	43	1.00	4.56	—
七氯	5	0.19	3.77	—
γ－氯丹	0	—	—	—
硫丹Ⅰ	10	0.16	1.77	—
α－氯丹	0	—	—	—
p，p′－DDE	0	—	—	—
硫丹Ⅱ	10	0.38	5.31	—
p，p′－DDD	0	—	—	—
p，p′－DDT	0	—	—	—
∑BHCs	71	3.14	10.99	—
∑DDTs	0	—	—	—

注："—"表示未检出。

表 5-39 第 30 次长城站地衣中 OCPs 调查结果 单位：ng/g

组分	检出率/%	均值	最大值	最小值
α-BHC	100	0.63	0.69	0.57
β-BHC	100	1.92	2.68	1.16
γ-BHC	100	0.73	1.13	0.33
δ-BHC	100	0.75	0.79	0.71
p，p'-DDE	50	0.05	0.09	—
p，p'-DDD	50	0.04	0.07	—
o，p'-DDT	50	0.06	0.10	—
p，p'-DDT	50	0.19	0.36	—
∑BHC	100	4.03	5.17	2.9
∑DDT	50	0.34	0.63	—

注："—"表示未检出。

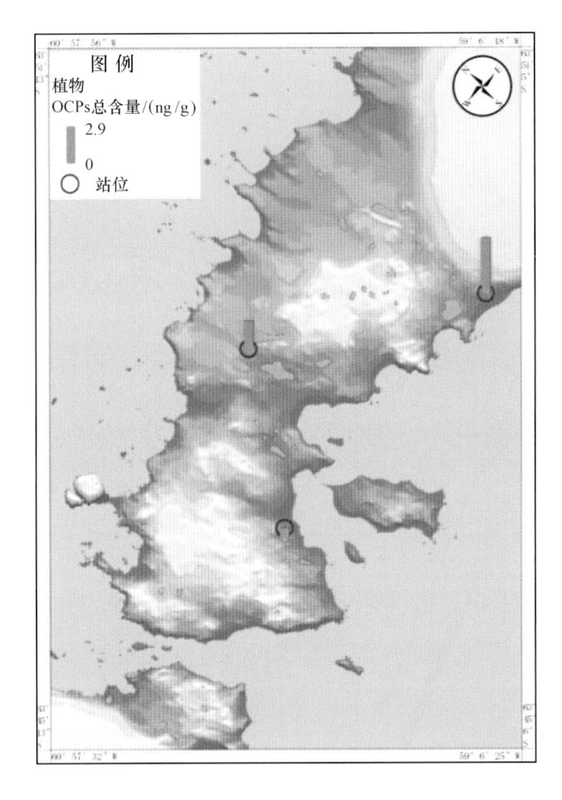

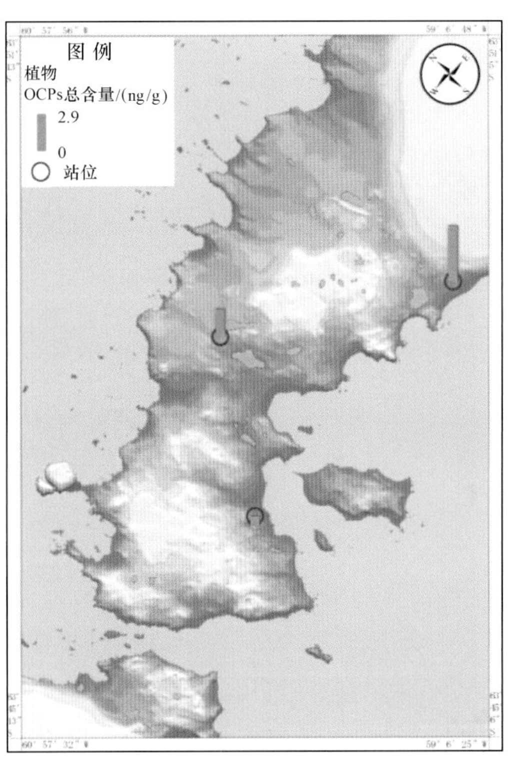

图 5-85 第 29 次和第 30 次长城站植物介质中 OCPs 区域分布

4）得克隆（Decs）

菲尔德斯半岛地区植被（地衣）中 ΣDecs 的含量分布如表 5-40 所示。由表 5-40 可知，Decs 在植被体内的含量变化为 nd～3 592.7 pg/g（干重），平均含量为 645.2 pg/g（干重），其中 *syn*-DP 的含量变化范围为 nd～2 380.4 pg/g（干重），平均含量为 418.8 pg/g（干重），*anti*-DP 的含量变化在 nd～668.5 pg/g（干重），平均含量为 120.7 pg/g（干重）。*syn*-DP 在植被体中的含量要高于 *anti*-DP，通过 Spearman Rank Correlation 验证，*syn*-DP 和 *anti*-DP 有很强的相关性，说明 *syn*-DP 和 *anti*-DP 有相似的富集过程。

图5－86给出了植被中ΣDecs含量水平的空间分布状况，可知，ΣDecs含量最高的站位位于企鹅岛东北端，其可能的原因有待进一步研究。

表5－40　土壤、植被、潮间带生物中Decs的总量和单体分布比例

介质	ΣDecs/（pg/g）			Decs单体浓度比例/%				
	最小值	最大值	均值	Dec 602	Dec 603	Dec 604	*syn*－DP	*anti*－DP
植被	—	3 592.7	645.2	0.1	1.2	15.1	64.9	18.7

注："—"表示未检出。

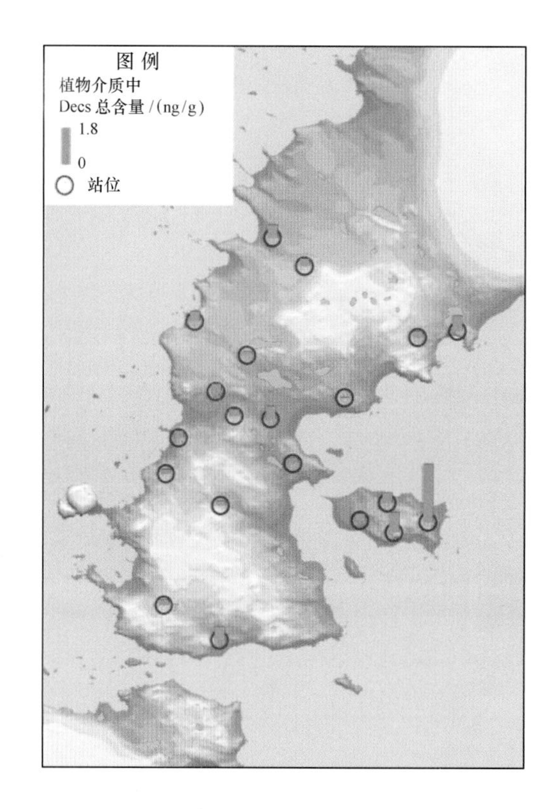

图5－86　植被中ΣDP含量水平的空间分布状况

5.1.2.5.5　海洋生物中的典型污染物

1）多环芳烃（PAHs）

菲尔德斯半岛地区生物体中PAHs浓度的差异较大（表5－41），总体浓度范围在63.9～544.8 ng/g（干重），平均浓度为211.0 ng/g（干重），该结果整体上与2009年采集样品所测得的浓度相当（137～443 ng/g）（干重），平均值为265 ng/g（干重）。所有物种中PAHs浓度相对较高的为帽贝、磷虾和囊球藻，此外，相同物种帽贝在不同采样点的浓度差异较大，分析原因是该三类物种采样区域主要集中在长城站码头附近海域，这说明码头区域的人类活动对该区域生物体中PAHs的浓度水平的具有一定的影响。

表 5-41 长城站生物体中 PAHs 浓度 单位：ng/g（干重）

化合物	最小值	最大值	平均值	中值
Nap	18.8	185.7	79.2	81.6
Ace	0.9	24.7	8.3	5.7
Acp	0.4	33.4	9.4	5.1
Fl	0.7	70.8	13.2	5.8
Phe	3.8	322.0	68.8	42.0
An	1.0	21.5	6.8	5.7
Flu	0.9	13.1	4.7	3.7
Pyr	1.0	18.2	6.7	5.3
BaA	0.2	2.5	0.8	0.5
Chr	0.3	13.9	3.0	1.6
BbF	0.8	3.4	1.6	1.4
BkF	0.3	10.1	1.3	0.7
BaP	0.4	3.9	1.3	1.0
DbA	0.7	22.2	4.8	2.9
BghiP	0.7	5.3	2.7	2.4
InP	0.5	0.5	0.5	0.5
总量	63.9	544.8	211.0	188.0

南极菲尔德斯半岛地区不同营养级生物中 PAHs 单体及总量的食物链传递因子如表 5-42 和图 5-87 所示。各单体的食物链传递因子范围在 0.38～1.29，除 BbF 之外，其余单体及 ΣPAHs 的 FWMF 值均小于 1。与其他污染物相比，比如多氯联苯类（PCBs）、多溴联苯醚（PBDEs）、部分有机氯农药（OCPs）以及得克隆（Decs）等，PAHs 类物质表现出明显的营养稀释作用，这与 Wan 等报道的中低纬度海域的结果一致。

表 5-42 长城站不同生物中 PAHs 的食物链传递因子

单 体	斜 率	R^2 值	FWMF 值
Nap	-0.2028	0.1251	0.82
Ace	-0.2391	0.0400	0.79
Acp	-0.5629	0.0939	0.57
Fl	-0.9515	0.2574	0.38
Phe	-0.6230	0.2365	0.54
An	-0.1930	0.0316	0.82
Flu	-0.1171	0.0389	0.89
Pyr	-0.1558	0.0229	0.86
BaA	-0.0619	0.0057	0.94
Chr	-0.2034	0.0237	0.82
BbF	0.2543	0.0979	1.29
BkF	-0.2391	0.1592	0.79
BaP	-0.1802	0.0427	0.84
DbA	-0.1188	0.0109	0.89
BghiP	-0.5120	0.0935	0.59
InP	0.0247	0.0025	0.98
总量	-0.3211	0.5703	0.73

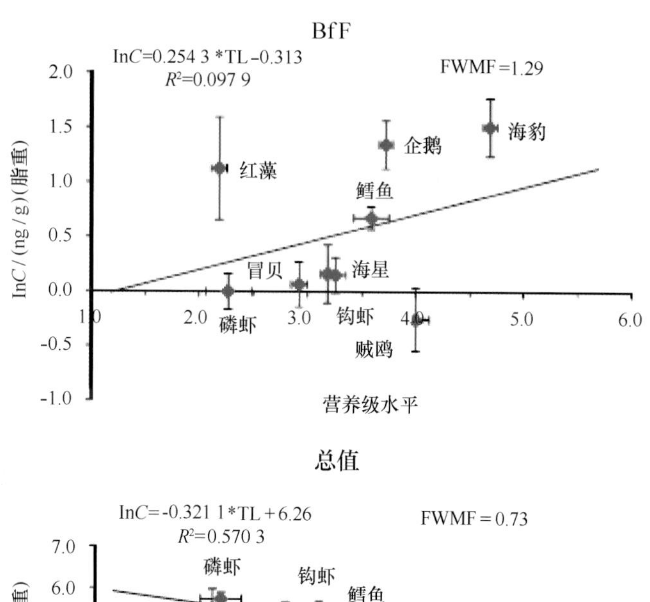

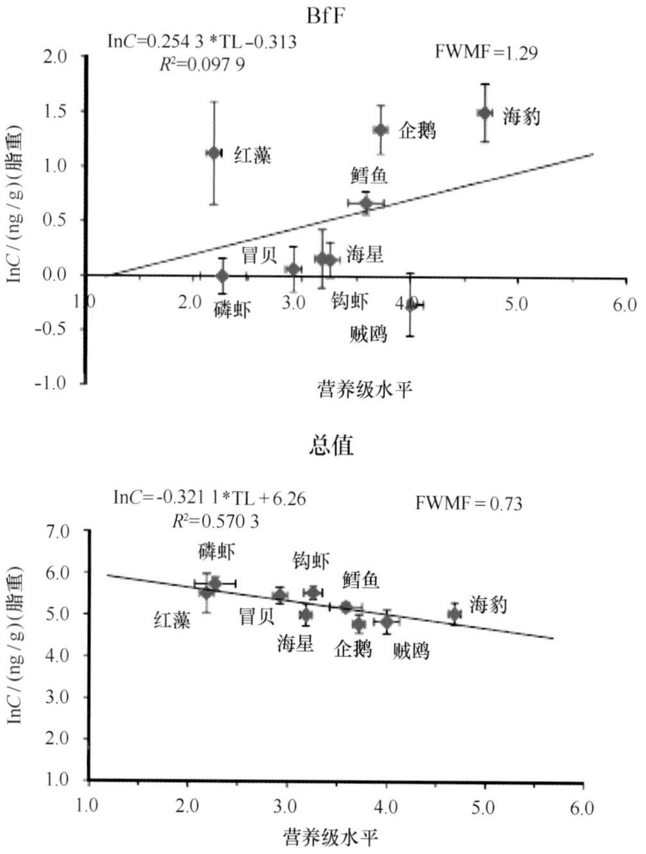

图 5-87　ΣPAHs 的食物链传递因子

2）多氯联苯（PCBs）

本研究共分析了 14 种生物样品，分析了其中 30 种 PCBs 同族物的含量，在所有样品中，30 种 PCBs 的浓度范围在 8.218 ~ 65.108 ng/g（干重），中值为 22.616 ng/g，平均浓度为 28.515 ng/g，标准偏差为 15.266 ng/g。图 5-88 给出了 30 种 PCBs 各单体的浓度值，可以看出，CB-18、CB-101、CB-110 和 CB-205 的含量较高。从图 5-89 也可以发现，与其他介质不同，长城站生物体内五氯和八氯取代的 PCBs 的比例较高，分别占总 PCBs 的 40.6% 和 20.6%。其中单体含量较高的 CB-18、CB-101、CB-110 和 CB-205 占总 PCBs 的百分比例分别为 10.9%、10.2%、9.4% 和 15.9%。PCBs 类物质表现出明显的营养累积作用（图 5-90）。

3）有机氯农药（OCPs）

调查对象包括：藻类、贝类、鱼类、虾、企鹅、贼鸥和海豹。监测结果表明：16 种 OCPs 多数污染物有检出，六六六检出范围为 2.57 ~ 20.69 ng/g，DDT 检出范围为 nd ~ 19.88 ng/g；检出限 0.025 ng/g（表 5-43）。

表 5-43 第29次长城站潮间带生物中 OCPs 调查结果 单位：ng/g

组分	检出率/%	均值	最大值	最小值
α-六六六	100	1.54	4.56	0.77
β-六六六	93	3.09	9.88	—
γ-六六六	53	0.83	2.25	—
δ-六六六	73	2.24	5.47	—
七氯	73	3.26	14.48	—
γ-氯丹	93	3.80	13.21	—
硫丹 I	93	5.91	11.54	—
α-氯丹	80	2.24	8.27	—
p，p′-DDE	80	3.76	8.6	—
硫丹 II	13	0.56	4.77	—
p，p′-DDD	40	1.98	8.43	—
p，p′-DDT	40	2.29	8.78	—
∑BHCs	100	7.70	20.69	2.57
∑DDTs	87	8.02	19.88	—

注："—"表示未检出。

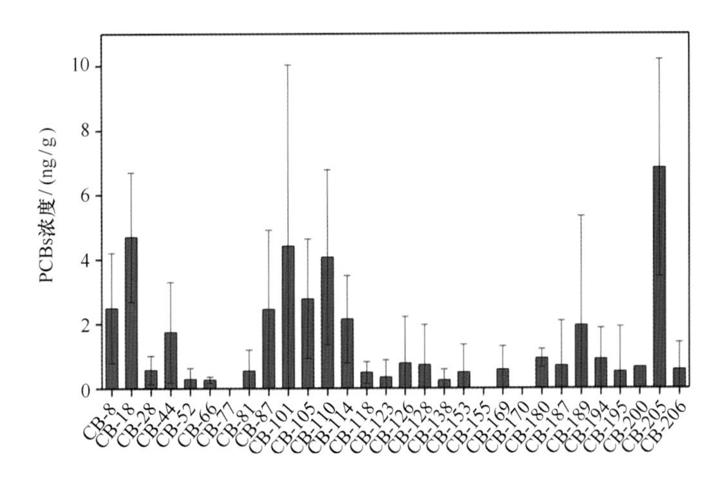

图 5-88 长城站生物体内 PCBs 的浓度分布比较

分析营养级与 OCPs 含量的相关性发现，在极地各级生物体内，OCPs 含量与营养级呈现一定的相关性；同时调查数据显示在生物体内 OCPs 含量高于其他介质（图 5-91）。

4）得克隆（Decs）

海洋生物网各生物体中 Decs 的总含量和单体化合物水平如表 5-44 和图 5-92 所示。可知，总的 Decs 浓度变动范围在 99.4～39 516.1 pg/g，平均含量为 3 509.0 pg/g。ΣDecs 在磷虾体内检出最低浓度，在贼鸥体内检出最高浓度。总体上看，根据食物链营养级，ΣDecs 呈现从低等生物向高等生物的富集规律，并且 *syn*-DP 和 *anti*-DP 在生物体中的含量呈明显的正相关，这说明生物体对 *syn*-DP 和 *anti*-DP 有相似的富集过程。

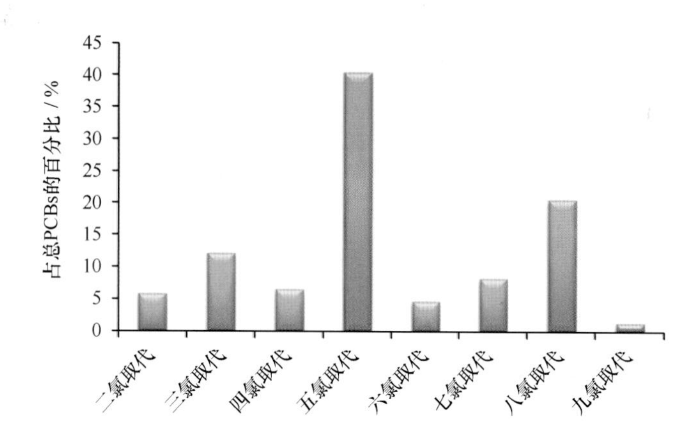

图 5－89　长城站生物体内中不同氯取代 PCBs 百分含量比较

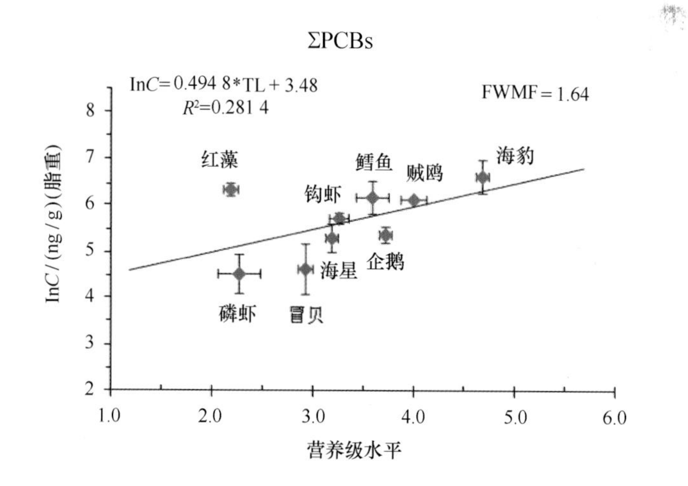

图 5－90　ΣPCBs 的食物链传递因子

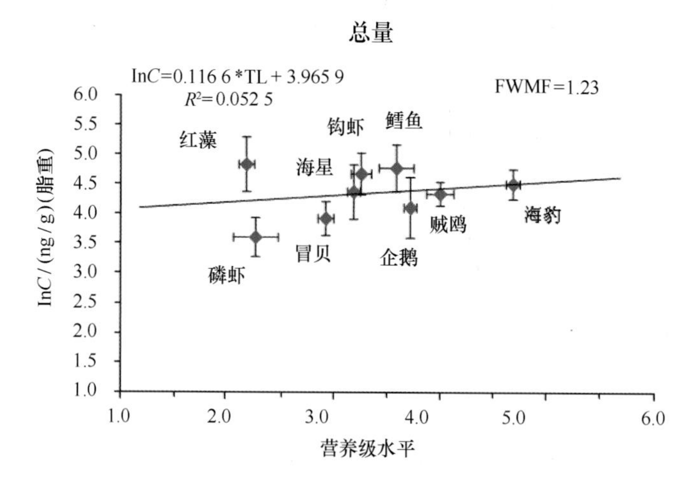

图 5－91　ΣOCPs 的食物链传递因子

表5－44 海洋生物中Decs的总量和单体浓度水平

单位：pg/g

海洋生物	Dec 602	Dec 603	Dec 604	*syn*－DP	*anti*－DP	总量
囊球藻	27.2	54.3	108.7	1 032.6	326.1	1 548.9
红藻	—	—	199.1	—	—	199.1
海星	—	—	582.0	249.4	194.0	1 025.5
帽贝	4.3	8.7	183.7	194.3	102.4	493.3
钩虾	—	—	100.9	—	—	100.9
磷虾	—	—	99.4	—	—	99.4
鳕鱼	8.7	—	355.3	502.0	545.9	1 411.8
企鹅	56.1	—	420.4	252.2	140.1	868.8
贼鸥	10 235.7	170.6	27 310.8	1 163.2	635.9	39 516.1
海豹	72.5	—	288.1	1 443.3	435.3	2 239.3

注：“—”表示未检出。

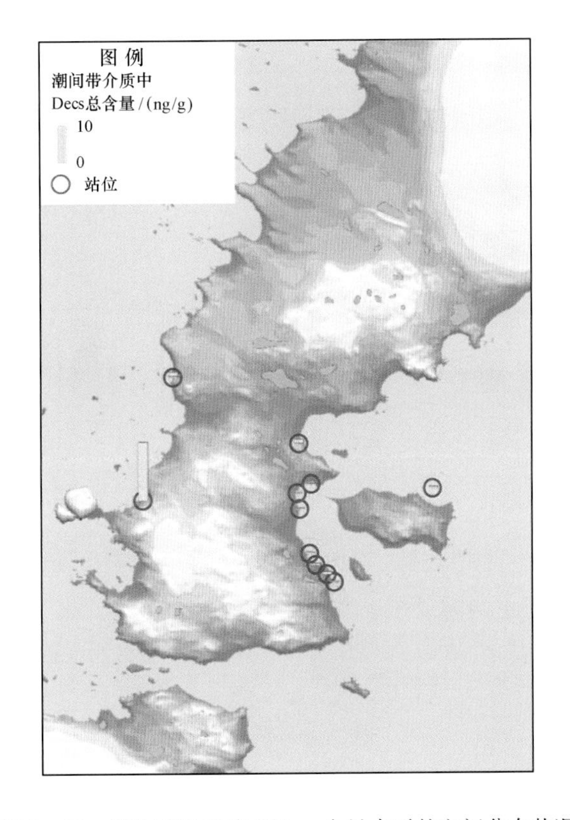

图5－92 潮间带生物中ΣDecs含量水平的空间分布状况

为了研究DP的生物放大效应，对营养级（TL）和DP浓度的对数（ln｜DP｜）应用线性回归，并且应用方差分析对线性回归分析模型的显著性水平进行了验证。线性回归模型见图5－93。从图5－93中可以看出，ln｜DP｜与TL呈很强的线性关系（$P<0.01$），*syn*－DP的r^2是0.72，代表TL能够解释*syn*－DP在生物体含量的72%，其预测能力略高于*anti*－DP（$r^2=0.68$）。随TL每单位的增长，ln｜*syn*－DP｜大约增加4个单位，即线性回归的斜率，所代表的生物放大能力要低于*anti*－DP。这一结果背离了*anti*－DP更稳定的代谢。为此，本

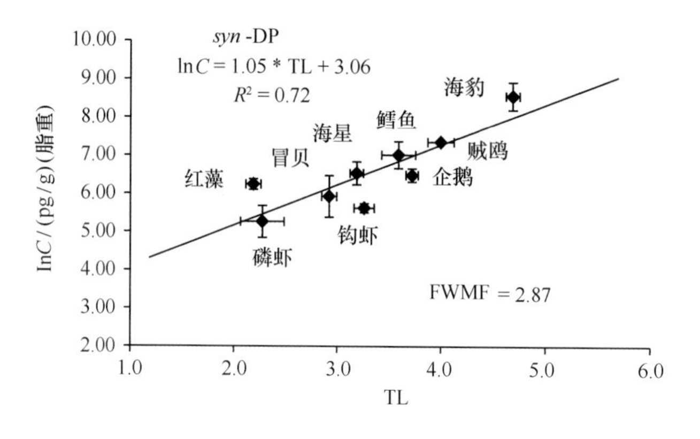

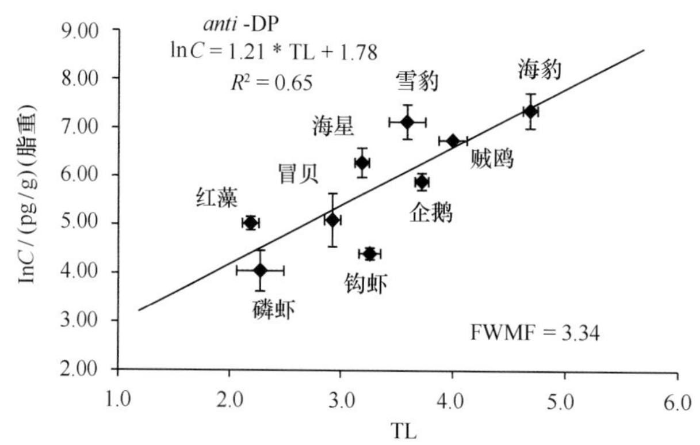

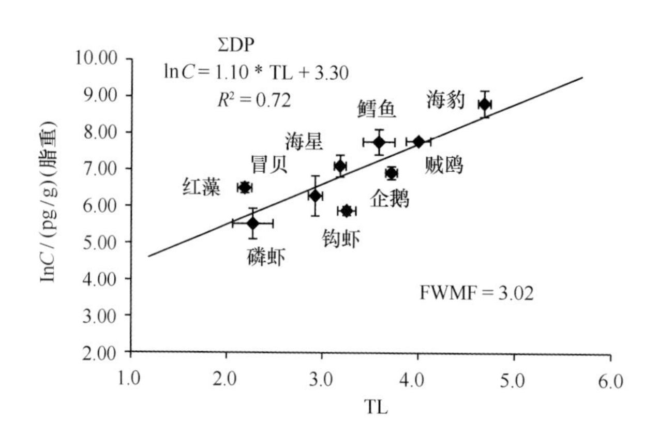

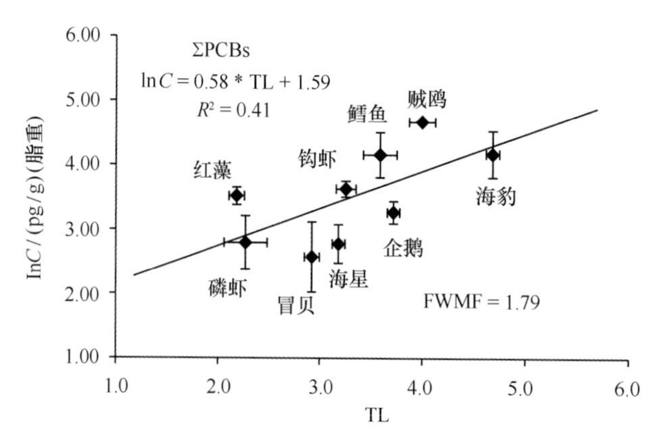

图 5－93　*syn*－DP、*anti*－DP、DP、PCBs 的食物链传递因子

研究应用线性回归对f_{anti}和TL之间的关系做了研究，结果显示f_{anti}和TL没有明显的相关性，这与Tomy等的研究结果是一致的。在*syn*-DP和*anti*-DP的线性回归模型中，截距代表着基于食物网所暴露的浓度，其截距比列大约为3∶2，这与*syn*-DP和*anti*-DP的平均浓度比例是相似的，暗示着远距离传输导致*anti*-DP在生物体中更高的富集。

5.1.2.5.6 粪土中的典型污染物

1）多环芳烃（PAHs）

2013年度菲尔德斯半岛地区粪土中ΣPAHs的浓度范围为580.3～645.1 ng/g（干重），平均浓度为612.7 ng/g（干重），2014年度粪土中ΣPAHs的浓度范围为85.1～342.4 ng/g（干重），平均浓度为229.6 ng/g（干重），该结果略高于2009年北极黄河站驯鹿粪土中PAHs的含量（43～340 ng/g）（干重）。此外，两个采样年份之间浓度的差别说明采样的差异对结果的影响比较显著（表5-45）。

表5-45 长城站粪土中PAHs浓度 单位：ng/g（干重）

化合物	2013年度（第29次）			2014年度（第30次）		
	最小值	最大值	平均值	最小值	最大值	平均值
Nap	158.8	180.0	169.4	24.6	122.5	65.2
Ace	4.6	4.6	4.6	0.5	7.4	3.6
Acp	17.4	18.3	17.9	1.6	17.0	5.5
Fl	56.8	65.4	61.1	0.9	13.4	6.0
Phe	196.8	213.4	205.1	8.5	104.3	54.3
An	16.2	17.6	16.9	0.6	45.4	17.5
Flu	63.2	73.3	68.2	1.7	31.7	15.3
Pyr	51.3	57.3	54.3	2.8	137.8	36.6
BaA	2.0	2.2	2.1	0.9	5.5	2.3
Chr	5.0	5.5	5.2	1.7	9.2	4.1
BbF	1.6	2.0	1.8	3.0	12.2	6.9
BkF	1.3	1.3	1.3	1.7	8.0	4.5
BaP	0.1	0.1	0.1	0.0	1.5	0.7
DbA	0.1	0.1	0.1	0.5	4.7	2.2
BghiP	0.1	0.1	0.1	1.0	5.9	3.3
InP	4.8	5.0	4.9	0.6	3.2	1.6
总量	580.3	645.1	612.7	85.1	342.4	229.6

2）有机氯农药（OCPs）

主要采集企鹅粪和海豹粪进行OCPs调查。结果显示（表5-46和表5-47），企鹅粪中六六六、DDT检出率高，且浓度明显高于其他介质。其中六六六检出范围为1.4～3 217.8 ng/g，DDT检出范围为0.35～8.67 ng/g；检出限0.025 ng/g。

表 5-46　第 29 次长城站粪土中 OCPs 调查结果　单位：ng/g

组 分	检出率/%	均值	最大值	最小值
α-六六六	100	2.62	2.91	2.33
β-六六六	100	5.06	5.57	4.55
γ-六六六	50	0.05	0.09	—
δ-六六六	100	0.36	0.44	0.29
七氯	100	0.08	0.1	0.05
γ-氯丹	0	—	—	—
硫丹 I	0	—	—	—
α-氯丹	50	0.16	0.31	—
p，p′-DDE	100	0.57	0.74	0.39
硫丹 II	100	0.50	0.67	0.34
p，p′-DDD	100	0.48	0.51	0.45
p，p′-DDT	100	0.05	0.06	0.03
∑BHCs	100	8.10	8.44	7.74
∑DDTs	100	1.09	1.28	0.91

注："—"" 表示未检出。

表 5-47　第 30 次长城站粪土中 OCPs 调查结果　单位：ng/g

组 分	检出率/%	均值	最大值	最小值
α-BHC	57	81.25	395	—
β-BHC	71	1.10	2.52	—
γ-BHC	86	0.97	3.74	—
δ-BHC	57	816.39	3102	—
p，p′-DDE	100	0.54	1.02	0.19
p，p′-DDD	86	0.24	0.43	—
o，p′-DDT	14	0.04	0.2	—
p，p′-DDT	29	1.13	7.53	—
∑BHC	100	899.71	3217	1.4
∑DDT	100	1.95	8.67	0.35

注："—" 表示未检出。

5.1.2.5.7　有机污染物来源解析

1）多环芳烃（PAHs）

菲尔德斯半岛地区大气气相与颗粒相中 PAHs 的单体分布特征如图 5-94 所示，结果显示，气相中 PAHs 主要以低环的单体为主，其中 2 环和 3 环 PAHs 在气相中的比例平均达到 90% 以上，而颗粒相中 5 环和 6 环的比例相对较高，比例平均达到 35% 左右。已有的研究结果表明，有机污染物在大气中的远距离迁移性受化合物理化性质的影响比较显著，其中分子量较小的化合物由于其挥发性较强，比较容易结合在气相中进行迁移，而分子量较大的单体更易吸附在颗粒相中。菲尔德斯半岛地区大气中 PAHs 的单体分布特征表明，该地区的 PAHs

的来源方式主要来自大气传输（马新东等，2014）。

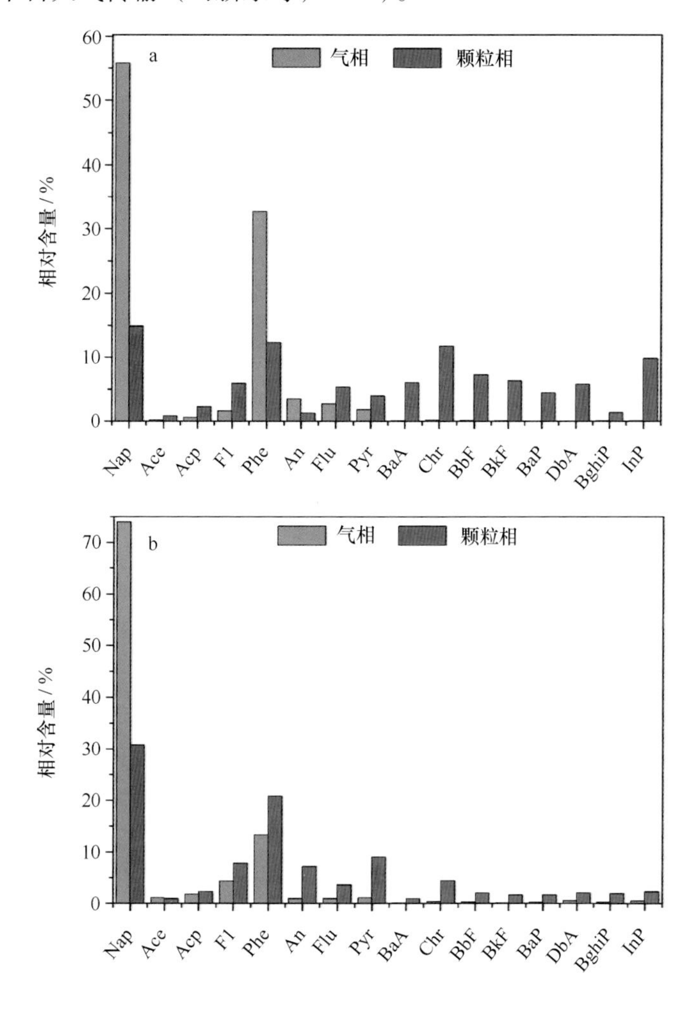

图5-94 第29次（a）和第30次（b）大气气相与颗粒相中PAHs的单体分布特征

海水和湖水溶解态中PAHs单体的相对含量最高的组分为萘（Nap），其次为菲（Phe）和芴（Fl），三者占溶解态ΣPAHs的比例达80%以上，而颗粒相中高分子量PAHs的比重相对较大，其中5环和6环PAHs占颗粒相ΣPAHs的比例为16%左右（图5-95和图5-96），说明低分子量的PAHs更易于溶解在水体中，而高分子量的PAHs更易于吸附于颗粒相中。此外，海水中PAHs的单体分布特征整体上与大气相似，同样说明极地偏远地区PAHs主要通过大气进行传输。

该地区土壤中相对含量最高的组分为萘（Nap），其次为菲（Phe）和芴（Fl），三者ΣPAHs的比例为87.9%，其中5环和6环PAHs占ΣPAHs的比例为4.1%，而植被中低分子量的单体的相对比例略高于土壤（图5-97）。不同环数PAHs在土壤和苔藓中分布特征的差异主要是由于不同介质富集PAHs的主要途径以及不同环数PAHs物化性质的差别造成的。由于低分子量PAHs的挥发性较强（即过冷液体饱和蒸气压p°_{L}较大），主要存在于气相中，而高分子量PAHs的挥发性相对较弱，主要存在于颗粒相中，中分子量PAHs则同时存在于气相和颗粒相中。而土壤中PAHs主要来自颗粒相的干湿沉降，所以土壤中大分子量和中分子量PAHs的比例较大。苔藓作为半挥发性有机物的大气被动采样器，主要通过“吸收”过程富

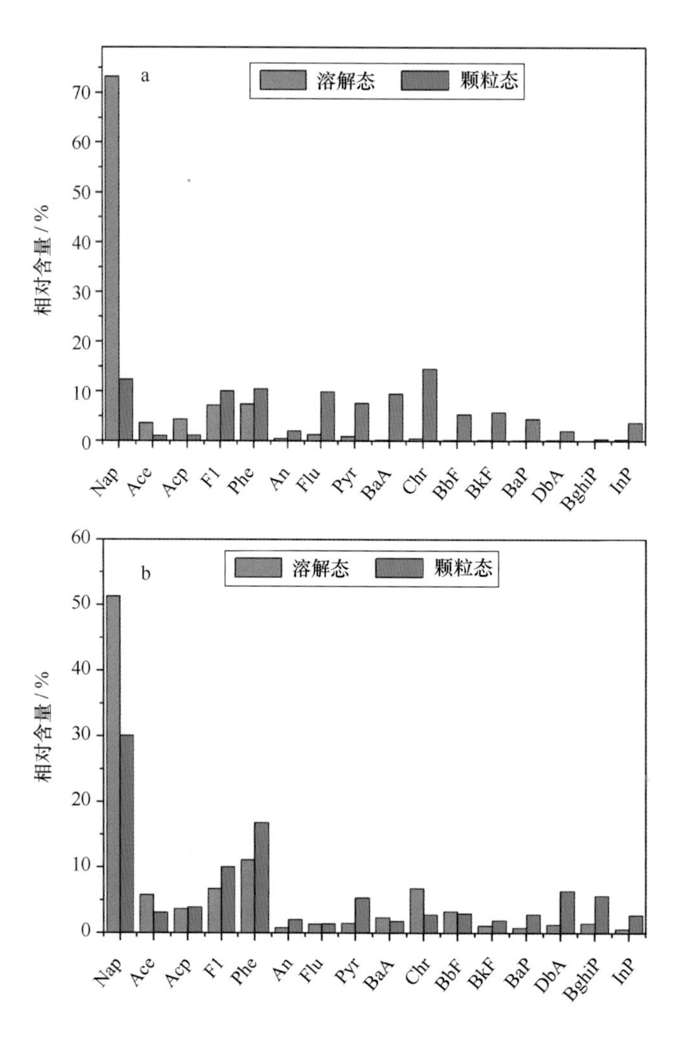

图 5-95　第 29 次（a）和第 30 次（b）海水溶解态与颗粒态中 PAHs 的单体分布特征

集气相化合物，所以，与土壤相比，苔藓中主要以低分子量 PAHs 为主。该结果也进一步说明南极菲尔德斯半岛地区的 PAHs 主要是通过大气传输。

2）有机氯农药（OCPs）

经大气输入、洋流、河流和海冰输入、生物输运 OCPs 进入极地环境，其分布和存在形式与内陆输入和大气洋流、季节等因素有关。人类超限量使用有机氯农药以及其他持久性有机污染物对地球的影响已经达到了全球尺度，极地尤其是北极已成为大气和洋流物质传输的汇集源。

数据结果显示，第 29 次调查数据大气数据略高于第 30 次，而水体呈现相反的趋势；水体中溶解态含量高于颗粒态，生物和粪土中污染物含量高于其他介质。首先，这与污染物的长距离迁移途径有关，六六六相对于 DDT 来说分子量小，多以大气传播途径进入极地，而 DDT 多以洋流入海方式进入，因此极地中六六六含量和分布要明显高于 DDT。生物富集是粪土和生物体内污染物含量高于其他介质的主要原因。数据结果说明：在极地环境中，大气传播是 OCPs 输入的主要途径，洋流输入是贡献较小的输入途径。

在内陆环境中，通常采用六六六和 DDT 不同异构体之间的比值进行污染物来源解析，而在极地，由于其输入途径是决定性作用，因此，内陆环境中的比值法不适用于进行新旧污染

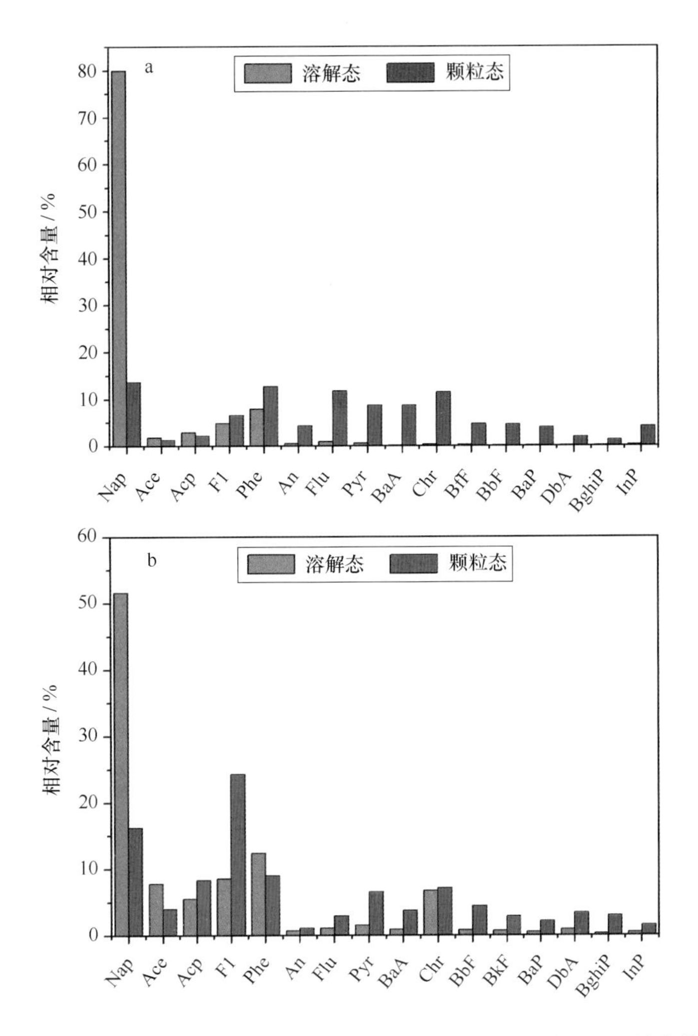

图5-96 第29次（a）和第30次（b）湖水溶解态与颗粒态中PAHs的单体分布特征

源分析。

3）得克隆（Decs）

根据相关报道，商用DP是由65%的*anti*-DP和35%的*syn*-DP组成的（即f_{anti}=0.65），而南极长城站所在地菲尔德斯半岛地区大气气相f_{anti}的平均值为0.51，颗粒相f_{anti}的平均值为0.53，Möller等研究结果表明，大气中*syn*-DP与*anti*-DP比例可在传输过程中受温度、光照等因素影响发生变化，本研究与此结论相一致，由此说明南极长城站所在地菲尔德斯半岛地区大气中得克隆主要来源为外界的大气输送。

在长城湾和阿德雷湾水体中，溶解态平均含量*syn*-DP为168.8 pg/L，*anti*-DP为222.7 pg/L；颗粒相平均含量*syn*-DP为168.6 pg/L，*anti*-DP为136.9 pg/L。从DP（*syn*-DP+*anti*-DP）在整个水体分布水平看，f_{anti}=*anti*-DP/（*syn*-DP+*anti*-DP）=0.52，表明*syn*-DP与*anti*-DP污染水平相当。湖水中*syn*-DP与*anti*-DP总体污染水平相当，f_{anti}=0.49。由雪水中得克隆单体分布比例可看出*syn*-DP较*anti*-DP更易于吸附存在于雪水颗粒物中。

菲尔德斯半岛土壤中*syn*-DP含量变化范围为0.47~4.31 ng/g（干重），均值为1.65，*anti*-DP含量变化为0.03~1.53 ng/g（干重），均值为0.57 ng/g（干重），由此可见*syn*-

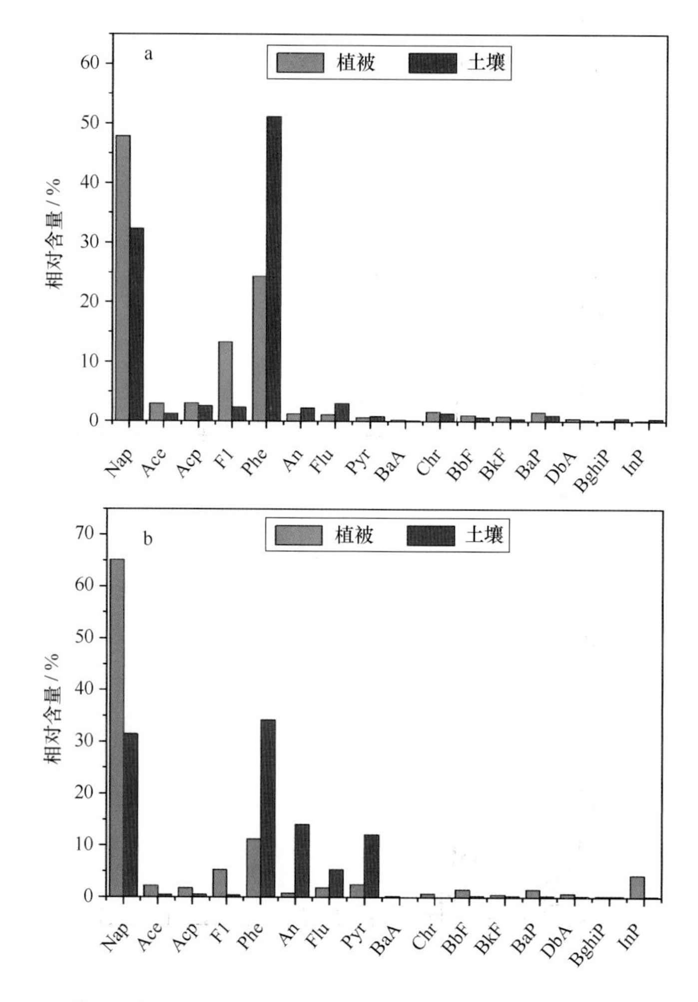

图5－97　第29次（a）和第30次（b）植被与土壤中PAHs的单体分布特征

DP在土壤中的含量要高于*anti*－DP且*syn*－DP和*anti*－DP在土壤中有很强的相关性（$r_s=0.593$，$P=0.017$），说明*syn*－DP和*anti*－DP在土壤中有相似富集行为。f_{anti}的平均值为0.07，远远低于商品中的f_{anti}，这可能由于大气的远距离传输或土壤中的微生物代谢所致。

syn－DP在植物体中的含量要高于*anti*－DP，通过Spearman Rank Correlation验证，*syn*－DP和*anti*－DP有很强的相关性（$r_s=0.663$，$P=0.007$），说明*syn*－DP和*anti*－DP有相似的富集过程，并且计算不同植物体中f_{anti}的标准偏差为0.07，进一步验证*syn*－DP和*anti*－DP富集的相似性。f_{anti}的平均值为0.22，小于商品值0.68，这是由远距离传输或植物体代谢造成的。

南极菲尔德斯半岛生物体中*anti*－DP的平均含量为0.56 ng/g（脂重），与安大略湖鱼体中DP含量［平均含量为0.84 ng/g（脂重）］相当，但是低于海豚中的*anti*－DP的浓度［平均含量为1.31 ng/g（脂重）］。当对比*syn*－DP和*anti*－DP在生物体中的含量时，我们发现*syn*－DP要比*anti*－DP更易富集，但*syn*－DP和*anti*－DP在生物体中的含量有明显的正相关（$r_s=0.972$，$P=0.000$），这说明生物体对*syn*－DP和*anti*－DP有相似的富集过程。本研究也对f_{anti}的值进行了研究，其f_{anti}的变化范围在0.23～0.53之间，这暗示着物种间对DP的富集能力不同。同时*anti*－DP的平均丰度值（$f_{anti}=0.32$）低于商品中f_{anti}的值（$f_{anti}=0.68$），这可能由DP远距离传输或在生物体中的立体选择性变化引起的。

5.1.3 生态环境演变分析

5.1.3.1 岩心描述

采用国产 XY－1 型 100 m 钻机在南极南设得兰群岛乔治王岛菲尔德斯半岛的格兰德谷谷底取得的沉积岩心，命名为 GA－2，沉积心长 9.24 m。海拔高度在 12.5 m，垂直上下界分别为 12.5 m 和 2.19 m（图 5－98）。

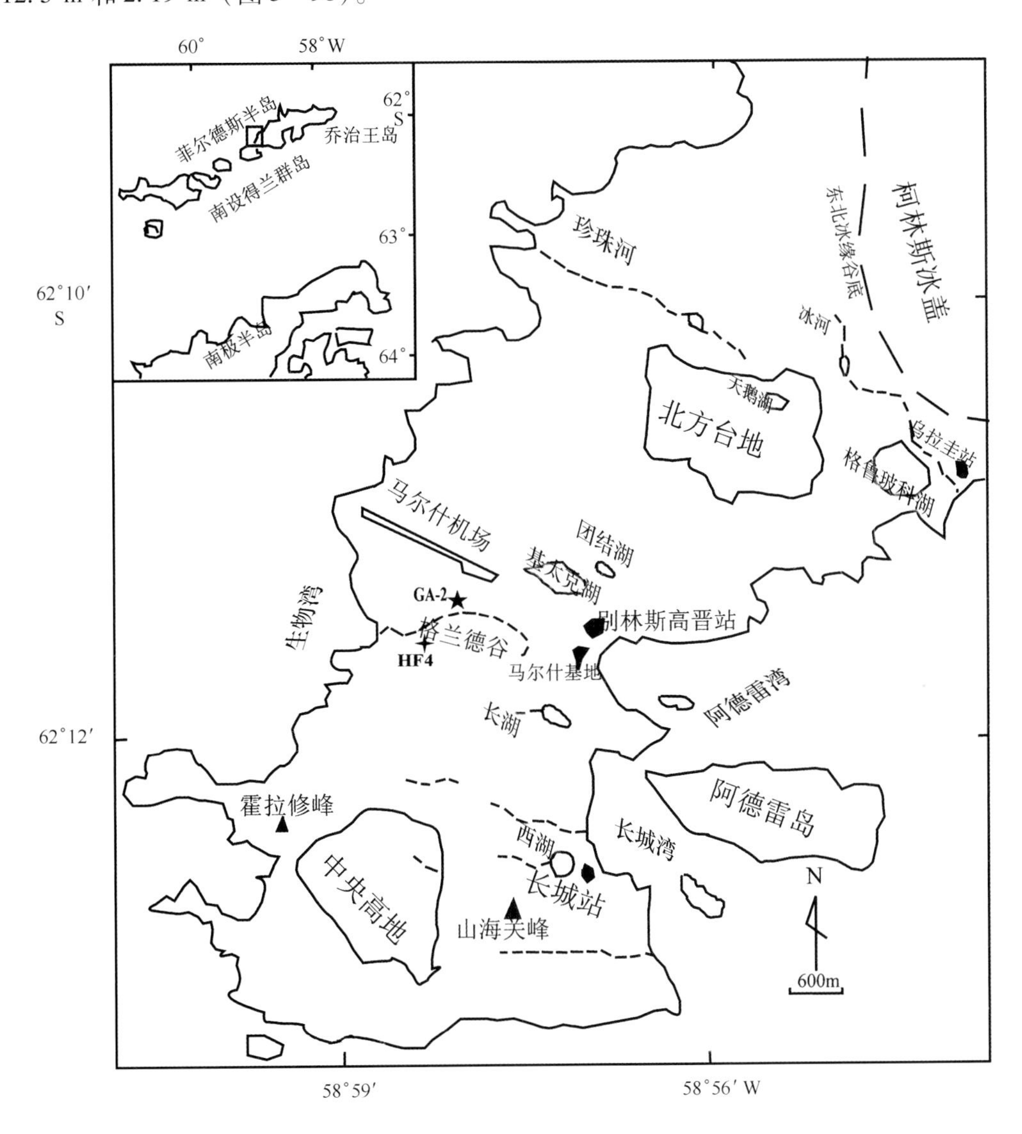

图 5－98 沉积心 GA－2 地理位置示意图

通过采样现场对采样点的记录和分样时的描述，可得 GA－2 的岩心描述图（图 5－99），通过图 5－99 可以看出，在 0～0.77 m 段，主要以粗砂粒为主，与海滩的沉积环境相类似；在 0.77～0.87 m 段可以明显看出粗砂减少，在 0.87～9.24 m 段主要以黏土为主，大部分沉积柱里存在较多的角砾，而且在 0.9～3.09 m 段含有一定磨圆度的半径 2～3 cm 左右的砾石、3.58～6.60 m 段含有棱角状的 2～3 cm 的砾石。

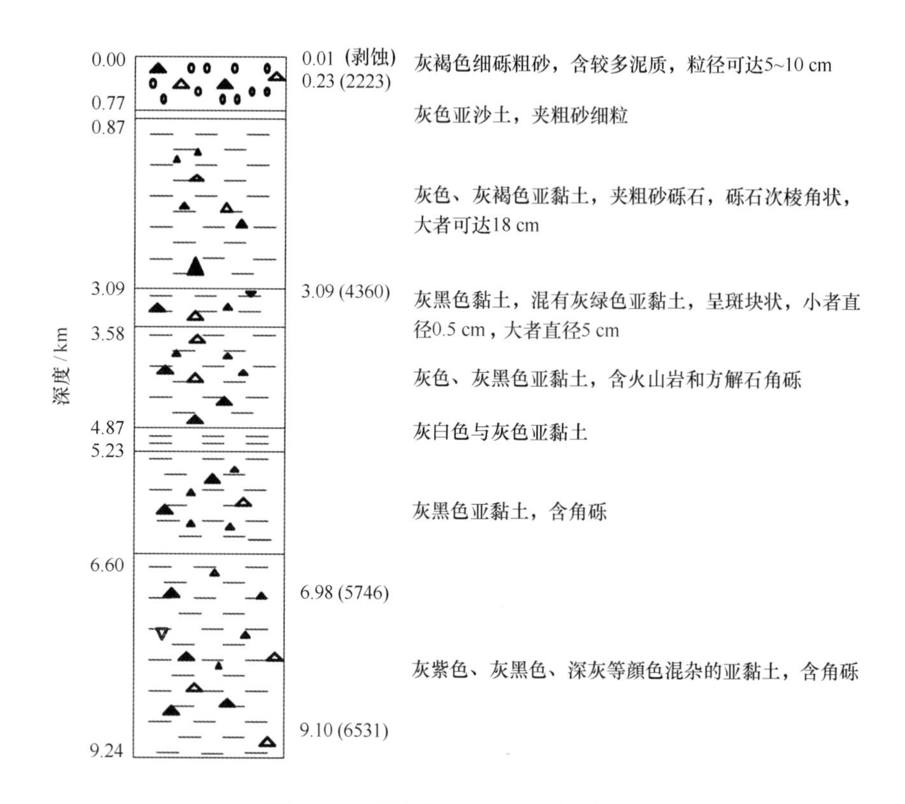

图 5－99　沉积柱 GA－2 的岩心描述

5.1.3.2　沉积心 GA－2 沉积环境分析

在元素地球化学分析中，锶钡比和硼镓比是古盐度判断的一组常用的、主要的替代性指标，由于湖泊水和海水的盐度的差异，所以我们就可以用这对指标区分海陆相沉积地层：锶钡比（Sr/Ba）在淡水沉积物常小于1，而海水沉积物中大于1（Chen et al.，1997）。硼镓比（B/Ga）小于1.5 为淡水相，5～6 为近岸相，大于7 为海相，但是一般认为硼镓比大于3.3 为海相沉积环境（Degens et al.，1957；Yan et al.，1987；Chen et al.，1997）；在本研究里我们利用锶钡比（Sr/Ba）和硼镓比（B/Ga）初步判断 GA－2 沉积心的沉积环境。

通过测定4 种元素 Sr、Ba、B、Ga 的含量，分别比值得到的锶钡比（Sr/Ba）和硼镓比（B/Ga）的结果，其中，锶钡比（Sr/Ba）值大于1，说明 GA－2 沉积心的沉积环境是海相的；硼镓比（B/Ga）的比值都大于1.5，说明没有出现淡水相，但 GA－2 沉积心 0.7 m 以上部分的硼镓比在2～5 之间，以下部分硼镓比值基本都是大于3.3，说明 GA－2 的沉积环境应该是海洋沉积环境。综合分析可知 GA－2 沉积心是南极峡湾海洋沉积物。

5.1.3.3　定年结果分析

对定年样品进行描述，对测定的年代结果用 Calib510 软件校准，校正采用的是海洋储库年龄是1 300 a（Berkman and Forman，1996；Hughen et al.，2004；Hua，2009；Smith et al.，2010），结果显示沉积心 GA－2 的沉积物样品的定年结果混乱（表 5－48）。由表 5－48 可知，表层沉积 S－1－1 的定年结果经过校正后为现代沉积物，沉积心 GA－2 为海洋沉积物，定年层位在2 000 a BP 左右露出海平面，表层受到剥蚀，所以表层年代通过外推法获得，S－

17－53和S－18－2－19由于样品中酸不溶性有机碳含量过低，没有测定出年代。对剩下的定年层位进行岩性描述和粒度分析。

（1）根据定年层位的岩性描述选择定年层位：岩性描述可以让我们对沉积环境有初步的了解。根据岩性描述（表5－48）发现沉积心GA－2中4个定年层位S－3－23、S－9－44、S－12－18、S－19－58都存在大粒径的砾石，且粒径大于3 cm，最大粒径达到8 cm，说明在沉积的过程中，这些点可能受到早期陆源物质或者冰川碎屑的影响，容易导致“老碳物质”输入，同时大粒径的碎石的存在，也可能导致在采样的过程中沉积物受到相对较新的物质的污染，导致定年结果不准确。因此，首先排除这四个点。

（2）定年层位的粒度分析：粒度的分布曲线可以表示出粒级的分范围和各粒径的百分比以及百分比最高所在位置（Folk，1966），因此，它可以反映出沉积物形成时的沉积环境（Middleton，1976；Blott and Pye，2001；Sun et al.，2002；Cheetham et al.，2008），粒度分布曲线出现多峰说明物质来源的混杂，物质混杂的沉积层的定年结果是不可靠的，根据定年层位的粒度分布曲线去除沉积物质来源多种的沉积层的定年结果。沉积心GA－2采集于格兰德谷，容易受陆源物质和冰川带来的碎屑的影响，尝试用粒度分布曲线排除陆源物质和冰川碎屑对定年结果的影响。

表5－48　沉积心GA－2的20个定年样品的定年结果及其岩性描述、TOC/TN、碳同位素值

实验室编号	样品编号	深度/m	^{14}C年代/a BP	TOC/TN	δ^{13}C/‰	岩性描述
10067	S－1－1	0.01	810±30	5.2	－17.91	灰褐色的松散粗砂，有小的砾石，有较好的磨圆度，混有泥质成分
10068	S－1－23	0.23	3 840±30	4.8	－20.50	灰褐色的松散泥质，有较好的磨圆度，混有沙质成分，无明显的层次
10069	S－3－1	0.65	6 250±30	4.4	－19.32	灰色的松散粗砂，含小粒径碎石，有较好的磨圆度，含少量泥质成分
10070	S－3－23	0.87	11 230±70	3.7	－18.20	灰色砂土质，有大砾石，直径5 cm，有一定的磨圆度，胶结在一起
10071	S－5－17	1.415	21 100±100	6.6	－27.55	深灰色亚黏土质，含少量的粗砂
10072	S－7－5	1.915	12 230±60	4.4	－21.78	棕灰色的土壤，含有较多粗砂
10073	S－8－17	2.39	15 610±80	9.7	－24.30	浅灰色土壤，含有较多砾石
10074	S－9－2	3.095	5 580±50	4.5	－27.49	深灰色土壤，坚硬，胶结在一起
10075	S－9－44	3.315	10 820±80	6.5	－27.50	深灰色黏土质，有较大的砾石，直径约8 cm，次棱角，松散
10076	S－10－10	3.685	8 970±60	8.0	－28.48	深灰色黏土质，松散。
10077	S－11－1	4.095	13 110±80	5.4	－27.61	深灰色黏土质，松散，含少量砾石
10078	S－12－18	4.715	39 330±170	1.7	－27.61	灰色黏土质，有较大的砾石，直径约5 cm，但含部分淡黄色物质
10079	S－14－17	5.53	16 030±80	4.8	－27.03	灰黑色黏土，含少量沙质成分，但小粒碎石较多
10080	S－15－26	5.96	7 890±140	8.9	－23.82	灰黑色黏性土壤，含有小的角砾
10081	S－16－33	6.515	5 740±90	6.0	－18.79	灰黑色的黏性土壤，含少量小砾石

续表

实验室编号	样品编号	深度/m	^{14}C 年代/a BP	TOC/TN	δ^{13}C/‰	岩性描述
10082	S-17-41	6.985	6 670±90	5.6	-11.49	灰黑色黏性土壤，沉积分层明显
10083	S-17-53	7.145	NA	4.2	ND	深灰色的黏性土壤，含砾石，有一定的磨圆度
10084	S-18-2-19	7.985	NA	5.1	ND	深灰色的黏性土壤，含砾石，有一定的磨圆度
10085	S-19-58	8.655	5 870±60	12.1	-18.85	深灰色，较硬，胶结，有大砾石，直径 3 cm 左右
10086	S-21-3	9.095	7 400±50	6.3	-23.15	深灰色，较硬，胶结，层次不明显

注："NA"表示由于有机质含量的不足等原因导致无法测得年代结果。

当沉积物的粒度分布曲线出现双峰或者多峰时，说明沉积环境的不稳定性。当双峰或者多峰的强度相近，说明沉积环境有多种物质来源，峰强相近，说明这几种物质来源在沉积物中所占的比例可能也相近，那么定年的结果会同时受到多种物质来源的影响，由于会受到这些物质来源中偏老有机碳物质的影响，定年结果会偏老，由于这些物质的储库效应很难校正，所以这一类的定年层位不能用来重建沉积心的年代序列。

如果双峰或者多峰之间存在明显的间断，更能很好地说明沉积物质来源的多样性，同时也可以知道，不仅有多种物质来源，而且物质来源的性质差别可能也很大，定年结果受到的影响会更大，定年的可靠性也更低，在选择定年层位的过程中，根据粒度分布曲线的特点，如果定年层位的粒度分布曲线出现双峰或者多峰，而且双峰或者多峰的强度相近和双峰或者多峰之间存在明显的间断，应该去除这类定年层位。

图 5-100 的 13 个定年点中，点 S-3-1 的粒度分布曲线出现了 3 个峰，而且 3 个峰的强度相近，点 S-7-5 出现了双峰，双峰的强度也很相近。通过之前的研究可知，沉积心 GA-2为峡湾海洋沉积物，由于其特殊的背景环境，其沉积环境容易受到两侧山地的陆源物质的影响，也可能受到冰川活动带来的碎屑的影响，所以出现双峰或者多峰，峰强度相近时，沉积心 GA-2 两侧山地陆源物质输入可能带来偏老的物质，而且这种偏老的物质对定年结果的影响可能比较大，使得定年结果偏老。类似地，点 S-10-10 和 S-14-17 也出现了多峰情况，且出现间断，这两个点的定年结果也是不可信的，均予排除。剩下 9 个点的粒度分布曲线没有出现上述情形，可以作为年代进一步筛选的基础。

（3）粒度分布曲线反映了沉积的环境，不同的沉积环境对应的粒度分布曲线差别明显。沉积物粒度分布曲线的变化，一定程度上反映了沉积环境的变化（Visher，1969；Ashley，1978；Sun et al.，2002；Xue et al.，2012；Luo et al.，2012），在连续稳定的沉积环境下，沉积物的粒度分布曲线的相似度很高（Sun et al.，2013）。定年层位的沉积环境越稳定，定年的结果受到的影响就越小，准确度就越高，有利于建立准确的年代序列。

为了验证定年层位沉积环境的稳定性，以定年层位所在沉积层为中心，上下各间隔选取两个样品，对比这 5 个样品粒度分布曲线之间的关系，如果这 5 个点的粒度分布曲线相似度

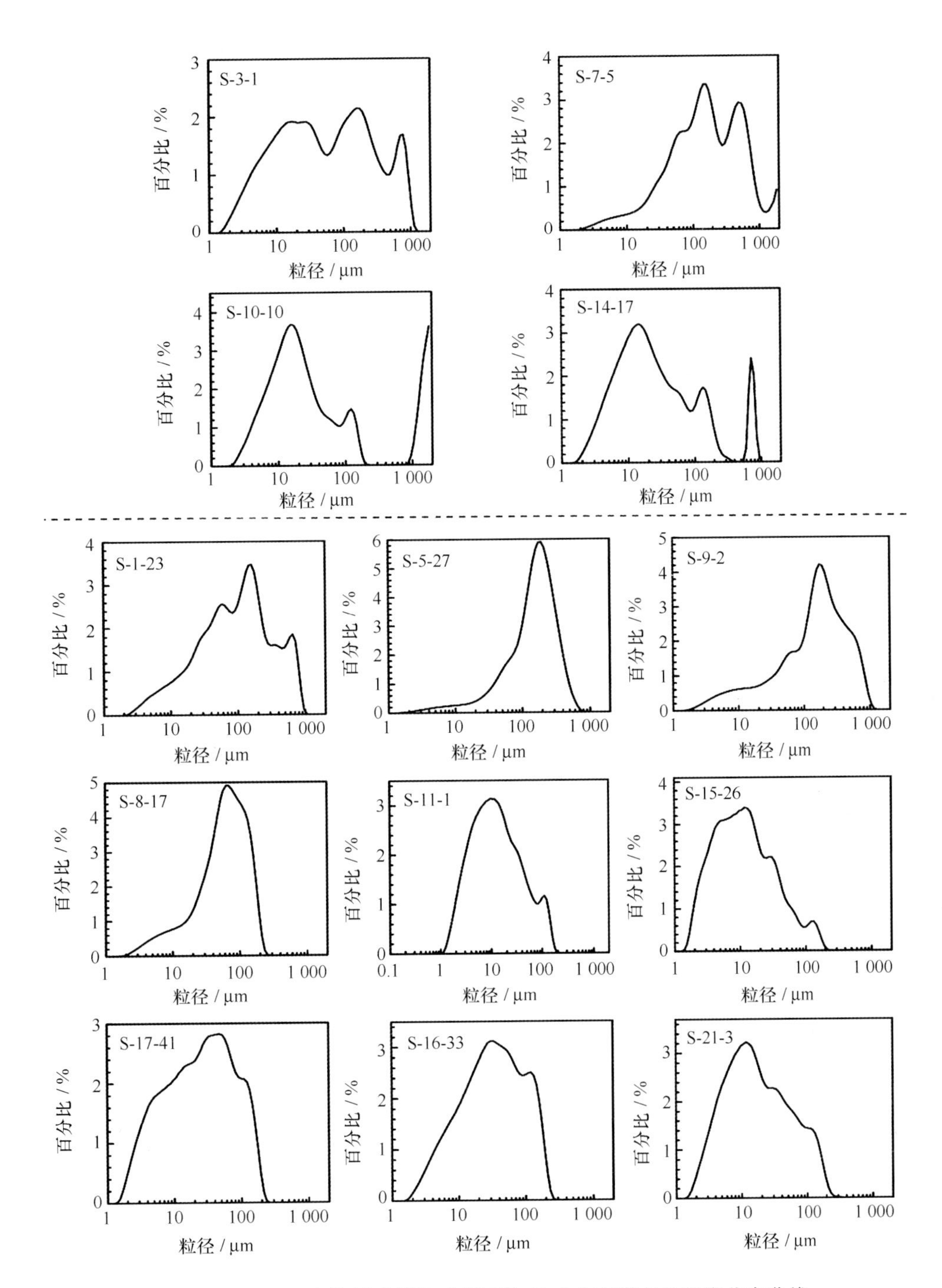

图5－100　经过岩性描述排除后剩下的13个定年样品的粒度分布曲线

其中点S－3－1、S－7－5、S－10－10和S－14－17的定年结果被排除

很高，说明在该段沉积形成过程中，沉积环境是相对稳定的；相反，则沉积环境不稳定，定年结果可能出现偏差。因此，经过分析，保留定年层位所在沉积层和上下层次的粒度分布曲线相对一致的点，去除不一致的点，粒度分布曲线分布一致的点的年代作为我们最终建立沉积心年代序列的点。

由图5－101可知，点S－5－17、S－8－17、S－11－1、S－15－26的连续层的分布曲线非常混乱，在5个连续点的粒度分布曲线中，粒度分布曲线变化趋势多样，有单峰的，也有双峰的，也有间断的；这 4 个点的沉积环境相对不稳定，可能间断性的受陆源物质或冰川碎屑的影响，定年的结果可能受到影响，所以排除这 4 个点；点 S－1－23、S－9－2、S－16－33、S－17－41、S－21－3 的连续的粒度分布曲线的相似度很高，变化趋势相对一致，说明这 5 个点的沉积环境比较稳定，主要接受的是海洋物质来源的沉积，定年结果比较准确可靠，可以用来重建沉积心 GA－2 的定年结果。

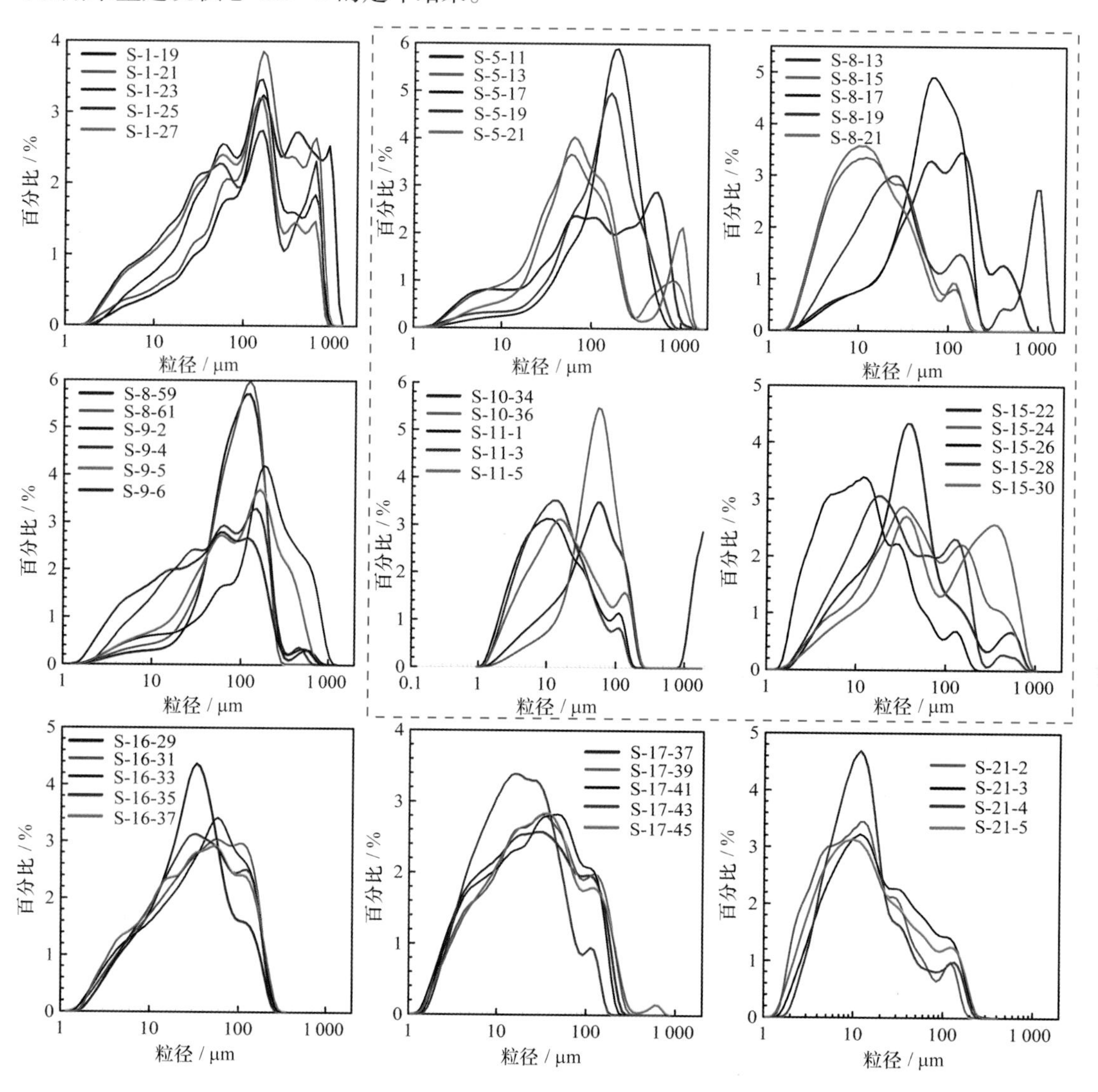

图 5－101　9 个点连续粒度分布曲线

其中点 S－9－2 的连续粒度分布曲线选择了 6 个点，因为点 S－9－2 上层的两个点和该点有一定的差别，点 S－9－2 可能临界环境改变的点，所以在下层选择了连续的 3 个点，证明了 S－9－2 沉积环境的相对稳定，S－21－3 接近底部，只有最后 4 个点的连续粒度分布曲线是一致的，之前的沉积环境与最底部的沉积环境是不相同的。剩下的 7 个点都是间隔选择上下层的两个点。通过该方法最终选择了样品 S－1－23、S－9－2、S－16－33、S－17－41、S－21－3 的定年结果建立 GA－2 的年代序列

通过分析筛选出 5 个准确可靠的定年层位数据建立 GA－2 的年代序列：6 600 ~ 2 000 a BP，并进一步通过沉积速率、地球化学指标和相对海平面变化等综合对比研究，验证了 GA－2 年代序列的正确性。最终确定了沉积心 GA－2 的年代（表 5－49）。

表5-49 建立GA-2年代序列的5个定年层位

样品编号	深度/m	^{14}C年代/a BP	校准年代/a BP	中值年代/a BP
S-1-23	0.23	3840±30	2168-2277	2230
S-9-2	3.095	5580±30	4334-4487	4410
S-16-33	6.515	5740±30	4393-4829	4610
S-17-41	6.985	6670±30	5646-5847	5740
S-21-3	9.095	7400±30	6464-6598	6530

注：用软件CALIB 7.0校准。

5.1.3.4 GA-2记录的菲尔德斯半岛的沉积环境变化

根据菲尔德斯半岛格兰德谷附近的基太克湖和麦克斯韦尔海湾的沉积记录可知在6 000 a BP附近格兰德谷已经没有被冰川覆盖（Schmidt et al.，1990；Milliken et al.，2009）。Björck等（1993）对南设得兰群岛研究表明，6 000 a BP左右菲尔德斯半岛已经为无冰区；Mäusbacher等（1989）发现菲尔德斯半岛上基太克湖（现代海拔大约为16 m asl）在6 000 a BP左右开始由海洋沉积环境向淡水沉积环境过渡。综合可知，在6 600 a BP格兰德谷峡湾已经没有被冰川覆盖。

Watcham等（2011）恢复了8 000 a BP以来南设得兰群岛的相对海平面变化，发现6 600 a BP左右海平面在现代海拔约16~18 m asl，那时的整个格兰德谷被海水淹没，为典型的南极峡湾。在2 000 a BP左右，海平面在现在海拔12 m左右，而GA-2沉积心采样位置现在的海拔高度也在12 m左右，说明沉积心GA-2在2 000 a BP左右露出海平面，在此之前格兰德谷处于海洋沉积环境（Watcham et al.，2011；Chu et al.，2015）。

南极峡湾沉积物的中值粒径分布与变化主要取决于其沉积动力环境（Domack et al.，1990）。由图5-102，沉积心GA-2的中值粒径在6 600~2 000 a BP间呈3个阶段：6 600~4 400 a BP，4 400~2 700 a BP，2 700~2 000 a BP。GA-2中值粒径整体呈阶段增大的趋势，指示了其沉积动力环境的变化。基于此，我们提出GA-2很可能经历了如下的阶段性沉积环境动力变化。

6 600~4 400 a BP：在6600 a BP格兰德谷的相对海平面在现代海拔16~18 m左右，格兰德谷为典型的峡湾（Watcham et al.，2011），沉积心GA-2开始形成。GA-2的下界在现代海拔2 m左右，所以此时海水深度大约15~16 m，陆源物质从格兰德谷两侧以及内陆部分输入，采样点GA-2位于谷中央位置，陆源物质进入峡湾后细颗粒的悬浮陆源物质可以输送更远，而粗颗粒的物质可能由于重力的作用在近海岸沉积（Smith and Andrews，2000；Buynevich and FitzGerald，2003；Grossman et al.，2006）。所以在这段时间格兰德谷中央沉积物中陆源沉积物质都是细颗粒的，大颗粒的粗沙物质很难到达谷中央地带，沉积物为含大量粉砂的黏土沉积，故沉积物的中值粒径在6 600~4 400 a BP间偏小，均值约为22 μm，而沉积物含有的部分磨圆度差的砾石可能由于海冰漂浮融化沉积在谷中央位置（Domack et al.，1990）。6 600~4 400 a BP间格兰德谷不断抬升，相对海平面不断下降（Watcham et al.，2011），海底沉积物不断累积，海水的深度逐渐变浅，沉积的环境也在逐渐改变。沉积心GA-2底部约5 m的沉积物在该段时间形成，由于在此期间中值粒径的变化不显著，最大值为50 μm，最小值为10 μm，标准偏差为9.6，说明在这个时期沉积环境相对稳定。

4 400 ~2 700 a BP：随着相对海平面降低，部分格兰德谷的谷底开始出露海平面，在4 400 a BP左右，海平面位置的现代海拔大约14 m asl（Watcham et al.，2011），说明现代海拔14 m以上的格兰德谷区域出露海平面。同时，由于采样点谷底在6 600 ~4 400a BP间形成约5 m的沉积层，谷底位于现代海拔约7 ~8 m左右，对应地海水深度在6 m左右。该时期海水深度进一步变浅，而且该时期为中全新世气候温暖期，地表水动力作用增强（Shevenell et al，1996；Rosqvist and Schuber，200），使得很多粗颗粒的成分可以输送到沉积心GA－2的位置（Syvitski et al.，1996）。在该阶段沉积心GA－2的中值粒径均值相对于6 600 ~4 400 a BP阶段显著增大，为65 μm。由于水动力作用因素不稳定和粗细不均匀的陆源物质输入使得该阶段中值粒径波动变化显著，最大值约为170 μm，最小值仅为11 μm，标准偏差为39，粗细不均，指示了不稳定的沉积动力环境特征。4 400 ~2 700 a BP间格兰德谷仍然不断抬升，相对海平面持续下降（Watcham et al.，2011），海水的深度进一步变浅，沉积的环境逐渐改变。

2 700 ~2 000 a BP：在2 700 a BP，海平面大约在12.5 m位置，采样点GA－2的海拔高度为12 m左右。在该段时间采样点GA－2处于海滩沉积环境，形成的沉积物主要为海滩粗沙，含少量细颗粒的黏土物质。沉积物的中值粒径相对于4 400 ~2 700 a BP阶段增大明显，均值为140 μm。该段沉积物中值粒径最大值为324 μm，最小值为54 μm，标准偏差为85，说明在此期间沉积动力环境不稳定，海浪和地表径流对沉积物粒径影响较大。在2 000 a BP以来的这段时间里，GA－2沉积心不能接受海洋沉积，且由于周边冰雪融水和降水的径流作用，GA－2沉积心的表层沉积部分很可能被冲刷掉，沉积物的^{14}C年龄则指示表层部分受到现代陆源物质的影响（Chu et al.，2015）。

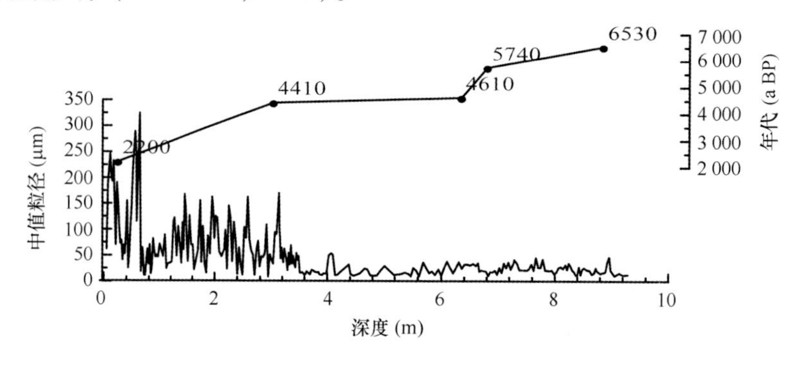

图5－102　沉积芯GA－2的中值粒径变化曲线

5.2　南极中山站站基环境特征分析

5.2.1　环境现状分析

5.2.1.1　大气化学环境要素特征分析

1）中山站大气气溶胶主要离子成分及存在形式

图5－103是中山站大气主要阴阳离子（F^-、Cl^-、NO_3^-、SO_4^{2-}、PO_4^{3-}、Na^+、K^+、

Ca^{2+}、Mg^{2+}、NH_4^+、MSA）的比例分布图。从图5-102可以看出，中山站大气中阴阳离子浓度由大到小依次为Cl^-、Na^+、SO_4^{2-}、Mg^{2+}、Ca^{2+}、K^+、NO_3^-、NH_4^+、MSA、F^-。各离子浓度的平均值分别为：Na^+ 1.224 μg/m³，Mg^{2+} 0.159 μg/m³，NH_4^+ 0.052 μg/m³，Ca^{2+} 0.052 μg/m³，K^+ 0.049 μg/m³，Cl^- 2.339 μg/m³，SO_4^{2-} 0.257 4 μg/m³，NO_3^- 0.051 μg/m³，MSA 0.018 μg/m³，F^- 1.32 ng/m³。可见主要的离子组成是Na^+、Cl^-、SO_4^{2-}、Mg^{2+}、Ca^{2+}，5种离子浓度对气溶胶载量的贡献平均为95.5%，其中$Na^+ + Cl^-$的贡献平均约为84.6%，可见海盐颗粒是最主要的海洋气溶胶成分，其次是硫酸盐气溶胶。

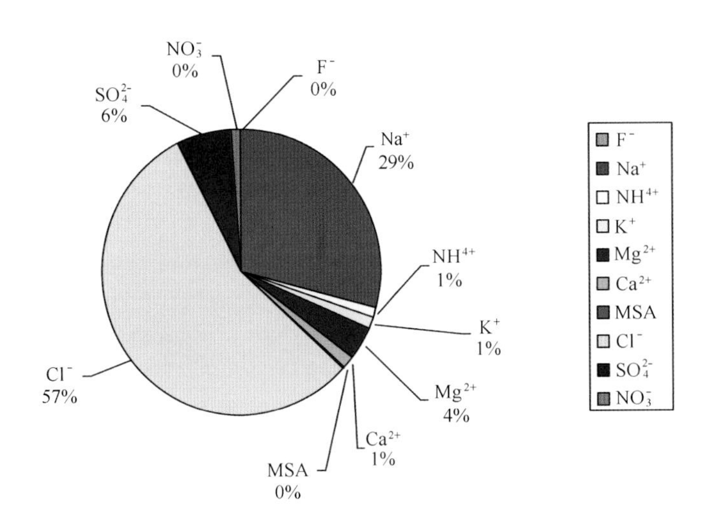

图5-103 中山站大气主要阴阳离子的比例分布

由上面的分析可知，气溶胶主要由海盐颗粒物质和硫酸盐、硝酸盐组成，其中气溶胶中的硫酸盐粒径范围一般为0.1～1.0 μm，而在这个粒径范围内的气溶胶粒子对太阳辐射的影响较大，同时由于硫酸盐离子易溶于水，可有效地作为云凝结核（CCN），从而对气候变化具有显著的影响，因此历来是大气化学科学家们研究关注的重点。对于测定得到的硫酸盐，因其一方面来源于海盐，该部分为海盐硫酸盐（sea-salt SO_4^{2-}，简称ss-SO_4^{2-}）；另一方面来源于人类活动排放以及海洋生物生产活动释放，故该部分为非海盐硫酸盐（non-sea-salt SO_4^{2-}，简称nss-SO_4^{2-}），其计算公式为nss-SO_4^{2-} = $[SO_4^{2-}]_{Total} - [Na^+] \times 0.2516$，其中0.2516为海水中$SO_4^{2-}$与$Na^+$的比值。二次气溶胶离子$NO_3^-$、$NH_4^+$和nss-$SO_4^{2-}$三者之间均存在显著的正相关性，这说明$NH_4^+$可能以$NH_4NO_3$、$NH_4HSO_4$以及$NH_4(SO_4)_2$的形式存在。

2）中山站大气气溶胶主要阴阳离子变化特征

图5-104至图5-114是中山站大气F^-、Cl^-、NO_3^-、SO_4^{2-}、PO_4^{3-}、Na^+、Ca^{2+}、K^+、Mg^{2+}、NH_4^+、MSA含量随时间的变化情况。从图5-105、图5-107、图5-108、图5-109、图5-112可见，2013年9月5—15日采集的一个气溶胶样品中，大气气溶胶Na^+、K^+、Mg^{2+}、Ca^{2+}、SO_4^{2-}等5种阴阳离子的含量分布是呈现脉冲式的升高，这主要是由于海上风浪较大，风速较快，海洋飞沫所富集的高浓度海盐颗粒带入大气中。

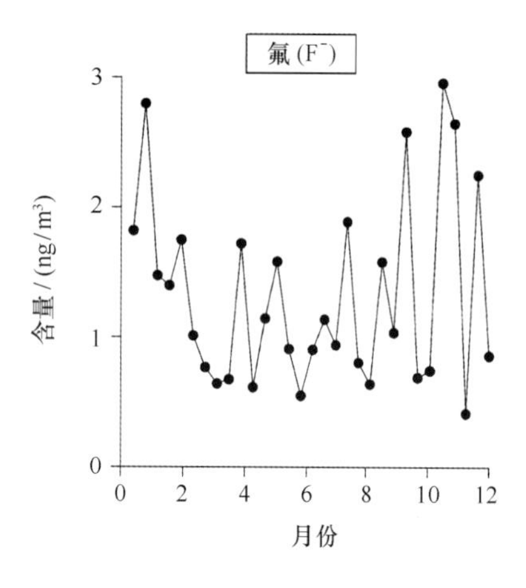

图 5 - 104　2013 年中山站大气氟离子（F^-）含量随时间变化

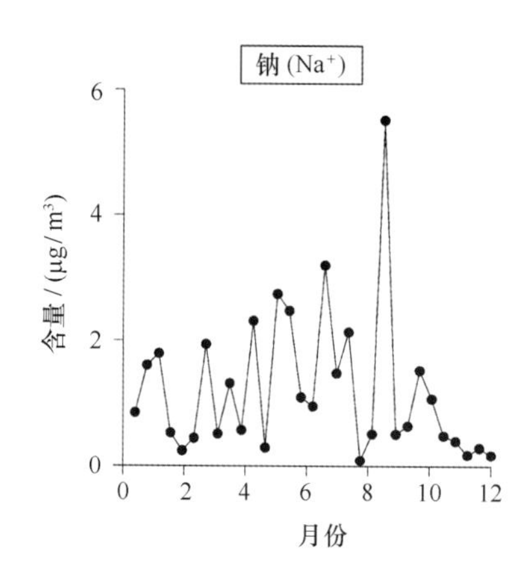

图 5 - 105　2013 年中山站大气钠离子（Na^+）含量随时间变化

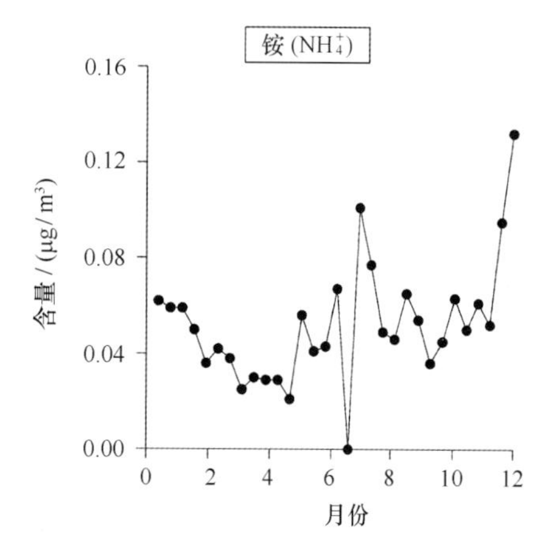

图 5 - 106　2013 年中山站大气铵离子（NH_4^+）含量随时间变化

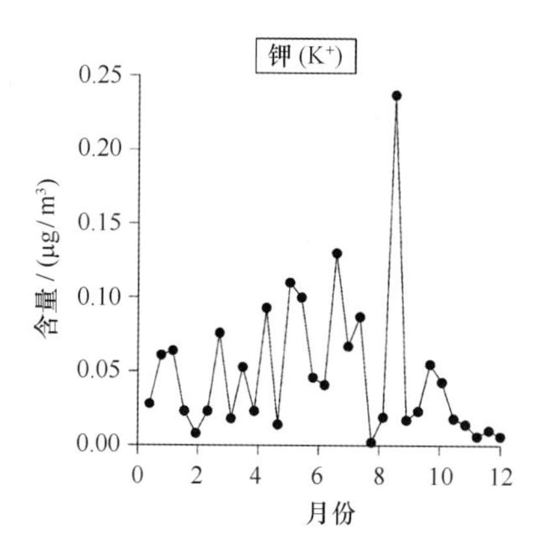

图 5 - 107　2013 年中山站大气钾离子（K^+）含量随时间变化

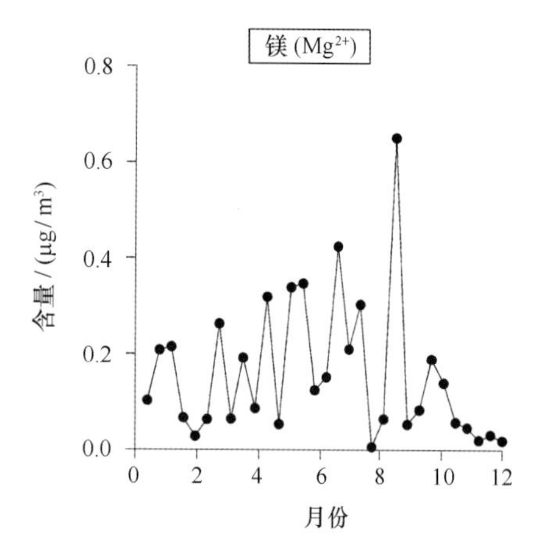

图 5 - 108　2013 年中山站大气镁离子（Mg^{2+}）含量随时间变化

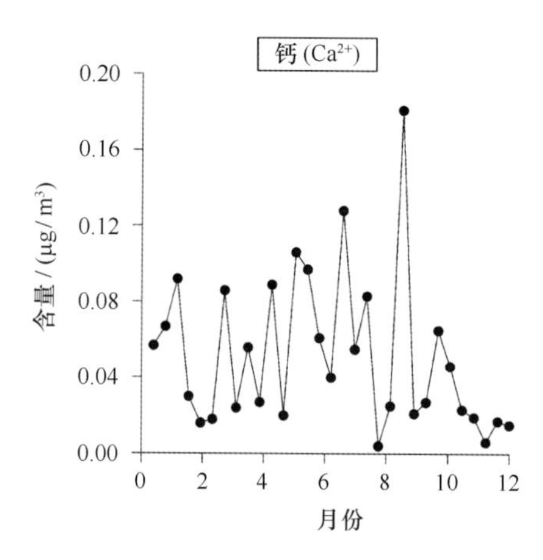

图 5 - 109　2013 年中山站大气钙离子（Ca^{2+}）含量随时间变化

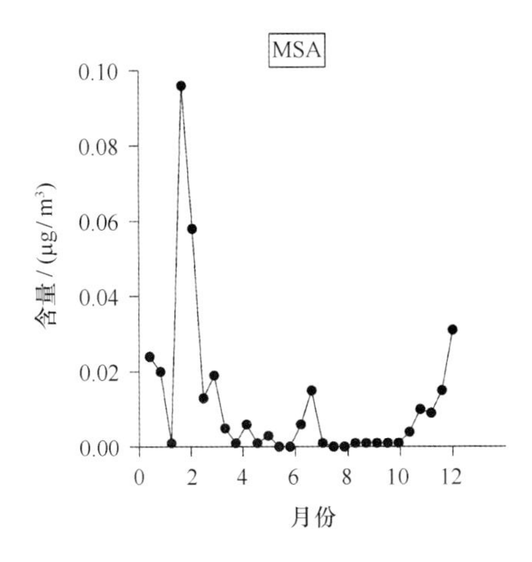

图5－110　2013年中山站大气二甲基硫（MSA）含量随时间变化

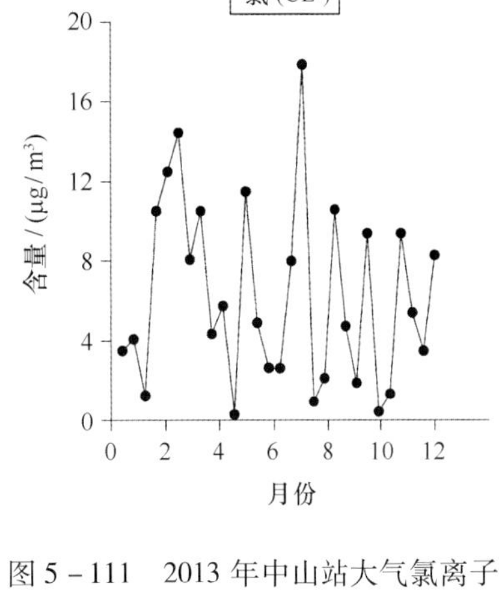

图5－111　2013年中山站大气氯离子（Cl^-）含量随时间变化

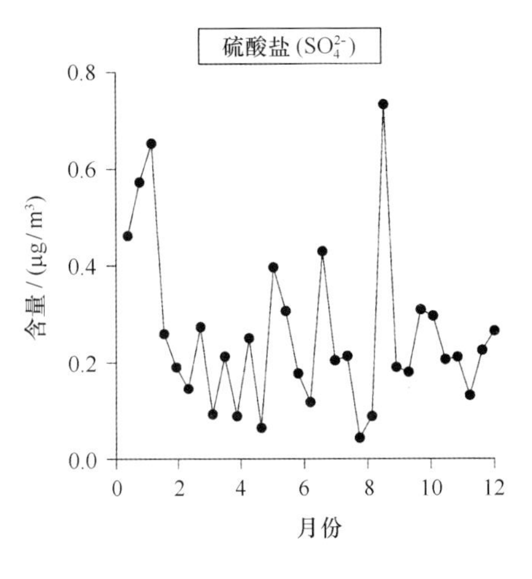

图5－112　2013年中山站大气硫酸盐（SO_4^{2-}）含量随时间变化

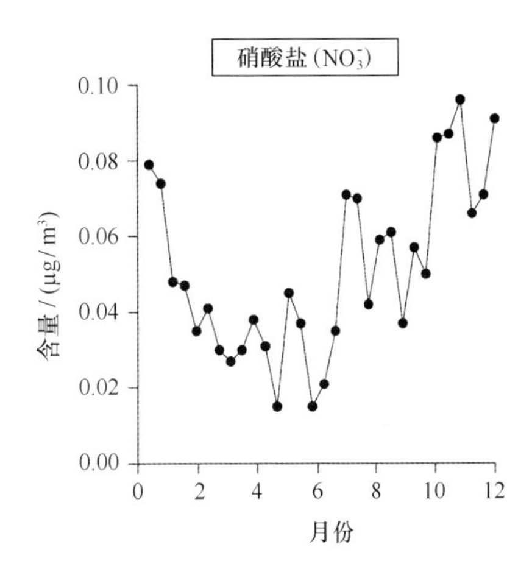

图5－113　2013年中山站大气硝酸盐（NO_3^-）含量随时间变化

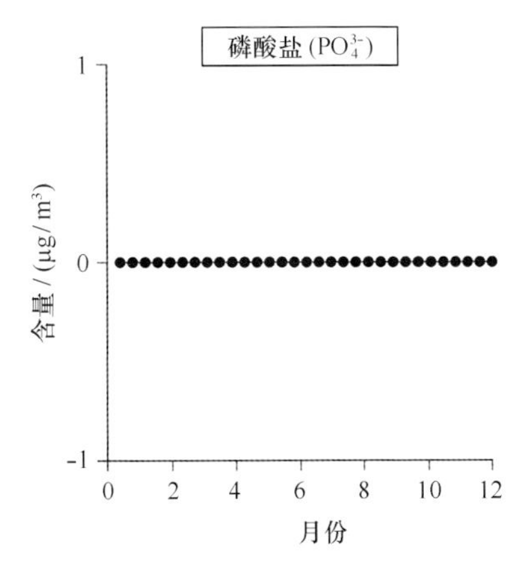

图5－114　2013年中山站大气磷酸盐（PO_4^{3-}）含量随时间变化

从图5-106可见，中山站大气NH_4^+含量大体在0~0.132 μg/m³左右，在2013年12月5—15日采集的样品中出现异常高值，最高值达到0.132 μg/m³，这可能通过大气气溶胶的远距离输送，以及颗粒物表面发生的一系列大气光化学反应。该样品的大气SO_4^{2-}、NO_3^-同样为异常高值，这表明有上述讨论的式（5-1）至式（5-3）反应参与，可见，中山大气气溶胶中的离子成分受陆源物质传输的一定影响。对于NO_3^-如图5-113所示，其浓度趋势与NH_4^+相似，高值同样出现于2013年12月5日至12月15日采集的样品中，因此其浓度很大程度上受到人类活动排放的影响，也就是通过在颗粒物表面的化学反应式（5-1），式（5-4），由HNO_3参与反应生成而来，而在中山站，反应式（5-4）可能为生成NO_3^-的主要过程。

图5-110是2013年中山站大气二甲基硫（MSA）随时间变化情况，可以看出，中山站大气二甲基硫（MSA）有明显的季节变化，呈现出冬季低、夏季高的变化趋势。在4—10月的南极冬季，大气MSA的浓度处于极低的水平，这主要是由于冬季南极陆地和海洋被冰雪所覆盖，海洋和陆地动植物活动所释放的二甲基硫极少。而在11月至翌年3月的夏季，随着冰雪融化和气温升高，海洋和陆地动植物活动不断加强，向大气释放的MSA增加，导致大气MSA升高。

5.2.1.2 土壤环境要素特征分析

对于协和半岛陆域的土壤基础调查，目标在于获取协和半岛土壤典型金属和基础理化成分的背景水平，并通过调查确定金属元素背景基线，为考察站周边的长期环境管理和环境保护提供参照依据。

按照地形地貌、成土母质和科学考察站区域等主要影响因素，在2012—2015年度的调查中，将协和半岛土壤背景调查区域适当分区，按照各个分区获取典型样本开展调查和统计分析。

1）土壤基础理化背景

协和半岛地表以砂质土壤为主要类型，基础理化性质指标涉及有机物和氮、磷、氯、氟等基础矿物盐，总体数据统计见表5-50。其中，有机质、总氟、总氮、总磷等4种组分空间分布均匀性相近，而氯化物的空间分布显示显著的非均匀性，浓度范围173~1 490 mg/kg，并且显示出海洋物质输入对陆域矿物盐组分的明显影响。

表5-50 协和半岛土壤理化性质结果统计 单位：mg/kg

中山站土壤样品	有机质/%	总氟	总氮	总磷	氯化物
最小值	0	269	79	264	0
最大值	2.3	2 710	1 280	1 070	1 490
均值	1.4	600	410	425	173
中值	1.2	388	371	31	1.1
标准偏差	0.8	429	230	159	463
变异系数	0.6	0.7	0.6	0.4	2.7

2）土壤重金属背景基线

按照总体调查数据和典型调查区域的划分，2012—2015年度对协和半岛土壤金属全量背景的统计结果见表5－51。总体上，各调查区金属全量均值的偏差最大为Zn，其次为Hg，其他金属全量总体上空间分布差异较小（图5－115和表5－52）。

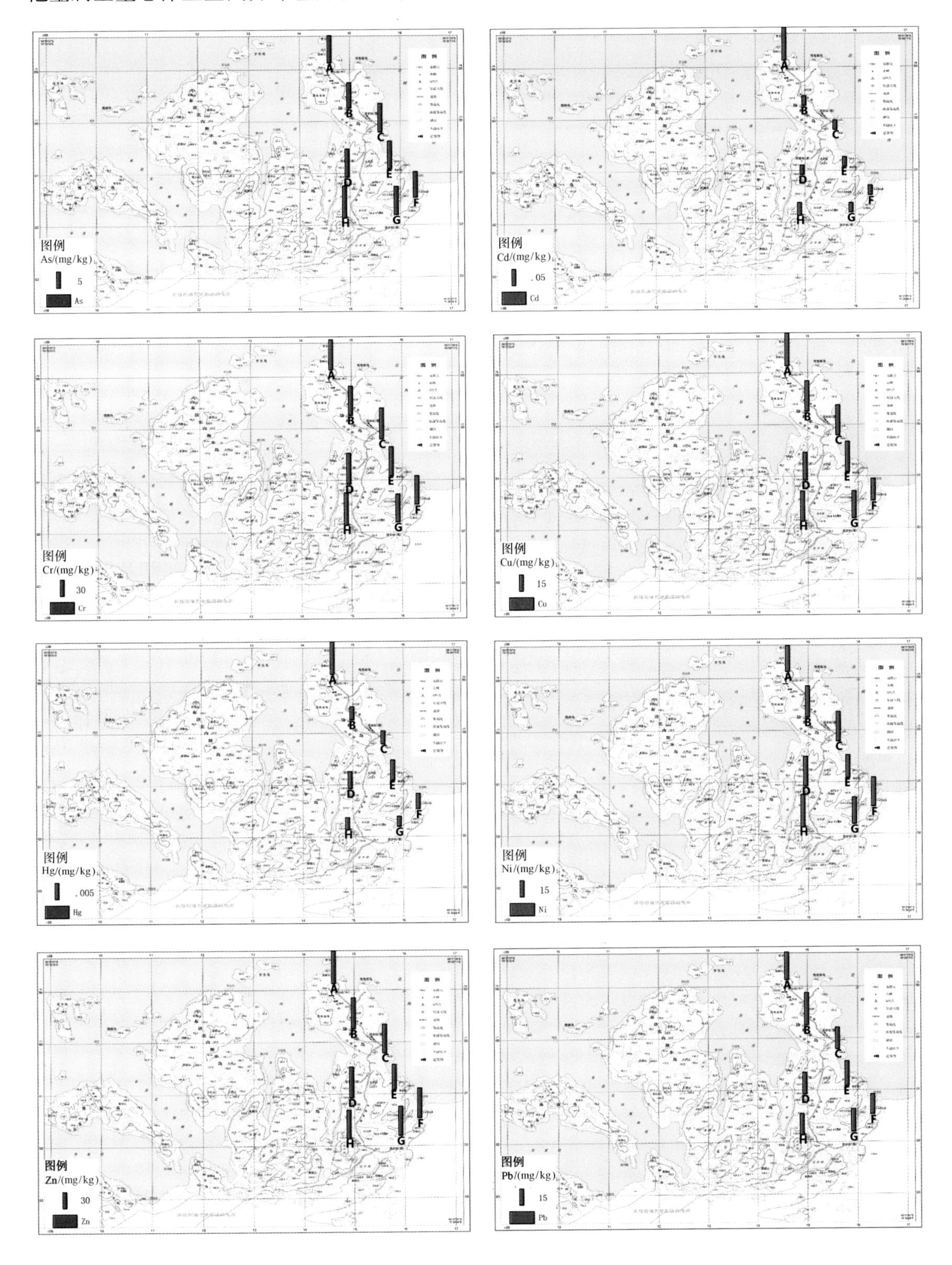

图5－115 中山站及周边地区重金属全量分布统计

A. 中山站站区；B. 西南高地背景；C. 太平山背景；D. 五指山背景；E. 太极峰背景；F. 云台山背景；G. 进步湖背景；H. 五峰山背景

表 5-51　协和半岛土壤背景金属全量统计

元素	最小值	最大值	均值	中值	标准偏差	变异系数
Cr	42.20	75.00	56.77	56.95	9.19	0.16
Ni	16.70	34.90	23.48	23.20	4.79	0.20
Cu	17.70	37.00	24.60	24.50	4.48	0.18
Zn	40.40	97.80	60.22	57.60	14.31	0.24
As	6.08	11.60	8.39	8.43	1.21	0.14
Cd	0.00	0.35	0.01	0.005	<0.01	4.27
Hg	0.00	0.02	0.005	0.01	<0.01	1.09
Pb	11.00	33.00	21.68	21.10	5.67	0.26

表 5-52　协和半岛各调查区土壤背景金属全量统计　　单位：mg/kg

各调查区均值	调查金属元素全量							
	Cr	Ni	Cu	Zn	As	Cd	Hg	Pb
中山站站区	56.37	21.60	27.22	66.72	8.10	0.245	0.009	24.97
西南高地背景	54.90	25.54	25.48	63.20	7.58	<0.10	0.006	29.38
太平山背景	58.90	24.13	25.47	58.32	8.46	<0.10	0.012	19.47
五指山背景	58.15	24.49	23.10	63.08	8.33	<0.10	0.007	19.40
太极峰背景	54.12	18.97	25.35	51.45	8.19	<0.10	0.007	22.20
云台山背景	53.30	23.65	18.15	61.05	7.58	<0.10	0.007	17.90
进步湖背景	51.88	21.68	22.48	59.15	8.38	<0.10	0.006	20.63
五峰山背景	61.13	26.79	25.13	58.79	9.63	0.110	0.007	19.09

利用半岛全部背景样本的调查结果，采用相对累计频率和标准元素法（Fe 作为标准金属）等两种方法（图 5-116），分别确定的 8 种金属元素背景基线见表 5-53。两种不同方法确定的表层土壤重金属基线值较为相近。

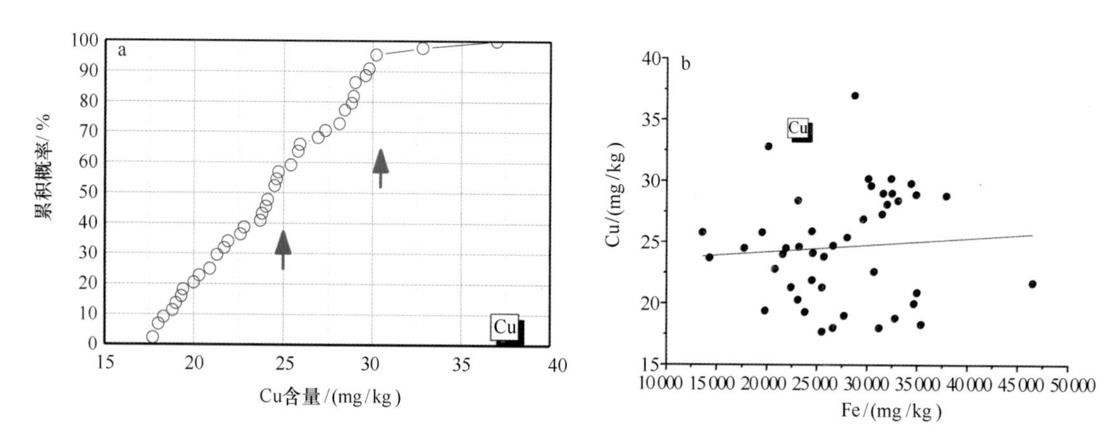

图 5-116　采用地质累积频率法（a）和标准化法（b）确定基线（以 Cu 为例）

表 5-53 协和半岛土壤重金属背景基线 单位：mg/kg

元素	金属元素全量背景基线值						
	Cr	Ni	Cu	Zn	As	Hg	Pb
标准化法	56.8	23.5	24.6	60.2	8.39	0.007 0	21.7
地质累积频率法	45.2	22.6	21.8	56.2	8.10	0.006 3	14.3
均值	51.0	23.1	23.2	58.2	8.24	0.006 7	18.0

中山站土壤重金属基线与东亚和北美地区典型重金属基线对比分析见图 5-117。协和半岛土壤金属基线中低于东亚区域基线值约 30% ~50%，中山站的重金属基线与北美地区重金属的平均基线非常接近。

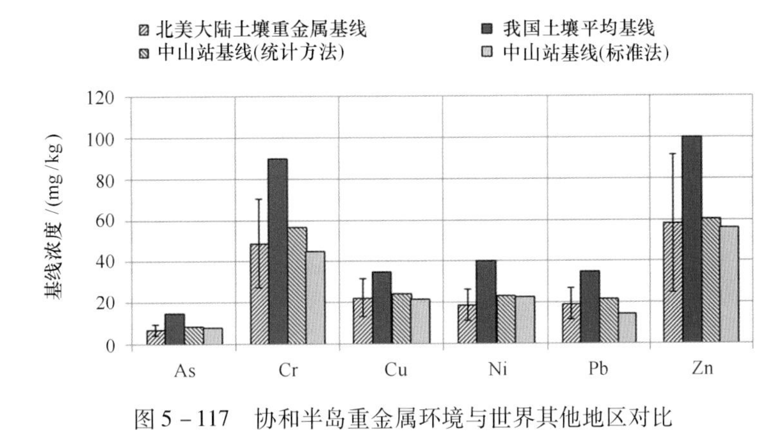

图 5-117 协和半岛重金属环境与世界其他地区对比

为进一步确定协和半岛和中山站周边土壤金属基线特征，以“可氧化态”、“可交换态”、“可还原态”和“残渣态”等不同金属形态浓度，对比分析了协和半岛不同区域、考察站及我国西藏地区典型背景样本特征。图 5-118 显示，除了 As 元素外，以紫金山和天鹅岭背景样本为代表的协和半岛自然金属背景中残渣态成分占有绝对优势，占比几乎全部超过 90%；As 元素自然背景中，可还原态占有一定比例，但是仍然远远少于残渣态组分。除了 Cu 元素的可氧化态、可还原态和可交换态组分显著升高以外，中山站典型样本中的其他金属元素的形态指纹与协和半岛自然背景基本保持一致。协和半岛进步站典型样本的 Cu、Cd 和 Hg 的形态组成与自然背景的差异比较明显，由于协和半岛植被与动物活动影响程度有限，相关样本土壤基本理化性质也相近，这种改变可能与考察站的长期活动影响有关。

5.2.1.3 典型污染物环境分布特征（环境行为）分析

5.2.1.3.1 大气中的典型污染物

1）多环芳烃（PAHs）

2014 年（第 30 次队）南极中山站大气气相中多环芳烃总浓度（ΣPAHs）的范围为 1.34 ~10.49 ng/m^3，平均值为 3.48 ng/m^3，颗粒相中 ΣPAHs 的浓度范围为 0.77 ~2.43 ng/m^3，平均值为 1.31 ng/m^3（表 5-54）。该结果与南极菲尔德斯半岛地区以及北极黄河站相比，其中气相中 ΣPAHs 的浓度明显偏低，而颗粒相中 ΣPAHs 的浓度与上述两个区域没有明显的差异，但与中低纬度地区相比，气相和颗粒相中 ΣPAHs 的浓度均明显偏低。

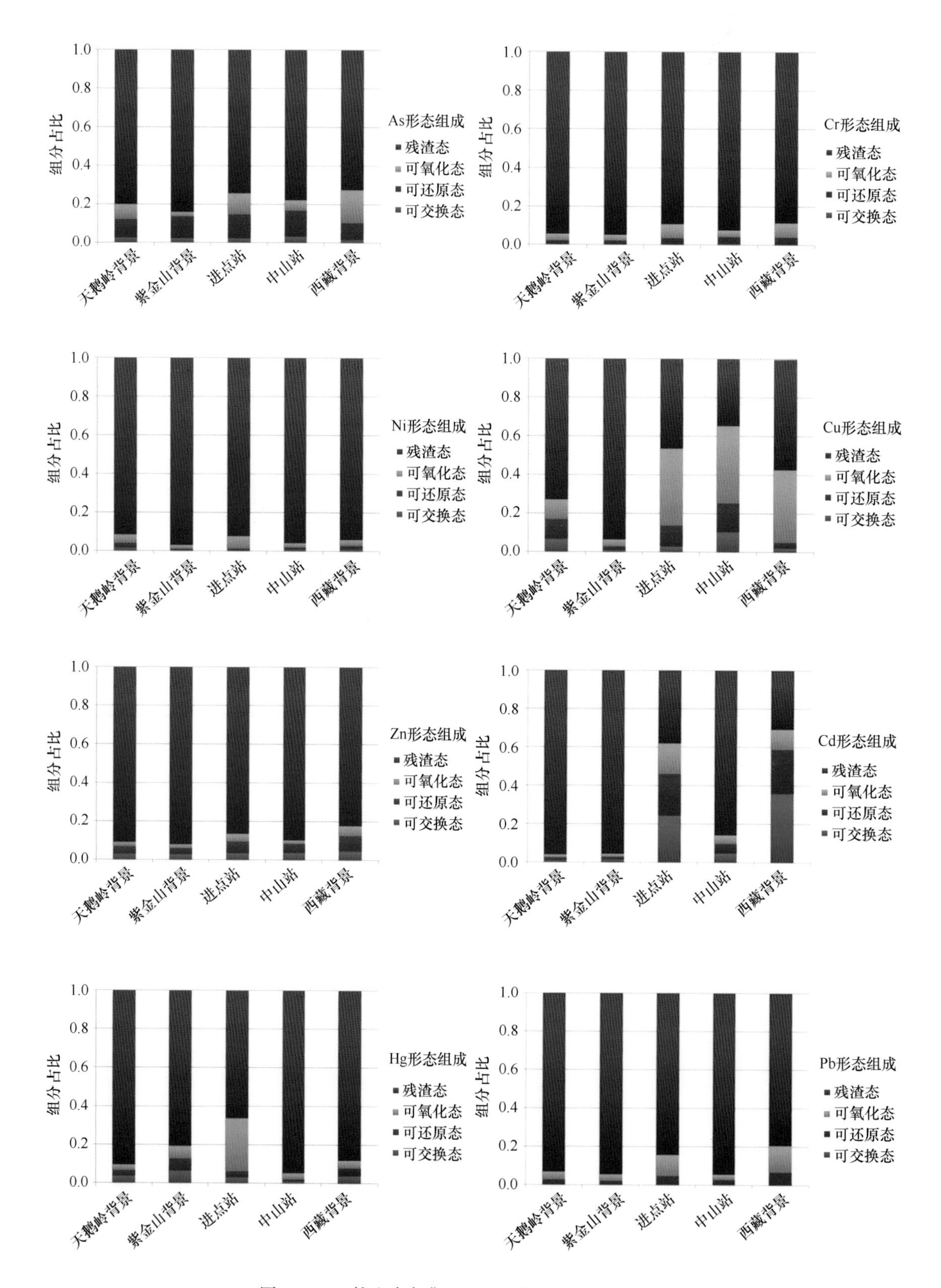

图 5－118　协和半岛典型金属基线浓度形态对比分析

表5－54 协和半岛（中山站）大气中16组份PAHs含量 单位：ng/m³

化合物	气相			颗粒相		
	最小值	最大值	平均值	最小值	最大值	平均值
Nap	0.13	8.06	2.02	0.23	1.32	0.51
Ace	0.02	0.07	0.03	0.01	0.02	0.01
Acp	0.05	0.21	0.09	0.02	0.06	0.03
Fl	0.11	0.60	0.28	0.05	0.25	0.09
Phe	0.27	1.41	0.75	0.12	0.62	0.26
An	0.02	0.14	0.06	0.01	0.08	0.03
Flu	0.01	0.24	0.07	0.03	0.09	0.06
Pyr	0.01	0.19	0.06	0.08	0.19	0.13
BaA	—	0.05	0.01	—	0.02	0.01
Chr	—	0.39	0.06	0.02	0.15	0.05
BbF	—	0.09	0.01	0.01	0.77	0.09
BkF	—	0.05	0.01	—	0.02	0.01
BaP	—	0.08	0.01	0.01	0.02	0.01
BghiP	—	0.02	0.01	—	0.04	0.01
DbA	—	0.04	0.01	—	0.03	0.01
InP	—	0.03	0.01	—	0.03	0.01
ΣPAHs	1.34	10.49	3.48	0.77	2.43	1.31

注："—"表示未检出。

中山站附近区域大气（被动）中PAHs的空间分布特征如图5－119所示。由图5－119可知，含量较高的站位主要集中在站区附近，而距离较远的站位浓度相对较低，说明站区内机械车辆等的作业对大气中PAHs的浓度水平影响比较显著。

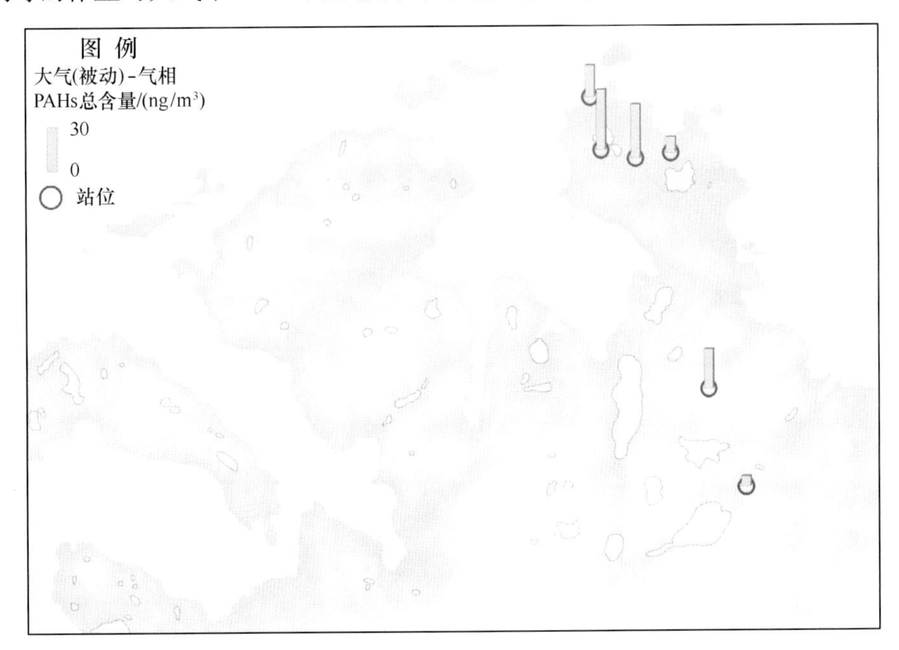

图5－119 大气（被动）中PAHs的空间分布特征

2）多氯联苯（PCBs）

表5－55给出了大气中气相和颗粒相中30种PCBs和总PCBs浓度的平均值、标准偏差、中值、最小值和最大值。在大气中气相总PCBs的浓度范围为2.505～38.117 pg/m^3，平均浓度为11.692 pg/m^3，在大气中颗粒相总PCBs的浓度范围为0.531～7.133 pg/m^3，平均浓度为2.517 pg/m^3（图5－120）。从组成特征上看，气相中CB－8、CB－18、CB－52、CB－81和CB－128占总PCBs的比例较大，而颗粒相中CB－8、CB－52、CB－126、CB－195和CB－206占总PCBs的比例较大（图5－121）。

表5－55　南极中山站大气中气相和颗粒相PCBs的浓度特征　　单位：pg/m^3

PCBs	气相					颗粒相				
	均值	标准偏差差	中值	最小值	最大值	均值	标准偏差差	中值	最小值	最大值
CB－8	7.139	10.029	2.430	0.418	34.159	1.023	1.695	0.247	0.134	6.020
CB－18	0.499	0.813	0.257	0.092	2.786	0.095	0.054	0.080	0.055	0.211
CB－28	0.346	0.090	0.346	0.188	0.493	0.059	0.037	0.046	0.026	0.139
CB－44	0.276	0.426	0.136	0.038	1.647	0.091	0.043	0.083	0.035	0.169
CB－52	2.123	2.407	1.498	0.161	9.515	0.382	0.336	0.309	0.030	1.017
CB－66	0.124	0.067	0.124	0.077	0.172	0.063	0.030	0.055	0.031	0.127
CB－77	0.161	0.076	0.187	0.060	0.253	0.094	0.080	0.071	0.029	0.206
CB－81	0.535	0.679	0.155	0.060	1.661	0.097	0.061	0.069	0.055	0.167
CB－101	0.137	0.089	0.122	0.046	0.257	0.089	0.061	0.076	0.023	0.267
CB－105	0.064	0.095	0.026	0.018	0.259	0.031	0.012	0.028	0.020	0.054
CB－114	0.166	0.203	0.090	0.018	0.727	0.079	0.031	0.073	0.041	0.127
CB－118	0.165	0.040	0.157	0.113	0.247	0.063	0.048	0.045	0.020	0.202
CB－123	0.215	0	0.215	0.215	0.215	—	0	—	—	—
CB－126	0.186	0.179	0.156	0.035	0.396	0.207	0.108	0.216	0.033	0.355
CB－128	0.489	0.780	0.140	0.031	1.877	0.022	0	0.022	0.022	0.022
CB－138	0.045	0.026	0.042	0.019	0.085	0.023	0.004	0.023	0.020	0.026
CB－153	0.103	0.036	0.103	0.041	0.169	0.030	0.007	0.029	0.022	0.044
CB－156	0.106	0.122	0.061	0.033	0.461	0.061	0.036	0.048	0.028	0.147
CB－157	0.252	0.292	0.138	0.049	0.684	0.148	0.068	0.173	0.064	0.232
CB－167	0.062	0.033	0.052	0.034	0.117	0.075	0	0.075	0.075	0.075
CB－169	0.089	0	0.089	0.089	0.089	0.035	0.016	0.030	0.021	0.057
CB－170	0.082	0.027	0.080	0.048	0.158	0.026	0.006	0.025	0.020	0.041
CB－180	0.093	0.047	0.093	0.060	0.126	—	0	—	—	—
CB－187	0.056	0	0.056	0.056	0.056	—	0	—	—	—
CB－189	0.041	0.025	0.028	0.019	0.077	0.034	0.010	0.031	0.021	0.049
CB－195	0.140	0.155	0.084	0.044	0.569	0.166	0.045	0.157	0.127	0.270
CB－206	0.107	0.084	0.075	0.029	0.321	0.309	0.213	0.223	0.169	0.847
ΣPCBs	11.692	11.025	6.038	2.505	38.117	2.517	1.851	2.264	0.531	7.133

注："—"表示未检出。

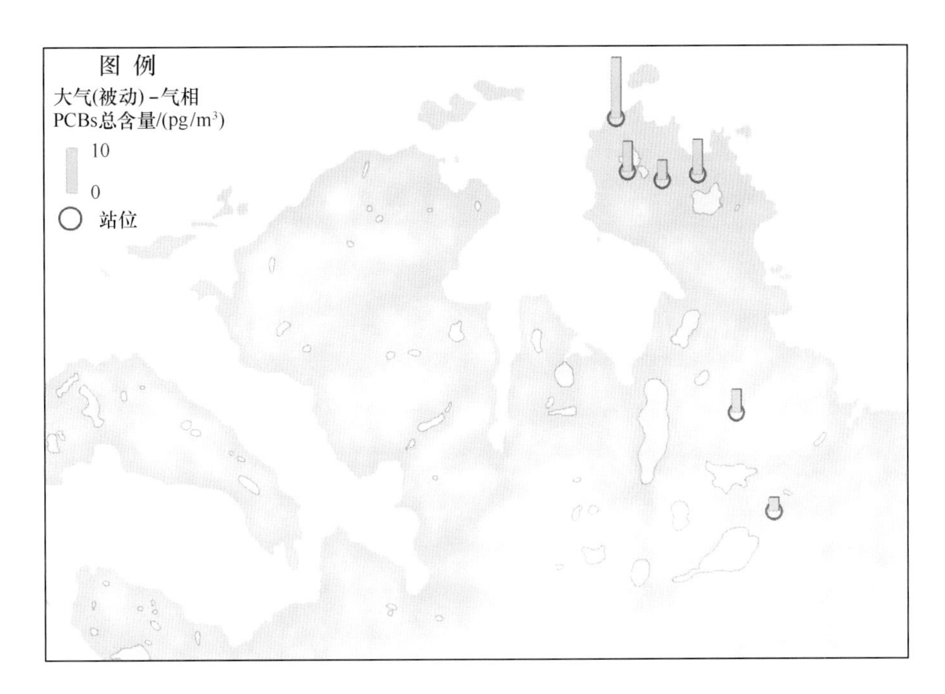

图5-120 被动采样大气中PCBs含量的分布状况

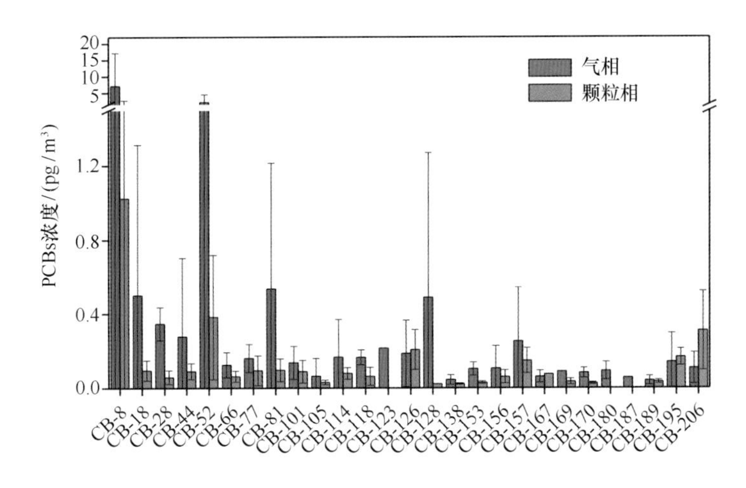

图5-121 南极中山站大气中气相和颗粒相PCBs的浓度特征

3）有机氯农药（OCPs）

南极中山站大气OCPs污染调查结果（表5-56和图5-122）显示，监测的OCPs（六六六、DDT）被动检出率高于主动检出率，被动含量高于主动含量，α-BHC检出率最高。主动监测气相监测结果表明：六六六检出范围为2.22～5.41 pg/m^3，DDT检出范围为nd～3.17 pg/m^3；主动监测颗粒相监测结果显示，六六六检出范围为nd～4.13 pg/m^3，DDT检出范围为nd～2.13 pg/m^3；被动监测气相监测结果显示，六六六检出范围为2.93～8.09 pg/m^3，DDT检出范围为5.3～16.01 pg/m^3；检出限0.01 pg/m^3。OCPs在中山站区域内无明显分布规律。

表 5-56　中山站大气中 OCPs 调查结果　　单位：pg/m^3

组分	主动						被动		
	气相			颗粒相			气相		
	均值	最大值	最小值	均值	最大值	最小值	均值	最大值	最小值
α-BHC	2.98	4.73	2.11	2.00	3.51	—	3.43	5.81	2.02
β-BHC	—	—	—	0.04	0.07	—	0.89	3.76	—
γ-BHC	0.06	0.18	—	0.07	0.11	—	—	—	—
δ-BHC	0.91	1.84	—	0.38	1.7	—	0.82	2.12	—
p，p′-DDE	—	—	—	—	—	—	1.15	2.1	0.5
p，p′-DDD	0.03	0.17	—	0.14	1.42	—	0.09	0.27	—
o，p′-DDT	1.18	2.88	—	0.03	0.17	—	7.67	10.45	3.07
p，p′-DDT	0.42	1.29	—	0.36	1.13	—	2.28	5.8	0.43
∑BHC	3.96	5.41	2.22	2.48	4.13	—	5.15	8.09	2.93
∑DDT	1.64	3.17	—	0.53	2.13	—	11.19	16.01	5.3

注："—"表示未检出。

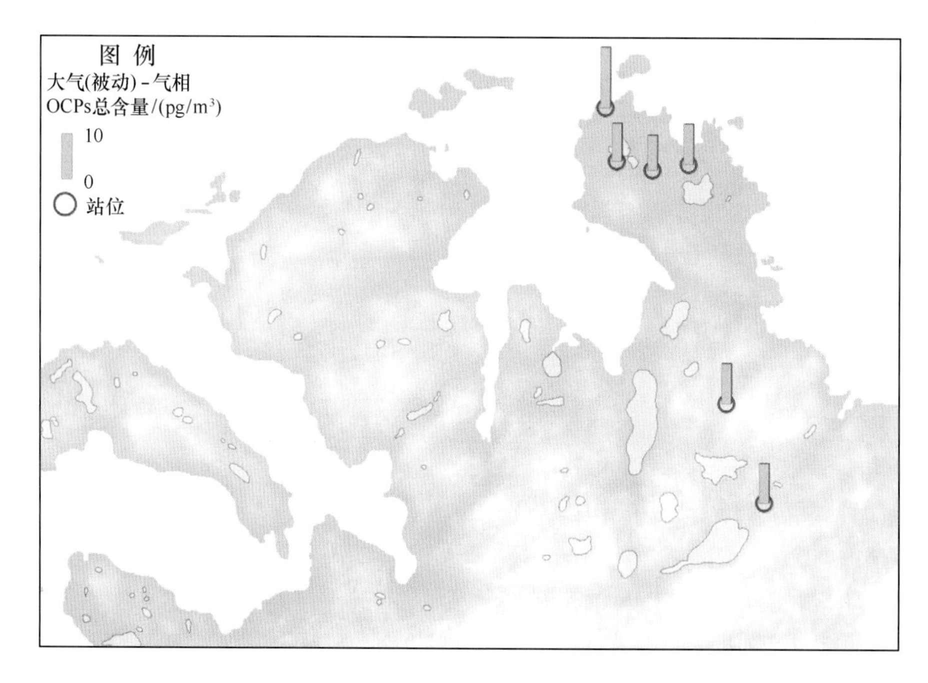

图 5-122　中山站大气中 OCPs 区域分布

5.2.1.3.2　水体中的典型污染物

1）多环芳烃（PAHs）

中山站湖水水体中 PAHs 的含量如表 5-57 所示。其中，表层湖水中溶解态 ΣPAHs 的浓度范围为 35.7～201.6 ng/L，平均浓度为 90.9 ng/L，颗粒相中 ΣPAHs 的浓度范围为 13.6～38.3 ng/L，平均浓度为 23.8 ng/L。与菲尔德斯半岛地区相似，溶解态 ΣPAHs 的浓度显著高于颗粒相中 ΣPAHs 的浓度。与其他研究区域相比，该区域湖水中溶解态 PAHs 与 1992 年南极 Signy 岛附近海水中 PAHs 的浓度相当（110～216 ng/L），低于菲尔德斯半岛地区湖水和雪水中 PAHs 的浓度 220.1 ng/L 和 221.2 ng/L)。

表 5-57 第 30 次中山站湖水中 PAHs 浓度

单位:ng/L

化合物	水相				颗粒相			
	最小值	最大值	平均值	中值	最小值	最大值	平均值	中值
Nap	4.5	51.5	22.9	18.6	0.7	3.6	1.8	1.8
Ace	0.6	3.3	1.7	1.7	0.2	0.8	0.4	0.3
Acp	3.5	33.1	11.7	8.0	0.4	2.1	1.0	0.8
Fl	6.4	32.5	15.0	14.4	1.3	5.6	2.9	2.6
Phe	12.0	60.7	26.3	22.9	2.7	11.3	5.3	4.3
An	0.6	4.6	1.7	1.0	0.2	0.7	0.4	0.4
Flu	1.3	3.5	2.2	1.6	0.4	2.1	0.9	0.7
Pyr	1.4	4.6	2.2	1.8	1.0	7.2	2.9	2.2
BaA	0.0	2.3	1.1	1.0	0.7	2.3	1.3	1.3
Chr	1.1	4.3	2.7	2.6	2.0	4.8	3.0	2.7
BbF	0.4	3.9	1.5	1.2	0.6	2.1	1.2	1.2
BkF	0.3	1.7	0.7	0.6	0.2	1.0	0.5	0.4
BaP	0.2	0.6	0.3	0.3	0.3	0.6	0.4	0.4
DbA	0.1	0.8	0.3	0.3	0.1	1.5	0.7	0.5
BghiP	0.1	0.5	0.3	0.2	0.2	1.7	0.6	0.4
InP	0.1	0.3	0.2	0.2	0.1	0.7	0.3	0.3
总量	35.7	201.6	90.9	81.4	13.6	38.3	23.8	23.1

中山站附近区域湖泊水体中溶解态和颗粒态中 PAHs 的空间分布特征如图 5-123 所示。对比发现,靠近站区附近的站位溶解态中 PAHs 含量相对偏高,其他站位并未表现出明显的规律,而颗粒态中 PAHs 含量最高的站位反而出现在距离站区较远的位置,具体原因有待进一步的考察与分析。

中山站附近区域雪水中溶解态和颗粒态中 PAHs 的空间分布特征如图 5-124 所示。对比发现,溶解态中 PAHs 的空间分布与颗粒态相似,靠近站区附近的站位中 PAHs 含量相对偏高。

2)多氯联苯(PCBs)

表 5-58 给出了湖水中 30 种 PCBs 和总 PCBs 浓度的平均值、标准偏差、中值、最小值和最大值。由于 PCBs 的浓度较低,有多个 PCBs 单体在中山站样品中未检,总检出率低于 50%,因此,仅对其浓度分布做一简单分析。

在湖水中总 PCBs 的浓度范围为 0.331~0.866 ng/L,平均浓度为 0.548 ng/ L,从组成特征上看,CB-209 和 CB-8 占总 PCBs 的比例较高。与其他介质的组成相比,中山站湖水中 CB-209 的百分含量较高(图 5-125 和图 5-126)。

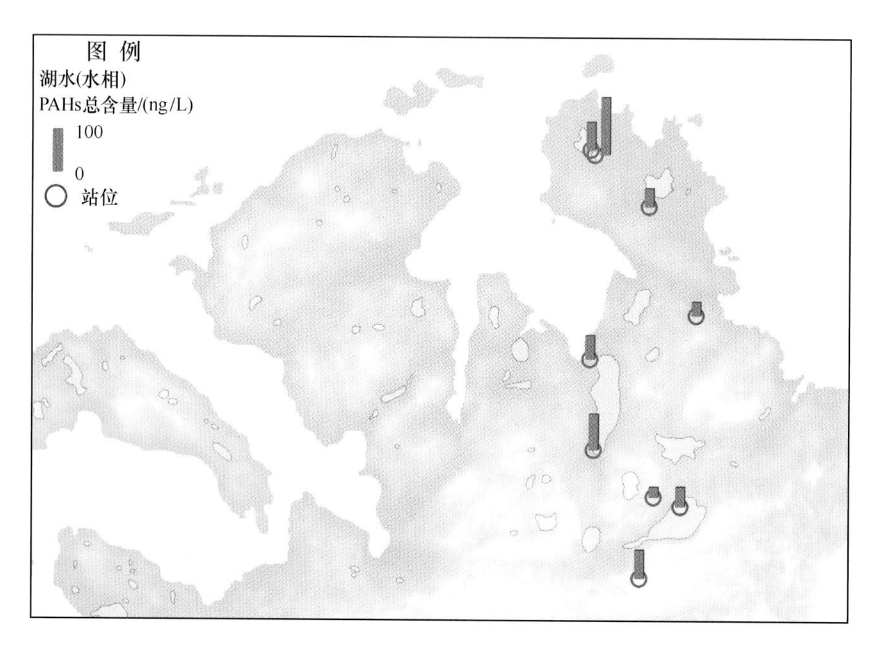

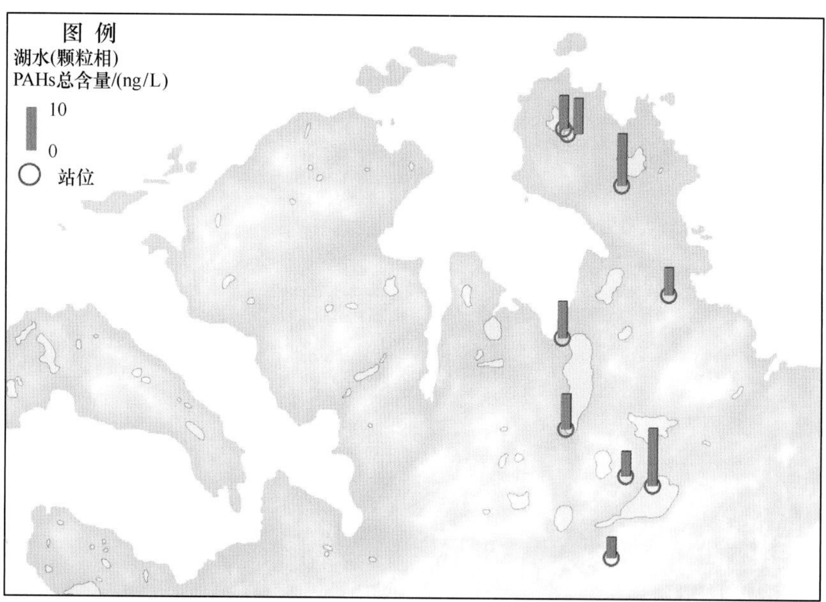

图 5-123　湖水溶解态及颗粒态中 PAHs 的空间分布特征

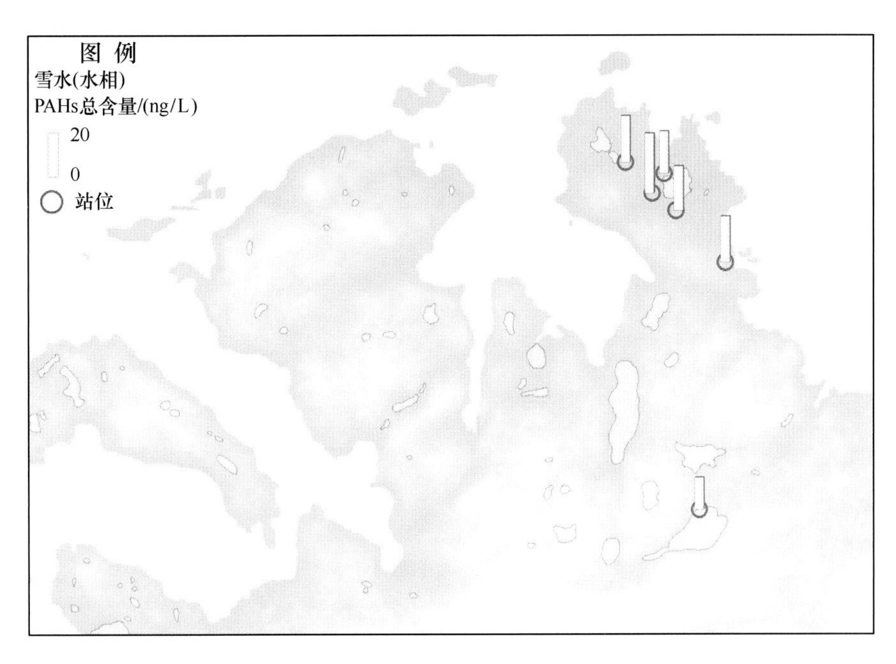

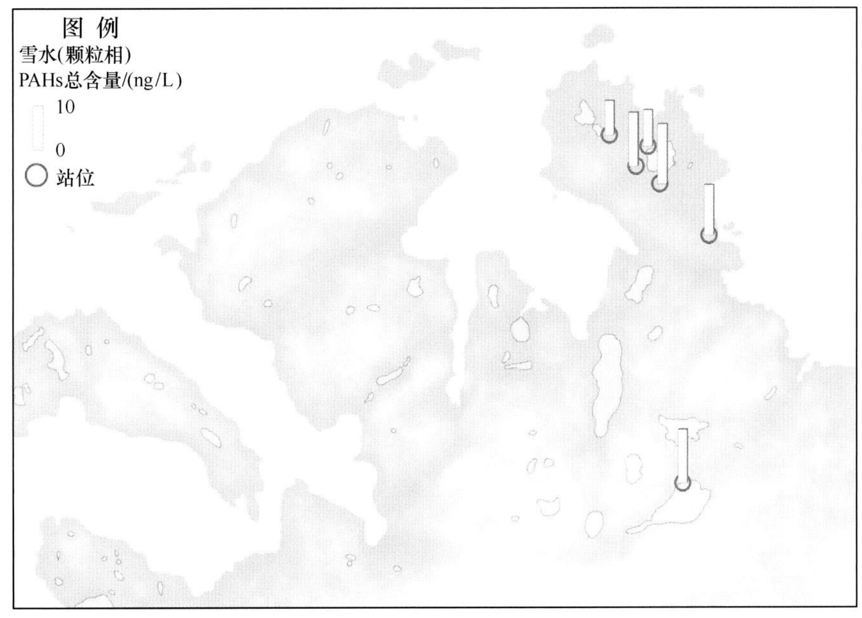

图 5-124 雪水溶解态及颗粒态中 PAHs 的空间分布特征

表 5-58 南极中山站湖水中 PCBs 的浓度特征 单位：ng/L

PCBs	均值	标准偏差	中值	最小值	最大值
CB-8	0.081	0.038	0.073	0.027	0.138
CB-18	0.044	0.016	0.040	0.018	0.066
CB-28	0.031	0.016	0.027	0.014	0.066
CB-44	0.027	0.020	0.017	0.012	0.068
CB-52	—	—	—	—	—
CB-66	0.022	0.026	0.014	0.007	0.075

续表

PCBs	均值	标准偏差	中值	最小值	最大值
CB-77	0.023	0.015	0.027	0.007	0.042
CB-81	0.046	0.026	0.052	0.017	0.069
CB-101	0.034	0.028	0.026	0.012	0.088
CB-105	—	0	—	—	—
CB-114	0.012	0	0.012	0.012	0.012
CB-118	0.017	0.007	0.018	0.010	0.029
CB-123	—	0	—	—	—
CB-126	—	0	—	—	—
CB-128	0.014	0	0.014	0.014	0.014
CB-138	0.025	0.028	0.011	0.008	0.057
CB-153	0.010	0.002	0.010	0.008	0.013
CB-156	0.048	0.023	0.052	0.017	0.072
CB-157	—	0	—	—	—
CB-167	—	0	—	—	—
CB-169	—	0	—	—	—
CB-170	0.008	0.004	0.008	0.006	0.011
CB-180	—	0	—	—	—
CB-187	0.006	0	0.006	0.006	0.006
CB-189	0.011	0.005	0.011	0.005	0.017
CB-195	0.021	0.017	0.018	0.008	0.051
CB-206	0.022	0.010	0.023	0.007	0.036
CB-209	0.225	0.067	0.207	0.158	0.364
ΣPCBs	0.548	0.190	0.477	0.331	0.866

注："—"表示未检出。

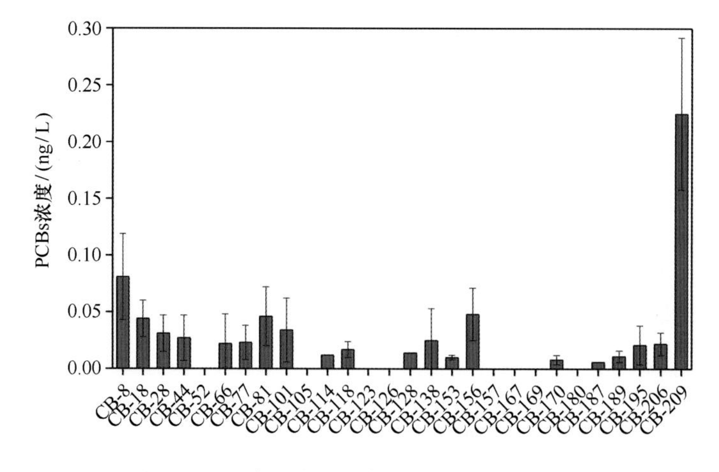

图5-125 南极中山站湖水中PCBs的浓度特征

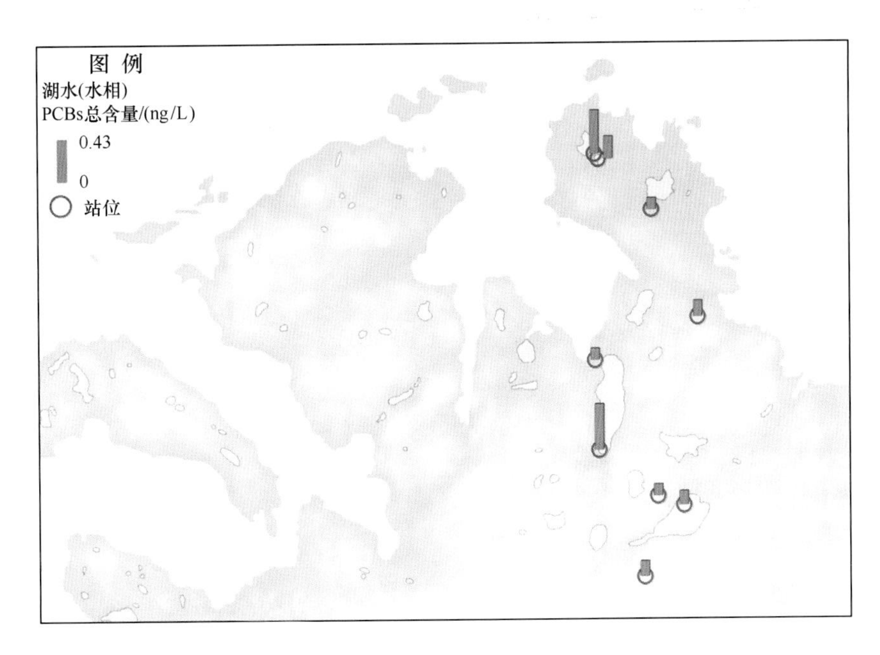

图 5－126 湖水中溶解态 PCBs 的空间分布特征

3）有机氯农药（OCPs）

对第 30 次中山站雪水进行 OCPs 污染调查。结果显示（表 5－59 和图 5－127），溶解态检出率普遍高于颗粒态检出率，六六六检出高于 DDT。溶解态（水相）监测结果表明：六六六检出范围为 0.38～1.27 ng/L，DDT 检出范围为 0.08～0.29 ng/L；颗粒相监测结果显示，六六六检出范围为 0.16～0.41 ng/L，DDT 检出范围为 0.03～0.27 ng/L；检出限 0.01 ng/L。图示表明，在中山站地区水体中 OCPs 无明显的区域分布特征。

表 5－59 中山站雪水中 OCPs 调查结果 单位：ng/L

组分	水相			颗粒相		
	均值	最大值	最小值	均值	最大值	最小值
α－BHC	0.40	0.64	0.18	0.18	0.33	0.09
β－BHC	0.22	0.44	0.05	0.02	0.05	—
γ－BHC	0.18	0.35	0.05	0.02	0.05	0.01
δ－BHC	0.03	0.10	—	0.02	0.04	0.01
p，p′－DDE	0.01	0.06	—	0.05	0.14	—
p，p′－DDD	0.01	0.02	—	0.05	0.09	0.03
o，p′－DDT	0.04	0.08	—	0.02	0.04	—
p，p′－DDT	0.11	0.19	0.04	0.03	0.06	—
∑BHC	0.84	1.27	0.38	0.24	0.41	0.16
∑DDT	0.18	0.29	0.08	0.15	0.27	0.03

注：“—”表示未检出。

对湖水 OCPs 污染调查结果显示（表 5－60 和图 5－128）溶解态检出率普遍高于颗粒态

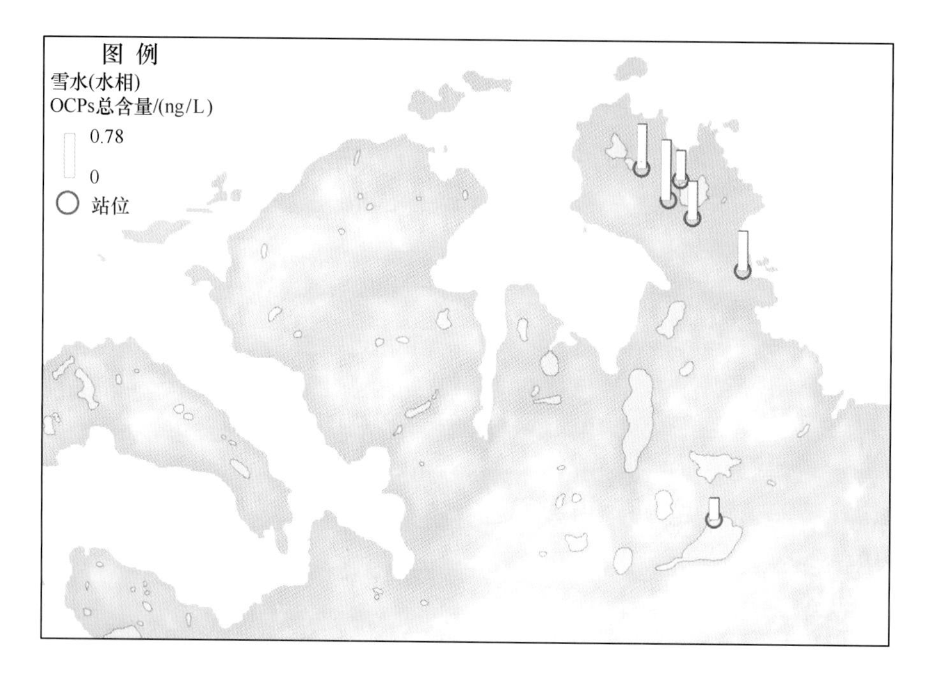

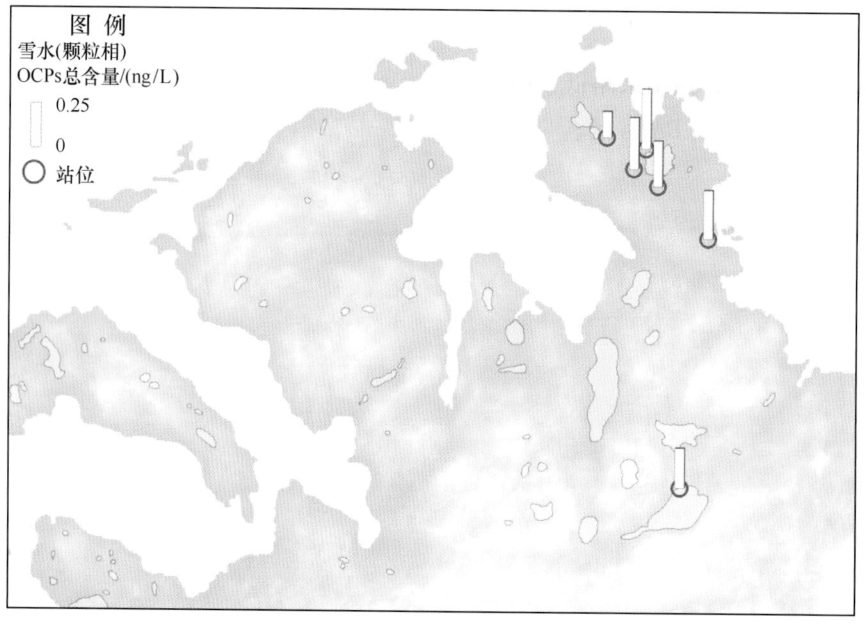

图 5－127　中山站雪水水相和颗粒相中 OCPs 区域分布

检出率，六六六检出高于 DDT。溶解态（水相）监测结果表明：六六六检出范围为 0.18～1.27 ng/L，DDT 检出范围为 0.08～1.02 ng/L；颗粒相监测结果显示，六六六检出范围为 0.11～0.47 ng/L，DDT 检出范围为 0.03～1.11 ng/L；检出限 0.01 ng/L。整体来讲，湖泊水中 OCPs 无明显分布特征。

表 5－60 中山站湖水中 OCPs 调查结果 单位：ng/L

组分	水相			颗粒相		
	均值	最大值	最小值	均值	最大值	最小值
α－BHC	0.17	0.27	0.08	0.12	0.4	0.03
β－BHC	0.04	0.11	—	0.01	0.02	—
γ－BHC	0.05	0.1	—	0.03	0.06	0.01
δ－BHC	0.08	0.21	0.04	0.08	0.28	0.02
p，p′－DDE	0.02	0.14	—	0.11	0.81	—
p，p′－DDD	0.08	0.32	—	0.14	0.41	—
o，p′－DDT	0.11	0.34	—	0.01	0.05	—
p，p′－DDT	0.19	0.9	0.05	0.03	0.09	—
∑BHC	0.33	0.55	0.18	0.24	0.47	0.11
∑DDT	0.39	1.02	0.15	0.28	1.11	0.05

注：“—”表示未检出。

5.2.1.3.3 土壤中的典型污染物

1）多环芳烃（PAHs）

2014 年度中山站地区土壤中 ΣPAHs 的浓度范围为 82.6～186.7 ng/g（干重），平均浓度为 116.5 ng/g（干重），该结果略低于南极菲尔德斯半岛（66.3～609.9 ng/g）（干重）以及南舍德兰群岛地区土壤中 PAHs 的含量（12～1 182 ng/g）（干重），与北极新奥尔松地区浓度接近（37～324 ng/g，平均值为 157 ng/g）（干重），但明显远低于中低纬度人口密集地区 PAHs 的含量水平（表 5－61 和图 5－129）。

表 5－61 中山站土壤中 PAHs 浓度 单位：ng/g（干重）

化合物	最小值	最大值	平均值	中值
Nap	51.1	144.7	76.7	68.0
Ace	0.8	2.1	1.3	1.3
Acp	1.0	4.0	2.8	2.9
Fl	0.7	5.5	3.4	3.3
Phe	11.8	17.0	14.8	15.0
An	0.7	4.4	1.2	0.9
Flu	2.6	11.1	4.1	3.4
Pyr	3.7	13.7	5.1	4.0
BaA	—	0.6	0.4	0.4
Chr	0.1	2.6	2.0	2.3
BbF	0.3	2.3	1.7	1.7
BkF	0.3	1.2	1.0	1.0
BaP	0.1	1.2	0.3	0.2
DbA	0.5	1.0	0.7	0.6
BghiP	0.1	0.6	0.3	0.3
InP	0.2	1.0	0.8	0.8
总量	82.6	186.7	116.5	108.0

注：“—”表示未检出。

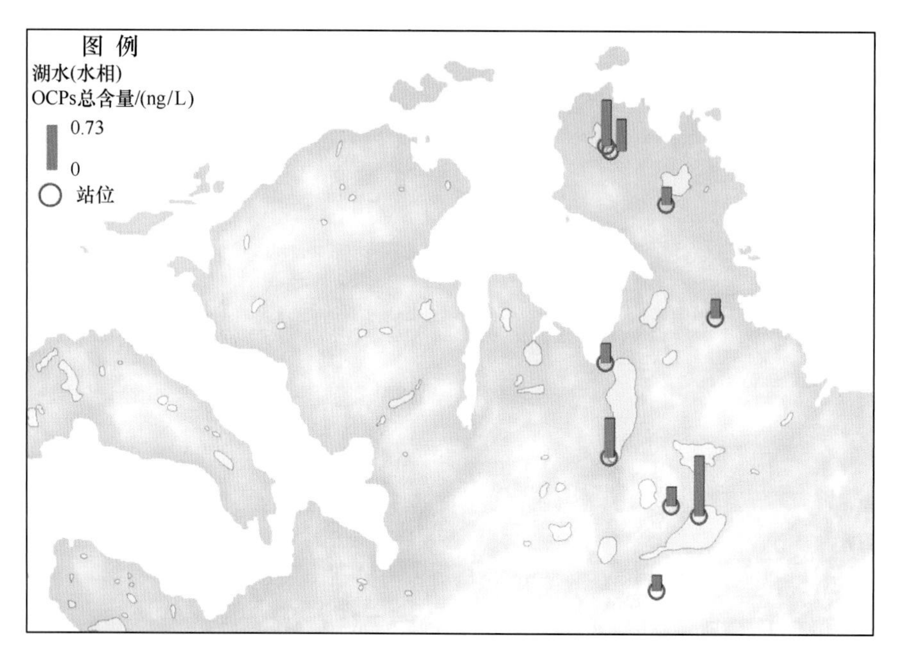

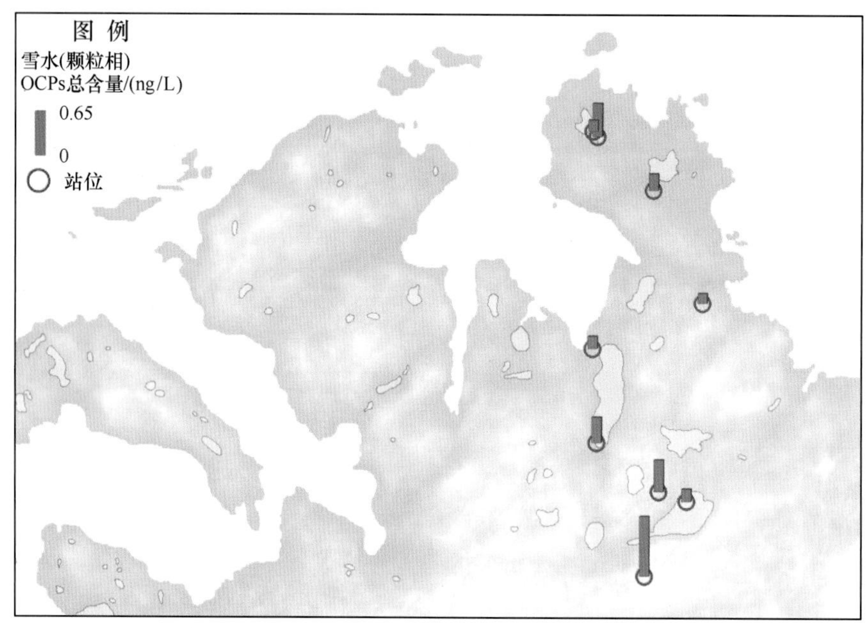

图 5－128　中山站湖水中 OCPs 区域分布

2）多氯联苯（PCBs）

表 5－62 给出了沉积物和土壤中 30 种 PCBs 和总 PCBs 浓度的平均值、标准偏差、中值、最小值和最大值。由于 PCBs 的浓度较低，有多个 PCBs 单体在中山站样品中未检，总检出率低于 50%，因此，仅对其浓度分布做一简单分析。

在沉积物中总 PCBs 的浓度范围为 2.016～2.857 ng/g，平均浓度为 2.391 ng/g，土壤中总 PCBs 的浓度范围为 1.123～2.625 ng/g，平均浓度为 1.656 ng/g，其浓度值稍低于沉积物。从图 5－129 可以看出，PCBs 在沉积物和土壤中的组成特征比较类似，并无明显的差别。从组成特征上看，不管是在沉积物还是土壤中，CB－44、CB－52、CB－118 和 CB－157 占总 PCBs 的比例较高，较为一致（图 5－130 和图 5－131）。

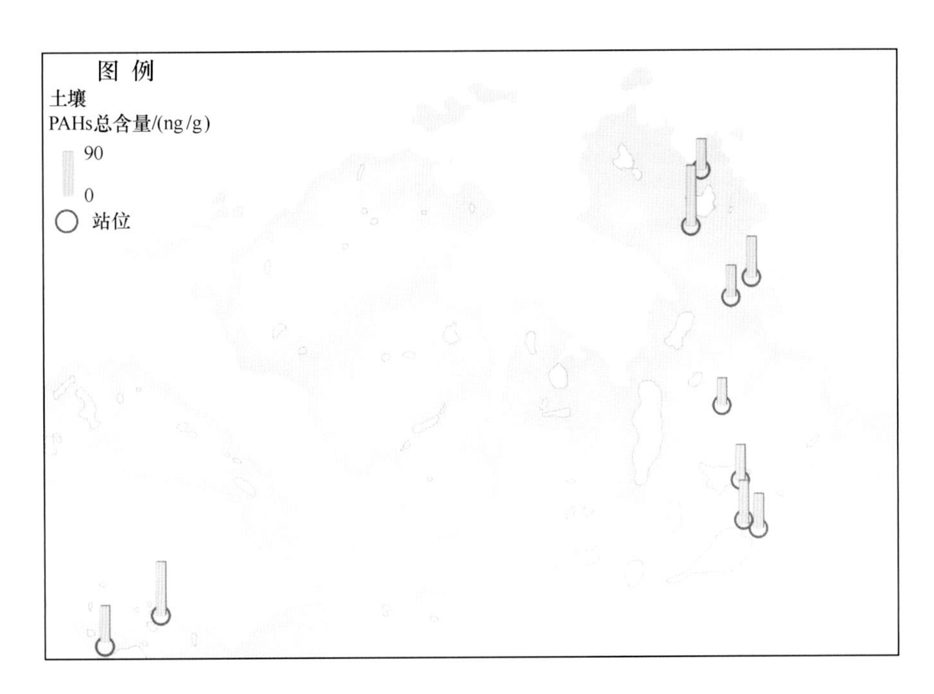

图 5-129 土壤中 PAHs 的空间分布特征

表 5-62 中山站沉积物和土壤中 PCBs 的浓度特征 单位：ng/g

PCBs	沉积物					土壤				
	均值	标准偏差	中值	最小值	最大值	均值	标准偏差	中值	最小值	最大值
CB-8	—	0	—	—	—	—	0	—	—	—
CB-18	—	0	—	—	—	0.053	0.010	0.057	0.038	0.059
CB-28	0.036	0	0.036	0.036	0.036	0.045	0.017	0.039	0.025	0.063
CB-44	0.505	0.084	0.484	0.434	0.597	0.277	0.165	0.194	0.083	0.604
CB-52	0.829	0.136	0.829	0.693	0.965	0.512	0.200	0.439	0.280	0.846
CB-66	0.111	0.052	0.120	0.055	0.158	0.104	0.018	0.106	0.079	0.134
CB-77	0.032	0	0.032	0.032	0.032	0.039	0.013	0.036	0.028	0.053
CB-81	0.162	0.139	0.135	0.040	0.313	0.104	0.074	0.067	0.028	0.267
CB-101	0.121	0	0.121	0.121	0.121	0.048	0.015	0.048	0.038	0.059
CB-105	0.043	0.017	0.043	0.031	0.055	0.036	0.012	0.035	0.026	0.058
CB-114	—	0	—	—	—	—	0	—	—	—
CB-118	0.146	0.050	0.146	0.111	0.182	0.126	0.044	0.133	0.066	0.170
CB-123	—	0	—	—	—	0.278	0	0.278	0.278	0.278
CB-126	0.083	0	0.083	0.083	0.083	0.038	0	0.038	0.038	0.038
CB-128	0.042	0.021	0.042	0.028	0.057	0.075	0.007	0.073	0.070	0.084
CB-138	—	0	—	—	—	0.118	0	0.118	0.118	0.118
CB-153	0.054	0	0.054	0.054	0.054	0.104	0	0.104	0.104	0.104
CB-156	0.029	0	0.029	0.029	0.029	0.092	0.076	0.092	0.038	0.146
CB-157	0.328	0.106	0.344	0.216	0.425	0.281	0.062	0.263	0.231	0.446
CB-167	0.069	0	0.069	0.069	0.069	0.039	0.010	0.042	0.028	0.047
CB-169	—	0	—	—	—	—	0	—	—	—

续表

PCBs	沉积物					土壤				
	均值	标准偏差	中值	最小值	最大值	均值	标准偏差	中值	最小值	最大值
CB－170	0.043	0	0.043	0.043	0.043	0.037	0	0.037	0.037	0.037
CB－180	—	0	—	—	—	0.082	0	0.082	0.082	0.082
CB－187	—	0	—	—	—	0.063	0	0.063	0.063	0.063
CB－189	—	0	—	—	—	0.040	0.015	0.036	0.027	0.064
CB－195	0.025	0	0.025	0.025	0.025	0.052	0.014	0.048	0.040	0.067
CB－206	0.081	0.014	0.077	0.069	0.097	0.069	0.033	0.057	0.041	0.152
CB－209	—	0	—	—	—	—	0	—	—	—
ΣPCBs	2.391	0.428	2.298	2.016	2.857	1.656	0.479	1.600	1.123	2.625

注："—"表示未检出。

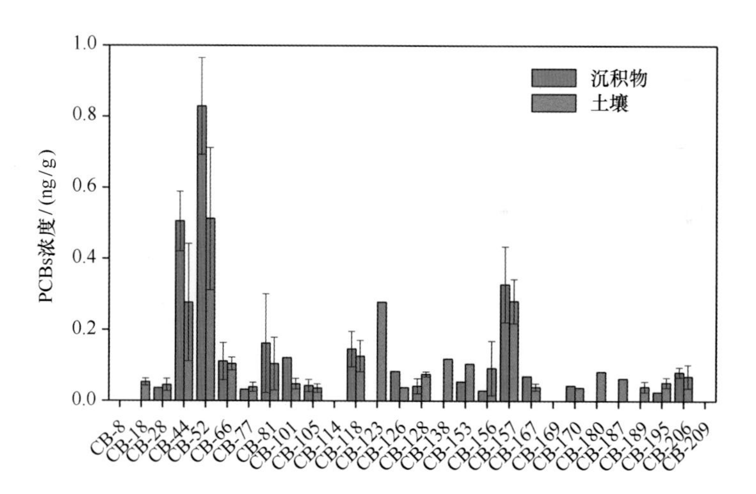

图 5－130　中山站沉积物和土壤中 PCBs 浓度比较

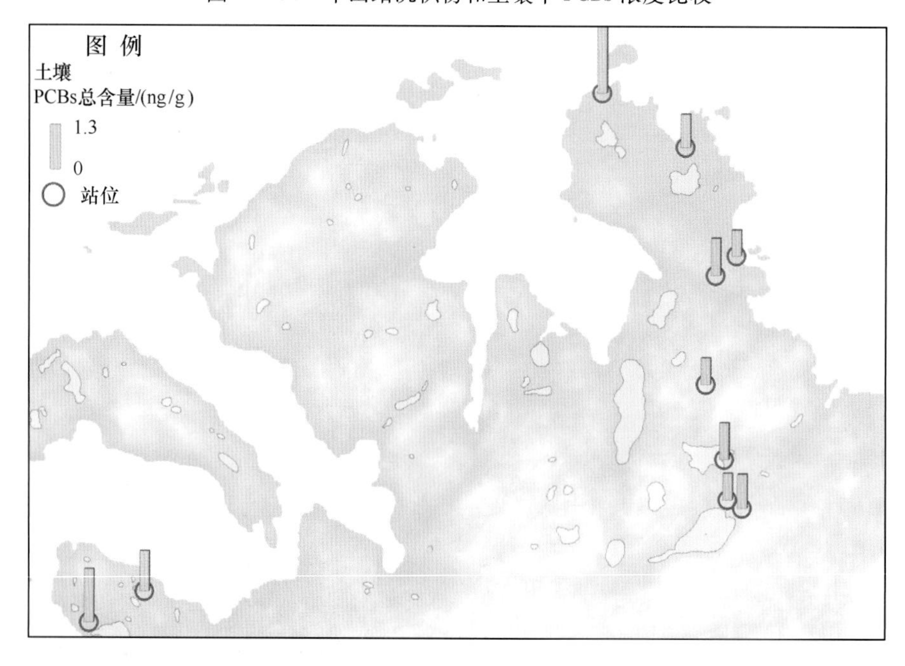

图 5－131　土壤中 PCBs 的空间分布特征

3）有机氯农药（OCPs）

对南极中山站土壤进行OCPs污染调查，结果显示（表5-63和图5-132），六六六和DDT均有较高的检出率，六六六检出率高于DDT。监测结果表明：土壤中六六六检出范围为0.18～0.55 ng/g，DDT检出范围为nd～0.58 ng/L；检出限0.025 ng/g。OCPs分布示意图显示，土壤中OCPs含量无明显的区域特征。

表5-63 中山站土壤中OCPs调查结果 单位：ng/g

组分	检出率（%）	均值	最大值	最小值
α-BHC	100	0.20	0.33	0.14
β-BHC	100	0.07	0.19	—
γ-BHC	100	0.05	0.07	0.03
δ-BHC	91	0.03	0.09	—
p，p′-DDE	91	0.02	0.04	—
p，p′-DDD	82	0.01	0.02	—
o，p′-DDT	0	—	—	—
p，p′-DDT	91	0.13	0.56	—
∑BHC	100	0.34	0.55	0.18
∑DDT	91	0.16	0.58	—

注："—""表示未检出。

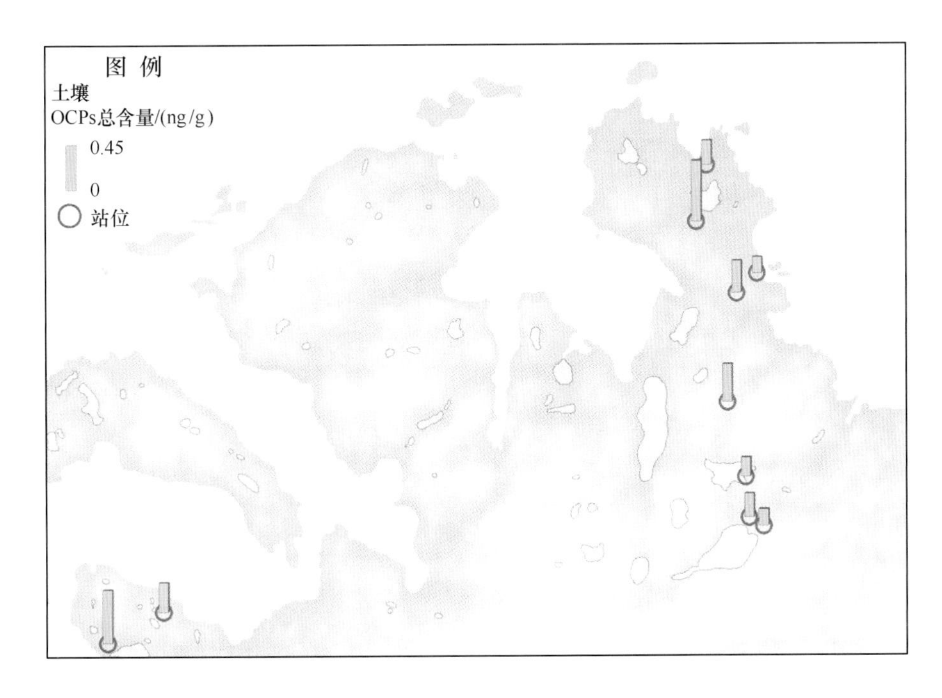

图5-132 中山站土壤中OCPs区域分布

对南极中山站沉积物进行OCPs污染调查，结果显示，六六六和DDT均有较高的检出率，六六六检出率高于DDT。监测结果表明：湖泊沉积物中六六六检出范围为0.3～0.45 ng/g，DDT检出范围为0.02～0.96 ng/L；检出限0.025 ng/g。图示表明，中山站附近的沉积物中OCPs含量相对高一些（图5-133）。

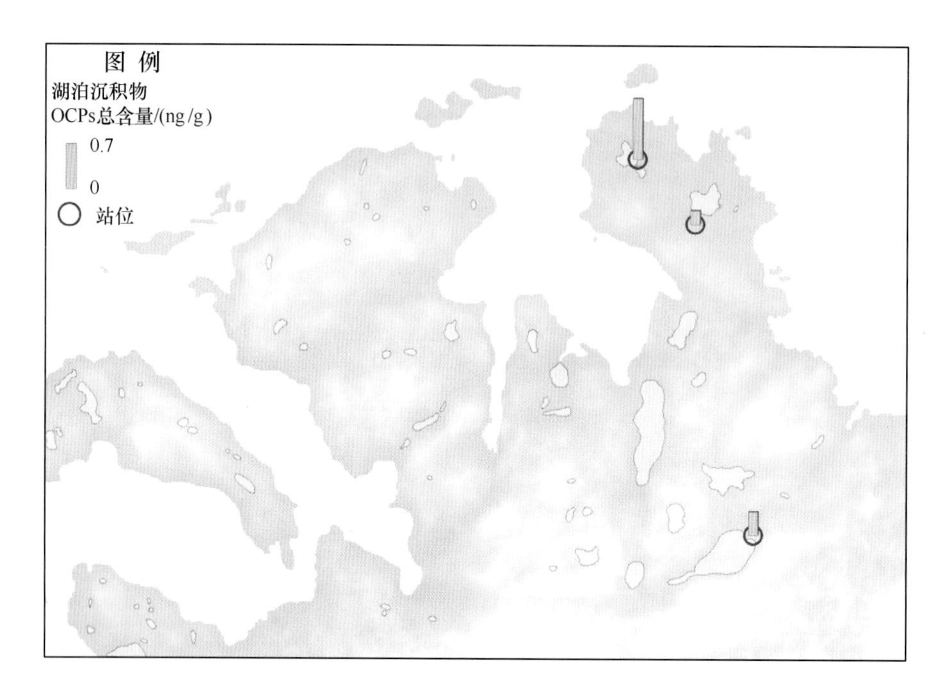

图 5－133　中山站湖泊沉积物中 OCPs 区域分布

5.2.1.3.4　植被中的典型污染物

1）多环芳烃（PAHs）

2014 年度中山站附近地区植被中 ΣPAHs 的浓度范围为 67.8～105.2 ng/g（干重），平均浓度为 81.7 ng/g（干重）（表 5－64），该结果明显低于南极菲尔德斯半岛地区（308.2～1 100.2 ng/g）（干重）以及北极新奥尔松地区苔藓中 ΣPAHs 的浓度（158～244 ng/g）（干重）；与中低纬度地区相比，该结果同样显著低于我国南岭北坡苔藓中的含量（均值 640.8 ng/g）（干重），但明显低于欧洲地区苔藓中含量（910～1 920 ng/g）（干重）。

表 5－64　中山站植被中 PAHs 浓度　　单位：ng/g（干重）

化合物	最小值	最大值	平均值	中值
Nap	4.2	29.4	14.2	15.4
Ace	0.5	1.7	0.9	0.8
Acp	0.7	1.6	1.1	1.0
Fl	0.4	5.1	1.1	0.8
Phe	7.5	31.3	17.1	15.9
An	17.3	35.1	23.9	22.7
Flu	4.8	15.4	7.0	5.9
Pyr	9.7	20.1	12.9	12.3
BaA	0.1	0.1	0.1	0.1
Chr	0.2	0.3	0.3	0.3
BbF	0.2	3.0	0.9	0.4

续表

化合物	最小值	最大值	平均值	中值
BkF	0.2	1.5	0.5	0.4
BaP	0.5	1.5	0.9	0.9
DbA	0.2	0.6	0.4	0.4
BghiP	0.2	0.7	0.3	0.3
InP	0.2	0.5	0.4	0.3
总量	67.8	105.2	81.7	79.7

2）多氯联苯（PCBs）

表 5－65 给出了植被中 30 种 PCBs 和总 PCBs 浓度的平均值、标准偏差、中值、最小值和最大值。由于 PCBs 的浓度较低，有多个 PCBs 单体在中山站样品中未检出，总检出率低于 50%，因此，仅对其浓度分布做一简单分析。

在植被中总 PCBs 的浓度范围为 2.464～11.101 ng/g，平均浓度为 5.369 ng/g，从组成特征上看，CB－44、CB－52 和 CB－157 占总 PCBs 的比例较高（图 5－134 和图 5－135）。

表 5－65 中山站植被中 PCBs 的浓度特征 单位：ng/g

PCBs	均值	标准偏差	中值	最小值	最大值
CB－8	—	0	—	—	—
CB－18	0.098	0.016	0.101	0.076	0.115
CB－28	0.181	0.072	0.196	0.079	0.249
CB－44	0.961	0.583	0.930	0.210	1.773
CB－52	1.637	1.431	1.352	0.357	5.064
CB－66	0.382	0.300	0.299	0.071	0.996
CB－77	0.105	0.093	0.067	0.037	0.211
CB－81	0.324	0.250	0.245	0.125	0.920
CB－101	0.365	0	0.365	0.365	0.365
CB－105	0.049	0.019	0.046	0.029	0.083
CB－114	—	0	—	—	—
CB－118	0.145	0.061	0.130	0.064	0.227
CB－123	—	0	—	—	—
CB－126	0.063	0.009	0.063	0.056	0.069
CB－128	0.191	0.106	0.142	0.082	0.345
CB－138	—	0	—	—	—
CB－153	0.105	0.075	0.065	0.059	0.192
CB－156	0.064	0.015	0.066	0.036	0.078
CB－157	0.937	0.542	0.798	0.494	2.268
CB－167	0.146	0.056	0.126	0.106	0.242
CB－169	—	0	—	—	—
CB－170	0.055	0.042	0.036	0.031	0.119

续表

PCBs	均值	标准偏差	中值	最小值	最大值
CB－180	0.084	0.056	0.084	0.044	0.123
CB－187	—	0	—	—	—
CB－189	0.115	0.120	0.072	0.036	0.400
CB－195	0.216	0.172	0.139	0.056	0.584
CB－206	0.289	0.284	0.209	0.082	1.012
CB－209	—	0	—	—	—
ΣPCBs	5.369	2.618	4.445	2.464	11.101

注："—""表示未检出。

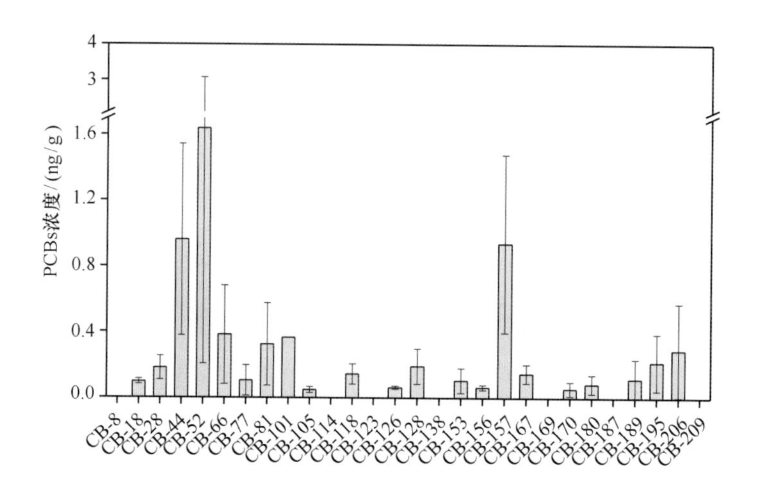

图5－134　中山站植被中 PCBs 的浓度特征

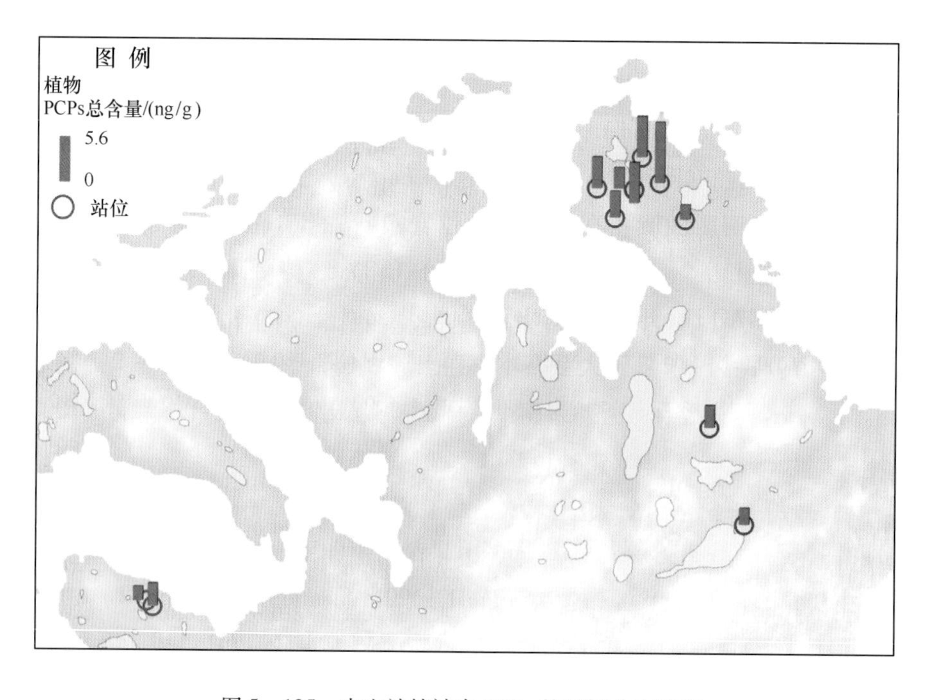

图5－135　中山站植被中 PCBs 的空间分布特征

3）有机氯农药（OCPs）

对南极中山站植被进行OCPs污染调查，结果显示（表5-66和图5-136），六六六和DDT均有较高的检出率，六六六检出率高于DDT。监测结果表明：植物中六六六检出范围为nd~4.38 ng/g，DDT检出范围为nd~1.16 ng/L；检出限0.025 ng/g。

表5-66　中山站植被中OCPs调查结果　　单位：ng/g

组分	检出率（%）	均值	最大值	最小值
α-BHC	100	3.16	29.35	0.38
β-BHC	55	0.49	3.27	—
γ-BHC	91	0.28	1.16	—
δ-BHC	82	0.24	0.84	—
p，p′-DDE	45	1.33	14.21	—
p，p′-DDD	27	2.04	22.09	—
o，p′-DDT	18	0.56	5.94	—
p，p′-DDT	82	1.32	10.4	—
∑BHC	91	4.18	4.38	—
∑DDT	100	5.24	1.16	—

注："—"表示未检出。

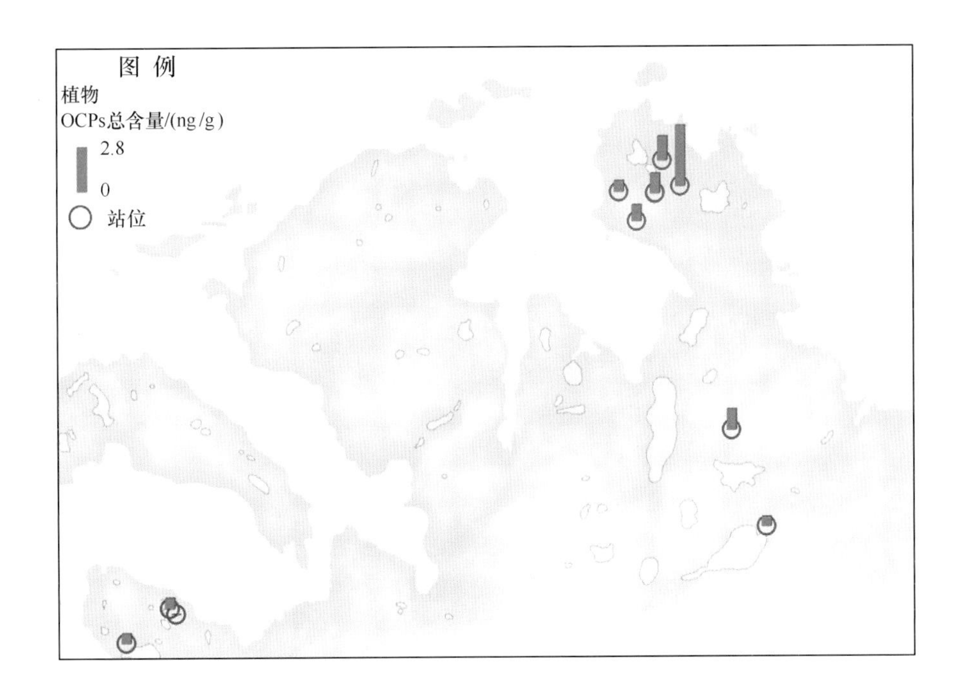

图5-136　中山站植被中OCPs区域分布

5.2.1.3.5　海洋生物中的典型污染物

1）多环芳烃（PAHs）

2014年度中山站地区生物体中PAHs浓度的差异不明显，总体浓度范围在73.2~122.4 ng/g（干重），平均浓度为105.4 ng/g（干重），该结果明显低于南极菲尔德斯半岛地区生物体中

PAHs 的浓度（63.9～544.8 ng/g）（干重）（表 5－67）。该地区受环境因素的影响及采样条件的限制，所采集生物样品的种类比较单一，主要是海胆，这增加了与其他地区浓度进行横向比较的难度。

表 5－67　中山站生物体中 PAHs 浓度　　单位：ng/g（干重）

化合物	最小值	最大值	平均值	中值
Nap	7.5	48.7	24.8	21.6
Ace	0.9	1.5	1.2	1.2
Acp	0.8	4.4	2.3	1.9
Fl	0.5	1.0	0.8	0.9
Phe	15.2	25.5	22.2	23.9
An	17.7	43.9	26.2	21.5
Flu	5.2	11.7	7.3	6.2
Pyr	13.4	15.3	14.0	13.7
BaA	—	0.1	0.1	0.1
Chr	0.1	0.3	0.2	0.2
BkF	0.5	1.7	0.9	0.7
BaP	0.9	3.2	1.6	1.1
DbA	0.4	0.7	0.5	0.4
BghiP	0.2	0.9	0.4	0.2
InP	0.3	0.5	0.4	0.4
总量	73.2	122.4	105.4	113.0

注：“—”表示未检出。

2）有机氯农药（OCPs）

对中山站海胆中 OCPs 污染进行调查，监测结果表明：六六六、DDT 检出率低于中山站其他介质，生物体内 OCPs 含量较低。六六六检出范围为 0.69～0.69 ng/g，DDT 检出范围为 0.94～2.27 ng/g；检出限 0.025 ng/g。

5.2.1.3.6　来源解析

1）多环芳烃（PAHs）

中山站地区大气气相与颗粒相中 PAHs 的单体分布特征如图 5－137 所示。从图 5－137 可见，气相中 PAHs 主要以低环的单体为主，其中 2 环和 3 环 PAHs 在气相中的比例平均达到 85% 以上，而颗粒相中 5 环和 6 环的比例相对较高，比例平均达到 30% 左右。与菲尔德斯半岛地区相比，尽管浓度水平较菲尔德斯半岛地区偏低，但大气中 PAHs 的单体分布特征相似，说明该地区的 PAHs 的来源方式同样主要来自大气传输。

中山站湖水中 PAHs 的单体组成特征与菲尔德斯半岛地区相比存在一定差异，其中溶解态和颗粒态中 PAHs 单体的相对含量最高的组分为菲（Phe），其次为萘（Nap）和芴（Fl），三者占溶解态 ΣPAHs 的比例达 60% 以上，颗粒相中高分子量 PAHs 的比重相对较大，其中 5 环和 6 环 PAHs 占颗粒相 ΣPAHs 的比例为 20% 左右（图 5－138），这同样说明低分子量的 PAHs 更易于溶解在水体中，而高分子量的 PAHs 更易于吸附于颗粒相中。

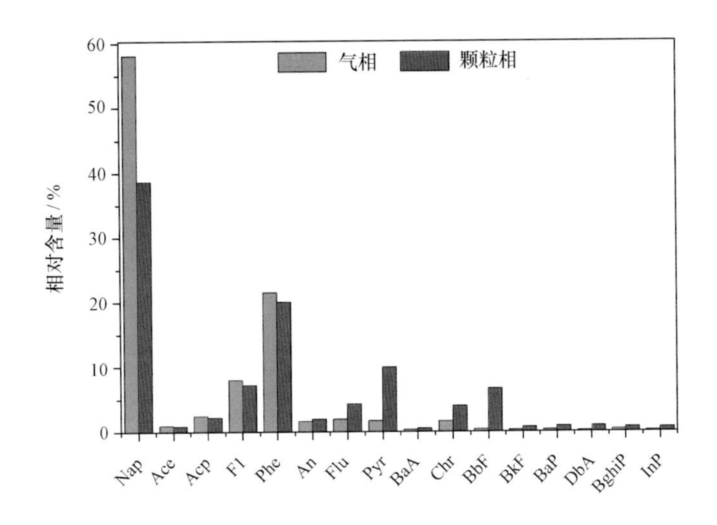

图5-137 第30次中山站大气气相与颗粒相中PAHs的单体分布特征

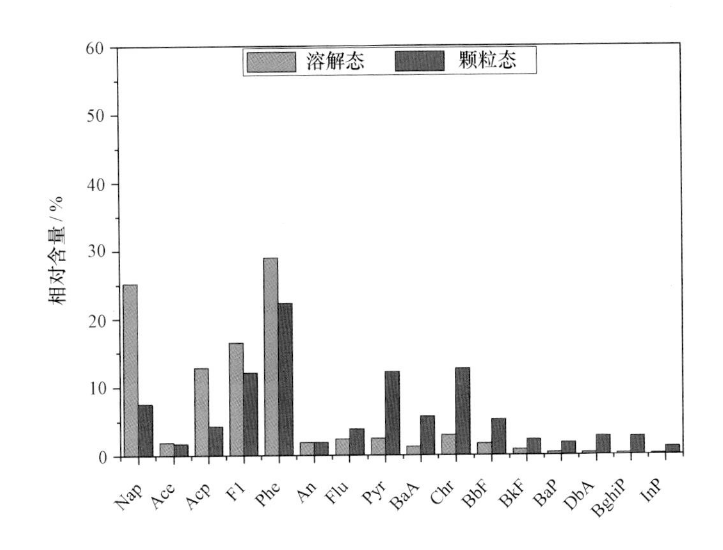

图5-138 第30次中山站湖水溶解态与颗粒态中PAHs的单体分布特征

中山站地区植被中相对含量最高的组分为萘（Nap），其次为菲（Phe），低分子量PAHs的比例达到80%以上，其中5环和6环PAHs占ΣPAHs的比例不足5%，这与大气气相中PAHs的单体分布特征相似。土壤中低分子量的单体的相对比例低于植被（图5-139），相对含量最高的组分为菲（Phe），低分子量PAHs的比例达到65%以上，其中4环PAHs占ΣPAHs的比例接近50%，这与土壤中PAHs主要来自颗粒相的干湿沉降，土壤中大分子量和中分子量PAHs的比例较大的结论一致。该结果也进一步说明中山站地区的PAHs来源途径主要是通过大气传输。

2）有机氯农药（OCPs）

数据结果显示，中山站大气被动样品中OCPs检出率较高，环境介质中六六六检出率普遍高于DDT，植被中OCPs含量高于其他固体样品；造成这些现象的原因推测为：大气传播是OCPs进入中山站的主要途径；六六六相对于DDT来说分子量小，具有高的半挥发性，多以大气传播途径进入极地，而DDT多以洋流入海方式进入，因此极地中六六六含量和分布要

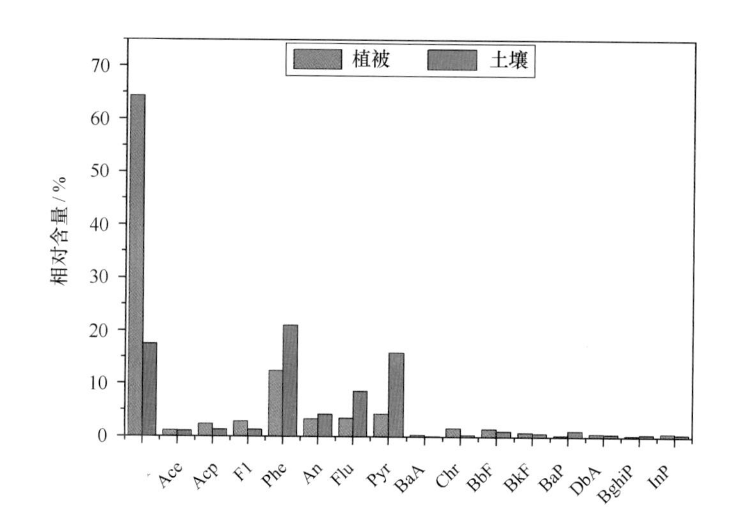

图5-139　第30次中山站植被与土壤中PAHs的单体分布特征

明显高于DDT。大气传播后的沉降和植被吸附能力是植物含量高于其他介质的主要原因。

5.2.2 生态环境演变分析

5.2.2.1 东南极西福尔丘陵8 000年来企鹅食谱指示的磷虾动态变化

通过对现代和古代企鹅骨骼、羽毛的稳定氮同位素和加速器质谱^{14}C定年分析，进一步研究了东南极西福尔丘陵全新世以来阿德雷企鹅的古食谱。据此首次获得了东南极海域过去8 000年来磷虾数量变化（Huang et al.，2011，2013）。过去8 000年来，阿德雷企鹅稳定氮同位素发生了明显的波动并与气候冷暖变化紧密相关。南极磷虾是一种喜冷水环境的南大洋食物链关键物种，对气候海冰变化极为敏感；气候温暖时期磷虾数量偏低，企鹅食物偏向鱼类，而偏凉时期相反（Murphy et al.，2007）。由此发现自然气候变化影响了企鹅食谱的变化和磷虾种群动态变化。南极磷虾是企鹅的首选食物，企鹅组织的氮同位素变化间接反映了食谱变化。前人的研究表明，生物组织氮同位素的高低反映了食谱营养级的高低，由此，南大洋磷虾及食物链变化通过企鹅遗存序列的氮同位素被发掘出来。对比现代和古代企鹅氮同位素比值，现代企鹅氮同位素比值显著亏损，指示磷虾数量丰富，支持南大洋“磷虾假说”。研究表明，近百年来气候变暖，但是人类对南极海豹和鲸的猎杀导致磷虾天敌减少，从而使磷虾种群密度不降反增。这是人类活动影响海洋生态系统的典型案例（图5-140和图5-141）。南极大洋磷虾生物量达到10×10^8 t以上，是人类蛋白质资源的巨大宝库，该项研究表明，自然气候变化和人类活动都曾对南极磷虾及海洋食物链变化产生过深刻影响，这对评估未来南极气候变化下南极磷虾的种群动态响应及南大洋生物资源保护具有重要科学价值（Huang et al.，2014）。

5.2.2.2 企鹅海豹古食谱变化及其与南极气候、海冰环境的联系

企鹅、海豹是南极具有代表性的大型海洋动物，对南极气候和海洋环境变化高度敏感。

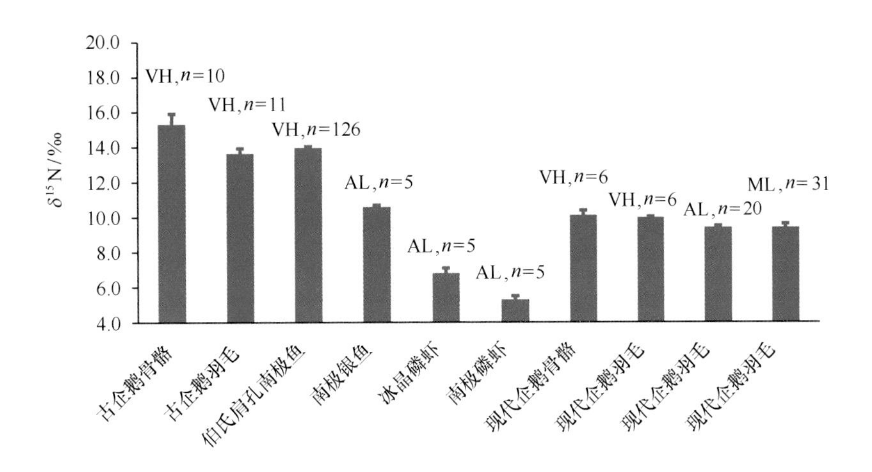

图5-140 东南极现代企鹅、企鹅食物及古代企鹅氮同位素比值组成

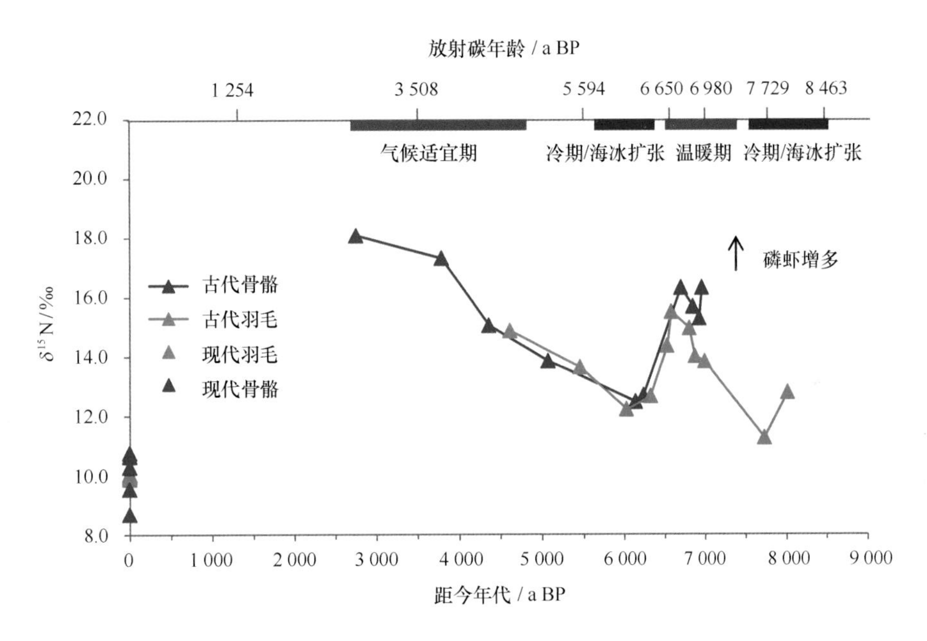

图5-141 8 000年来企鹅氮同位素指示的磷虾动态及其与气候变化间的联系

由于占据食物链的顶端，企鹅、海豹的食谱组成可以很好地指示南大洋生态环境特别是食物链变化的情况。对现代企鹅海豹食谱已开展了大量研究，但有限的时间积累还是很难与气候环境形成有效的对比。因此，获取企鹅海豹过去的食谱组成对了解南大洋区域食物链变化及其对气候环境的响应，具有重要的价值（Loeb et al.，1997；Atkinson et al.，2004）。随着方法和技术的发展，企鹅海豹古食谱研究逐步开展并取得了丰富的结果。我们综合评述了企鹅海豹的古食谱研究的方法及进展。特别是近年来利用稳定碳、氮同位素指标重建的结果显示（图5-142），企鹅古食谱变化与南大洋气候和海冰变化具有很好的相关性；近几百年来人类对南大洋生态系统的扰动（捕杀海豹、鲸）在现代古代企鹅食谱变化中也得到了印证（Huang et al.，2014）。

5.2.2.3 南极磷海陆间的生物向量传输估算

南极海—陆生态系统之间具有内在的作用和联系，其中海-陆系统之间磷的生物地球化

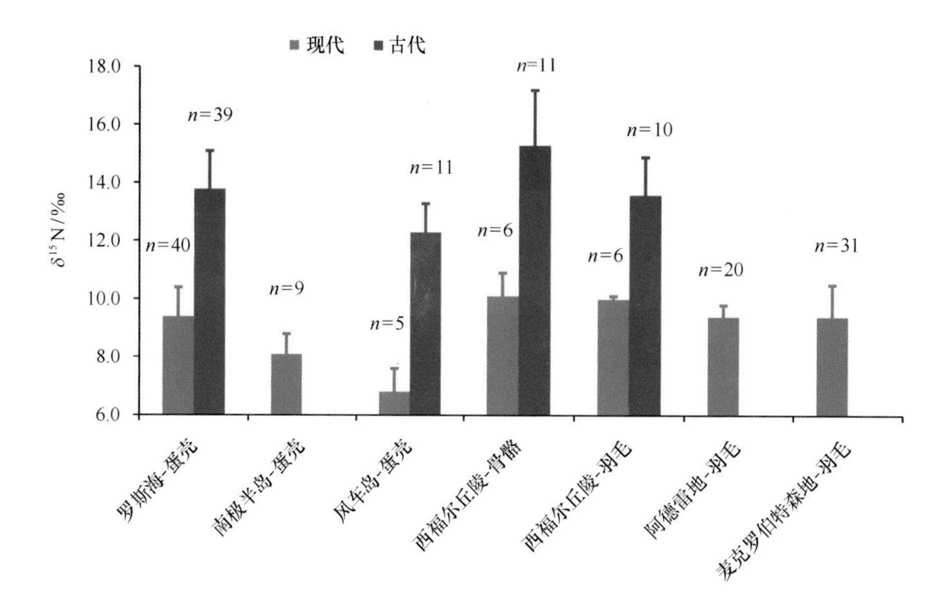

图 5－142 南极现代、古代企鹅氮同位素比值特征

学循环就是一个典型的例子。企鹅等生物传递者在磷的极地海－陆转移循环中起着关键作用。企鹅是南极最主要的海鸟类群，课题组选择南极无冰区 3 个重要的企鹅聚居地，对企鹅粪便转移磷的量进行了估算，结果表明，南极长城站阿德雷岛、东南极中山站附近西福尔丘陵、麦克默多站罗斯岛成年企鹅以粪便形式转移海洋中磷的量可分别达 12 349 kg/a，167 036 kg/a 和 97 841 kg/a。这相当于一年中有 $3.96\times10^{9}\sim1.63\times10^{12}$ kg 南大洋中的磷输入到南极陆地，从而维持了南极无冰区生态系统的多样性（表 5－68）（秦先燕等，2013；Qin et al.，2014）。

表 5－68 南极 3 个重要聚居地企鹅每年夏季转移磷量的估算

研究区域	企鹅种类	数量/只	繁殖时间/(d/a)	粪便排泄速率/[g/(d·只)]	粪中磷含量/(mg/kg) 均值±SD	转移量/(kg/a) 均值±SD
阿德雷岛	金图企鹅	8 858[1]	153[1] 10 月至翌年 2 月底	84.5[6,7]	102 816±3 089*	11 775±354
阿德雷岛	阿德雷企鹅	846[1]	132[1] 10 月至翌年 2 月初	84.5[6,7]	60 821±1 904[8]	574±18
西福尔丘陵	阿德雷企鹅	393 184[2]	182[4] 10 早、中至翌年 3 月	84.5[6,7]	27 624±1 009[9]	165 077±6 101
罗斯岛						
Cape Crozier	阿德雷企鹅	270 000[3]	153[5] 10 月至翌年 2 月	84.5[6,7]	52 500±1 253	183 261±3 900
Cape Bird	阿德雷企鹅	98 000[3]	153[5] 10 月至翌年 2 月	84.5[6,7]	52 500±1 253	66 517±1 343
Cape Royds	阿德雷企鹅	8 000[3]	153[5] 10 月至翌年 2 月	84.5[6,7]	52 500±1 253	5 430±108
合计						432 634±11 824

注：[1]孙维萍等，2010；[2] Whitehead and Johnstone，1990；[3] Ainley et al.，2004；[4] Puddicombe and Johnstone，1988；[5] Taylor，1962；[6] 吴宝玲等，1998；[7] Sun and Xie，2001；[8]孙立广等，2006；[9] Huang et al.，2009。

5.3 北极黄河站站基生物生态环境特征分析

5.3.1 生物群落结构与多样性特征分析

5.3.1.1 近岸海域海洋浮游微生物群落结构与多样性特征分析

峡湾与开阔水域是北极地区两种典型的海洋生态系统，夏季期间冰川融水及海冰融水分别会对这两种生态系统里的浮游细菌群落造成重大影响。为了调查这两种北极生态系统中浮游细菌群落的差异，我们采用基于16S rRNA基因的高通量测序方法对位于斯匹次卑尔根群岛的王湾以及楚克奇海边缘区的浮游细菌群落进行了研究。结果发现（图5-143和图5-144），王湾地区的浮游细菌群落以γ-变形细菌及拟杆菌为主，而在楚克奇海边缘区表层水体中的浮游细菌是以α-变形细菌及放线细菌为主。此外，在楚克奇海边缘区，不但表层水体与次表层水体中的浮游细菌群落存在差异，位于陆架区与海盆区的次表层水体中的浮游细菌群落也存在很大的差别。这些现象表明水文地理条件会对细菌群落造成影响。在两处不同的海洋生态系统中发现的广布性的系统发育型细菌，它们在分类学上属于一些通常在海洋浮游细菌群落中都占据优势的细菌类群。分析结果表明，环境条件的变化会导致浮游细菌群落中的广布性系统发育型细菌的地位出现变化，在某些海域它们可能丰度很高，但在另外的海域却可能数量稀少（Zeng et al.，2013）。

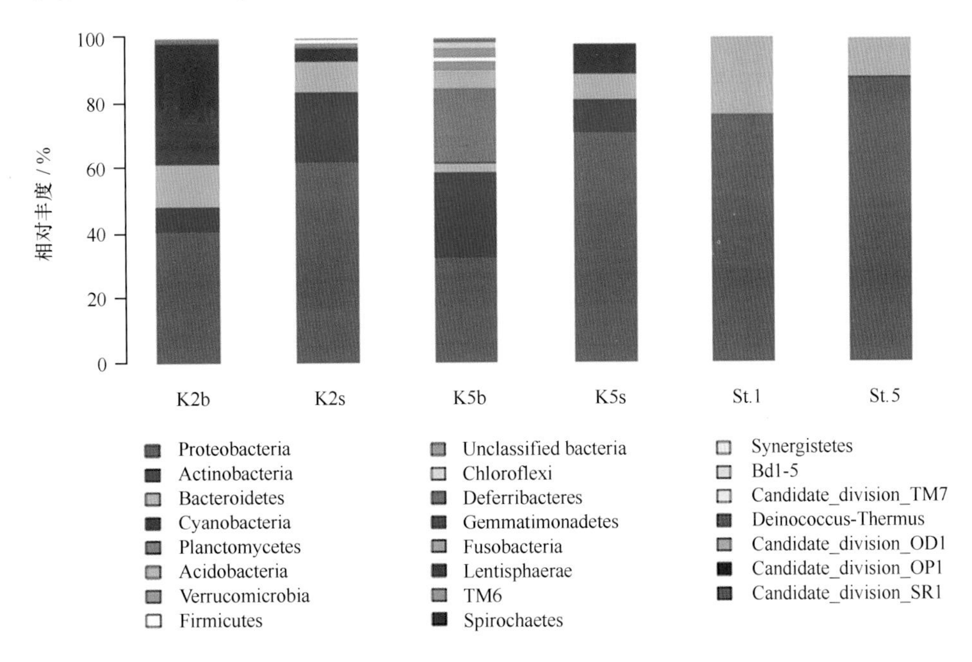

图5-143 不同群落在门水平上的细菌组成情况

K2、K5来自楚克奇海边缘区（s表示表层水体，b表示次表层水体），

St.1、St.5来自位于斯匹次卑尔根群岛的王湾

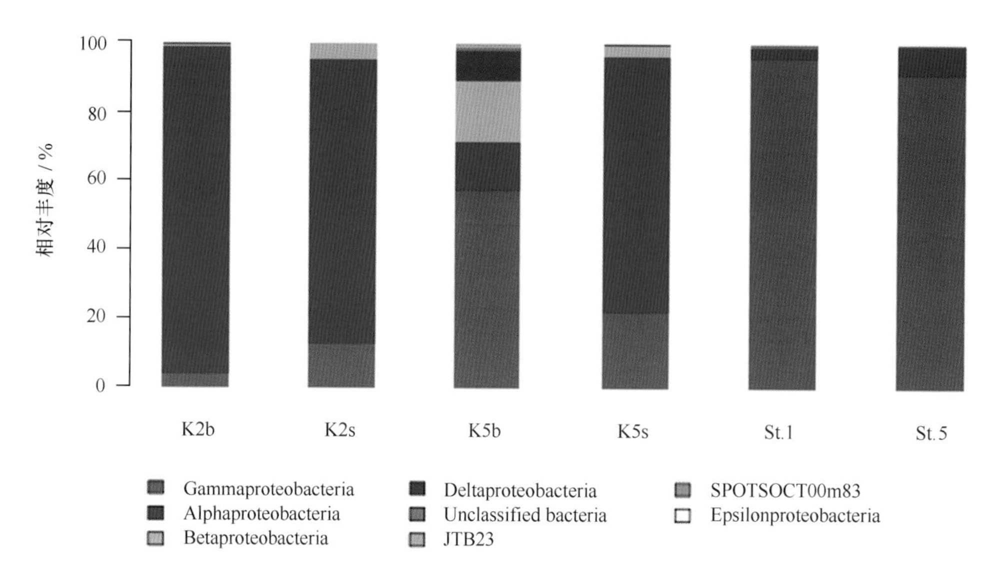

图 5－144　不同群落中变形细菌门的组成情况

K2、K5 来自楚克奇海边缘区（s 表示表层水体，b 表示次表层水体），

St. 1、St. 5 来自位于斯匹次卑尔根群岛的王湾

5. 3. 1. 2　土壤微生物群落结构与多样性特征分析

1）基于培养方法的细菌多样性

2012 年度从黄河站附近区域采集了 20 个站位的土壤样品，共分离培养获得 69 株细菌，通过 16S rDNA 序列分析表明分属于 4 个门，分别为放线菌门、厚壁菌门、变形菌门和拟杆菌门，10 个属。平板涂布计数结果显示数量介于 $1.7\times10^3\sim3.4\times10^5$ cfu/g。2013 年度从黄河站附近区域采集了 15 个站位的土壤样品，共分离培养获得 69 株细菌，通过 16S rDNA 序列分析表明分属于 3 个门，分别为放线菌门、变形菌门和拟杆菌门，8 个属。平板涂布计数结果显示数量介于 $2.2\times10^2\sim1.2\times10^5$ cfu/g。2014 年度从黄河站附近区域采集了 8 个站位的土壤样品，共分离培养获得 41 株细菌，通过 16S rDNA 序列分析表明它们分属于 4 个门，分别为放线菌门、变形菌门、厚壁菌门和拟杆菌门，8 个属。平板涂布计数结果显示数量介于 $1.6\times10^4\sim2.3\times10^5$ cfu/g。结果显示取样地区的优势类群为假单胞菌属（*Pseudomonas*）、黄杆菌属（*Flavobacterium*）和节杆菌属（*Arthrobacter*），其菌株数目和分布站位都远高于其他种属，如 2014 年度样品中，假单胞菌属（*Pseudomonas*）出现在全部的 8 个站位，黄杆菌属（*Flavobacterium*）和节杆菌属（*Arthrobacter*）均出现在 6 个站位。具体信息如表 5－69 至表 5－71 所示。

表 5－69　2012 年度北极可培养细菌物种几率与站位几率

属	菌株数/株	物种几率/%	站位数目/个	站位几率/%
Arthrobacter	15	21. 74	12	60. 00
Streptomyces	3	4. 35	2	10. 00
Subtercola	1	1. 45	1	5. 00

续表

属	菌株数/株	物种几率/%	站位数目/个	站位几率/%
Plantibacter	1	1.45	1	5.00
Frondihabitans	1	1.45	1	5.00
Sporosarcina	1	1.45	1	5.00
Chryseobacterium	2	2.90	1	5.00
Flavobacterium	9	13.04	8	40.00
Sphingomonas	6	8.70	4	20.00
Pseudomonas	30	43.48	14	70.00

表5-70 2013年度北极可培养细菌物种几率与站位几率

属	菌株数/株	物种几率/%	站位数目/个	站位几率/%
Pseudomonas	20	43.48	11	73.33
Sphingomonas	4	8.70	3	20.00
Streptomyces	3	6.52	2	13.33
Plantibacter	1	2.17	1	6.67
Subtercola	1	2.17	1	6.67
Arthrobacter	10	21.74	9	60.00
Chryseobacterium	2	4.35	1	6.67
Flavobacterium	5	10.87	3	20.00

表5-71 2014年度北极可培养细菌物种几率与站位几率

属	菌株数/株	物种几率/%	站位数目/个	站位几率/%
Pseudomonas	15	36.59	8	100.00
Arthrobacter	9	21.95	6	75.00
Flavobacterium	9	21.95	6	75.00
Streptomyces	3	7.32	2	25.00
Pedobacter	2	4.88	2	25.00
Variovorax	1	2.44	1	12.50
Bacillus	1	2.44	1	12.50
Rhodococcus	1	2.44	1	12.50

假单胞菌属（*Pseudomonas*）是异养细菌中的典型物种，能够产生多种降解酶类，一般与氨氮含量呈正相关，是典型的环境指示菌种。其在南北极地区均有分布，但是在北极地区从物种几率和站位出现几率均高于南极，反映了北极地区氨氮浓度高于南极地区，实际检测也证明北极地区氨氮比南极高一个数量级。

2）基于培养方法的真菌多样性

2012年度从黄河站附近区域采集了20个站位的土壤样品，共分离培养获得45株可培养真菌，通过 ITS 区序列分析表明分属于两个门，分别为子囊菌门和接合菌门，14 个属。平板涂布计数时，若平板上无菌落长出，则视为数量小于 300 cfu/g，计数结果显示数量介于 $0 \sim 4.3 \times 10^3$ cfu/g。2013 年度从黄河站附近区域采集了 15 个站位的土壤样品，共分离培养获得 22 株可培养真菌，通过 ITS 区序列分析表明分属于两个门，分别为子囊菌门和接合菌门，8 个属。平板涂布计数结果显示数量介于 $0 \sim 6.0 \times 10^3$ cfu/g。2014 年度从黄河站附近区域采集了 8 个站位的土壤样品，共分离培养获得 12 株可培养真菌，通过 ITS 区序列分析表明分属于两个门，分别为子囊菌门和接合菌门，6 个属。平板涂布计数结果显示数量介于 $0 \sim 4.3 \times 10^3$ cfu/g。

3 个年度的可培养真菌的物种几率和站位几率的统计结果显示，整体而言该地区的优势真菌类群为被孢霉属（*Mortierella*）、地丝霉属（*Geomyces*）和青霉菌属（*Penicillium*）。其中丝孢菌属（*Tetracladium*）在 2013 年度的样品中未分离培养获得，但是在 2014 年度的样品中该属的物种几率和站位几率都比较高，这可能是取样站位的差异性导致。总的来看，可培养真菌的门类都分属于子囊菌门和接合菌门，这同分离自长城站的可培养真菌一致，但是在属的分类水平上，北极黄河站区域的真菌类群多样性要高于南极长城站区域。相对于南极的长城站区域，北极黄河站区域尽管纬度要高一些，但是动植物的类群却比长城站区域要丰富许多，自然生态环境也相对温和，适合微生物的生长，这可能是真菌类群较多的主要原因。

被孢霉属（*Mortierella*）、地丝霉属（*Geomyces*），这两个属的真菌在两极地区夏季裸露土壤中都占据优势，说明一是适冷性强；二是极地的营养条件适合其生长。

黄河站区域可培养真菌的站位几率和物种几率具体信息如表 5－72 至表 5－74 所示。

表 5－72　2012 年度北极可培养真菌物种几率与站位几率

属	菌株数/株	物种几率/%	站位数目/个	站位几率/%
Geomyces	11	24.44	8	40.00
Ascomycota	1	2.22	1	5.00
Tetracladium	2	4.44	2	10.00
Exophiala	2	4.44	2	10.00
Penicillium	7	15.56	6	30.00
Cladosporium	1	2.22	1	5.00
Seimatosporium	1	2.22	1	5.00
Verticillium	1	2.22	1	5.00
Neonectria	1	2.22	1	5.00
Podospora	1	2.22	1	5.00
Leptosphaeria	2	4.44	2	10.00
Phoma	1	2.22	1	5.00
Mortierella	12	26.67	10	50.00
Verticillium	2	4.44	2	10.00

表 5-73 2013 年度北极可培养真菌物种几率与站位几率

属	菌株数/株	物种几率/%	站位数目/个	站位几率/%
Geomyces	4	18.18	4	26.67
Ascomycota	1	4.55	1	6.67
Exophiala	2	9.09	2	13.33
Penicillium	5	22.73	4	26.67
Cladosporium	1	4.55	1	6.67
Phoma	1	4.55	1	6.67
Leptosphaeria	1	4.55	1	6.67
Mortierella	7	31.82	5	33.33

表 5-74 2014 年度北极可培养真菌物种几率与站位几率

属	菌株数/株	物种几率/%	站位数目/个	站位几率/%
Mortierella	5	41.67	2	25.00
Tetracladium	2	16.67	2	25.00
Geomyces	2	16.67	2	25.00
Exophiala	1	8.33	1	12.50
Penicillium	1	8.33	1	12.50
Phoma	1	8.33	1	12.50

3）基于非培养方法的不同植物根际土壤微生物多样性分析

为了研究植被覆盖对根际土壤微生物群落的影响，我们选取了3种植物根际土和1个非根际土，采用454焦磷酸测序技术对土壤中细菌的群落结构进行了分析。4个站位在图中用不同颜色的点表示：蓝点——蔷薇科植物根际土、绿点——灯心草科植物根际土、黄点——蓼科植物根际土和红点——非根际土，采样位置见图5-145。

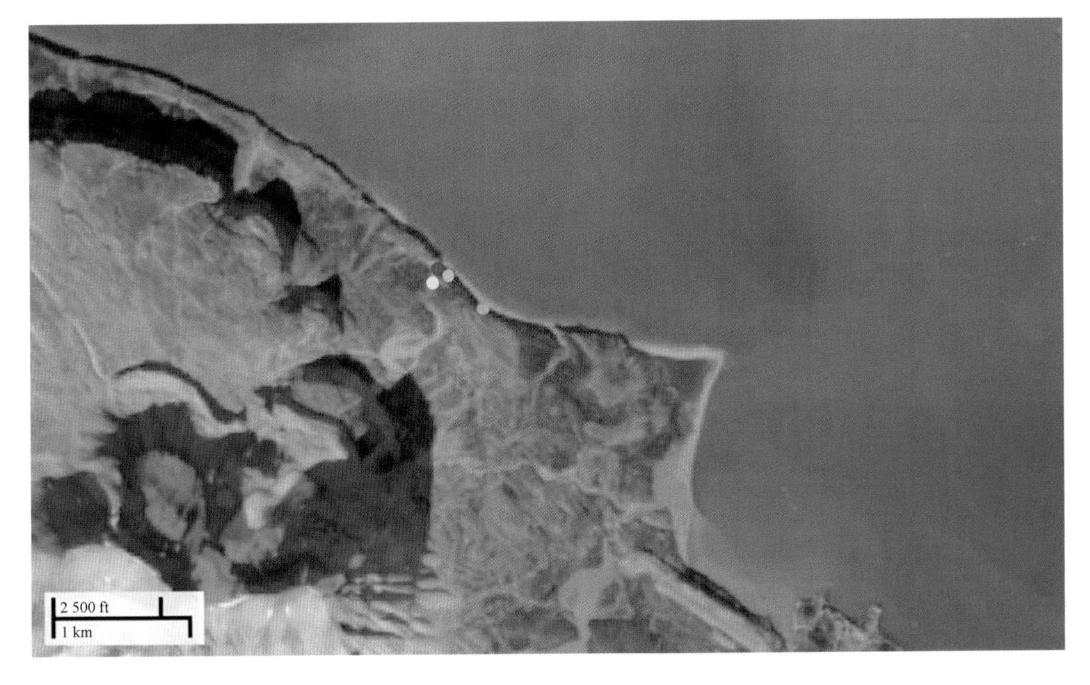

图 5-145 不同植物根际土壤微生物采样位置

4 个样本根际土微生物门水平分类分析见图 5－146。灯心草科植物根际土（站位 4 至站位6）中变形菌门（Proteobacteria）丰度最高，拟杆菌（Bacteroidetes）和纤维杆菌（Fibrobacteria）丰度也高于其他区域；而在蔷薇科植物根际土中（站位 1 至站位 3）梭杆菌门（Fusobacteria）的丰度高于其他站位。在蓼科植物根际土（站位 7 至站位 9）中厚壁菌门（Firmicutes）丰度与本底相似，高于其他站位，具有植物生长特异性。在本底环境中厚壁菌门（Firmicutes）的丰度都高于其他区域。不同植被覆盖区域的土壤群落在门分类水平存在差异，可能是由植被的根际效应造成的。

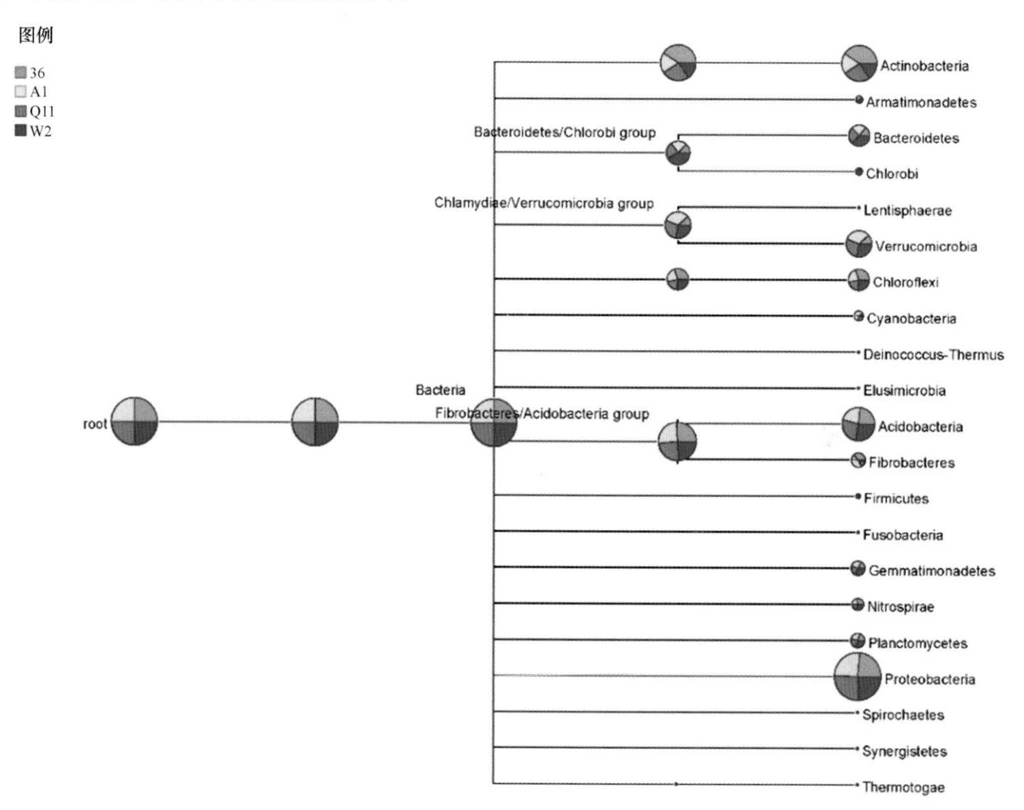

图 5－146　各样本门水平上群落结构组成的差异

5.3.2　环境现状分析

5.3.2.1　近岸海域水环境要素特征分析

王湾海域水体特征主要受到北极冰川消融与大西洋水团的共同影响。夏季水柱呈垂向分层结构，海水层化作用明显。上层海水由于受到淡水输入影响，盐度值在表层较低，并随着深度的增加而增加。温度则由于受到夏日极昼辐射的影响而较高，而在 30～200 m 水深处温度较低，最低值出现在 50～150 m 深度。

2012 年度王湾调查站位的温度与盐度分布范围分别为 2.14～6.84℃和 31.90～35.10，平均值分别为 3.63℃和 34.33。从图 5－147 可以看出，温度与盐度分层明显。冰川融水对靠近湾内的站位在温度与盐度有影响但并不显著，如 K1、K2 和 K3 三个站位 10 m 层以上的盐度有所降低。冰川融水进入 K5 和 K4 区域后使 4℃等值线范围向近岸处延伸，K3 站位温度相对较高。

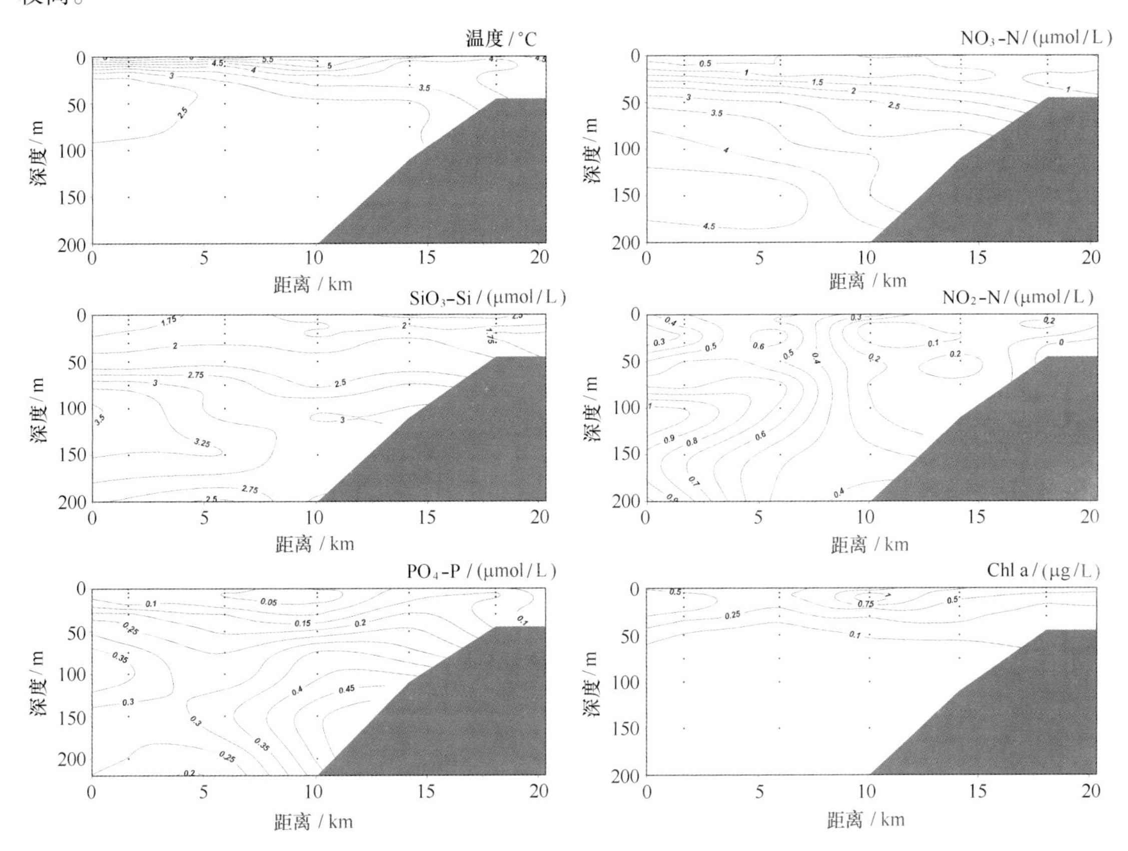

图5－147　2012年夏季王湾海域水环境要素的断面分布

研究区域营养盐浓度普遍不高，硅酸盐和硝酸盐平均值分别为2.32 μmol/ L和2.03 μmol/ L。磷酸盐和亚硝酸盐的浓度分别为0.25 μmol/ L和0.37 μmol/ L。从断面分布图5－147可以看出，硝酸盐的分布从上而下浓度逐渐增加，表层的低值可能与生物活动利用营养盐相关；硅酸盐的分布与硝酸盐类似，但在表层近岸站点有相对的硅酸盐浓度增加，这与硅酸盐的陆源输入存在一定关系；亚硝酸盐的分布在垂向上较为均匀，浓度则是从陆地向海洋方向不断增加的；磷酸盐的分布也与硝酸盐的分布相类似，但在K3站附近表层海水中存在一个相对的低值，可能是生物活动作用引起的，另外，在100 m深度营养盐有一个下降趋势。营养盐的这种垂直分布与生物活动也密切相关。叶绿素a的分布表明，其在K3站次表层，存在一个叶绿素a的高值区（1 μg/ L以上），然后叶绿素a的浓度由表层向下不断降低，在50 m深度，降到0.1 μg/ L左右。

2013年7月王湾营养盐范围分别为：硝酸盐氮NO_3－N低于检测限～6.76 μmol/L，亚硝酸盐氮NO_2－N低于检测限～0.33 μmol/L，磷酸盐磷PO_4－P 0.13～0.73 μmol/L和硅酸盐硅SiO_3－Si 1.05～3.95 μmol/L（图5－148）。其中，NO_3－N表层浓度表现为湾内高于湾口，并随着深度的增加而增加。到150～200 m层，最高浓度达到6.76 μmol/L；PO_4－P位于湾口的K1站表层浓度最低，随着深度不断增加，到100 m水深时呈现有陆架向近岸递减的趋势；SiO_3－Si表层表现为湾内浓度高于湾口浓度，在整个断面表现出次表层营养盐低值，然后随着水深的增加逐渐增高。表层硅酸盐则受到陆源输入的影响高于次表层浓度。夏季，王湾中叶绿素a的浓度较低（0.01～2.73 μg/L），平均值仅0.17 μg/L，表明夏季浮游植物的现存量较低。2013 年夏季王湾海域叶绿素 a 分布表现为表层高，随水深增加迅速降低的特征，最高值出现在 K2 站 5 m 层。30 m 以深层位中叶绿素 a 浓度很低（<0.1 μg/L）。

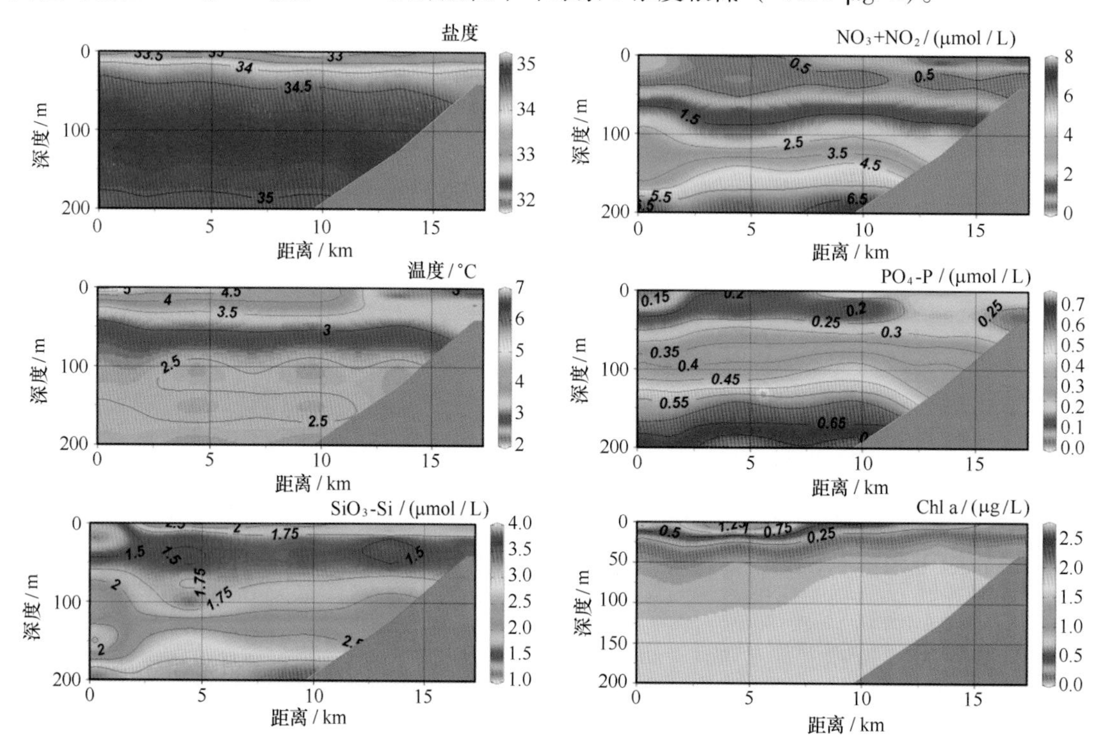

图 5－148　2013 年北极王湾海域海水环境要素的断面分布

从图 5－149 王湾水体温盐分布图中可以看出，湾内水体受到大西洋水控制（盐度大于 34.7），仅 10 m 以浅深度为表层水；表层水温度较高，随着深度加深温度不断下降。

2014 年 7 月王湾营养盐范围分别为：硝酸盐氮 NO_3－N 低于检测限到 10.15 μmol/L，亚硝酸盐氮 NO_2－N 0.14～0.54 μmol/L，磷酸盐磷 PO_4－P 0.18～1.47 μmol/L 和硅酸盐硅 SiO_3－Si 0.81～6.71 μmol/L（图 5－149）。营养盐分布总体趋势为：垂向上随深度加深，浓度增加；水平上较为均匀，但在 200 m 左右深度出现由湾外向湾内递减。NO_3－N 表层与次表层浓度基本低于检测限，可能与冰雪融化输入以及生物活动有关；PO_4－P 最低值出现在湾口的 K1 站表层；SiO_3－Si 表层的最低值也出现在湾口 K1 和 K2 站位置，在湾内则出现次表层营养盐低值，然后随水深的增加逐渐增高，表明表层硅酸盐受到陆源输入的影响高于次表层浓度。另外一个显著特征是，在 K2 站 75～100 m 深度出现各个营养盐的高值，从水团上没有找到具体来源，可能与生物过程有关，具体成因有待进一步研究。

5.3.2.2　大气化学环境要素特征分析

1）黄河站大气气溶胶主要离子成分及存在形式

图 5－150 是黄河站大气主要阴阳离子（F^-、Cl^-、NO_3^-、SO_4^{2-}、PO_4^{3-}、Na^+、K^+、Ca^{2+}、Mg^{2+}、NH_4^+、MSA）的比例分布图。从图 5－150 可以看出，黄河站大气中阴阳离子浓度由大到小依次为 Na^+、Cl^-、SO_4^{2-}、NO_3^-、Ca^{2+}、MSA、K^+、NH_4^+、F^-、Mg^{2+}。各离子浓度的平均值分别为：Na^+ 0.801 5 μg/m³，Cl^- 0.200 3 μg/m³，SO_4^{2-} 0.068 1 μg/m³，NO_3^-

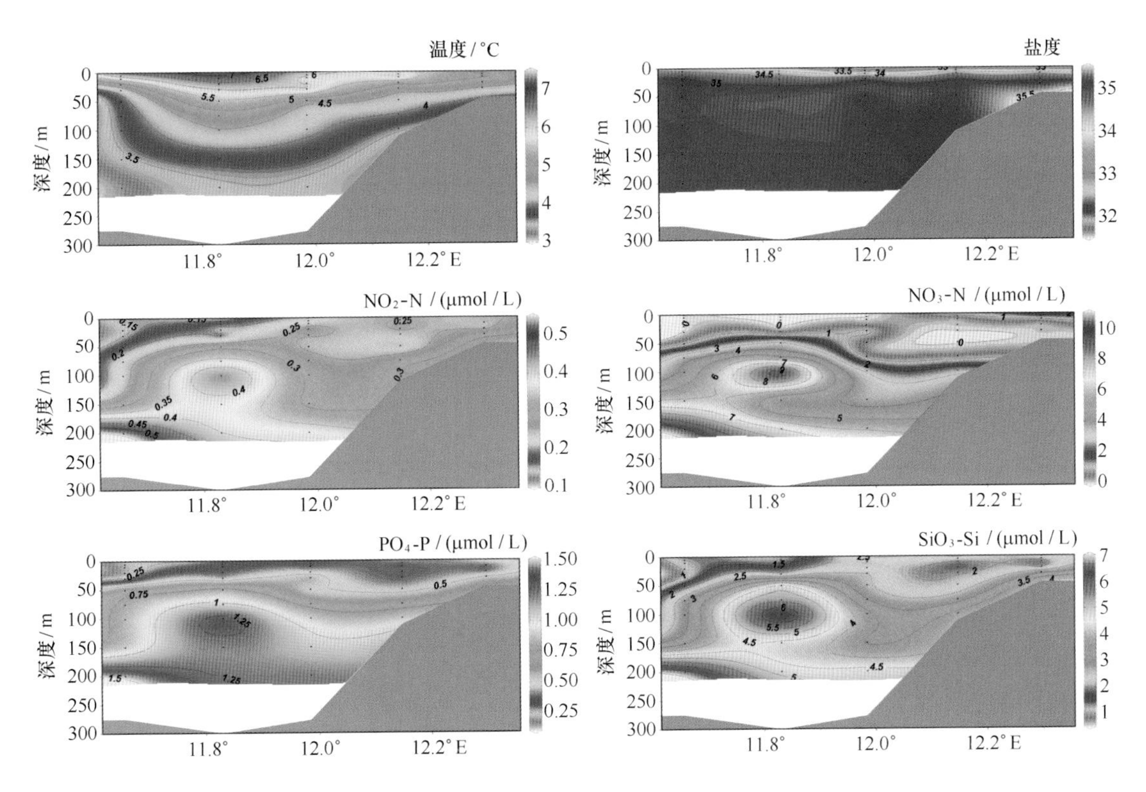

图 5 - 149 2014 年北极王湾海域海水环境要素的断面分布

0.043 1 μg/m³，Ca^{2+} 0.011 7 μmg/m³，MSA 0.073 μg/m³，NH_4^+ 0.054 3 μg/m³，K^+ 0.006 0 μg/m³，F^- 0.004 4 ng/m³，Mg^{2+} 0.004 1 μg/m³。可见主要的离子组成是 Na^+、Cl^-、SO_4^{2-}、NO_3^-、Ca^{2+}，5 种离子浓度对气溶胶载量的贡献平均为 93.4%，其中 Na^+ 和 Cl^- 的贡献平均约为 83.4%，可见海盐颗粒是最主要的海洋气溶胶成分，其次是硫酸盐气溶胶。

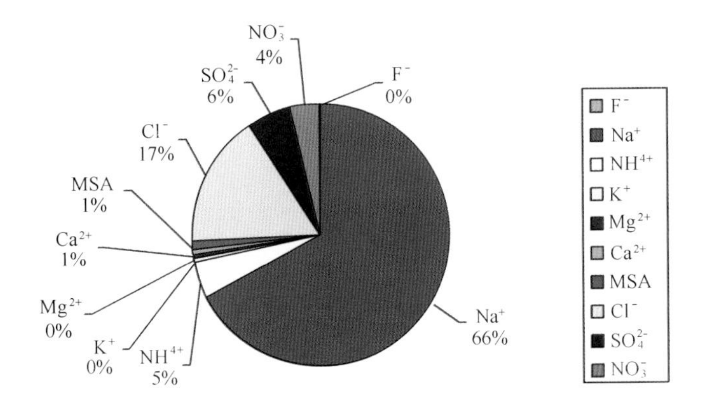

图 5 - 150 黄河站大气主要阴阳离子的比例分布

由上面的分析可知，气溶胶主要由海盐颗粒物质和硫酸盐、硝酸盐组成，其中气溶胶中的硫酸盐粒径范围一般为 0.1 ~ 1.0 μm，而在这个粒径范围内的气溶胶粒子对太阳辐射的影响较大，同时由于硫酸盐离子易溶于水，可有效地作为云凝结核（CCN），从而对气候变化具有显著的影响，因此历来是大气化学科学家们研究关注的重点。对于测定得到的硫酸盐，因其一方面来源于海盐，该部分为海盐硫酸盐（sea-salt SO_4^{2-}，简称 ss - SO_4^{2-}）；另一方面来源于人类活动排放以及海洋生物生产活动释放，故该部分为非海盐硫酸盐（non-sea-salt SO_4^{2-}，简称 nss - SO_4^{2-}），其计算公式为 nss - SO_4^{2-} = $[SO_4^{2-}]_{Total}$ - $[Na^+]$ ×0.2516，其中 0.2516 为海水中 SO_4^{2-} 与 Na^+ 的比值。二次气溶胶离子 NO_3^-、NH_4^+ 和 nss - SO_4^{2-} 三者之间均存在显著的正相关性，这说明 NH_4^+ 可能以 NH_4NO_3、NH_4HSO_4 以及 NH_4 $(SO_4)_2$ 的形式存在。

2）黄河站大气气溶胶主要阴阳离子变化特征

图 5 - 151 至图 5 - 161 是黄河站大气 F^-、Cl^-、NO_3^-、SO_4^{2-}、PO_4^{3-}、Na^+、Ca^{2+}、K^+、Mg^{2+}、NH_4^+、MSA 随时间的变化情况。从图 5 - 151、图 5 - 154、图 5 - 155、图 5 - 158 可见，2014 年 7 月 15—17 日采集的一个气溶胶样品中，大气气溶胶 F^-、K^+、Mg^{2+} 和 Cl^- 等 4 种阴阳离子的含量分布是呈现脉冲式的升高，这主要是由于海上风浪较大，风速较快，海洋飞沫所富集的高浓度海盐颗粒带入大气中。

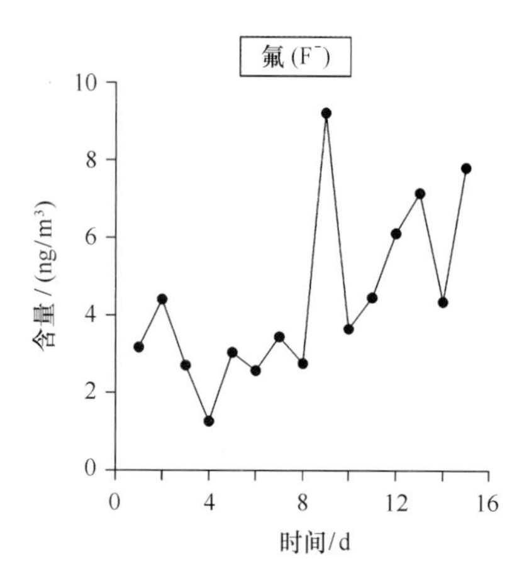

图 5 - 151　2014 年黄河站大气氟离子（F^-）含量随时间变化

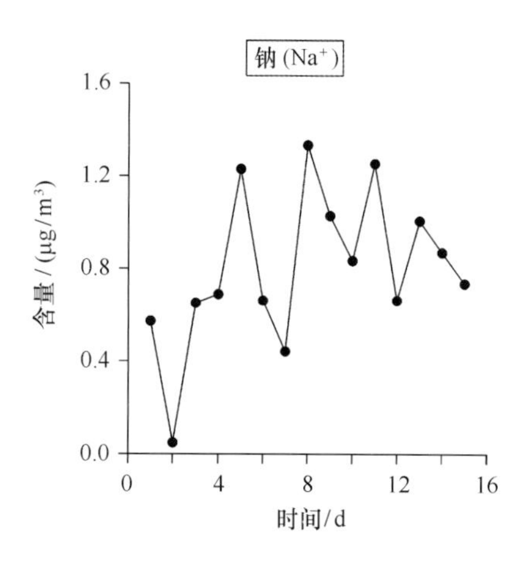

图 5 - 152　2014 年黄河站大气钠离子（Na^+）含量随时间变化

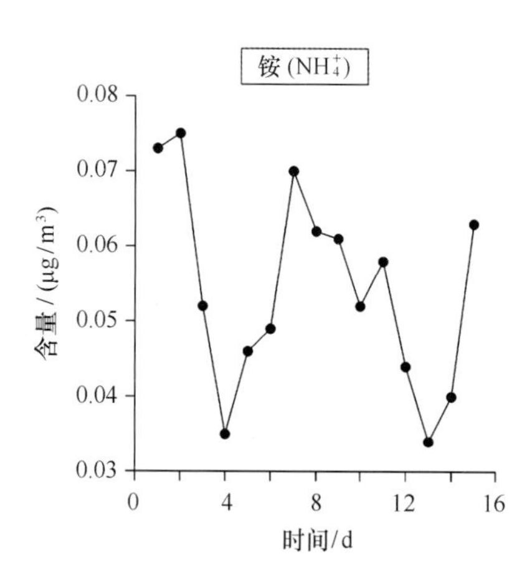

图 5 - 153　2014 年黄河站大气铵离子（NH_4^+）含量随时间变化

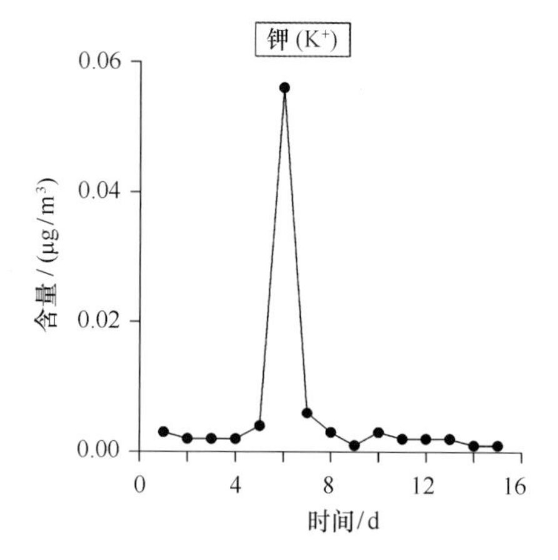

图 5 - 154　2014 年黄河站大气钾离子（K^+）含量随时间变化

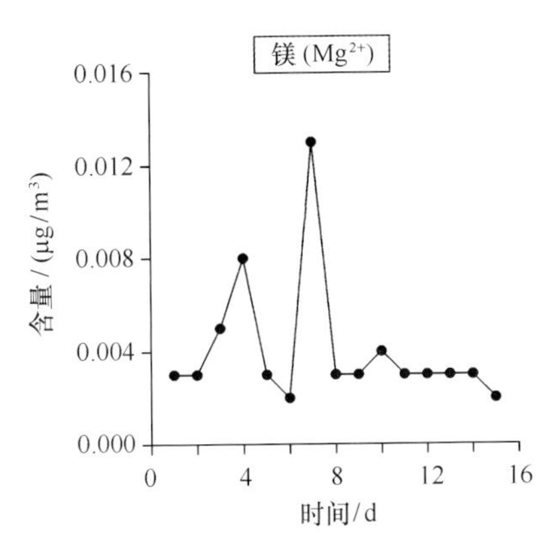

图5－155 2014年黄河站大气镁离子（Mg^{2+}）含量随时间变化

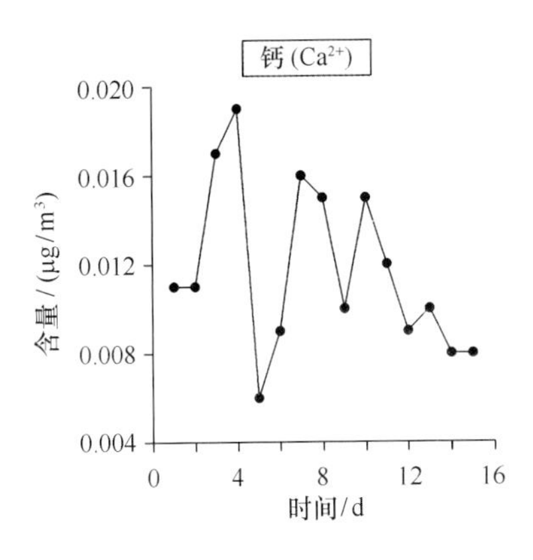

图5－156 2014年黄河站大气钙离子（Ca^{2+}）含量随时间变化

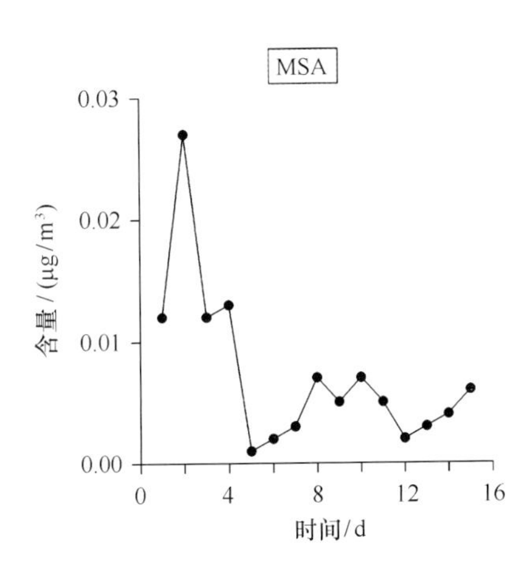

图5－157 2014年黄河站大气二甲基硫（MSA）含量随时间变化

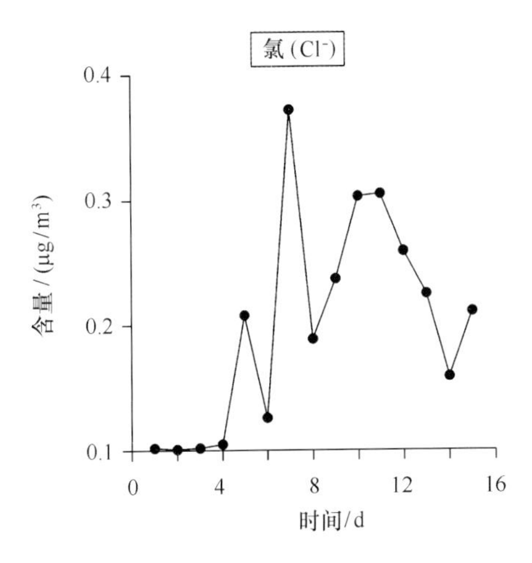

图5－158 2014年黄河站大气氯离子（Cl^-）含量随时间变化

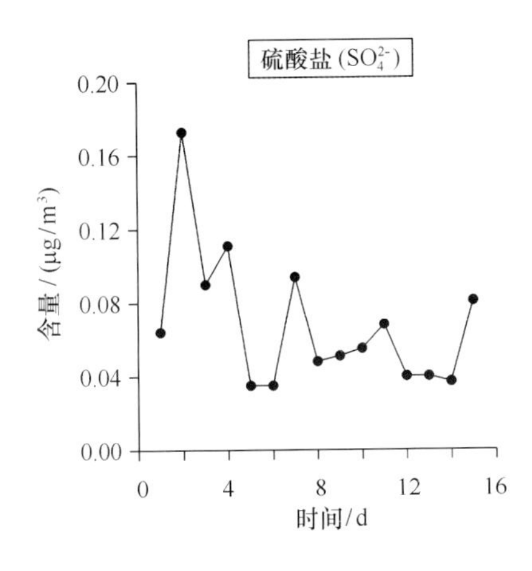

图5－159 2014年黄河站大气硫酸盐（SO_4^{2-}）含量随时间变化

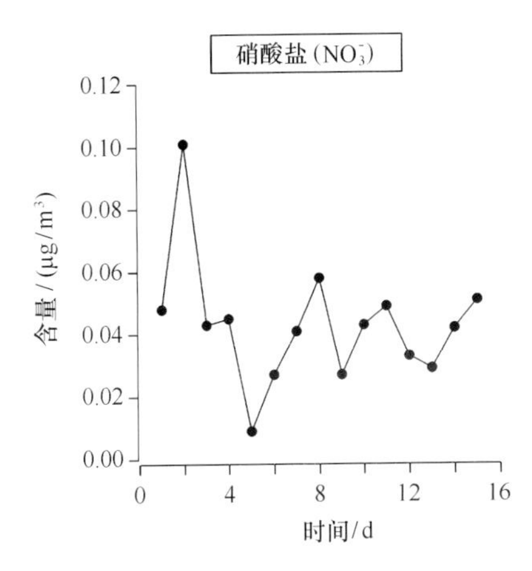

图5－160 2014年黄河站大气硝酸盐（NO_3^-）含量随时间变化

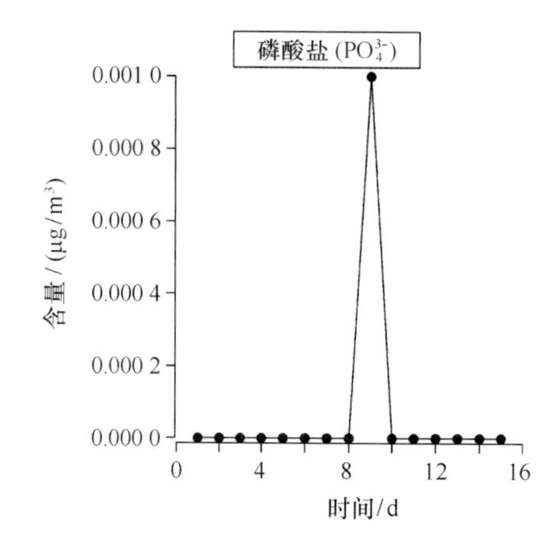

图 5 - 161　2014 年黄河站大气磷酸盐（PO_4^{3-}）含量随时间变化

从图 5 - 153 可见，黄河站大气 NH_4^+ 含量变化不大，大体在 0. 034 ~ 0. 075 $\mu g/m^3$ 左右。大气 NH_4^+ 可通过大气气溶胶的远距离输送，以及颗粒物表面发生的一系列大气光化学反应。可见，黄河大气气溶胶中的离子成分受陆源物质传输的一定影响。对于 NO_3^-（图 5 - 160），其浓度趋势与 NH_4^+ 相似，因此其浓度很大程度上受到人类活动排放的影响，也就是通过在颗粒物表面的化学反应式（5 - 1）、式（5 - 4），由 HNO_3 参与反应生成而来，而在黄河站，反应式（5 - 4）可能为生成 NO_3^- 的主要过程。

图 5 - 157 是 2013 年黄河站大气二甲基硫（MSA）随时间变化情况，从图 5 - 157 可以看出，黄河站大气二甲基硫（MSA）浓度变化不大，其平均含量比南极长城站和中山站分别高 6 倍和 4 倍，这主要是由于黄河站夏季随着冰雪融化和气温升高，海洋和陆地动植物活动不断加强，向大气释放的 MSA 增加，导致大气 MSA 升高。

图 5 - 161 是 2014 年黄河站大气磷酸盐（PO_4^{3-}）随时间变化，从图 5 - 161 可以看出，黄河站大气 PO_4^{3-} 含量非常低，除了 2014 年 7 月 17—19 日采集的一个样品检出了 PO_4^{3-} 外，大部分的样品均未检测出 PO_4^{3-}。

5. 3. 2. 3　土壤环境要素特征分析

按照地形地貌、成土母质和建筑分布等因素，在 2012—2015 年度的调查中，将黄河站所在的新奥尔松地区分为黄河站区、新奥尔松机场、布勒格半岛北、伦敦岛、中洛温冰川北缘、东洛温冰川北缘等典型区域，分别获取典型样本开展土壤金属分布的调查和统计分析。

1）土壤基础理化背景

土壤基础理化性质调查涉及有机物和氮、磷、氯、氟等基础矿物盐，总体数据统计见表 5 - 75。其中，有机质、总氮、总磷、有机质等组分的空间分布均匀性相近，而氟化物的空间分布显示显著的非均匀性，浓度范围为 248 ~ 6 050 mg/kg，并且显示出海洋物质和生物活动输入对陆域矿物盐组分的明显影响。

表 5－75 黄河站周边土壤理化性质结果统计

单位：mg/kg

黄河站土壤	有机质/%	氯化物	总氟	总氮	总磷
最小值	0	22	248	297	405
最大值	6.1	185	6 050	2 770	627
均值	2.6	67.8	933.4	1 056	475
中值	2.3	50.1	486	1 195	463
标准偏差	1.4	43.3	1 621.2		103.4
变异系数	0.54	0.64	1.74	0.73	0.22

2）土壤重金属背景基线

按照总体调查数据和典型调查区域的划分，2012—2015 年度对黄河站及周边土壤金属全量背景的统计结果见表 5－76。总体上，各调查区金属全量均值的偏差最大为 Cd，其次为 Pb，其他金属全量总体上空间分布差异较小（图 5－162 和表 5－77）。

表 5－76 黄河站周边土壤背景金属全量统计

单位：mg/kg

元素	最小值	最大值	均值	中值	标准偏差	变异系数
Hg	0.08	0.38	0.29	0.3	0.07	0.25
Cd	<0.10	2.40	0.109	0.12	0.38	3.58
Zn	26.50	123.00	79.36	83.2	26.78	0.34
Cu	7.84	47.30	18.44	18.35	7.69	0.42
Cr	13.30	127.00	40.91	35.6	23.59	0.58
As	2.17	9.22	4.07	3.84	1.56	0.38
Ni	1.72	38.80	16.03	13.25	10.09	0.63
Pb	<1.00	38.40	8.82	1.52	27.44	3.11

表 5－77 奥尔松地区各调查区土壤背景金属全量统计

单位：mg/kg

各调查区均值	调查金属元素全量							
	Hg	Cd	Zn	Cu	Cr	As	Ni	Pb
黄河站区	0.22	0.03	91.64	21.30	51.06	4.03	16.29	2.56
布勒格半岛北	0.27	0.12	84.24	14.09	24.50	3.85	11.12	1.42
新奥尔松机场	0.34	0.06	78.36	17.00	34.00	4.42	17.30	4.73
中洛温冰川北缘	0.27	0.03	59.72	16.35	35.60	3.35	20.16	1.72
东洛温冰川北缘	0.29	0.03	69.08	22.93	53.77	4.24	12.81	3.56
伦敦岛	0.31	0.33	80.89	16.31	36.40	4.71	12.02	5.06

利用奥尔松地区全部调查样本的统计结果，采用相对累计频率（图 5－163）确定的金属元素背景基线见表 5－78。

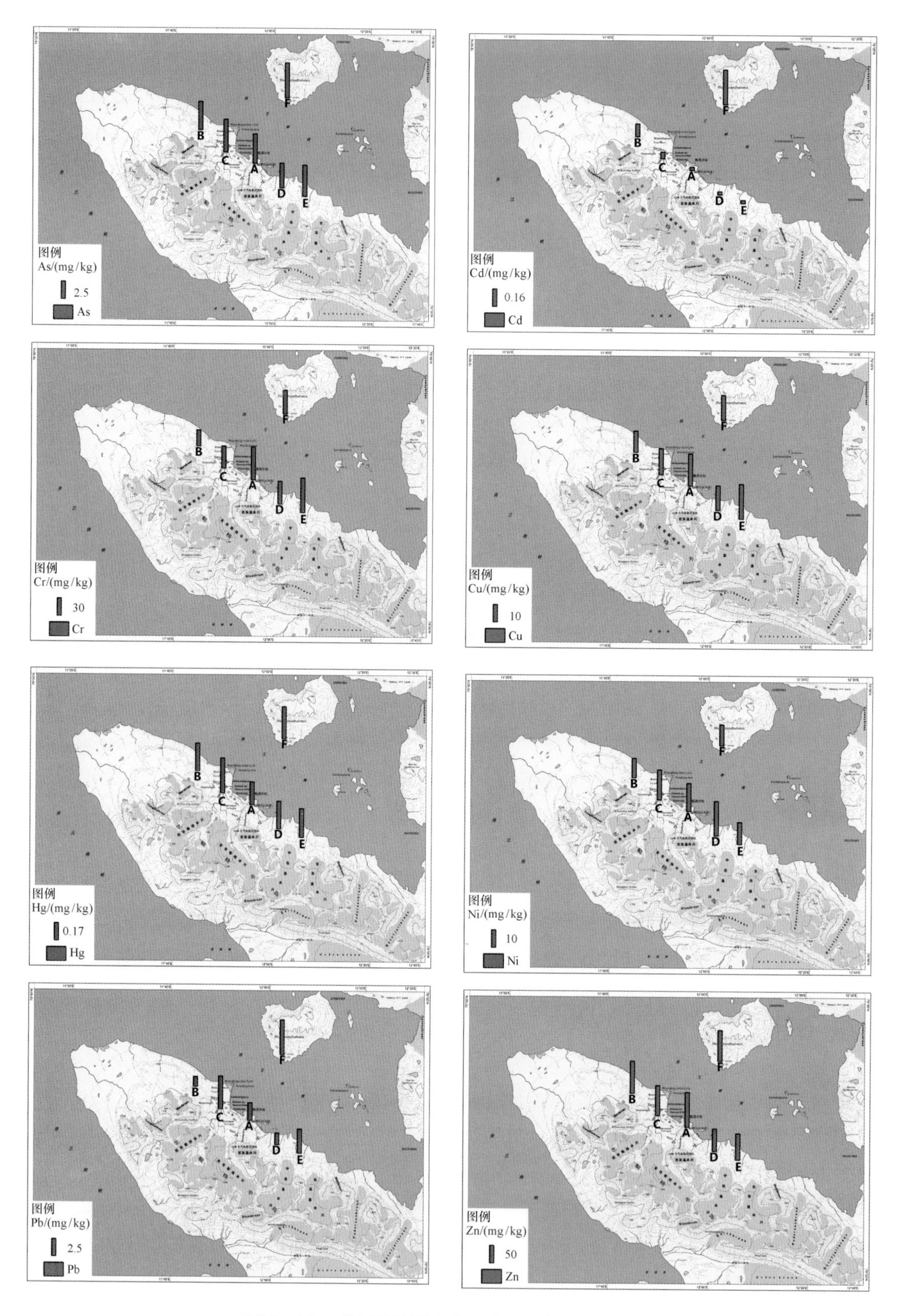

图 5－162　黄河站及周边地区重金属全量分布统计

图中地区代号：A. 黄河站区；B. 布勒格半岛北；C. 新奥尔松机场；D. 中洛温冰川北缘；E. 东洛温冰川北缘；F. 伦敦岛

表 5-78 奥尔松地区土壤重金属背景基线 单位：mg/kg

元素	金属元素全量背景基线值						
	Cr	Ni	Cu	Zn	As	Hg	Pb
地质累积频率法	32.00	7.01	15.89	74.25	3.54	0.22	3.56

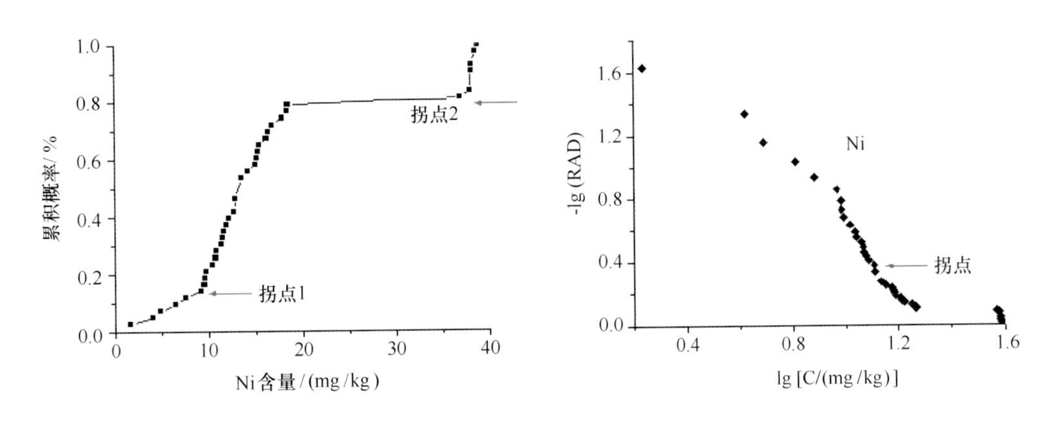

图 5-163 采用地质累积频率法确定基线值（以 Ni 为例）

黄河站及周边土壤重金属基线与东亚和北美地区典型重金属基线对比分析见图 5-164。总体上，除了 Zn 元素全量基线略高于北美地区平均基线，奥尔松地区土壤金属基线几乎都低于北美平均基线值，更显著低于东亚区域基线值，其中 Pb、As、Ni 等重金属全量基线为我国国内自然背景值的 1/3～1/5。

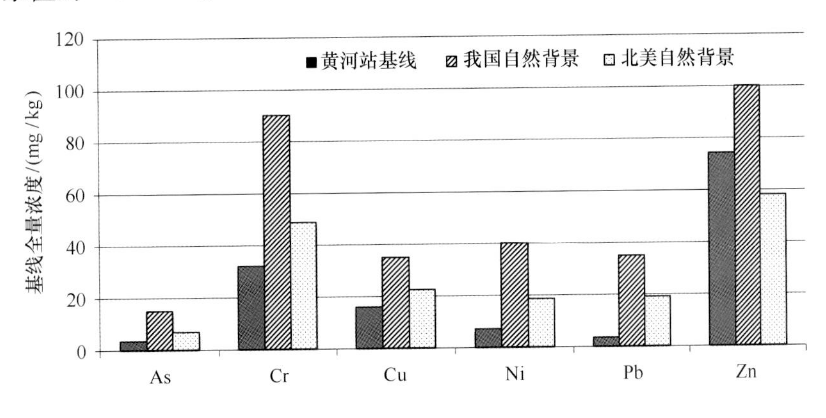

图 5-164 奥尔松地区重金属基线与世界其他地区对比

5.3.2.4 典型污染物环境分布特征分析

5.3.2.4.1 大气中的典型污染物

1）多环芳烃（PAHs）

2012 年度北极新奥尔松地区大气气相中 ΣPAHs 的浓度范围为 26.07～135.77 ng/m^3，平均值为 81.14 ng/m^3，颗粒相中 ΣPAHs 的浓度范围为 1.65～3.21 ng/m^3，平均值为 2.17 ng/m^3（表 5-79）。该结果高于南极菲尔德斯半岛地区以及中山站地区，但与中低纬度地区相比，气相和颗粒相中 ΣPAHs 的浓度均明显偏低。

表5-79　2012年度黄河站大气中PAHs浓度　单位：ng/m^3

化合物	气相				颗粒相			
	最小值	最大值	平均值	中值	最小值	最大值	平均值	中值
Nap	5.73	111.36	57.33	56.92	0.79	1.69	1.11	1.03
Ace	0.05	0.30	0.12	0.09	0.02	0.06	0.03	0.02
Acp	0.09	0.57	0.21	0.15	0.03	0.17	0.07	0.06
Fl	0.15	1.88	0.72	0.57	0.10	0.33	0.19	0.17
Phe	4.99	41.90	17.88	13.08	0.19	0.41	0.29	0.29
An	0.38	3.56	1.43	1.13	0.02	0.04	0.03	0.03
Flu	0.77	2.87	1.60	1.63	0.04	0.11	0.07	0.07
Pyr	0.41	1.17	0.84	0.90	0.06	0.23	0.12	0.11
BaA	0.04	0.43	0.15	0.10	0.01	0.04	0.02	0.02
Chr	0.07	0.92	0.28	0.17	0.04	0.16	0.07	0.06
BbF	0.03	0.49	0.22	0.20	0.02	0.05	0.03	0.03
BkF	0.04	0.07	0.05	0.05	0.01	0.04	0.02	0.02
BaP	0.01	0.14	0.04	0.02	0.01	0.06	0.02	0.02
DbA	0.02	0.45	0.18	0.15	—	0.02	0.01	0.01
BghiP	0.01	0.15	0.06	0.04	0.01	0.03	0.01	0.01
InP	0.01	0.11	0.05	0.04	0.03	0.10	0.07	0.07
总量	26.07	135.77	81.14	80.75	1.65	3.21	2.17	1.96

注："—"表示未检出。

2）多氯联苯（PCBs）

表5-80给出了大气中气相和颗粒相中30种PCBs和总PCBs浓度的平均值、标准偏差、中值、最小值和最大值。在大气中气相总PCBs的浓度范围为1.990～6.307 pg/m^3，平均浓度为3.941 pg/m^3，在大气中颗粒相总PCBs的浓度范围为0.050～0.816 pg/m^3，平均浓度为0.326 pg/m^3。从组成特征上看，气相中CB-8、CB-28、CB-52、CB-44和CB-66占总PCBs的比例较大，而颗粒相中CB-8、CB-138和CB-205占总PCBs的比例较大（图5-165，图5-166）。大气中PCBs的浓度低于世界上绝大部分地区（表5-81）。

表5-80　黄河站大气中气相和颗粒相PCBs的浓度特征　单位：pg/m^3

PCBs	气相					颗粒相				
	均值	标准偏差	中值	最小值	最大值	均值	标准偏差	中值	最小值	最大值
CB-8	0.583	0.496	0.534	—	1.582	0.043	0.085	—	—	0.266
CB-18	0.160	0.115	0.121	—	0.358	—	0	—	—	—
CB-28	0.820	0.418	0.804	—	1.513	0.003	0.010	—	—	0.034
CB-52	0.393	0.603	0.253	—	2.288	0.004	0.014	—	—	0.050
CB-44	0.317	0.243	0.352	—	0.822	—	0	—	—	—
CB-66	0.299	0.324	0.195	—	1.023	—	0	—	—	—
CB-155	—	0	—	—	—	0.011	0.026	—	—	0.067
CB-101	0.157	0.097	0.148	—	0.376	0.017	0.050	—	—	0.174
CB-87	0.015	0.052	—	—	0.182	0.005	0.016	—	—	0.055
CB-77	0.146	0.097	0.144	—	0.294	0.007	0.017	—	—	0.047
CB-110	0.067	0.178	—	—	0.616	0.005	0.016	—	—	0.055

续表

PCBs	气相					颗粒相				
	均值	标准偏差	中值	最小值	最大值	均值	标准偏差	中值	最小值	最大值
CB-81	0.143	0.115	0.101	—	0.447	—	0	—	—	—
CB-123	0.008	0.029	—	—	0.100	—	0	—	—	—
CB-118	—	0	—	—	—	—	0	—	—	—
CB-114	0.231	0.278	0.137	—	1.028	0.016	0.040	—	—	0.131
CB-153	0.078	0.145	0.019	—	0.494	0.004	0.013	—	—	0.044
CB-105	0.032	0.046	0.020	—	0.152	—	0	—	—	—
CB-138	0.141	0.073	0.158	—	0.214	0.060	0.066	0.055	—	0.251
CB-126	0.078	0.052	0.093	—	0.127	—	0	—	—	—
CB-187	—	0	—	—	nd	—	0	—	—	—
CB-128	0.030	0.105	—	—	0.362	—	0	—	—	—
CB-169	0.018	0.063	—	—	0.219	0.019	0.031	—	—	0.094
CB-200	0.021	0.050	—	—	0.151	—	0	—	—	—
CB-180	0.017	0.038	—	—	0.126	0.004	0.015	—	—	0.052
CB-170	0.037	0.097	—	—	0.339	0.008	0.027	—	—	0.094
CB-189	—	0	—	—	—	—	0	—	—	—
CB-195	0.039	0.082	—	—	0.231	0.026	0.053	—	—	0.172
CB-194	—	0	—	—	—	—	0	—	—	—
CB-205	0.112	0.374	—	—	1.299	0.094	0.182	—	—	0.550
CB-206	—	0	—	—	—	—	0	—	—	—
∑PCBs	3.941	1.417	3.772	1.990	6.307	0.326	0.213	0.223	0.050	0.816

注："—"表示未检出。

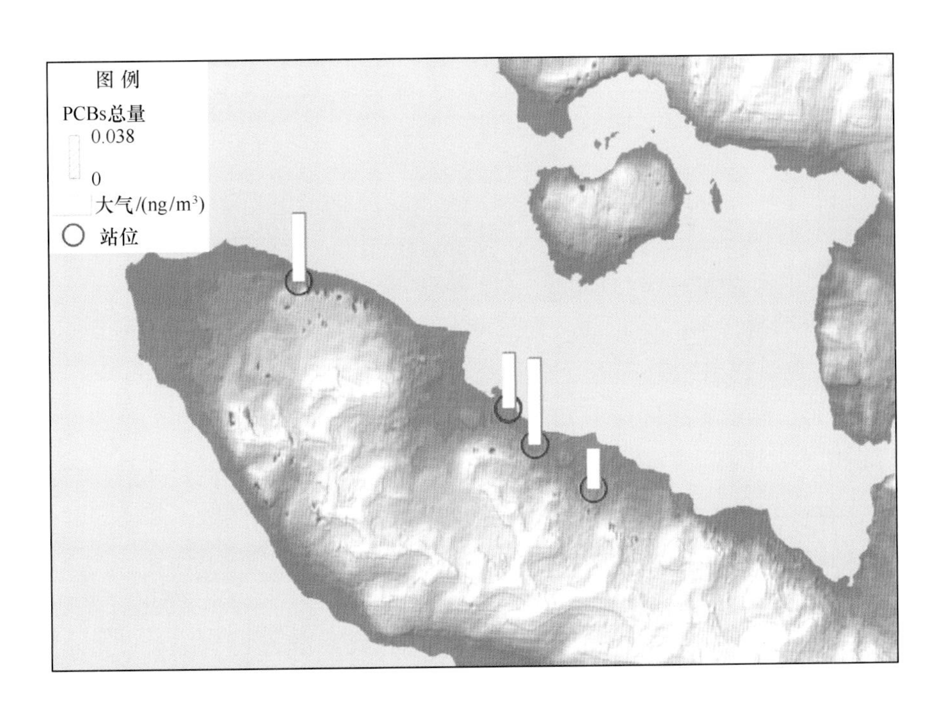

图5-165 黄河站大气中PCBs总量分布

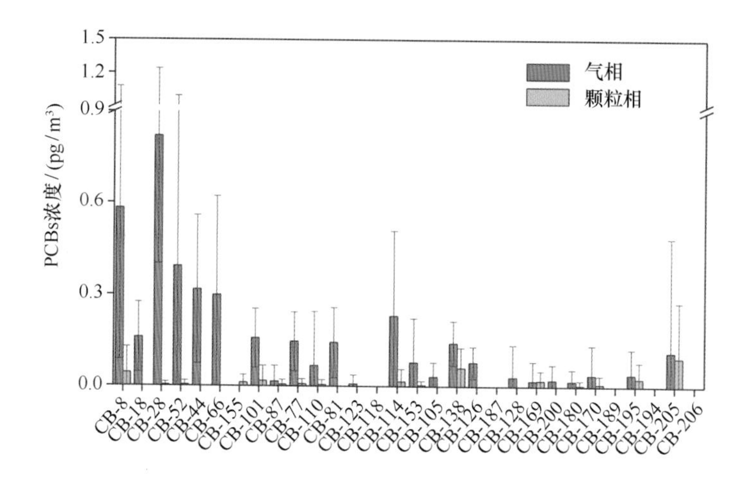

图 5－166　黄河站大气中气相和颗粒相 PCBs 的浓度特征

表 5－81　世界各地大气中 PCBs 的浓度比较　　单位：pg/m³

地点	浓度	地点	浓度
美国芝加哥	3 100	德国非工业区区	3
英国曼彻斯特	1 160	挪威南部	101～151
希腊雅典	350	广州	307.2～2 720.8
加拿大西北部	2～70	香港	170～470
德国鲁尔工业区	3 300	北极黄河站	1.990～6.307

3）得克隆（Decs）

北极黄河站大气中 ΣDecs 含量范围为 16.971～62.796 pg/m³，均值为 29.228 pg/m³（图 5－167）。北极大气中 Syn－DP 和 Anti－DP 所占的比例最大，Dec 602 含量最低（图 5－168）。

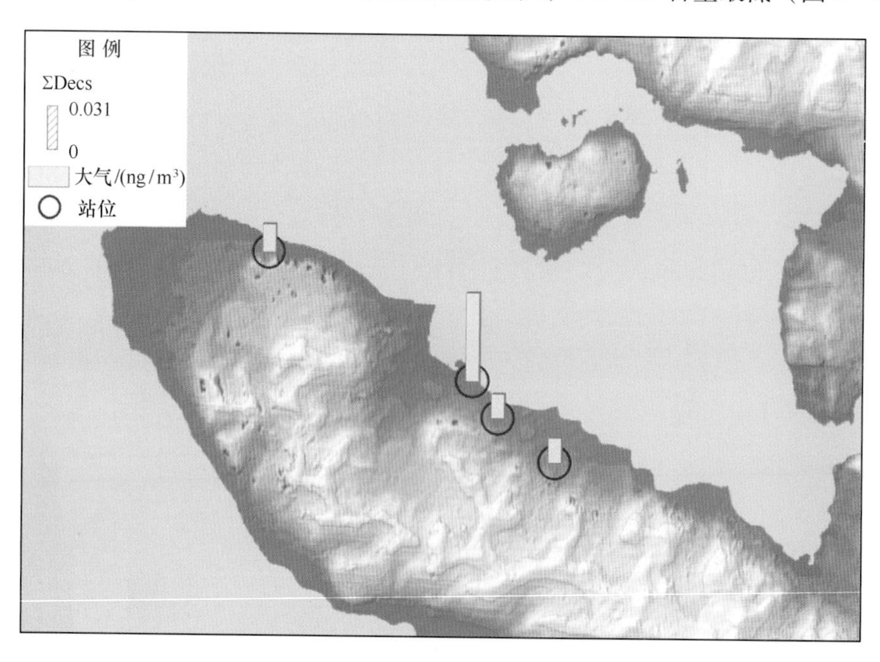

图 5－167　黄河站大气中 Decs 总量分布

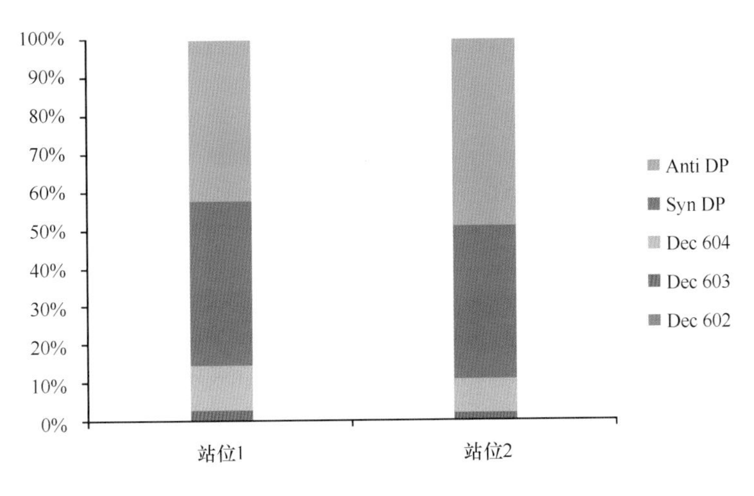

图5－168 大气中5种Decs的百分比柱状图

4）多溴联苯醚（PBDEs）

2012年度北极新奥尔松地区大气气相中ΣPBDEs的浓度范围为0.591～1.479 pg/m^3，平均值为1.074 pg/m^3，颗粒相中ΣPBDEs的浓度范围为0.309～1.019 pg/m^3，平均值为0.743 ng/m^3（表5－82）。与PAHs类物质相比，PBDEs在大气中浓度水平低2～4个数量级，主要原因是污染源排放的数量差异较大，并且其主要是通过大气传输，由中低纬度迁移至此。该结果远低于中低纬度地区大气中PBDEs的浓度水平，与南极菲尔德斯半岛地区大气中的含量相当（0.67～2.98 pg/m^3），另外，与加拿大环北极地区大气中的浓度具有一定的可比性（0.3～68 pg/m^3）。

表5－82 2012年度黄河站大气中PBDEs浓度 单位：pg/m^3

化合物	气相				颗粒相			
	最小值	最大值	平均值	中值	最小值	最大值	平均值	中值
BDE－17	0.026	0.155	0.083	0.071	0.004	0.010	0.008	0.009
BDE－28	0.066	0.197	0.144	0.160	0.003	0.057	0.023	0.019
BDE－47	0.102	0.763	0.264	0.140	0.100	0.371	0.220	0.210
BDE－66	0.172	0.379	0.243	0.218	0.023	0.080	0.050	0.047
BDE－71	0.011	0.090	0.050	0.051	0.003	0.151	0.056	0.019
BDE－85	0.009	0.034	0.021	0.023	0.010	0.180	0.081	0.073
BDE－99	0.033	0.252	0.089	0.056	0.000	0.046	0.026	0.025
BDE－100	0.011	0.020	0.016	0.018	0.007	0.028	0.013	0.010
BDE－138	0.001	0.034	0.014	0.012	0.006	0.063	0.028	0.022
BDE－153	0.008	0.131	0.060	0.052	0.018	0.193	0.096	0.078
BDE－154	0.003	0.065	0.030	0.023	0.010	0.179	0.091	0.096
BDE－183	0.021	0.114	0.060	0.066	0.008	0.135	0.054	0.043
总量	0.591	1.479	1.074	1.109	0.309	1.019	0.743	0.806

5.3.2.4.2 水体中的典型污染物

1）多环芳烃（PAHs）

新奥尔松地区湾海水中PAHs的含量如表5－83所示。其中，表层海水中溶解态ΣPAHs的浓度范围为201.1～679.2 ng/L，平均浓度为332.3 ng/L。该结果高于南极菲尔德斯半岛和中山站附近区域，同样也高于南极Signy岛附近海域（110～216 ng/L）以及南极罗斯海附近海域（5.1～69.8 ng/L）。

表5－83 2012年度黄河站海水溶解相中PAHs浓度 单位：ng/L

化合物	最小值	最大值	平均值	中值
Nap	58.8	443.8	193.2	183.1
Ace	3.1	13.9	7.5	6.8
Acp	3.2	13.3	7.6	7.1
Fl	9.1	48.7	22.9	18.7
Phe	6.4	84.3	26.9	14.0
An	0.5	22.4	4.9	1.7
Flu	2.2	34.5	12.2	6.9
Pyr	2.1	25.1	8.9	5.0
BaA	1.2	7.3	4.2	4.9
Chr	2.6	15.7	7.0	5.3
BbF	0.9	8.1	4.3	4.3
BkF	1.3	6.9	3.8	3.8
BaP	0.7	6.9	3.7	3.4
DbA	0.3	6.1	2.9	2.4
BghiP	0.6	94.6	13.9	2.5
InP	2.4	14.2	8.3	8.4
总量	201.1	679.2	332.3	303.3

由图5－169可知，北极新奥尔松湾海水和沉积物中ΣPAHs的空间分布类似，整体表现出湾口区域高于湾内的特征，分析原因可能是邮轮等大型船舶的往返对湾口区域造成一定的污染，而湾内地区则受冰川的稀释作用所致。

2）多氯联苯（PCBs）

北极黄河站附近海域的沉积物和海水的采样点见图5－170。本研究共采集了8份沉积物样品和海水样品，并分析了其中30种PCBs同族物的含量。在沉积物中，30种PCBs的浓度范围在4.395～9.637 ng/g（干重）（下同）之间，中值为6.269 ng/g，平均浓度为6.393 ng/g，标准偏差为1.725 ng/g。

3）有机氯农药（OCPs）

北极黄河站水体中OCPs污染调查结果显示（表5－84），六六六检出高于DDT，七氯较高检出率，六六六检出范围为0.19～0.70 ng/L，DDT检出范围为nd～0.12 ng/L。图5－171表明，黄河站海水中OCPs呈现湾内低于湾外的现象，这可能是由于黄河站的OCPs主要来源于洋流输入。

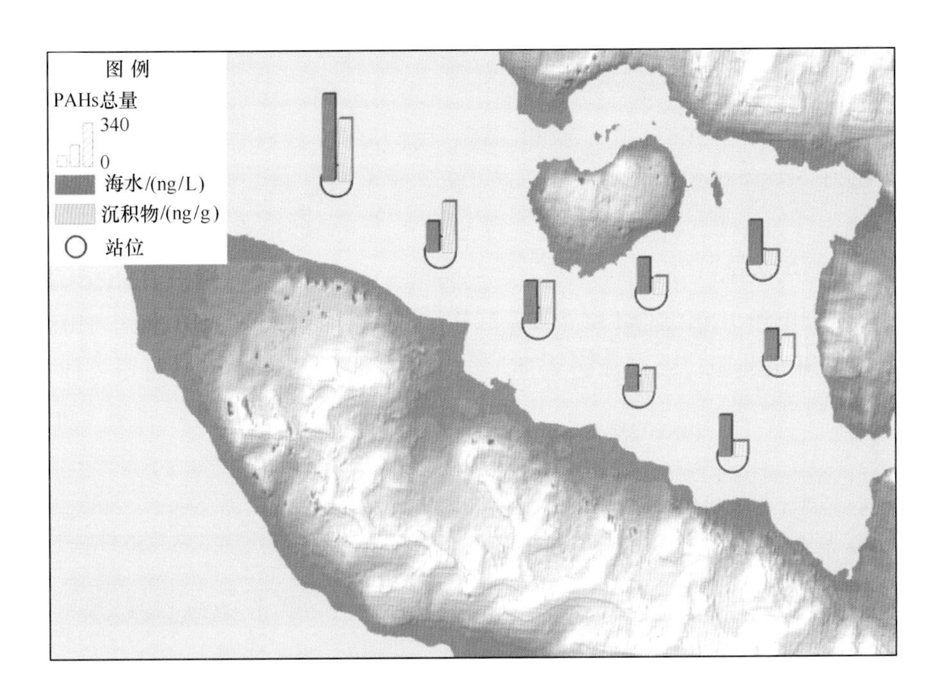

图5-169 海水及沉积物中PAHs的空间分布特征

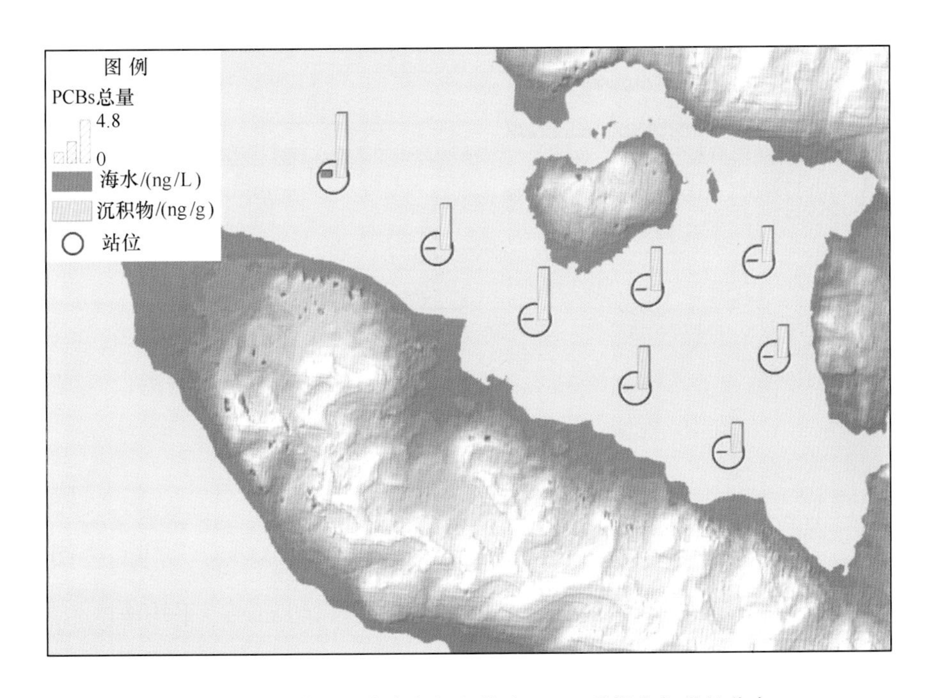

图5-170 黄河站海水与沉积物中PCBs采样点与总量分布

表 5-84 黄河站海水中 OCPs 调查结果

单位：ng/L

组分	检出率（%）	均值	最大值	最小值
α-BHC	38	0.01	0.02	—
β-BHC	100	0.44	0.66	0.03
γ-BHC	88	0.03	0.04	—
δ-BHC	88	0.07	0.15	—
七氯	100	0.29	1.02	0.11
γ-氯丹	0	—	—	—
硫丹-Ⅰ	0	—	—	—
α-氯丹	25	0.02	0.09	—
pp′-DDE	63	0.02	0.04	—
硫丹-Ⅱ	0	—	—	—
pp′-DDD	25	0.01	0.03	—
pp′-DDT	38	0.03	0.09	—
∑BHCs	100	0.54	0.70	0.19
∑DDTs	100	0.06	0.12	—

注：“—”表示未检出。

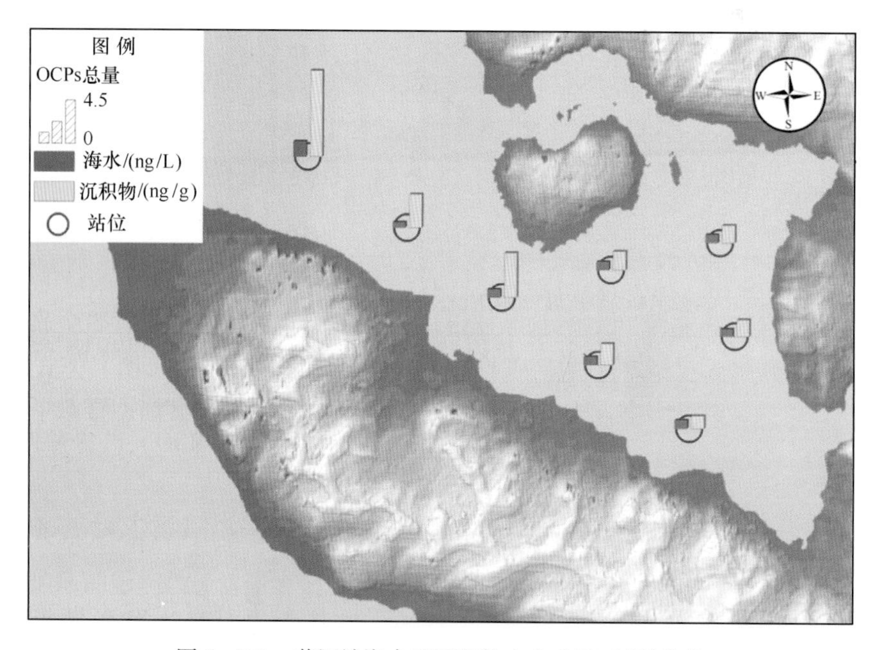

图 5-171 黄河站海水及沉积物水中 OCPs 区域分布

4）得克隆（Decs）

在北极王湾采集的表层海水中，5 种 Decs 的均值、范围等详细信息见表 5-85、图 5-172 和图 5-173。从表 5-85 中可知，∑Decs 的浓度范围是 69～303 pg/L，在所有海水样品中均未检出 Dec 602 的存在，有 37.5% 的海水样品中检测到了 Dec 603，而其他 3 种 Dec 604、*syn*-DP 和 *anti*-DP 在所有样品中均有检出。与其他报道的数据比较，本次研究中海水中 Decs 的浓度要低于北美五大湖地区的浓度，均值 6.24 ng/L。在中国，学者们已经对像哈尔滨、大连这样相对较大的城市的河流海域中 Decs 进行了调查，其浓度范围大约为 0.2 ~ 2 ng/L，这个浓度水平要高于本次研究中 Decs 的浓度水平。

表 5-85　表层水（pg/L）、沉积物、土壤、苔藓和粪土［pg/g（干重）］中 Decs 均值和范围

Decs	海水		沉积物		土壤		苔藓		粪土	
	均值	范围	均值	范围	均值	范围	均值	范围	均值	范围
Dec 602		—	0.7	— ~ 1.4	0.7	— ~ 2.8		—	4.6	— ~ 17
Dec 603	2.3	— ~ 6.3	1.5	0.2 ~ 3.4	2.6	— ~ 8.6	0.1	— ~ 0.9	2.5	— ~ 5.5
Dec 604	53	25 ~ 106	7.9	1.9 ~ 20	13	1.4 ~ 73	0.2	— ~ 0.4	69	12 ~ 142
syn - DP	61	22 ~ 116	270	85 ~ 648	284	94 ~ 1010	1.0	0.1 ~ 2.5	87	3.5 ~ 369
anti - DP	32	13 ~ 88	73	23 ~ 228	42	12 ~ 105	0.4	— ~ 0.9	171	1.7 ~ 524
∑Decs	148	69 ~ 303	352	116 ~ 885	342	109 ~ 1139	1.7	0.2 ~ 3.7	334	40 ~ 598

注：“—”表示未检出。

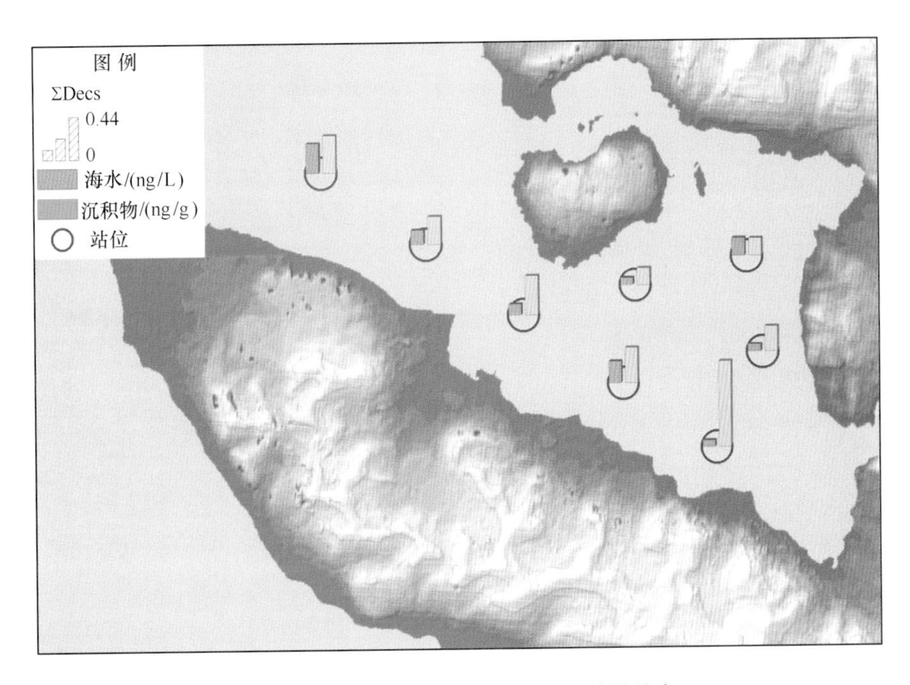

图 5-172　海水和沉积物中 Decs 总量分布

在王湾采集的表层沉积物中，5 种 Decs 的均值、范围等详细信息见表 5-85。从表 5-85 中可以看出，Decs 的总浓度范围为 116 ~ 885 pg/g，所有沉积物样品中均能检出 Dec 602、Dec 603 和 DP 两种异构体（*syn* - 和 *anti* - DP），浓度均值分别为 1.5 pg/g、7.9 pg/g、270 pg/g 和 73 pg/g。只有 88% 的样品中能检出 Dec 602。根据相关报道，来自北美五大湖的沉积物样品中均能检测到 Dec 602、Dec 603 和 DP，浓度范围分别为 0.001 ~ 11、0.001 ~ 0.6、0.001 ~ 8 ng/g（干重）。中国的一些城市也报道了沉积物中 DP 的浓度水平，如大连 DP 浓度均值为 3 ng/g（干重），哈尔滨 DP 浓度均值为 0.12 ng/g（干重）和 0.05 ng/g（干重），淮安 DP 浓度范围为 2 ~ 8 ng/g（干重）。这些地区报道的 DP 残留浓度均高于本次研究。

表层海水和沉积物中 Decs 浓度如图 5-172 和图 5-173 所示，海水最高浓度出现在湾口

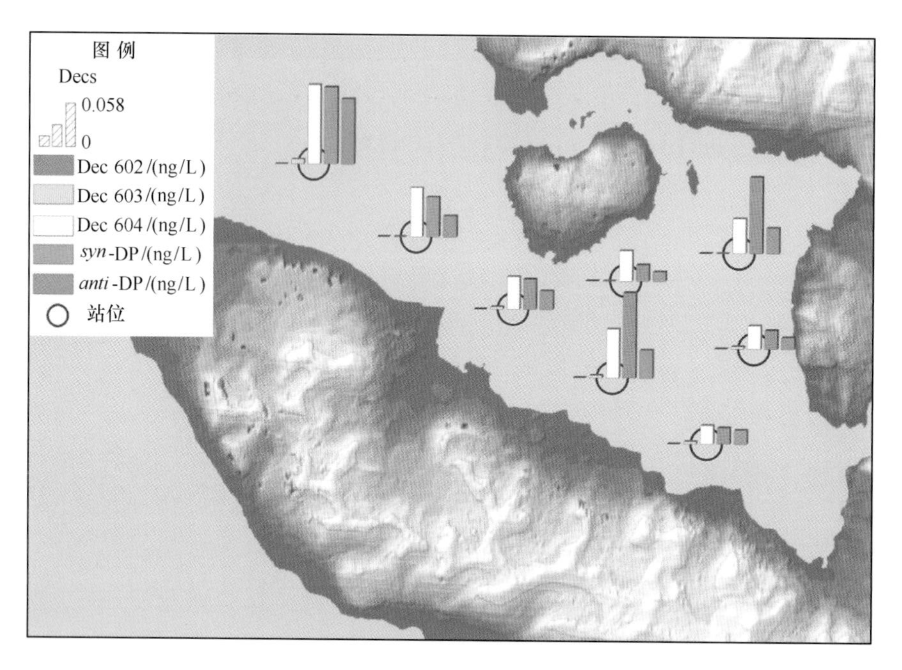

图 5－173　海水中 5 种 Decs 浓度

K1，湾内 K6 的浓度相对较低，导致这种现象的原因可能是淡水的输入和冰川融水。然而，对于沉积物来说，湾内 K5 站位处检出 Decs 的浓度相对较高，这可能与 Decs 在沉积物中的沉积性质有关，K5 处的有机碳含量相对较高，故 Decs 在该站位处的浓度水平就偏高。然而，以上所述只是根据实验的数据分析做出的结论，要论证其可靠性，还需要对王湾地区水及沉积物本身的性质等做进一步的调查。

5）多溴联苯醚（PBDEs）

新奥尔松地区湾溶解态海水中 ΣPBDEs 的含量如表 5－86 所示。表层海水中 ΣPBDEs 的浓度范围为 0.71～1.16 pg/L，平均浓度为 0.96 pg/L。该结果略高于格陵兰岛东部开阔海域海水中 PBDE 的浓度含量（0.03～0.64 pg/L，9 组分），但明显低于中低纬度国家和地区。

表 5－86　2012 年度黄河站海水溶解态中 PBDEs 浓度　　单位：pg/L

化合物	最小值	最大值	平均值	中值
BDE－17	0.04	0.19	0.09	0.08
BDE－28	0.02	0.30	0.10	0.07
BDE－47	0.14	0.62	0.31	0.27
BDE－66	0.04	0.17	0.10	0.09
BDE－71	0.02	0.04	0.03	0.03
BDE－85	0.01	0.15	0.08	0.06
BDE－99	0.02	0.11	0.06	0.06
BDE－100	0.02	0.06	0.05	0.05
BDE－138	0.01	0.10	0.04	0.02
BDE－153	0.02	0.09	0.06	0.05
BDE－154	0.01	0.09	0.04	0.02
BDE－183	—	—	—	—
总量	0.71	1.16	0.96	0.97

注：“—”表示未检出。

2012年度北极新奥尔松地区海洋沉积物中ΣPBDEs的浓度范围为12.9～33.1 pg/g（干重），平均浓度为21.9 pg/g（干重）（表5－87），该结果与南极菲尔德斯半岛地区沉积物中PBDEs的浓度水平相当（24.0 pg/g）（干重），但明显低于俄罗斯北极地区报道的浓度水平（0.06～0.25 ng/g）（干重）。

表5－87　2012年度黄河站沉积物中PBDEs浓度　　单位：pg/g（干重）

化合物	最小值	最大值	平均值	中值
BDE－17	0.3	2.5	1.3	1.3
BDE－28	0.4	1.5	0.8	0.6
BDE－47	0.2	4.4	1.3	0.6
BDE－66	0.5	1.2	0.9	0.9
BDE－71	0.3	6.0	3.2	3.3
BDE－85	0.6	2.7	1.2	0.7
BDE－99	0.4	7.4	5.2	6.4
BDE－100	0.8	2.4	1.4	1.1
BDE－138	0.1	2.5	0.7	0.2
BDE－153	0.1	7.7	3.6	4.5
BDE－154	0.1	3.3	1.8	2.6
BDE－183	0.1	2.0	0.5	0.1
总量	12.9	33.1	21.9	24.6

北极新奥尔松湾海水和沉积物中ΣPBDEs的空间分布如图5－174所示，对比发现，PBDEs与PAHs类物质的空间特征类似，同样表现出湾口区域高于湾内的特征，分析原因可能是湾内区域受冰川融水的稀释作用所致。

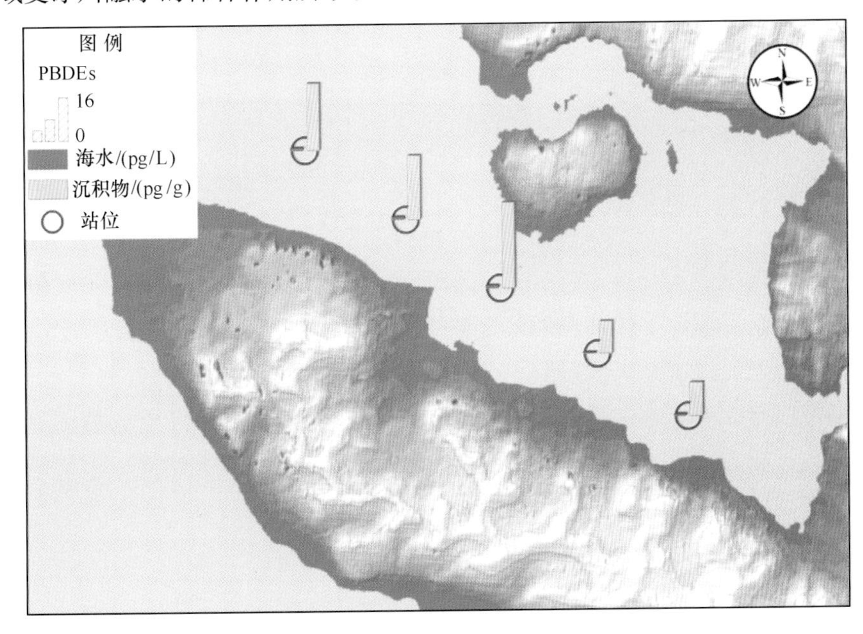

图5－174　海水中PBDEs的空间分布特征

5.3.2.4.3 土壤中的典型污染物

1）多环芳烃（PAHs）

2012 年度北极新奥尔松地区土壤中 ΣPAHs 的浓度范围为 82.6 ~ 1 531.4 ng/g（干重），平均浓度为 300.3 ng/g（干重）（表 5 - 88）。该结果明显高于南极菲尔德斯半岛（66.3 ~ 609.9 ng/g）（干重）以及南舍德兰群岛地区土壤中 PAHs 的含量（12 ~ 1 182 ng/g）（干重），与北极新奥尔松地区浓度接近（37 ~ 324 ng/g）（干重），平均值为 157 ng/g）（干重），但明显远低于中低纬度人口密集地区 PAHs 的含量水平。此外，新奥尔松地区个别站位的浓度偏高，甚至与低纬度人口密集地区的含量水平相当，说明来自该地区的局部污染对环境中的含量水平产生明显的影响。

表 5 - 88 黄河站土壤中 PAHs 浓度 单位：ng/g（干重）

化合物	最小值	最大值	平均值	中值
Nap	37.8	503.0	119.6	94.2
Ace	1.8	21.8	4.6	2.8
Acp	1.5	19.5	5.7	3.9
Fl	2.1	55.2	9.6	4.2
Phe	7.5	268.5	48.2	13.9
An	0.5	31.1	4.1	1.2
Flu	2.3	127.6	16.0	5.2
Pyr	7.4	103.7	20.8	11.8
BaA	0.6	52.3	7.5	1.7
Chr	1.9	101.2	20.1	7.8
BbF	1.6	59.3	12.0	6.1
BkF	0.6	46.5	6.0	2.2
BaP	0.4	46.8	6.0	1.2
DbA	0.7	42.6	6.5	3.0
BghiP	0.3	8.7	3.0	2.0
InP	0.9	43.6	10.6	5.7
总量	79.8	1 531.3	300.3	157.2

新奥尔松地区土壤中 ΣPAHs 的空间分布特征整体表现出内部人口密集区域高于外围区域的特征，其中位于半岛西部采样站位的浓度偏高的原因可能是受机场的影响较大，而浓度最高的两个站位则位于人口密集区的东侧，这与该区域采样期间的气象特征有关（图 5 - 175）。该区域在采样期间受大西洋暖流的影响，主要以西风为主，这可能导致区域内 PAHs 的释放在东侧区域聚积。此外，位于北部小岛上两个采样站位的浓度整体偏低，也说明 PAHs 在该区域的迁移主要通过大气传输。

2）多氯联苯（PCBs）

本调查共分析了土壤中 30 种 PCBs 同族物的含量，在所有样品中，30 种 PCBs 的浓度范围为 2.940 ~ 27.819 ng/g（干重）（下同），平均浓度为 7.267 ng/g，标准偏差为 6.686 ng/g（图 5 - 176）。图 5 - 177 给出了 30 种 PCBs 各单体的浓度分布的箱式图。从图 5 - 177 可以明

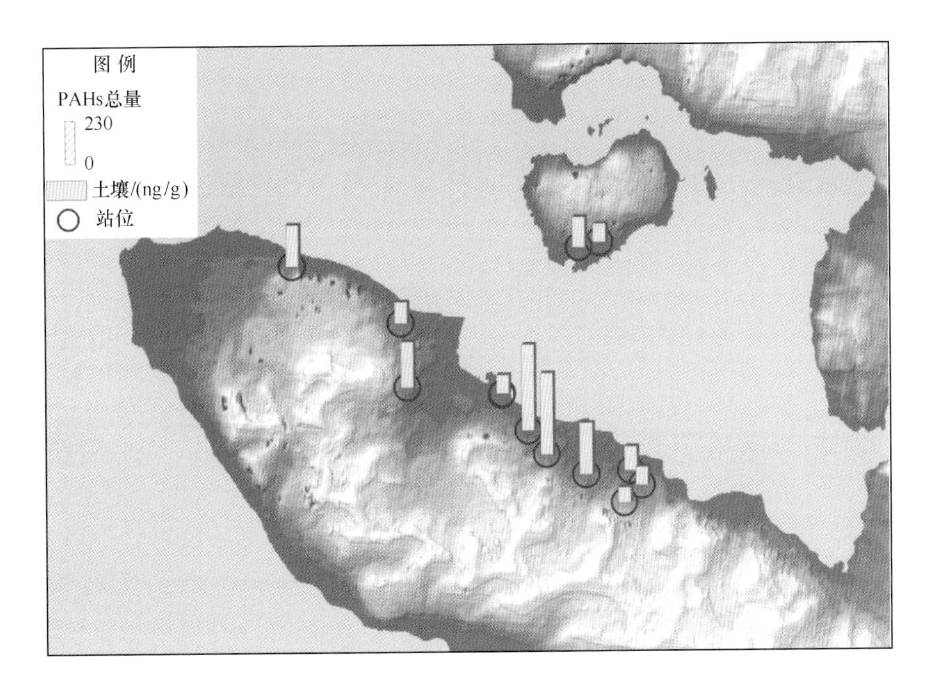

图5－175 土壤中PAHs的空间分布特征

显看出，CB－44、CB－8、CB－81、CB－110、CB－126和CB－200的含量较高。从图5－176也可以发现，五氯、六氯和八氯取代的PCBs含量占总PCBs的比例较高，分别占总PCBs的42.6%、19.4%和11.4%。其中单体含量较高的CB－44、CB－8、CB－81、CB－110、CB－126和CB－200占总PCBs的百分比例分别为30.7%、6.4%、8.5%、6.4%、8.3%和5.0%（图5－178）。

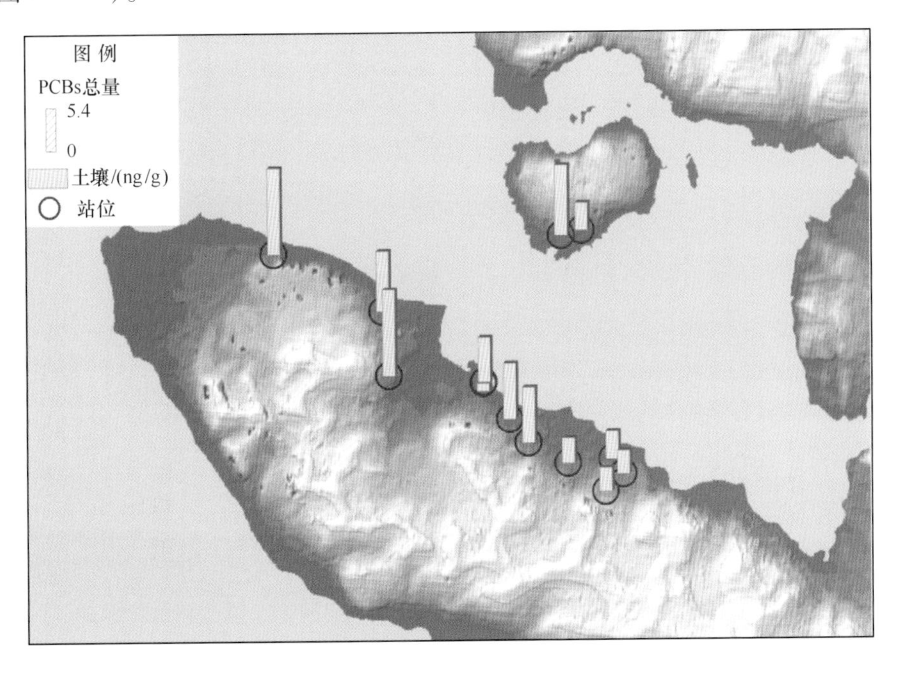

图5－176 黄河站土壤中PCBs采样点与总量分布

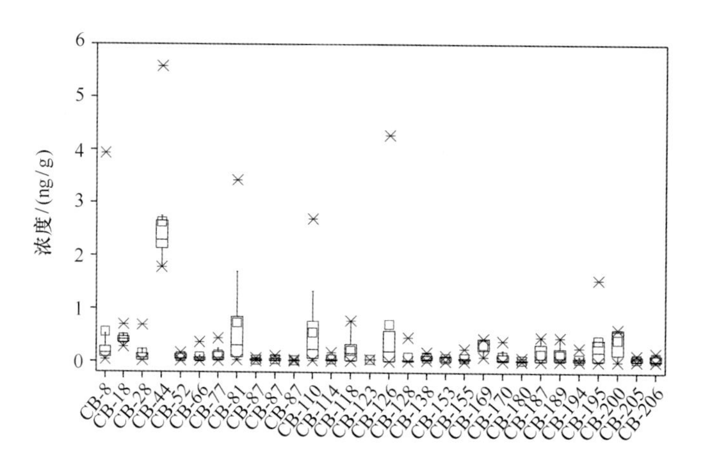

图5－177 黄河站土壤中PCBs浓度特征

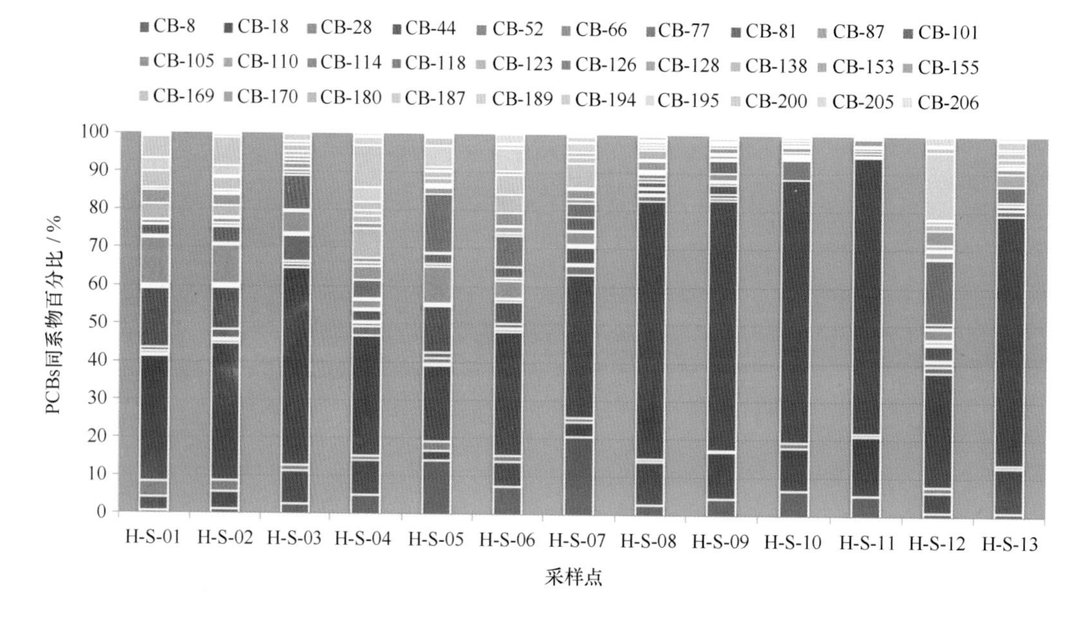

图5－178 黄河站土壤样品中各PCBs同系物的百分比例比较

表5－89列出了世界其他地区土壤中PCBs的含量值。从表5－89可以看出，与世界其他地区土壤中PCBs的含量相比，北极黄河站附近区域土壤中PCBs的浓度较低，这也与该区域地处极地，人类生产生活影响极小，所以与其他地区相比浓度较低。但是，由于PCBs具有全球蒸馏效应，导致人类密集地区排放的PCBs通过“蚱蜢跳”的作用而到达极地，从而在北极黄河站中的土壤中也可以检出PCBs的存在。这也进一步说明PCBs的污染具有全球性，且污染强度不容忽略。

在209种PCBs同族物中，有12种共平面的PCBs毒性较大，由于其类似于2，3，7，8－取代二噁英，常称这12种共平面PCBs为二噁英类PCBs。本项目所检测的30种PCBs同系物中含有9种二噁英类PCBs，这9种二噁英类PCBs及其占总PCBs浓度的百分比分别为（图5－179）：CB－77（1.4%）、CB－81（8.5%）、CB－105（0.3%）、CB－114（0.6%）、CB－118（2.5%）、CB－123（0.5%）、CB－126（8.3%）、CB－169（3.8%）和CB－189（1.6%）。其中毒性最大的4种PCBs（CB－77、CB－81、CB－126

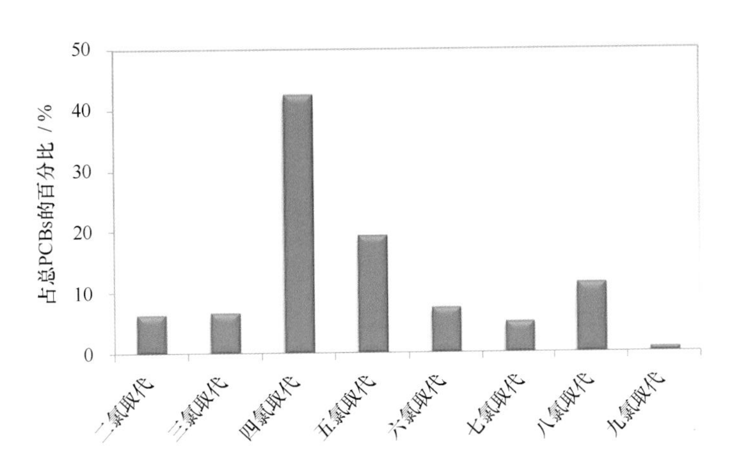

图 5－179 不同氯取代数的 PCBs 同系物占总 PCBs 的百分比

和 CB－169）在北极黄河站土壤中均有检出，占总 PCBs 的 19.8%，近 1/5，表明 PCBs 的存在对生态的负面影响不容忽视。

表 5－89 世界各地土壤中 PCBs 的浓度比较　　单位：ng/g（干重）

地点	浓度	地点	浓度
法国塞纳河流域	0.09～150	西藏南迦巴瓦峰	0.113～5.934
德国	0.95～3.8	沈阳市	4.4～20.14
瑞士	1.1～12	长江三角洲	0.554～1.637
罗马尼亚	1.8～8.5	贵州红枫湖	8.9～55.9
浙江东南沿海	430～788	北极黄河站	2.940～27.819

3）有机氯农药（OCPs）

黄河站土壤 OCPs 污染调查结果显示，OCPs 大多能被检出，六六六在土壤中检出率高于沉积物。监测结果表明：土壤中六六六检出范围为 0.14～1.07 ng/g，DDT 检出范围为 nd～3.51 ng/g；检出限 0.025 ng/g（表 5－90）。采样区域土壤中 OCPs 含量基本一致，无明显的区域分布特征。

表 5－90 黄河站土壤中 OCPs 调查结果　　单位：ng/g

组分	检出率/%	均值	最大值	最小值
α－BHC	92	0.09	0.80	—
β－BHC	8	0.05	0.05	—
γ－BHC	85	0.05	0.19	—
δ－BHC	100	0.18	0.26	0.13
七氯	100	0.17	0.23	0.03
γ－氯丹	92	0.06	0.15	—
硫丹－I	46	0.03	0.04	—
α－氯丹	31	0.04	0.10	—
p，p′－DDE	69	0.06	0.27	—

续表

组分	检出率/%	均值	最大值	最小值
硫丹 - Ⅱ	92	0.22	0.79	—
p，p' - DDD	69	0.05	0.21	—
p，p' - DDT	85	0.71	3.39	—
sum	100	1.44	17.76	1.49
∑BHCs	100	0.31	1.07	0.14
∑DDTs	100	0.68	3.51	—

注："—"表示未检出。

4）得克隆（Decs）

Decs 主要通过颗粒物的干湿沉降到土壤中，在本实验中，80% 的土壤样品均检测到了 Dec 602 和 Dec 603，浓度范围分别为未检出到 2.8 ng/g 和 8.6 ng/g（干重）（图 5 - 180 和图 5 - 181）。先前有一些亚洲地区土壤中 DP 的研究，但多是 DP 生产厂附近或是相对较大的城市地区。淮安地区平均浓度为 63.5 ng/g，哈尔滨为 11.3 ng/g，对比这些数据可以看出，北极新奥尔松地区 DP 的浓度水平大约低于其他地区两个数量级。

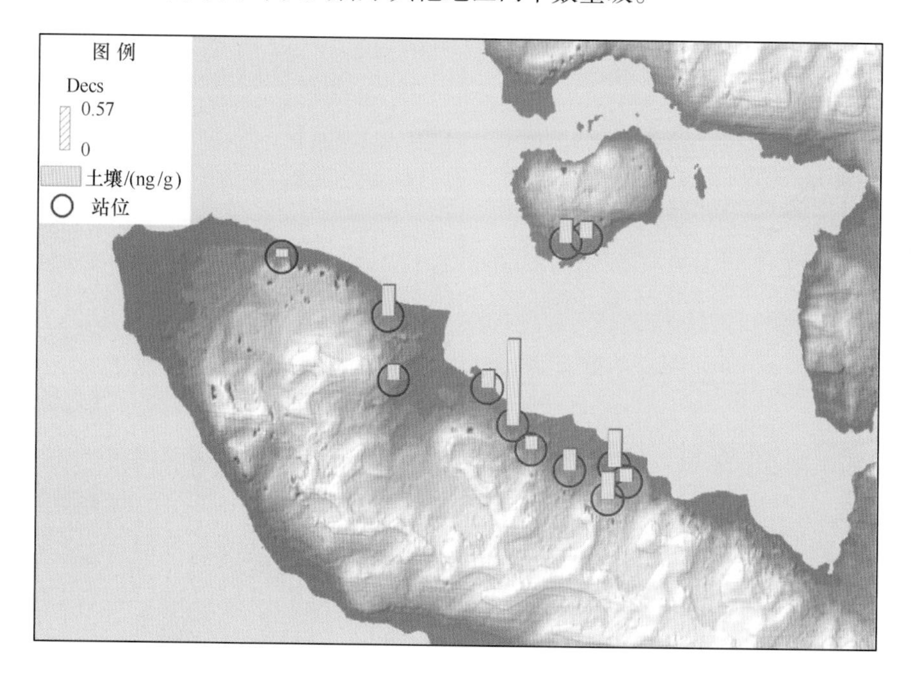

图 5 - 180　土壤中 Decs 总量分布

5）多溴联苯醚（PBDEs）

2012 年度北极新奥尔松地区土壤中 ΣPBDEs 的浓度范围为 11.2 ~ 282.4 pg/g（干重），平均浓度为 73.1 pg/g（干重）（表 5 - 91）。该结果略高于南极菲尔德斯半岛地区土壤中 PBDEs的浓度水平（2.76 ~ 51.4 pg/g）（干重），与俄罗斯北极地区报道的浓度水平相当（0.16 ~ 0.23 ng/g）（干重），同样明显低于中低纬度国家和地区。

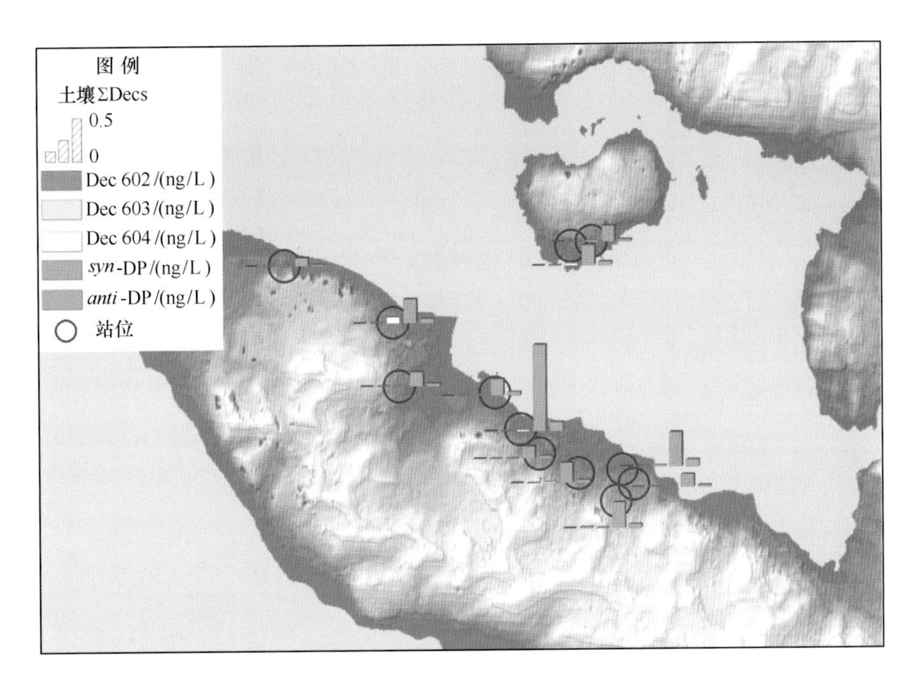

图5-181　土壤中5种Decs含量

表5-91　2012年度黄河站土壤中PBDEs浓度　　单位：pg/g（干重）

化合物	最小值	最大值	平均值	中值
BDE-17	0.7	11.9	4.3	3.0
BDE-28	0.4	8.9	2.8	1.4
BDE-47	0.4	18.7	4.0	1.8
BDE-66	0.4	21.9	5.5	2.0
BDE-71	0.9	63.1	10.1	4.5
BDE-85	0.5	18.3	3.3	1.4
BDE-99	1.3	162.3	29.9	10.6
BDE-100	0.4	7.2	2.3	1.6
BDE-138	1.0	11.6	4.8	3.5
BDE-153	0.7	10.6	4.0	3.0
BDE-154	0.3	8.3	3.6	4.3
BDE-183	0.4	6.7	4.1	4.4
总量	11.2	282.4	73.1	31.9

5.3.2.4.4　植被中典型污染物

1）多环芳烃（PAHs）

2012年度北极新奥尔松地区植被中ΣPAHs的浓度范围为231.9～1 623.4 ng/g（干重），平均浓度为868.1 ng/g（干重）（表5-92）。该结果与南极菲尔德斯半岛地区（308.2～1 100.2 ng/g）（干重）的含量整体相当，但明显高于中山站附近地区植被中ΣPAHs的浓度（67.8～105.2 ng/g）（干重）以及2009年度北极新奥尔松地区苔藓中ΣPAHs浓度（158～244 ng/g）（干重）。此外，该结果同样略高于与我国南岭北坡苔藓中的含量（均值640.8 ng/g）

（干重），但与欧洲地区苔藓中的含量（910～1 920 ng/g）（干重）相比，浓度水平略低。以上结果表明，北极新奥尔松地区的本地释放是影响该地区 PAHs 浓度水平的一个很重要的因素。同样，有关2009 年和2012 年两个采样年份之间浓度差别比较显著的原因有待进一步的研究。

表 5－92　黄河站植被中 PAHs 浓度　　单位：ng/g（干重）

化合物	最小值	最大值	平均值	中值
Nap	126.7	1234.9	498.8	271.5
Ace	2.8	48.0	9.7	4.7
Acp	2.4	80.8	19.6	10.1
Fl	5.0	127.1	39.4	24.9
Phe	18.7	478.0	125.0	52.3
An	2.9	69.1	19.0	10.6
Flu	5.3	96.1	24.6	15.9
Pyr	5.6	104.2	31.3	25.8
BaA	1.0	61.3	13.1	5.9
Chr	3.9	84.8	30.4	28.3
BbF	2.3	38.5	11.4	8.8
BkF	1.1	32.9	7.9	5.1
BaP	3.5	30.1	9.8	7.3
DbA	0.9	7.9	3.3	2.5
BghiP	2.0	96.7	17.3	7.1
InP	0.9	33.0	7.6	4.1
总量	231.9	1 623.4	868.1	773.9

新奥尔松地区植被中 ΣPAHs 的空间分布特征整体上与土壤相似，同样表现出内部人口密集区域高于外围区域的特征（图 5－182）。其中，位于半岛西部采样站位的植被中 PAHs 浓度与土壤相比，相对比列偏低，除受采样期间的气象因素影响，另外一个主要的原因是植被作为一类“被动采样”，主要吸收来自大气气相中的 PAHs，而气相中的 PAHs 受风向的影响比较显著。另外，位于北部小岛上两个采样站位的浓度整体偏低，进一步说明 PAHs 在该区域的迁移主要通过大气传输。

2）多氯联苯（PCBs）

北极黄河站植物样品采样点见图 5－183。本研究共分析了植物中 30 种 PCBs 同族物的含量，在所有样品中，30 种 PCBs 的浓度范围在 22.692～93.546 ng/g（干重）（下同），平均浓度为 65.498 ng/g，标准偏差为 21.109 ng/g。图 5－184 给出了 30 种 PCBs 各单体的浓度平均值与标准偏差。从图 5－184 可以看出，CB－8、CB－18、CB－44、CB－81、CB－110、CB－153和 CB－195 的含量较高。图 5－185 给出植物中不同氯数取代 PCBs 占总 PCBs 的百分含量，以及与土壤中含量的对比。可以发现，二氯、四氯和五氯取代的 PCBs 含量占总 PCBs 的比例较高，分别占总 PCBs 的 41.0%、30.9% 和 9.0%。

植物样品中二氯取代 PCBs 的百分含量较土壤中的高，PCBs 在土壤和植物中分布特征的

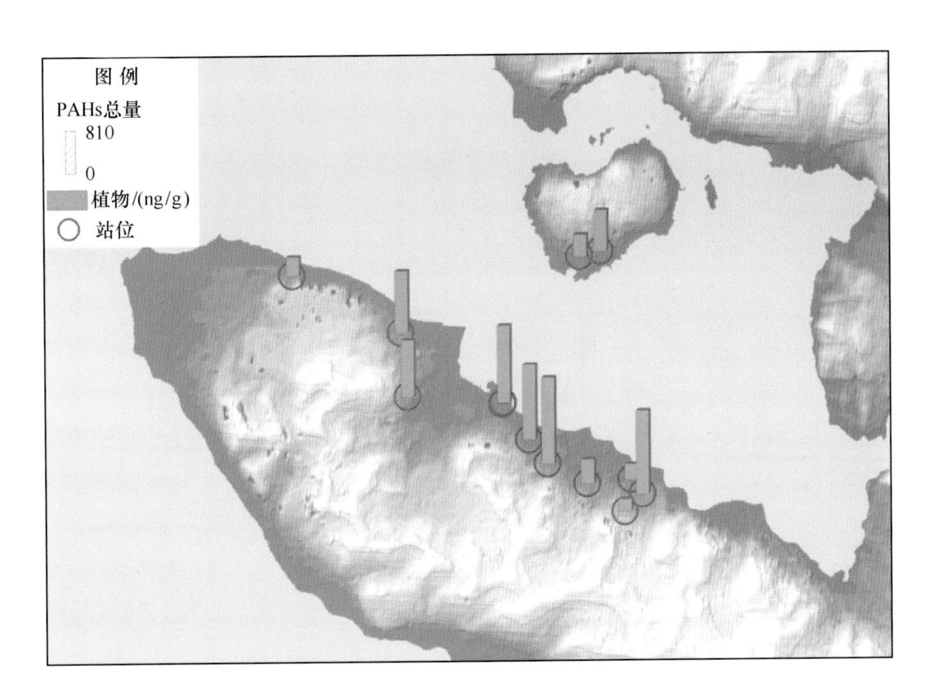

图5-182 植被中PAHs的空间分布特征

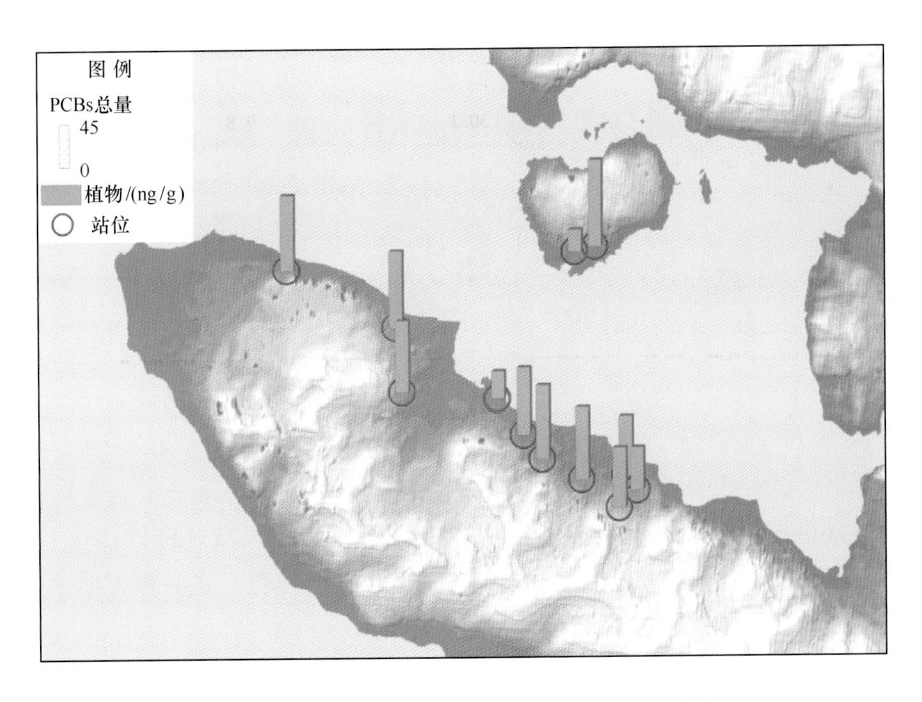

图5-183 黄河站植物中PCBs采样点与总量分布

差异主要是由于这两种介质富集PCBs的途径以及不同PCBs单体物化性质的差别造成的。由于CB-8的挥发性较强（即过冷液体饱和蒸气压 p°_{L} 较大），在大气中主要存在于气相中，而高分子量PCBs的挥发性相对较弱，主要存在于大气颗粒相中。而北极环境中PCBs主要来源于大气的长距离迁移，通过大气沉降和雨雪沉降等进入不同环境介质。土壤中PCBs主要来自颗粒相的干湿沉降，所以土壤中大分子量的PCBs比例较大，植物叶面作为半挥发性有机物的大气被动采样器，主要通过"吸收"过程富集气相污染物，与土壤相比，植物中主要

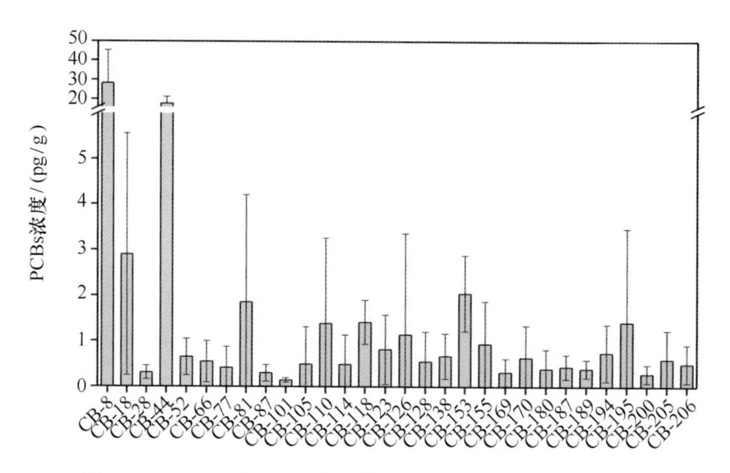

图 5-184　30 种 PCBs 各单体的浓度平均值与标准偏差

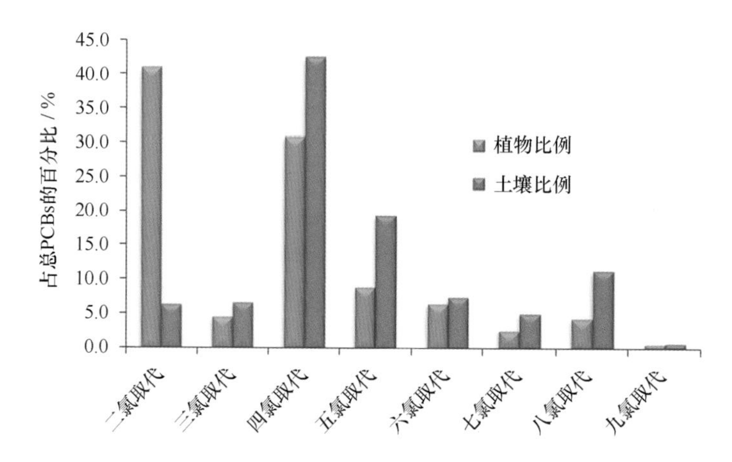

图 5-185　土壤和植物中不同氯取代 PCBs 占总 PCBs 的百分含量比较

以低分子量为主。这就是北极黄河站植物中 CB-8 的百分含量要明显高于土壤中的百分含量的原因。

3）有机氯农药（OCPs）

北极黄河站植物中 OCPs 污染调查结果显示（表 5-93），OCPs 检出率较水体和沉积物检出率高，六六六检出高于 DDT，六六六检出范围为 10.02 ~ 21.22 ng/g，DDT 检出范围为 0.78 ~ 12.74 ng/g。

表 5-93　黄河站植物中 OCPs 调查结果　　单位：ng/g

组分	检出率/%	均值	最大值	最小值
α-BHC	100	7.63	9.41	5.51
β-BHC	100	3.85	6.97	0.75
γ-BHC	100	2.36	4.02	1.52
δ-BHC	100	1.92	3.16	1.47
七氯	100	1.41	1.86	0.92
γ-氯丹	90	0.34	0.68	—
硫丹-Ⅰ	100	0.27	1.30	0.07
α-氯丹	86	0.13	0.29	—

续表

组分	检出率（%）	均值	最大值	最小值
p，p′-DDE	87	0.24	1.06	—
硫丹-Ⅱ	100	1.44	2.14	0.28
p，p′-DDD	52	0.83	10.67	—
p，p′-DDT	100	1.56	2.73	0.14
∑BHCs	100	15.75	21.22	10.02
∑DDTs	100	2.63	12.74	0.78

注：“—”表示未检出。

4）得克隆（Decs）

植被对气相中污染物的转移起着重要的作用，所有的植被当中，苔藓和松针被认为是目前最典型的大气污染自然被动采样器。除了对树皮的研究外，国内外甚至没有关于植被中Decs的相关报道。在本次北极新奥尔松地区苔藓中Decs的浓度水平为0.2～3.7 pg/g（均值为1.7 pg/g）（图5-186）。在所有的植被样品中都没有检测到Dec 602，然而，DP的两种异构体在所有样品中均有检出，Dec 603和Dec 604的检出率分别为25%和87%（图5-187）。

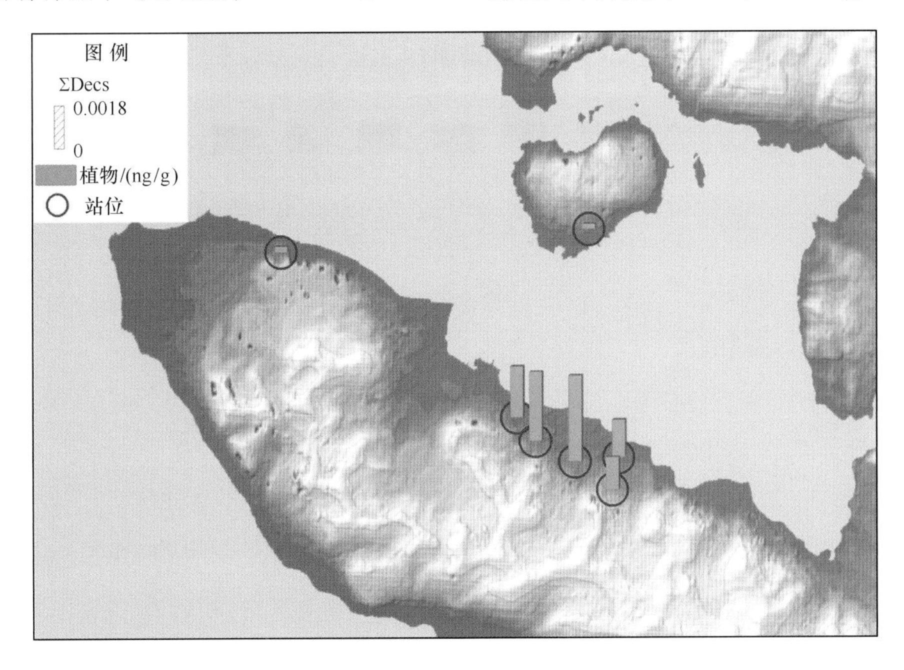

图5-186 植物中Decs浓度

5）多溴联苯醚（PBDEs）

2012年度北极新奥尔松地区动物粪土中ΣPBDEs的浓度范围为49.7～258.9 pg/g（干重），平均浓度为119.9 pg/g（干重）（表5-94）。该结果明显高于南极菲尔德斯半岛地区苔藓中PBDEs的浓度水平（6.54～36.7 pg/g）（干重），但明显低于中低纬度地区苔藓和松针中PBDEs的含量。此外，植物中PBDEs的浓度高于土壤，但明显高于驯鹿粪便中的浓度，说明植物对PBDEs表现出生物富集性，而驯鹿相对于植物的富集性要更强。

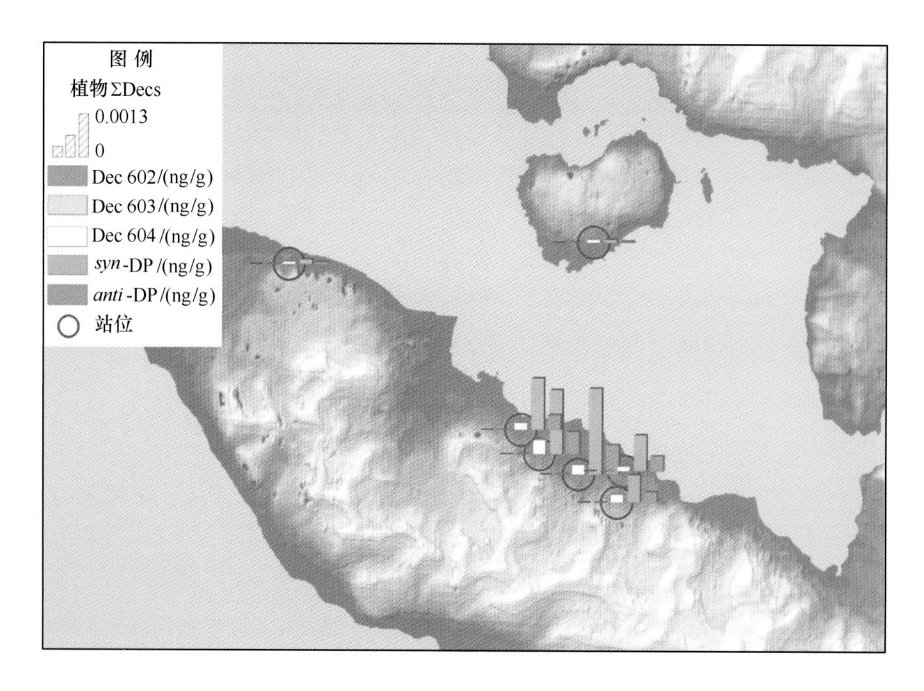

图 5-187　植物中 5 种 Decs 浓度

表 5-94　2012 年度黄河站植物中 PBDEs 浓度　　单位：pg/g（干重）

化合物	最小值	最大值	平均值	中值
BDE-17	1.1	30.6	14.4	10.4
BDE-28	4.6	53.7	26.9	24.1
BDE-47	9.0	92.8	29.0	26.2
BDE-66	1.0	27.8	9.6	5.6
BDE-71	0.9	21.8	5.8	3.7
BDE-85	0.4	4.4	1.2	0.8
BDE-99	3.8	40.6	21.4	20.1
BDE-100	0.5	32.6	7.2	1.9
BDE-138	0.5	5.4	1.7	1.4
BDE-153	0.6	2.7	1.2	1.0
BDE-154	0.4	22.4	2.9	0.7
BDE-183	0.9	2.7	1.7	1.6
总量	47.9	258.9	119.9	106.2

5.3.2.4.5　粪土中的典型污染物

1）多环芳烃（PAHs）

2012 年度北极新奥尔松地区驯鹿及鸟类粪土中 ΣPAHs 的浓度范围为 385.2～2 239.8 ng/g（干重），平均浓度为 1 293.8 ng/g（干重）（表 5-95）。该结果高于 2009 北极黄河站驯鹿粪土中 PAHs 的含量（43～340 ng/g）（干重），而有关两个采样年份之间浓度差别比较显著的原因有待进一步的研究。此外，该结果同样高于南极菲尔德斯半岛地区企鹅粪土中 ΣPAHs 的含量（580.3～645.1 ng/g）（干重）。

表5-95 黄河站粪土中PAHs浓度 单位：ng/g（干重）

化合物	最小值	最大值	平均值	中值
Nap	305.4	1 099.7	733.4	790.7
Ace	2.5	75.9	20.6	12.9
Acp	3.6	74.8	22.9	11.5
Fl	8.3	125.5	50.2	37.0
Phe	24.8	923.0	209.5	144.3
An	2.4	121.3	28.7	21.0
Flu	0.2	337.4	44.5	4.9
Pyr	3.2	267.2	68.0	27.1
BaA	0.9	78.0	24.1	16.1
Chr	2.1	110.5	33.7	27.0
BbF	0.5	87.5	13.9	4.9
BkF	0.2	72.5	12.4	4.6
BaP	4.3	62.5	19.4	11.2
DbA	0.2	13.3	2.6	1.4
BghiP	0.4	15.5	5.5	3.4
InP	0.2	9.1	4.0	3.7
总量	385.2	2 239.8	1 293.3	1 308.1

2）多氯联苯（PCBs）

北极黄河站鹿粪样品采样点见图5-188。本研究共分析了采自北极黄河站邻近区域的7份鹿粪样品中30种PCBs同族物的含量。在所有样品中，30种PCBs的浓度范围在65.005～84.458 ng/g（干重）（下同），平均浓度为72.170 ng/g，标准偏差为8.634 ng/g。图5-189给出了30种PCBs各单体的浓度平均值与标准偏差，从图5-188中可以看出，浓度较高的6种PCBs及它们各占的比例为：CB-8（43.8%）、CB-18（9.4%）、CB-44（26.3%）、CB-123（1.9%）、CB-155（2.1%）和CB-195（1.6%）。由于目前关于鹿粪中PCBs含量的报道较少，因此本研究没有对鹿粪中PCBs含量与其他地区的含量进行比较。

图5-190给出粪土中不同氯数取代PCBs占总PCBs的百分含量，以及与植物和土壤中含量的对比。可以发现，在鹿粪中二氯、三氯和四氯取代的PCBs含量占总PCBs的比例较高，分别占总PCBs的43.8%、10.1%和29.6%。此外，二氯和三氯取代PCBs在鹿粪中的含量百分比要比其在土壤中的值高，而其他的PCBs同族物的含量比值要低于土壤和植物。造成不同氯数取代PCBs在这三张介质中百分含量的不同的原因可以通过其物理化学性质的差异以及不同介质富集PCBs的主要途径的差异进行解释。

已有较多文献报道，植物作为大气中半挥发性有机物的被动采样器，主要通过吸收过程富集气态的PCBs，所以，与土壤相比，植物叶片中持久性有机污染物主要以低氯取代的PCBs为主。同时，由于植物叶面也会黏附少量细小的大气颗粒物，从而使得植物叶片也能够富集一定量的高氯取代的PCBs。而动物粪便中的PCBs主要来自动物的代谢物，由于其食物主要是植物，所以鹿粪中的PCBs的分布特征与植物类似，但是，其中高氯取代的PCBs的比例更低。

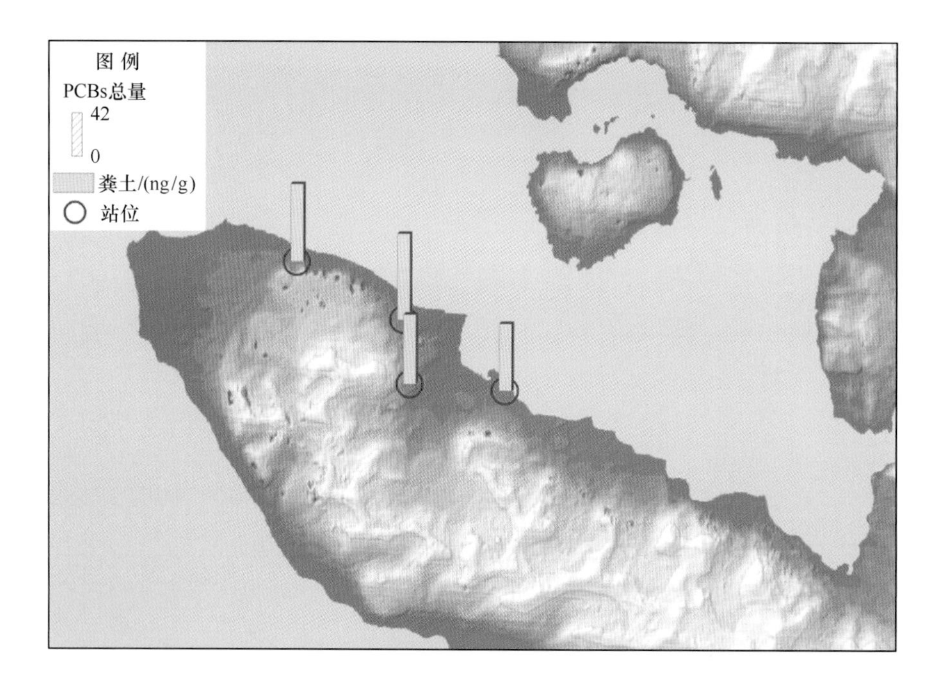

图 5－188　黄河站粪土中 PCBs 采样点与总量分布

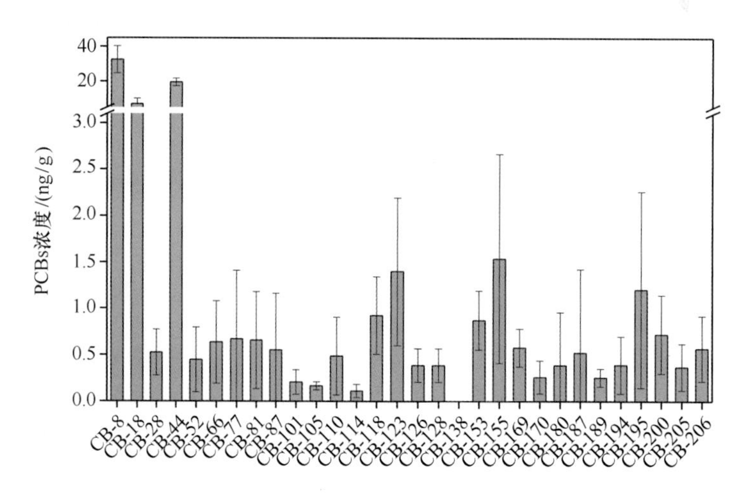

图 5－189　30 种 PCBs 同族物在北极黄河站区域内采集的鹿粪中的含量

在北极黄河站附近采集的鹿粪中，9 种二噁英类 PCBs 均有检出，其占总 PCBs 浓度的百分比分别为：CB－77（0.9%）、CB－81（0.9%）、CB－105（0.2%）、CB－114（0.2%）、CB－118（1.2%）、CB－123（1.9%）、CB－126（0.5%）、CB－169（0.8%）和 CB－189（0.3%）。其中毒性最大的 4 种 PCBs（CB－77、CB－81、CB－126 和 CB－169）在北极黄河站附近的鹿粪中均有检出，占总 PCBs 的 3.1%，表明 PCBs 的存在对当地动物可能会产生负面的生态效应。

3）有机氯农药（OCPs）

北极黄河站生物粪土中 OCPs 污染调查结果显示，在粪土介质中 OCPs 检出率和含量均最高，亦存在六六六检出高于 DDT 的现象，六六六检出范围为 13.41～20.49 ng/g，DDT 检出范围为未检出～4.11 ng/g（图 5－191 和表 5－96）。

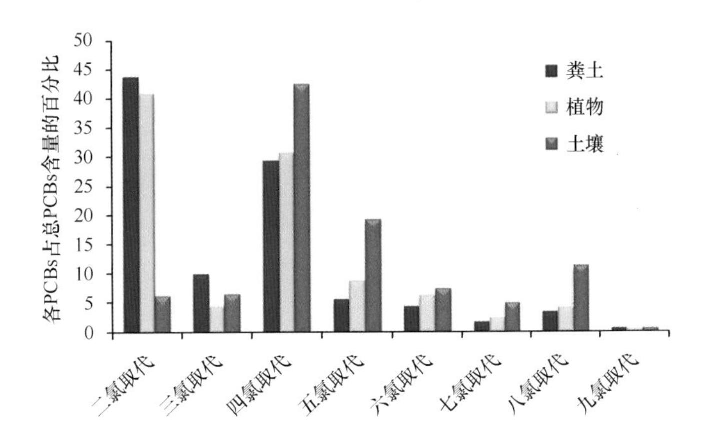

图5-190 粪土、土壤和植物中不同氯取代PCBs占总PCBs的百分含量比较

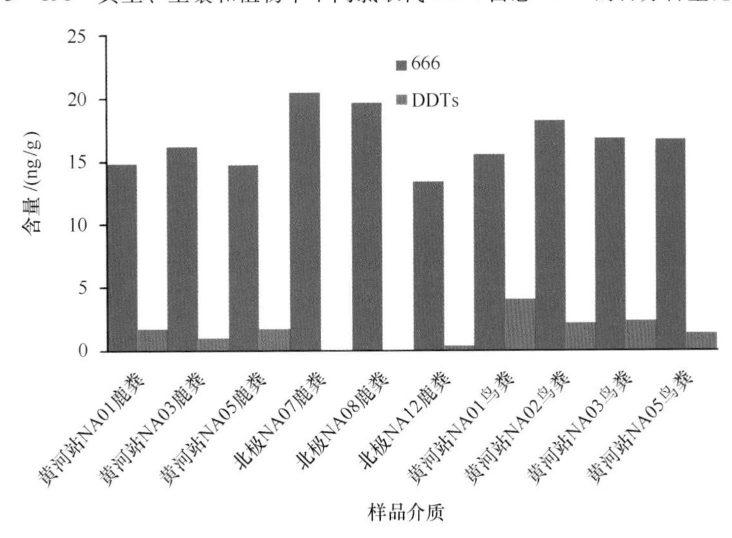

图5-191 黄河站粪土中OCPs含量

表5-96 黄河站粪土中OCPs调查结果 单位：ng/g

组分	检出率/%	均值	最大值	最小值
α-BHC	100	7.01	8.39	4.04
β-BHC	100	6.09	9.95	2.10
γ-BHC	100	1.84	2.40	0.95
δ-BHC	100	1.73	2.14	1.40
七氯	100	1.57	2.38	1.20
γ-氯丹	100	3.26	10.52	0.11
硫丹-Ⅰ	100	0.23	1.00	0.05
α-氯丹	90	0.26	0.71	—
p，p′-DDE	60	0.22	1.31	—
硫丹-Ⅱ	100	5.04	15.51	0.36
p，p′-DDD	20	0.04	0.18	—
p，p′-DDT	70	1.27	2.81	—
∑BHCs	100	16.67	20.49	13.41
∑DDTs	100	1.53	4.11	—

注：“—”表示未检出。

4）得克隆（Decs）

根据以往的一些报道，关于 Decs 在生物体中的浓度水平多是集中在人体血清、水生生物和陆生生物中，而对于研究生物粪便的研究是罕见的。在本次研究中，5 种 Decs 在大多数粪土样品中均有检出，总的浓度范围是 40 ~ 598 pg/g（均值为 334 pg/g），其中 DP 的两种异构体占主要地位，浓度范围为 5 ~ 722 pg/g（均值为 258 pg/g）（图 5 – 192）。

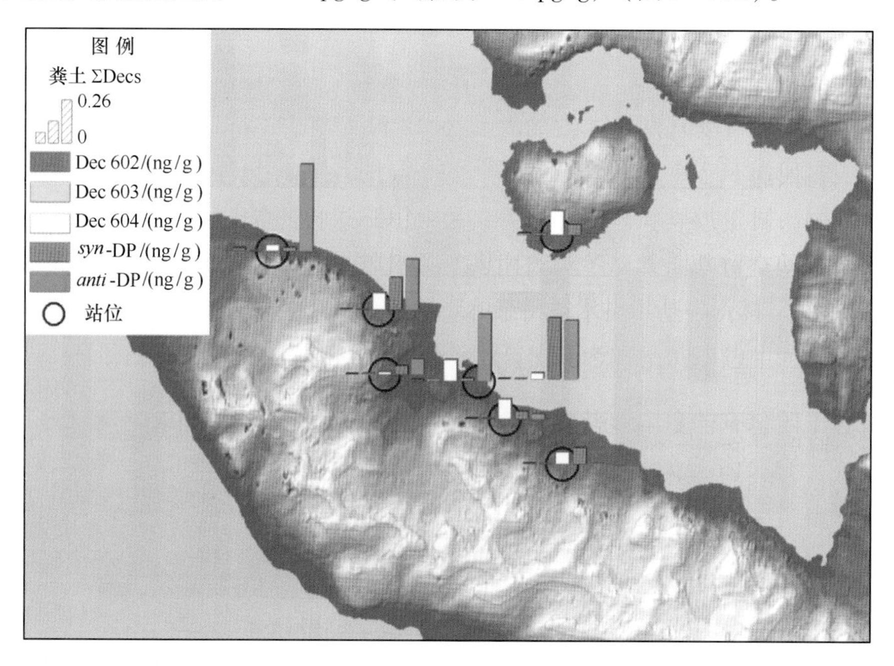

图 5 – 192　粪土中 5 种 Decs 含量

5）多溴联苯醚（PBDEs）

2012 年度北极新奥尔松地区动物粪土中 ΣPBDEs 的浓度范围为 37.6 ~ 117.8 pg/g（干重），平均浓度为 79.5 pg/g（干重），该结果要明显高于土壤和沉积物中 PBDEs 的浓度（表 5 – 97）。

表 5 – 97　2012 年度黄河站粪土中 PBDEs 浓度　　单位：pg/g（干重）

化合物	最小值	最大值	平均值	中值
BDE – 17	6.8	29.7	14.9	10.2
BDE – 28	1.3	13.4	5.3	3.5
BDE – 47	3.0	18.4	9.5	9.3
BDE – 66	2.7	12.7	7.0	7.3
BDE – 71	0.7	12.5	6.6	6.4
BDE – 85	1.5	7.2	4.7	4.1
BDE – 99	3.0	29.4	15.1	10.8
BDE – 100	1.2	11.4	4.6	3.9
BDE – 138	1.0	16.7	7.2	6.8
BDE – 153	0.4	10.5	6.1	6.1
BDE – 154	0.1	0.1	0.1	0.1
BDE – 183	0.1	0.1	0.1	0.1
总量	37.6	117.8	79.5	71.6

5.3.2.4.6 来源解析

1）多环芳烃（PAHs）

新奥尔松地区大气气相与颗粒相中PAHs的单体分布特征如图5－193所示，结果显示，该地区大气气相中PAHs主要以低环的单体为主，其中相对含量最高的组分为萘（Nap），其次为菲（Phe），而颗粒相中高环的比例相对气相偏高，但相对含量最高的组分同样为萘（Nap），其次为菲（Phe），这说明在区域存在一定的局部释放，比如站内机场以及站位机动车辆的运行。

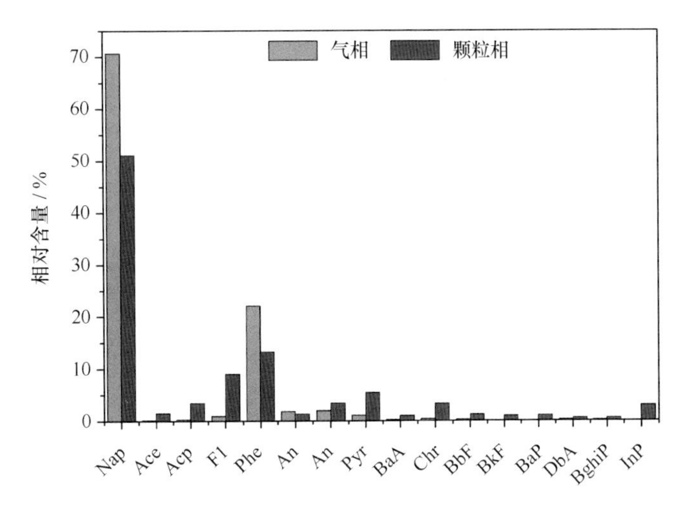

图5－193 黄河站大气气相与颗粒相中PAHs的单体分布特征

新奥尔松地区植被中PAHs的单体分布特征是以低环的单体为主，其中相对含量最高的组分为萘（Nap），其次为菲（Phe），土壤中同样以低环的单体为主（图5－194）。与南极菲尔德斯半岛地区和中山站附近区域相比，该区域土壤高分子量的比例低于植被，原因一方面可能是由于该区域存在一定程度的污染输入；另一个原因与植被的类型有关。该区域植被以苔藓为主，其在采样期间的生长速率以及含水率等与南极地区的差异较大，这在较大程度上会导致PAHs高分子量单体在植被体内的再分配过程，即高分子量单体通过生物富集效应增加了其在介质中的相对比例。

2）多氯联苯（PCBs）

PCBs的气/固分配系数（K_P）受其物理化学性质影响，如Pankow等考察了PCBs的log K_P与log $p°_L$的关系并给出了如下方程：

$$\log K_P = m_r \log p°_L + b_r \quad (5-8)$$

其中，m_r和b_r是常数。可以看出PCBs的$p°_L$是决定其K_P的重要参数。如上所述，由于土壤中PCBs主要来自大气颗粒物的干湿沉降过程，植物中PCBs主要来自对气相PCBs的吸收，那么，PCBs在土壤－植物中的分布是否也与其在气/固间分配行为类似，受$p°_L$的影响呢？为验证该假设，定义PCBs在土壤－植物中的分布系数（Q_{SM}）为：

$$Q_{SM} = C_S / C_M \quad (5-9)$$

其中，C_S和C_M分别为PAHs在土壤和植物中的浓度（pg/g）。

考虑到一些PCBs同族物在土壤和植物中的浓度低于检出限，所以在本节研究中，选取了其中8种PCBs同族物作为目标物，考察其在土壤和植物中分布的规律，这8种PCBs同族

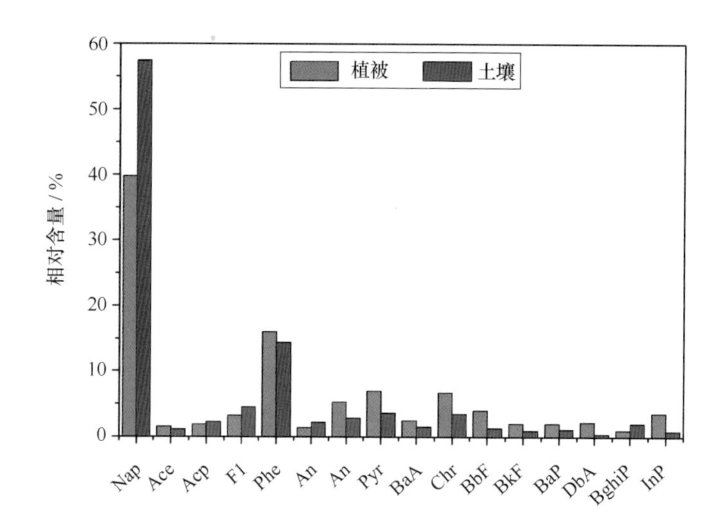

图 5-194　黄河站植被与土壤中 PAHs 的单体分布特征

物分别是：CB-52、CB-101、CB-114、CB-118、CB-138、CB-153、CB-180 和 CB-195。这 8 种 PCBs 在土壤和植物中的分布关系 Q_{SM} 与 PCBs 的过冷液体饱和蒸汽压（$p°_L$）具有显著的对数线性关系（图 5-195）：

$$\log Q_{SM} = -0.24 \log p°_L - 0.55 \quad (r^2 = 0.61,\ p < 0.01) \tag{5-10}$$

该结果表明，$\log p°_L$ 可以用于表征 PCBs 在土壤和植物之间的分布行为（$\log Q_{SM}$），并可以发现，相对比于植物，PCBs 在土壤中的含量会随着其过冷液体饱和蒸汽压的增加而增加。

Weiss 考察了三种典型持久性有机污染物（PCBs、有机氯农药和多环芳烃）在奥地利松针和土壤中的分布，得到如下关系：

$$\log Q_{SP} = -0.16 \log p°_L - 0.50 \quad (r = -0.85) \tag{5-11}$$

此外，Wang 等（Wang，2009）也考察了多环芳烃在辽宁地区土壤和松针中分布，得到如下关系：

$$\log Q_{SP} = -0.22 \log p°_L - 0.44 \quad (r = -0.94) \tag{5-12}$$

可以发现，式（5-10）、式（5-11）和式（5-12）的斜率分别为 -0.24、-0.16 和 -0.22，截距分别为 -0.55、-0.50 和 -0.44，数值较为接近。前人研究指出，一些典型持久性有机污染物在大气中的气/固间分配平衡条件下，m_r 的值等于或接近于 -1，且 b_r 与 m_r 有一定程度的关联。而极地植物和松针的生长期较长（一般不少于 2 年），长期与大气中持久性有机污染物接触，特别是在偏远地区，持久性有机污染物与植物（和土壤）间可以达到平衡或者接近平衡状态，所以持久性有机污染物在土壤和苔藓（松针）间的分布系数（$\log Q$）与 $\log p°_L$ 间线性关系的斜率接近一个确定的期望值。以上的实测结果也进一步证明了该推测的正确性。

鉴于持久性有机污染物的 $\log p°_L$ 与 $\log K_{OA}$ 具有一定的相关性，所以，本研究中也发现 $\log Q_{SM}$ 与 8 种 PCBs 的正辛醇-空气分配系数（$\log K_{OA}$）具有显著线性关系（$r^2 = 0.55$，$p < 0.01$）（图 5-195）。

3）有机氯农药（OCPs）

对北极大气中 OCPs 的调查国际上已经开展多年，调查表明大气传播是极地环境中 OCPs 存在的一个主要途径，尤其是具有较强半挥发能力的六六六。对于沉积物的 OCPs 调查表明，

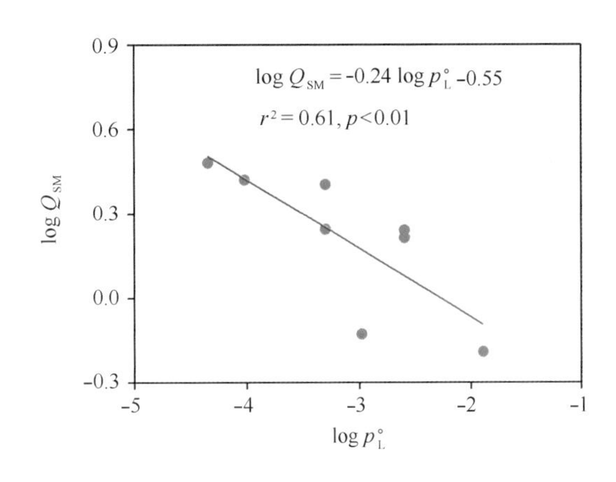

图 5-195　8 种 PCBs 同族物的 logQ_{SM}与其 log p°_{L}（5℃）的良好线性关系

六六六主要通过大气传播而来。本次调查发现，环境介质中存在六六六检出率高于 DDT，说明大气传输是主要途径和来源，与文献调查结果一致。

4）得克隆（Decs）

学者研究 DP 来源与归趋时，经常讨论两种异构体的比率问题。一般将f_{anti}定义为 f_{anti} = *anti* - DP/（*syn* - DP + *anti* - DP）。商用 DP 是由 65% 的 *anti* - DP 和 35% 的 *syn* - DP 组成的（即 f_{anti} =0.65），也有报道说商用 DP 的 f_{anti} =0.75，这表明由于生产过程不同，可能产生不同的异构体比例。

在研究 DP 的归趋时，在不同环境介质中两种异构体的比率引起了学者们的兴趣，两种异构体比率发生了改变，暗示着两种异构体有着不同程度的降解、生物富集或是生物转化。本次调查北极新奥尔松地区环境多介质中两种异构体比率如表 5-98 所示。同一区域表层水的 f_{anti}值与大气的相似，说明这可能是由大气的干沉降造成的。动物粪土的 f_{anti}值与其他介质的明显不同，其异构体比率与商用 DP 的相似，这可能是由于动物的迁徙而带来的本地源污染。

表 5-98　DP 在多介质中的比率

介质	f_{anti}
海水	0.36
沉积物	0.21
土壤	0.18
苔藓	0.27
鹿粪	0.66
鸟粪	0.67
大气	0.43
商用 DP	0.65

5）多溴联苯醚（PBDEs）

新奥尔松地区大气气相与颗粒相中 PBDEs 的单体分布特征如图 5-196 所示，结果显示，该地区大气气相中 PBDEs 主要以低分子量的单体为主，其中相对含量最高的组分为 BDE-47，颗粒相中虽然相对含量最高的组分同样为 BDE-47，但高分子量单体的比重相对气相偏高，这与大气中 PAHs 的单体分布特征相似，说明大气传输是 PBDEs 迁移的主要途径。

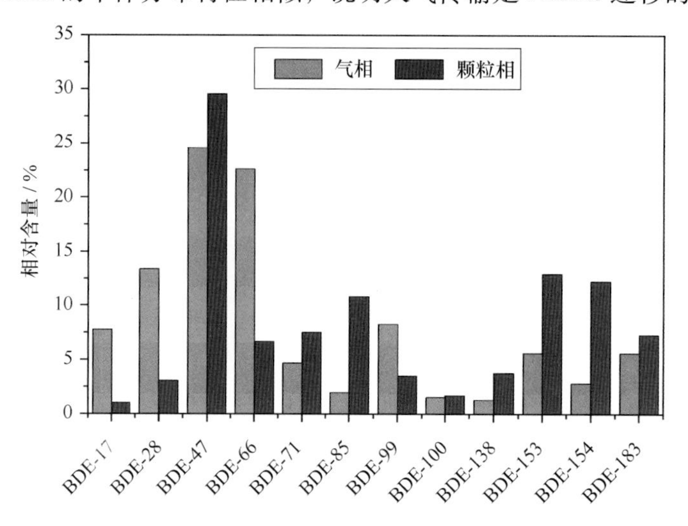

图 5 - 196　黄河站大气气相与颗粒相中 PBDEs 的单体分布特征

新奥尔松地区海水与沉积物中 PBDEs 的单体分布特征如图 5 - 197 所示。与大气气相和颗粒相中 PBDEs 的单体特征相似，海水中 PBDEs 主要以低分子量的单体为主，相对含量最高的组分为 BDE -47，而沉积物中相对含量最高的组分为 BDE -99，并且高分子量单体的比重相对海水偏高，这与海水与沉积物中 PAHs 的单体分布特征相似，说明大气传输是 PBDEs 迁移的主要途径，并且 PBDEs 在海水沉降的过程中存在着明显的再分配过程。

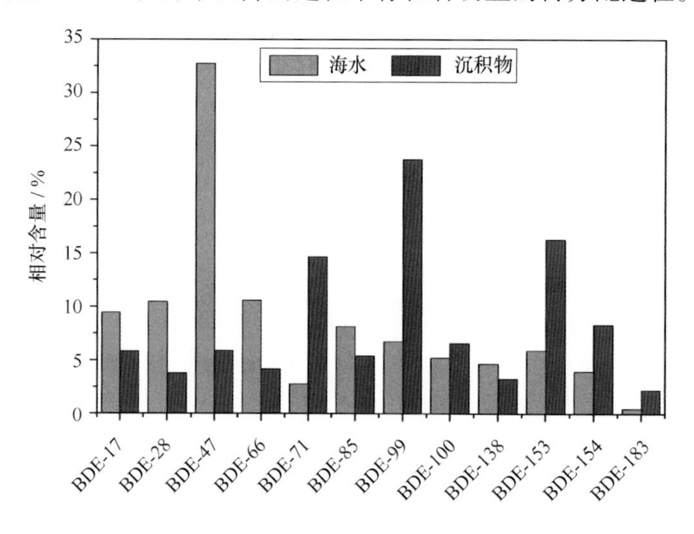

图 5 - 197　黄河站海水与沉积物中 PBDEs 的单体分布特征

新奥尔松地区植被与土壤中 PBDEs 的单体分布特征如图 5 - 198 所示。与大气、海水和沉积物中 PBDEs 的单体特征相似，植被中 PBDEs 主要以低分子量的单体为主，相对含量最高的组分为 BDE -47，而土壤中相对含量最高的组分则为 BDE -99，并且高分子量单体的比重相对植被偏高。

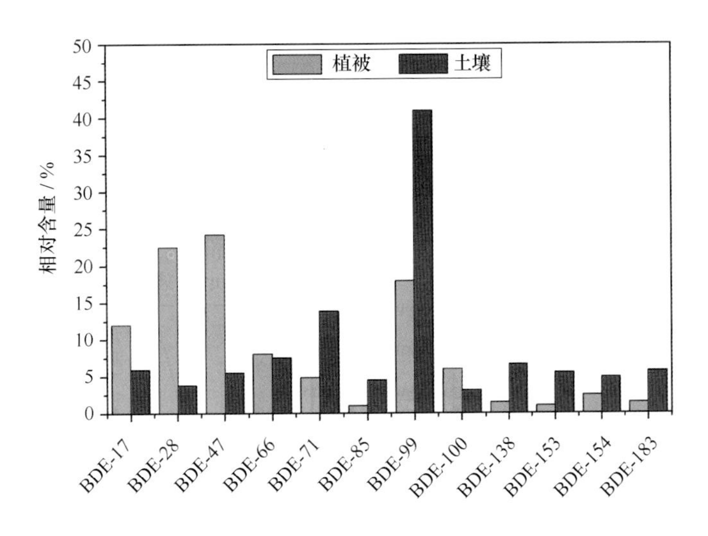

图 5-198 黄河站植被与土壤中 PBDEs 的单体分布特征

5.3.3 生态环境演变分析

对北极新奥尔松地区的气候变化和湖泊生态演变的相应工作主要通过一根采自黄河站附近 Trehryningen 湖的沉积剖面 H2 开展。H2 剖面年龄约 3 000 年左右，我们分析了粒度、磁化率、密度、含水率、烧失量、总有机碳、C、N、S、H、常微量元素以及碳氮同位素组成等理化指标以及色素、生物硅等生物替代性指标。其中 C/N 比值波动范围较大，为 15.0～25.5，平均值为 18.2（图 5-199 和图 5-200）。一般来说，湖泊内源有机质 C/N 比值较小，大约为 4～10，而陆源有机质 C/N 较大，超过 20（Meyers et al.，2001）。H2 湖周围的陆源植物主要是苔藓，C/N 值约 40～50（袁林喜等，2007），远高于 H2 湖泊沉积物，说明 H2 沉积剖面中有机质主要来源于湖泊内生物质，伴随少部分外源有机质的混入。沉积物中的 H 大部分也来源于有机物，H/C 比值在 19 cm 深度以下较高，大部分超过 1.7，说明 H2 剖面中 19 cm 深度以下的沉积物中有机质主要来源于湖泊中藻类物质。剖面底部 H/C 的高比值也说明有机质保存得较好。在 19 cm 深度以上，H/C 比值下降至 1.5 以下，大部分介于 1.2～1.4 之间，说明湖藻生产量逐渐减少，而来自苔藓、地衣等陆源有机质的输入可能逐渐增加，和 C/N 比值反映的沉积物有机质来源变化基本一致。$\delta^{13}C_{org}$和 $\delta^{15}N$ 的含量变化范围分别为 -25‰～20‰和 0.48‰～2.12‰，总的来看，$\delta^{13}C_{org}$的值自下而上随深度的减小而降低。H2 沉积物中的有机物主要来源于北极 C3 植物，而引起 $\delta^{13}C$ 变化的一个普遍原因是初级生产力的改变（Briner et al.，2006）。在适宜的气候条件下，湖泊初级生产力提高，$^{12}CO_2$ 的利用率下降，有机物中 $^{13}CO_2$ 的分馏增强，所以 $\delta^{13}C$ 的值变得偏正，相反在恶劣的气候条件下，$\delta^{13}C$ 的值将偏负。表层 4 cm 沉积物的 $\delta^{13}C$ 值持续下降主要是由于工业革命之后大气中的 $^{12}CO_2$ 迅速增加（Karl et al.，2003），CO_2 在空气和湖泊水间不断地进行交换，从而对沉积记录中 $\delta^{13}C$ 的值有显著影响。$\delta^{15}N$ 也是古环境信息的有效指标，表层 7 cm 深度样品的 $\delta^{15}N$ 明显增加，最高值出现在表层样品中，$\delta^{15}N$ 的值达到 2.12‰，指示了湖泊生产力的提高，更多固定高 $\delta^{15}N$ 值的湖藻被沉积下来。在高生产力的湖泊中，生物对 ^{15}N 的分馏作用将引起对残留的溶解性无机氮（DIN）进一步的同位素富集；在富集 DIC 的湖泊中同位素同化作用反过来会增加新生成的藻

类有机物的 $\delta^{15}N$ 值（Talbot et al.，2000）。H2 沉积剖面的表层沉积物具有高的 $\delta^{15}N$ 值和低的 C/N 值，这都可以表明近来有机物沉积增加以及湖泊生产力提高。

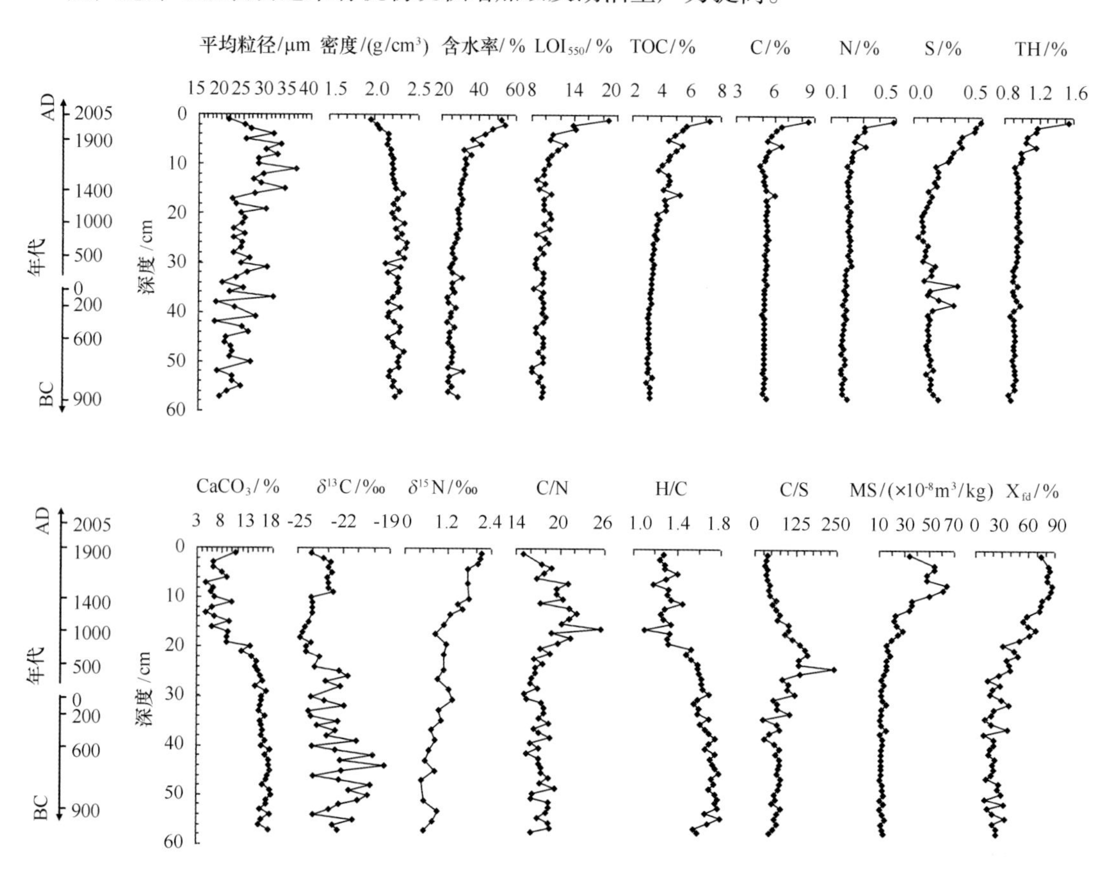

图 5-199 H2 沉积物地球化学指标变化

湖泊藻类中含有大量的叶绿素、类胡萝卜素和叶黄素等，藻类死亡后这些色素将埋藏在沉积物中。H2 沉积柱样中色素含量变化如图 5-199 所示。表层沉积物中色素含量和比值表现出明显的变化特征。在 5~16 cm 沉积物中，色素的含量均处于谷值，低于 17 cm 以下沉积物中色素的平均含量，这可能与 5~16 cm 对应的小冰期寒冷气候有关。从 5 cm 处开始，CD、TC、OSC 和 Myx 等色素含量开始上升，这和有机质含量变化非常一致。各种色素在表层出现明显升高的原因可能有两个，即近百年来湖泊生产力的提高。湖泊沉积物中高 CD/TC 通常指示外源有机质含量增加，而低 CD/TC 值则表明沉积物保存条件较好和/或湖泊初级生产力增加（Swain，1985）。在 H2 湖泊沉积柱中，16~5 cm 的 CD/TC 持续下降，可能是由于小冰期时期，湖面被冰封的时间较长，湖底长期处于相对还原环境，导致沉积物中总胡萝卜素 TC 能更好地保存。表层 6 cm 沉积物中 CD/TC 值持续下降，则可能与藻类大量生长、湖泊生产力增加有关，使得内源有机质比例增加，而具有较高 CD/TC 比值的外源有机质输入比例相对降低。虽然由于保存条件的不同，Osc 和 Myx 的含量变化很大，但两种色素在自然界中分解速率相近，通常用 Osc/Myx 比值来表示湖泊中颤藻科与蓝藻科植物相对含量变化（Swain，1985）。当 Osc/Myx >1 时，指示了颤藻占主导的生物群特征，反之，则表示蓝藻科占优势，这时可能对应于湖泊的富营养化程度增加。在气候寒冷的小冰期阶段，湖泊生产力整体下降，Osc/Myx 持续减小，反映了颤藻科植物相对于蓝藻科生物量下降得更快。在表层 5 cm 沉积物

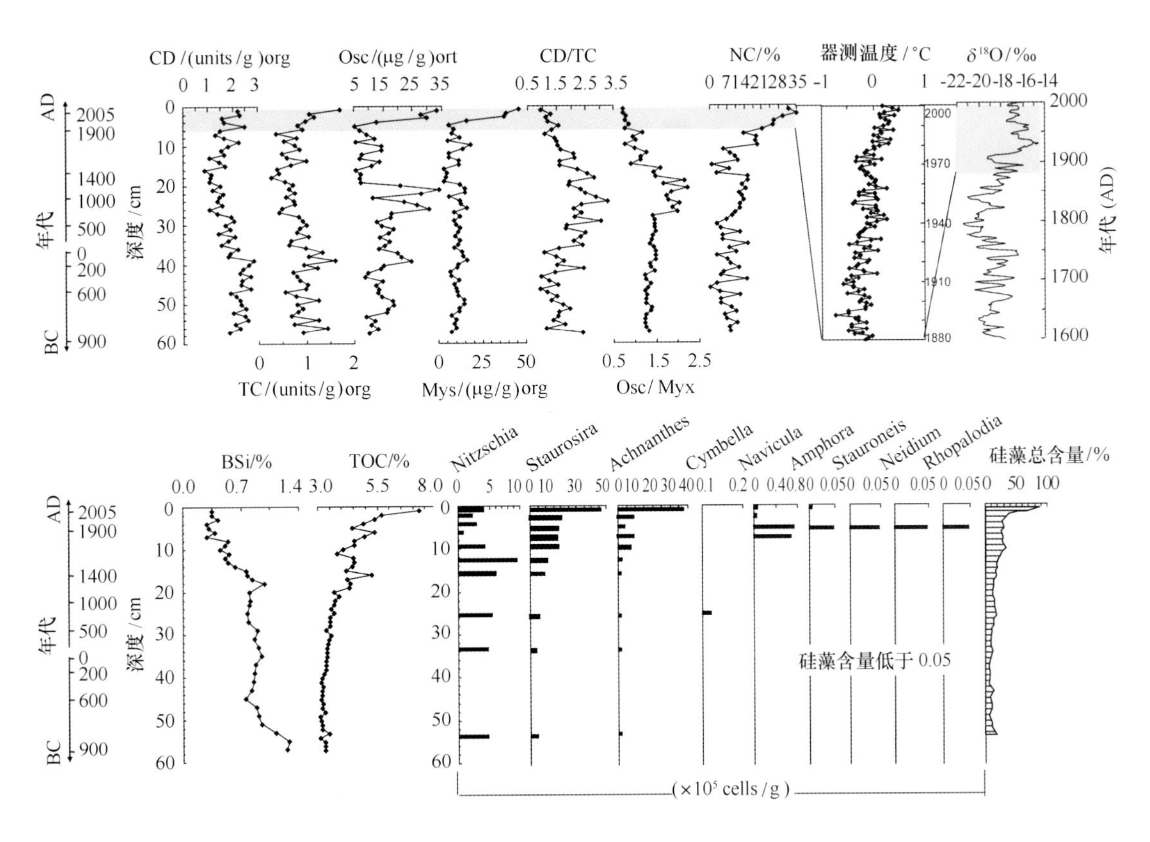

图5-200 沉积色素和生物硅分析结果

中，Osc/Myx 比值小于1，表明近百年来北极气候变暖以及人类活动影响的加强可能造成湖泊营养水平上升，湖泊中蓝藻科藻类相对于其他水生生物生长得更快，在竞争生长中蓝藻逐渐占据了优势地位。

H2 沉积物的硅藻种属鉴定结果如图5-200 所示，这9 种硅藻在 H2 剖面中含量相对较高，主要的两种种属是 *Staurosira* spp. 和 *Achnanthes* spp. 这两种硅藻在北极湖泊中广泛存在（Perren et al.，2003；Michelutti et al.，2007）。大部分硅藻的丰度在20 cm 深度以下低于 0.05×10^5 cells/g，低于实验室的检测限。近代样品中（过去100 年），硅藻丰度呈现显著增加的趋势。生物硅含量总体与色素含量表现出相似的变化过程（图5-200），从17 cm 开始出现降低；然而在表层样品中，BSi 依然呈现持续的下降趋势，这与之前对色素、有机质等的分析结果相反。H2 表层沉积物中硅藻丰度的明显上升可以归因于近几十年加速的气候变暖。Achnanthes 种属从1850 年左右开始上升，与文献报道的该种属在北极地区的变化趋势一致（Perren et al.，2003）。

在理化指标和生物替代性指标检测和讨论的基础上，我们分析了 H2 沉积剖面中24 种元素的含量并讨论了元素分布的主要特征和影响因素。沉积物中无机元素的分布会受到多种因素的影响，单个元素在地质成因上具有多解性，但一定元素组合的特征则具有成因专属性，因此具有物源指示的作用。通过与 Al 和 TOC 的相关性分析看出（图5-201），Mg、Se、Ni、Ca、K、Ti、Cr、Fe 与 Al 明显正相关，而与 TOC 则呈现负相关；微量元素如 As、Hg、Cu、Pb、Ga、Mn、Cd 等与 TOC 表现出显著的正相关，但其中多数元素与 Al 又出现负相关。Al 和 TOC 在深度剖面上具有显著的负相关（$r=-0.58$，$n=38$，$P<0.01$）。上述相关性分析结

果表明，H2 沉积物中元素含量变化主要与有机质和铝硅酸盐矿物的输入有关，两者之间呈消长关系。

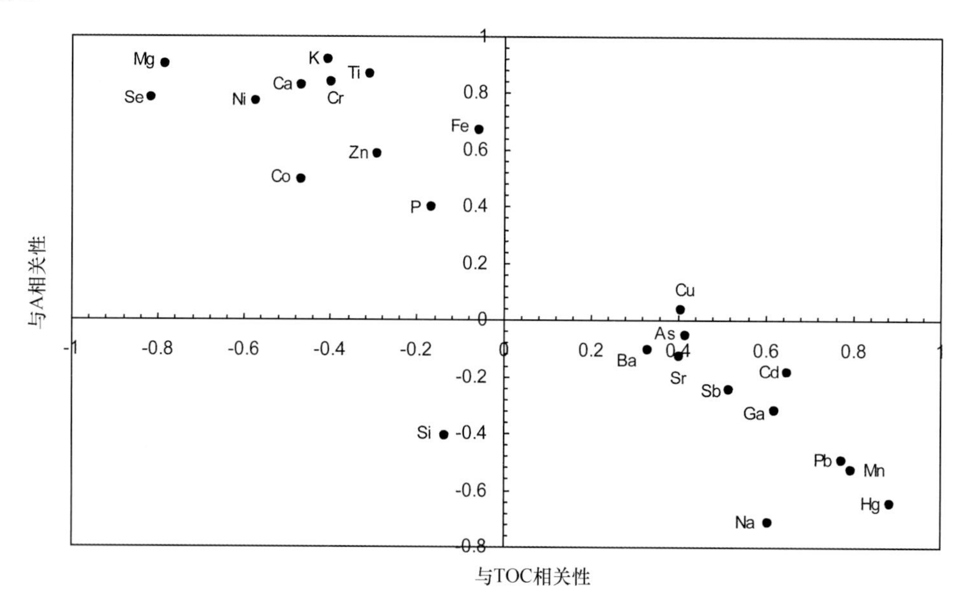

图 5-201　H2 沉积柱中化学元素与 Al 和 TOC 相关性

根据 Nesbitt 等（1982）提出的化学蚀变指数（CIA）计算公式得出的 H2 沉积物的 CIA 在 67.3 ~ 72.1，平均值为 70.1，明显高于世界范围内的玄武岩、花岗岩等新鲜岩石及一些原生矿物的 CIA 值，但低于平均页岩及伊利石、高岭石等黏土矿物的化学蚀变指数值，说明 H2 沉积物经历了一定程度的化学风化作用。湖泊沉积物在源区风化、沉积过程中要受到多种因素的综合控制，在地形、构造及原岩等条件相似的环境下，主要经历沉积后的蚀变、化学风化、物理搬运及氧化还原过程（Nezat et al.，2001）。

我们利用 H2 湖泊沉积物样品所取得的地球化学原始数据，包括元素含量、TOC、C/S 以及 CIA 值，利用 SPSS 分析软件，采用 R 因子分析中的主成分分析方法，设置提取 3 个公因子，经方差极大正交旋转后，得出方差极大因子载荷矩阵。计算结果表明，3 个因子累计方差贡献达到 71%，基本可以代表 H2 沉积剖面整个样品的环境指标数据变化信息。PC1 的正载荷为 CaO、Fe_2O_3、Cr、K_2O、Al_2O_3、MgO、TiO_2、P、CIA、Se、Ni 元素的组合，因子载荷值在 0.5 以上。大部分常量的岩性元素、氧化物具有高的 PC1 因子载荷值，反映了湖泊沉积物主要来自陆源风化的碎屑物质。另外，化学蚀变指数 CIA 值在 PC1 因子上也具有高的正载荷值，因此，PC1 因子可能与湖泊流域化学风化作用有关。在 PC2 因子上具有正载荷的元素主要包括 Pb、Mn、Ga、Hg、Cu、Cd、As 和 TOC，反映了有机质对微量元素输入的控制作用。PC3 因子包括 Ni、Co、Zn、C/S 等，Sb 具有负载荷值。由于 C/S 主要指示了氧化还原环境的变化，在湖泊沉积物中 Ni、Co、Zn 等元素通常被认为与氧化还原环境具有密切联系（Eusterhues et al.，2005；Prartono et al.，1998），因此，PC3 因子可能反映了湖泊氧化还原环境变化。

所有指标（如元素、矿物、粒度等）在过去 3 000 年都经历了明显的波动变化，它们反映了不同环境下当地风化状态，物理传输作用和氧化还原环境变化。除此之外，在研究区域内，不同气候环境也影响到周围植被的生长，在极地的极端气候环境中，植被对于表层风化起了很大的作用（Nezat et al.，2001）。一般来说，在相对温暖和湿润的气候下，植被生长旺盛，导致了更加强烈的矿物化学风化作用。在源区风化和沉积过程中，沉积物受到多重因素控制。由于H2湖泊和周围湖区具有相同的地貌、地质背景和母岩等，所以一些影响因素如风化、降水和表层径流等作用都归因于气候变化。因此，上述指标在H2沉积剖面中的变化可以综合反映新奥尔松地区的古气候环境变化历史。在距今550年之前，暖湿的气候条件下植被相对茂盛，化学风化较强；距今550～100年间，气候环境恶劣，冰川前进，降雨量下降，植被减少，风化速率减弱，同时也导致了还原的湖泊沉积环境出现；在最近100年，温度和降雨量增加，化学风化、流域侵蚀和搬运作用都明显加强。上述结果与我们先前利用湖泊生产力反映出的古气候特征一致（Jiang et al.，2011a）。重建的记录表明，在小冰期时，沉积物中色素和生物硅含量下降，表明恶劣的气候不适于湖泊藻类的生长，因此湖泊初级生产力下降。相反，最近100多年湖藻快速繁殖生长，湖泊沉积物中TOC含量较高，色素含量和硅藻种群增加。这与北极地区近来所观测到的气候变暖下生物群落的变化特征类似（Smol et al.，2007）。对比Guilizzoni等（2006）在Svalbard地区湖泊的研究结果，所有指标如矿物、元素等的变化并非完全一样，这主要是由于采样地点和湖区地质的不同造成的。首先，两个湖泊的采样点距离很远，Guilizzoni采样的Kongressvatnet湖位于巴伦支群岛内的Kongressdalen山谷，流域的基岩主要是石炭纪—二叠纪石灰岩和石膏。但总的来说，两个湖泊中古环境气候的重建结果都反映了相似的变化过程，例如最表层样品反映了最近100年气候变暖下湖区风化的增强，以及延长的生长季节下湖泊自身生产力的提高，而小冰期时冰川的扩大以及湖泊冰封增强。也就是说，小冰期和最近的变暖是Svalbard地区广泛存在的气候变化事件。

如上所述，PC1因子得分反映了新奥尔松地区古气候变化的信息（图5－202a）。近年来，许多研究者利用一系列地质载体如沉积记录、冰心、树轮记录等高分辨地重建了最近2 000年环北极地区古气候记录。通过与这些记录的比较（图5－202b～d），我们发现在最近2 000年，新奥尔松地区与北极其他地区一样，经历了相类似的气候变化趋势，即“暖期－冷期－暖期”。在距今550年之前，PC1因子得分保持相对稳定的高值，指示了温暖的气候条件。图5－202b也同样反映了在距今2 000～1 000年，环北极高纬挪威、瑞典、芬兰北部以及俄罗斯西北部平均夏季温度比过去30年的平均温度还要略微高一些，突然的气候变冷出现在距今850年左右（Bjune et al.，2009）。气候综合记录包括12条湖泊沉积记录、7条北极冰心和4条树木年轮高分辨率记录曲线（图5－202c）也反映过去2 000年温度变化总体趋势是下降的，最初1 000年的平均温度要高于现在的温度。温暖的气候引起冰川消融后退，植被生长，表层化学风化作用开始加强，更多的风化产物会随着侵蚀作用被搬运并沉积在湖中。高分辨率的北极高纬冰前湖泊纹层记录揭示在10～730年期间厚度增加，沉积速率加快，反映相对暖湿的气候条件（Bird et al.，2009），这和古湖沼同位素地球化学数据证明该时期加拿大许多高纬湖泊湖平面较高一致（Anderson et al.，2005）。图5－202d是过去2 000年北半球的平均温度。尽管有小的波动，但总体仍反映了在距今550年之前温度较高，尤其在距今1150～750年表现出明显的中世纪暖期。

这说明新奥尔松的气候变化不仅与环北极地区相关，更与整个北半球的气候变化相联系。中世纪暖期现象只发生在9—14世纪北大西洋和一些特定区域，而且各地的起止时间也不尽相同。在这段时期之内也仍然出现了持续的冷期。现今的证据表明在全球尺度上，最暖的几十年的平均气温也没有达到20世纪末期水平。

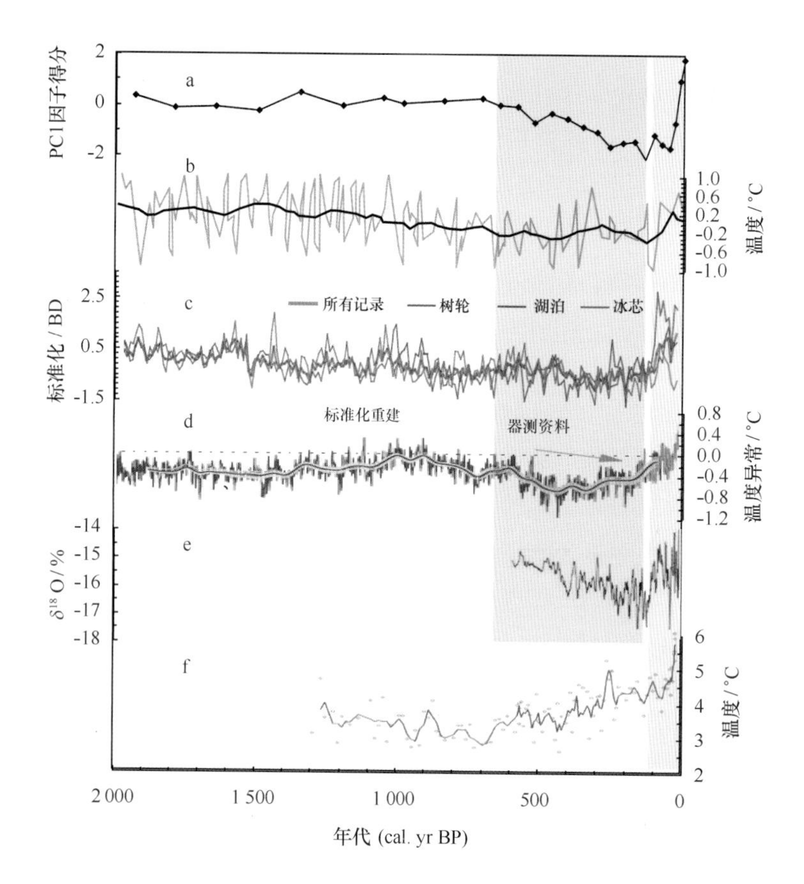

图 5 - 202　PC1 因子得分与其他区域不同指标温度重建记录比较

蓝色和红色区域分别代表小冰期和最近变暖

a. H2 沉积物中 PC1 因子得分随年龄的变化；b. 北极高纬 11 个湖泊花粉重建的平均夏季温度偏差（Bjune et al.，2009）；c. 北极气候记录，23 个高分辨载体包括 12 个湖泊、7 个冰川和 4 个树轮记录（Kaufman et al.，2009a）；d. 北半球平均温度偏差（Moberg et al.，2005）；e. Svalbard 地区 Lomonosovfonna 冰心中 δ18O 记录（Isaksson et al.，2005）；f. 不饱和烯酮重建的 Svalbard 群岛 Kongressvatnet 地区温度（Vaillencourt，2010）

PC1 因子得分从距今 550 年开始明显下降（图 5 - 202a），最低值出现在距今 250 ~ 50 年，反映了恶劣的气候条件。许多文献记录都指出这段时期全球进入了小冰期。尽管在全球范围内，不同地区小冰期的起止时间不一致，但普遍认为 18—19 世纪是小冰期中最冷的时间（McKinzey et al.，2005；Ogilvie et al.，2001）。冰心的分辨率较高，研究的时间跨度较长，对恢复古气候研究的精度相对来说就比较高。因此，冰心研究开始相对较早。Dansgaard 等（1969）最先进行冰心分析的成功尝试。他们分析了长 1 390 m 的格陵兰冰心中 $\delta^{18}O$ 值的变化，在小冰期所处的 17—18 世纪时，冰心中记录的 $\delta^{18}O$ 值比较小（小于 -29‰）。从湖泊沉积物的花粉记录中（图 5 - 202b）可以看出，欧洲北部夏季温度从距今 850 年开始下降，最冷的温度出现在距今 450 ~ 350 年，一直持续到距今 150 ~ 100 年该地区小冰期结束。Kaufman 等（2009b）通过对 23 种气候记录载体的集成分析（图 5 - 202c）认为，北极地区小冰期最冷的阶段出现在距今 350 ~ 100 年，Isaksson 等（2003，2005）分析了 Svalbard 地区 Lomonosovfonna 冰心中的 $\delta^{18}O$ 值（图 5 - 202e），结果表明 Svalbard 地区从距今 450 年开始出现显著的变冷，这种状况一直持续到距今 150 年左右，其中 $\delta^{18}O$ 的最负值出现在距今 200 ~ 50 年，这与我们的研究结果一致。气候的变冷导致初级生产力的下降，加速的冰川侵蚀作用为湖中输入更多的陆源碎屑和有机物，导致 H2 沉积剖面中 C/N、SiO_2 和粒度的增加，同时 H/C 下降。更重要的是，由于恶劣的气候条件，4 种色素在小冰期时一直维持着相对较低的水平（Jiang et al.，2011a）。小冰期的气温异常也明显地反映在北半球的气温记录中（图 5－202d）。

从距今 100 年开始，PC1 因子得分开始显著升高，并且超过了在此之前的平均得分。这个结果与北半球或 Svalbard 当地的古气候重建记录吻合（图 5－202d、f），都揭示了 20 世纪以来的快速变暖。通过对湖泊沉积物、树轮、冰心和海洋沉积物的多指标分析，Overpeck 等（1997）指出北极地区在过去的一段时间经历了明显的气候变化，尤其是 19 世纪中叶开始的气候变暖。D'Arrigo 等在北方高纬地区（加拿大中部、东部、西部、斯堪的纳维亚和俄罗斯）等地区采样，对由年轮恢复的温度作区域化处理，重建出 1682—1968 年（即小冰期后期直至结束）的温度状况，发现：与 17—19 世纪相比，北方高纬地区现在处于异常温暖期（D'Arrigo 等，1993）。对比 20 世纪初，北极地区的平均温度增加了约 0.6℃，其中在 1945 年前后温度最高，比 1910 年气温增加了 1.2℃（Chapman et al.，1994）。Kaufman 等（2009b）发现 20 世纪内环北极地区的夏季温度是整个过去 2 000 年内最暖的时期，这可能是由于人类活动导致的。综合数据表明，历史时期北极千年尺度的气温变化原本以每千年（0.2 ± 0.06）℃的速度下降，但在最近几十年因为人类活动、火山喷发减少和太阳辐射能量的变化逆转了变冷趋势，北极温度在 20 世纪初期开始升高，目前处于近 2 000 年来的最高水平，最近 5 个 10 年中有 4 个 10 年的气温都居于历史最高水平。Smol 等（2005）通过对北极 11 个不同地区 55 个剖面进行了分析，发现在过去 150～100 年湖沼学发生了明显变化。Svalbard 地区的冰心记录也表明了两段快速变暖时期，分别是 19 世纪晚期和过去的 40 年（图 5－202e）。Spitsbergen 地区从 1912 年持续至今的现代气象观测数据显示，该地区在过去的几十年的气温和降雨量都明显增加（Lefauconnier et al.，1990）。新奥尔松地区德国 Koldewey 站点常规地面观测数据表明该地区 1994—2003 年的平均温度比 1961—1993 年高约 1.3℃（Deng et al.，2005）。而且，Longyearbyen 附近从 1911 年开始连续的温度记录揭示了 1960s 开始持续的变暖（Førland et al.，1997），同时，降雨量的增幅达到每 10 年 2.5%（Førland et al.，2003；Humlum，2002）。北极地区相对于全球其他地区，对 20 世纪初出现的气候变暖趋势正反馈作用明显，导致增暖的幅度更大，从而引起冰川后退、湖泊纹泥层厚度增加、湖泊生产力显著提高等生态环境变化（Isaksson et al.，2005）。快速变暖和增加的湿度引起湖区周围基岩化学风化作用增强，营养物质和溶解物颗粒被携带进入湖泊，进一步提高了湖泊的水生植物生长，并伴随着增加的太阳辐射能量，引起了湖泊初级生产力的提高（Jiang 等，2011a）。

通过新奥尔松地区与环北极地区、北半球甚至全球的气候变化对比，我们发现，尽管这些地区的气候变化在时间和变化程度上不完全一致，但它们总体都反映了不同地区相似的气候变化趋势。这说明，新奥尔松地区湖泊沉积物记录的环境变化也能够很好地指示全球气候变化趋势。

我们还对采自北极黄河站附近的一泥炭沉积剖面 S2 中的 REE 含量进行了分析并讨论了其地球化学特征和气候环境意义。结果标明，剖面中各种 REE 浓度随深度的变化趋势一致，所有 REE 间的的相关性均超过 0.88（$P<0.01$，$r=25$）。REE 可以分为轻稀土元素 LREE（CE 族稀土，从 La 到 Eu）和重稀土元素 HREE（Y 族稀土，从 Gd 到 Lu，有时还包括 Y）。

所以，La 和 Gd 的选取可以代表 REE 的整体变化特征。La、Gd 与岩性元素 Zr 和 Rb 在深度剖面上变化相同，说明它们来源一致并且受到相同地球化学因素控制。ΣREE（稀土元素总量）的变化范围为 71.68 ~ 158.67 μg/g，平均为 125.65 μg/g。其中 LREE 和 HREE 的平均含量分别为 94.09 μg/g 和 26.46 μg/g，分别占总稀土元素的 74.9% 和 21.1%。所以沉积剖面的 REE 以轻稀土元素较为富集，这与基岩的组成有关。新奥尔松地区的基岩中富含绿泥石和石英岩，这两种矿物中 LREE 相对富集。LREE/HREE 比值较稳定，维持在 3.3 ~ 3.9，说明在过去 300 年内研究区域岩性没有发生较大变化。

从球形陨石标准化稀土元素分布模式图中可以看出，不同深度的沉积物样品稀土元素分布模式十分相似，表明沉积物具有相同的物质来源和形成过程；曲线呈现缓右倾型，从 La 到 Eu 比值逐渐下降，而从 Gd 到 Eu 基本呈现平滑的横向曲线，说明轻稀土相对富集。由于轻稀土优先被有机质、黏土碎屑吸附进沉积物，重稀土较稳定，所以有机质的含量可能是影响沉积物中 REE 变化的一个因素。相关性分析表明 S2 沉积剖面中 La、Gd 和 TOC 的相关性仅为 -0.41 和 -0.51（$P<0.05$，$n=25$），因此 TOC 的吸附作用并不是影响沉积剖面中 REE 变化的主要原因，反而，高浓度的 TOC 含量在沉积物中还有可能产生了稀释效应。比较不同深度样品的分布模式，发现近表层样品的标准化值较低，而高的标准化值都出现在 10 cm 深度以下样品中，说明在不同深度上，沉积物所经历的地球化学过程并不完全一样。在最近的 100 多年内，人类在该地区的活动显著增加，所以我们首先必须分清 REE 的来源究竟是自然来源还是人类活动。分布模式图显示所有样品的 REE 标准化值与当地黄土相比，并没有明显的偏差，变化趋势也几乎一致。这意味着人类源的 REE 输入可以被忽略，REE 主要反映了自然的变化过程。此外在所有深度的样品中 Ce 和 Eu 都呈现一定的负异常。沉积剖面的 δCe 和 δEu 分别在 0.65 ~ 0.77 以及 0.56 ~ 0.62 波动，平均值分别为 0.73 和 0.59。一般来说，高的U/Th 指示了还原环境，而低的 U/Th 对应氧化环境，Mn 也是常用来指示氧化/还原环境变化的指标。通过比较发现，δEu 和 δCe 与 U/Th 和 Mn 并没有一致的变化趋势，说明氧化还原环境的变化并不是影响沉积剖面 REE 分布的主要原因。Ce 和 Eu 在沉积物中的迁移性较大，但是由于在我们的样品中，Ce、Eu 的变化和分布与其他 REE 并没有较大差异，因此这两种元素遭受沉积后的迁移作用可以忽略。综上所述，我们认为 δCe 和 δEu 很可能与气候变化导致的风化和沉积过程改变有关。

我们利用 REEs/Zr（La/Zr、Gd/Zr、ΣREE/Zr）和 Rb/Zr 来详细讨论沉积剖面中 REE 和环境变化特征。样品中 TOC 的含量高达 30% ~ 60%，可能对元素浓度带来稀释效应，所以我们利用它们与 Zr 这样一个相对保守的岩性元素比值来反映其变化趋势。如图 5 - 203 所示，这 4 种指标的含量变化有着明显的相关性。REEs/Zr 比值与 REE 的绝对变化趋势有明显的不同，说明 TOC 的稀释效应不能被忽略，因此 REEs/Zr 能够更好地反映真实的沉积过程。沉积剖面中 REEs/Zr 和 Rb/Zr 有着明显的波动：1900 年之前，几乎维持着较低值，其中两段相对高值的阶段出现在 1750 年之前和 1800—1850 年间。进入 20 世纪之后，所有指标显著上升，尽管仍存在两个相对低值的时期（深色阴影部分），但总体平均值超过了 20 世纪之前。近来研究表明泥炭层中的 REE 分布强烈地受到风化作用影响。在低温环境下，土壤会随风化作用流失多种元素。风化作用是联系气候与环境变化的普遍因素，在北极许多研究中都有关于风化过程的记录。一般来说，在相对暖湿的气候下地表的风化速率大于冷干气候时期，这将会促使更多的元素进入沉积物。

以上元素的比值与Svalbard地区冰心中$\delta^{18}O$以及器测记录结果一致（图5-203）。最明显的就是它们都反映了20世纪以来的气候变暖，器测记录也表明这段时期该地区的降雨量增加25%。Spitsbergen地区的降雨量甚至高于挪威大陆平均值，所以近表层样品中沉积速率显著增加。最温暖的两个时间段出现在1920—1950年以及1970年至今，其中两段相对冷期出现在20世纪40年代和60年代。除了反映20世纪以来的气候变暖，REEs/Zr和Rb/Zr的变化也与冰心中$\delta^{18}O$含量变化以及文献记录相一致，例如，在1750—1800年以及19世纪80年代左右气候相对较冷，REEs/Zr比值出现谷值，而19世纪之前以及1850—1890年是相对温暖的时期。在暖期如进入20世纪之后，降雨量明显增加（图5-203中最右边曲线），植被发育相对茂盛，风化作用较强，大量风化的陆源碎屑沉积，使REE与黏土碎屑及陆源有机质结合在一起沉积，因此REE输入增加，反映在图5-203中REEs/Zr比值出现上升。相反，当降雨量减少时，植被缺乏，基岩风化作用较弱，地表径流减少，因此沉积物中REEs/Zr和Rb/Zr比降低。据此我们认为泥炭沉积层中的REE是反映新奥尔松地区气候变化的很好指标。

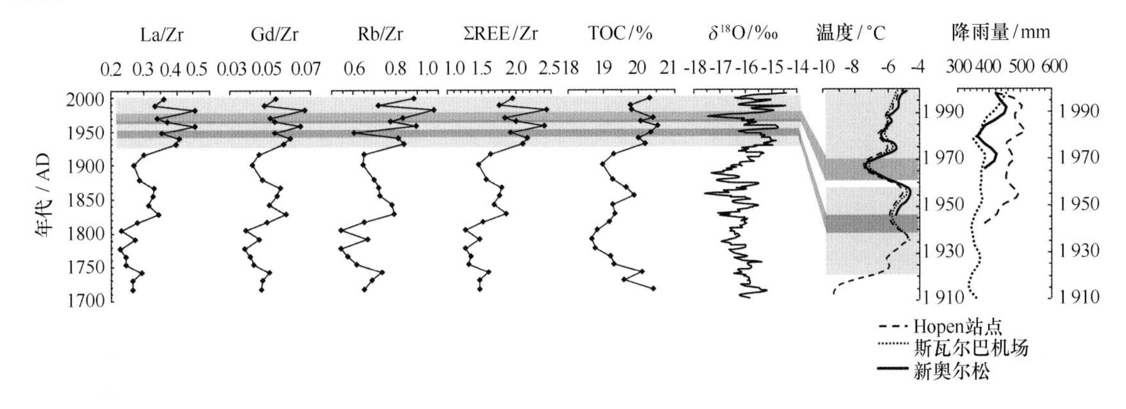

图5-203　S2泥炭层中REEs/Zr、TOC以及冰心中$\delta^{18}O$、温度记录和器测降雨量的变化

冰心数据和器测降雨量资料分别根据Isaksson等（2005）和Førland等（2003）重绘

5.4　南极特殊环境对考察队员生理和心理影响评估

5.4.1　南极冰穹A低氧复合高寒环境对第28次南极考察内陆考察队员生理和心理的影响评估

2011年11月至2012年12月，课题组动态采集了第28次南极考察25名男性内陆队员[平均年龄（33.9±6.7）岁]从上海出发、昆仑站考察和返回上海不同时段的血样品，采用先进的便携式生理医学仪器（数字化无创血液动力学监护系统、心电图仪、脉搏血氧仪等）和系列问卷（国际通行心理学量表和标准急性轻型高原病症状分度及评分问卷），对第28次内陆队员的心血管功能、心电传导、血氧饱和度、急性轻型高原病症状分度和心理变化等指标，进行上海出发、昆仑站、返回中山站、返回上海的动态现场测定，血样品带回国内实验室，检测分析应激的核心反应免疫—神经—内分泌网络调节的指标变化，建立了《第28次南

极考察内陆队生理心理数据集》。结合症状和生理心理指标变化，从整体、重要脏器和免疫神经内分泌网络调节不同水平进行分析，评估人体对冰穹A低氧、高寒、强紫外线、高危等多种恶劣环境因子交互作用的应激、代偿、适应与损伤状况，完成考察报告《南极冰穹A低氧复合高寒环境对第28次南极考察内陆考察队员生理和心理影响的评估》。

主要评估结果是：第28次内陆队考察队员在冰穹A期间，生理和心理指标均发生显著改变，来代偿低氧复合寒冷对人体的作用，相关性分析表明生理指标与心理指标之间存在密切联系。返回上海后，大部分生理心理指标恢复到出发水平，但是仍有部分心血管功能、免疫—神经—内分泌网络调节的指标返回上海未复原，个别队员存在失代偿情况。综合系统研究结果为今后内陆队的医学防治提供了科学数据。

5.4.1.1 冰穹A低氧复合高寒环境对内陆队员心血管功能的影响

1）心电传导的变化

内陆队员在昆仑站期间，由于心脏电传导对低氧环境的应激，心室去极化和复极化时间QTc间期延长，心房去极化时间P波缩短，提示存在心电传导紊乱。在返回上海后，P波时限缩短，QT间期和RR间期延长，提示心电传导返回平原地区后仍未复原到出发前。

2）心功能和外周血管阻力的变化

与上海出发相比，队员在昆仑站期间，心功能降低，主要表现在心肌收缩力降低，心脏泵血功能降低和外周血管阻力增加。机体通过增加心率和左心做功量等适应性调节，使人体适应高海拔低氧寒冷的环境，在每博量减少下使心输出量维持在出发时水平，但这些代偿会增加心肌的耗氧量，可能会增加心肌缺血事件发生的风险。队员从冰穹A返回中山站后，部分指标已恢复到出发时水平，但收缩功能和泵血功能的一些指标在返回上海后仍未完全复原到出发时水平，提示在冰穹A低氧复合高寒环境下心血管功能发生的适应性变化，从冰盖高原回到平原地区后，短期内仍难以完全恢复，还需跟踪研究，探明返回国内后心血管功能发生的重塑，需要多长时间能够完全复原。

5.4.1.2 冰穹A低氧复合高寒环境对内陆队员免疫—神经—内分泌调节网络的影响

1）下丘脑—垂体—性腺轴激素水平的变化

在冰穹A环境下，内陆队员的下丘脑—垂体—性腺轴激活，使外周血中卵泡刺激素（FSH）、黄体生成素（LH）、睾酮（Testo）水平显著增高。返回上海后，黄体生成素，卵泡刺激素水平复原，但睾酮水平仍高于出发值。

2）下丘脑—垂体—甲状腺轴激素水平的变化

甲状腺激素是调节机体体温，能量消耗和物质代谢的重要激素。与上海出发相比，在昆仑站期间，血清总三碘甲状原氨酸（TT3）、血清总甲状腺素（TT4）、游离T3（FT3）、游离T4（FT4）、促甲状腺激素（TSH）均无显著性变化。返回上海后，血清TT3显著高于出发值，FT4，TT4、TSH显著降低。个别队员出现甲状腺功能紊乱，如甲状腺功能低下或亢进的亚临床激素表现。

3）心血管功能调节的活性因子的变化

当心脏负荷增加或心功能受损时，还会引起心肌组织中多种体液活性物质的变化。一类为缩血管活性物质，如血管紧张素（AngⅡ）、内皮素（ET－1）、血管升压素等，具有调控血管收缩，促进水钠储留等功能；另一类为扩血管类物质，如心钠肽（ANP）、脑钠肽（BNP）、NO等，具有调控血管舒张，促进水钠排出等功能。缩血管和扩血管两类活性物质的相对平衡状态，调控着心功能的代偿及其向失代偿状态的转变。结果表明：与上海出发相比，在昆仑站期间，虽然队员的心血管功能发生了很明显的变化，但相关的心血管功能调节激素心钠肽、脑钠肽、血管紧张素Ⅱ和内皮素水平无显著性变化。由于上述心血管调节肽对心血管功能发挥远期调控效应，队员在冰穹A留居两周，暴露时间较短，尚未引起外周心血管调节肽水平显著变化。促红细胞生成素EPO虽有增高，但无显著性差异；5－羟色胺（serotonin）和促肾上腺皮质素释放激素CRF在留居冰穹A期间无显著变化。

4）免疫球蛋白水平及炎性因子水平的变化

与上海出发相比，在昆仑站期间，队员的免疫功能发生显著变化，免疫球蛋白IgA（$P<0.05$）水平显著增高，IgG和IgM水平无显著性变化。免疫炎性因子肿瘤坏死因子（TNF－α）显著增高，干扰素γ（IFN－γ）、白介素受体6（IL－6R）水平无显著性变化。返回上海后，IgA水平恢复至出发值，IgG明显降低，TNF－α水平恢复至出发值。

上述结果提示：免疫—神经—内分泌调节网络的不同调节因子，对机体在低氧复合高寒环境下的适应（习服）和脱习服中，发挥着不同的调节作用。

5.4.1.3 心理情绪变化和认知功能改变

1）心理情绪变化

内陆队员在昆仑站，紧张、困惑负性情绪显著增加，并且随着在昆仑站考察时间的延长，压力明显增加，负性情绪也进一步增加，正性情绪活力显著降低。返回上海后，内陆队的各项情绪得分与出发时无统计学差异，但个别队员负性情绪未降低到出发时水平。

2）认知功能改变

认知功能测试结果表明：短期冰穹A环境应激对内陆队员有一定唤起作用，心理旋转实验反应时间降低，空间工作记忆能力有增加趋势，但无统计学差异。返回上海后，空间记忆能力增强。

5.4.1.4 生理与心理的相互作用

通过生理指标和心理指标的相关性分析表明：心血管功能、免疫—神经—内分泌网络等生理指标与情绪状态指标之间存在显著相关性。这说明在冰穹A地区低氧复合寒冷等诸多应激原作用下，社会—心理—免疫—神经—内分泌相互作用，形成完整而精密的调节网络，共同感知外环境的变化，整合机体功能，参与非特异性防御性应对机制的全面动员，进而维持内环境稳态，帮助人体适应冰穹A低氧复合寒冷的恶劣环境。

5.4.2 南极冰穹A低氧复合高寒环境对第29次南极考察内陆考察队员生理和心理的影响评估

已动态采集了第29次南极考察内陆队员从上海出发、昆仑站考察和返回上海3个标志性时间段的63份血样品（3个时间点）和240份20—22点的唾液样品（10个时间点），采用先进便携式生理医学仪器（数字化无创血液动力学监护系统、心电图仪、指端血氧仪等）和系列问卷［国际通行心理学量表和急性高原病（AMS）症状分度自评量表］，对内陆队员的心血管功能、心电传导、血氧饱和度、急性轻型高原病症状分度和心理变化等指标，进行上海出发、到达中山站、昆仑站、返回中山站、返回上海的6个标志性时间段动态现场测定，血样品和唾液样品已带回国内实验室，检测分析了应激的核心反应免疫—神经体液—内分泌网络调节的指标变化。建立了82项生理心理指标的《第29次南极考察内陆队生理心理数据集》。结合症状和生理心理指标，从整体、重要脏器和免疫神经内分泌网络调节不同水平，评估人体对冰穹A低氧、高寒、强紫外、高危等多种恶劣环境因子交互作用的应激、代偿、适应与损伤状况，完成报告《南极冰穹A低氧复合高寒环境对第29次南极考察内陆考察队员生理和心理影响的评估》。

主要评估结果是：第29次内陆队员在冰穹A考察期间，生理和心理指标均发生显著改变，来代偿低氧复合寒冷对人体的作用，相关性分析表明生理与心理相互作用。返回上海后，大部分生理心理指标恢复到出发水平，但是仍有部分心血管功能、免疫—神经体液—内分泌网络调节的指标返回上海未复原（如：QRS时限和P波时限明显减少，胸液水平（TFC）显著高于出发值，提示有水钠潴留，免疫—神经体液—内分泌调节网络指标中的血卵泡刺激素（FSH）、促甲状腺激素（TSH）和多巴胺水平显著增高，血清TT4和肾上腺素水平显著降低）。个别队员存在失代偿情况（如5名队员返回上海时TSH超过临床参考值上限）。上述综合系统研究结果为昆仑站考察队员的医学防治服务，使队员在冰穹A极端环境更好地适应和高效工作。

5.4.2.1 内陆队员体重、血压、心率、血氧饱和度的变化

与上海出发相比，队员乘“雪龙”号船1月抵达中山站时体重显著增高，在昆仑站期间与中山站相比持续地显著降低。与居留中山站相比，队员在冰穹A环境暴露下收缩压（SBP）、舒张压（DBP）、心率（HR）均显著增高，血氧饱和度显著降低。收缩压返回上海后恢复至出发值，舒张压和心率仍显著高于出发值。

5.4.2.2 冰穹A低氧复合高寒环境对内陆队员心血管功能的影响

1）心电传导的变化

内陆队员在昆仑站期间，由于心脏电传导对低氧环境的应激，心率增加，心室去极化和复极化时间QTc间期延长，心房去极化时间P波缩短，PP间期、PR间期、RR间期、QT间期、QRS时限均明显缩短，提示存在心电传导紊乱。返回上海时，除了QRS时限和P波时限明显减少外，其余心电指标均无显著性变化，提示心电传导返回平原地区后仍未复原到出发前。

2）心功能和外周血管阻力的变化

与上海出发相比，队员在昆仑站期间，每搏出量/搏出指数（stoke volume，SV/stoke index，SI）、心输出量/心指数（cardiac output，CO/ cardiac index，CI）、加速度指数（acceleration index，ACI）、速度指数（velocity index，VI）、左心室射血时间（Left ventricular ejection time，LVET）、胸液水平（Thoracic fluid content，TFC）显著降低。心率（heart rate，HR）、收缩压（systolic pressure，SBP）、舒张压（diastolic blood pressure，DBP）、平均脉压（mean arterial blood pressure，MAP）、体血管阻力（Systemic Vascular Resistance，SVR）/体血管阻力指数（Systemic Vascular Resistance index，SVRI）、收缩时间比（systolic time ratio，STR）显著增高。说明机体心功能降低，主要表现在心肌收缩力降低，心脏泵血功能降低和外周血管阻力增加。机体通过增加心率和左心做功量等适应性调节，使人体适应高海拔低氧寒冷的环境，在每搏量减少下使心输出量维持在出发时水平，但这些代偿会增加心肌的耗氧量，可能会增加心肌缺血事件发生的风险。队员返回上海后，胸液水平（TFC）显著高于出发值，提示有水钠潴留，其他指标逐渐恢复至出发值。

5.4.2.3 冰穹A低氧复合高寒环境对内陆队员免疫—神经体液—内分泌调节网络的影响

1）下丘脑—垂体—性腺轴激素水平的变化

与上海出发相比，卵泡刺激素（Follicle-stimulating hormone，FSH）水平在返回上海时显著增高。促性腺激素释放激素（Gonadotropic releasing hormone，GnRH）睾酮（Testosterone）、黄体生成素（Luteinizing hormone，LH）水平在昆仑站期间和返回上海均无明显变化。

2）下丘脑—垂体—甲状腺轴激素水平的变化

甲状腺激素是调节机体体温，能量消耗和物质代谢的重要激素。与上海出发相比，在昆仑站期间，游离T4（FT4）水平显著增高。返回上海后，血清TT4水平显著降低，促甲状腺激素（Thyroid stimulating hormone，TSH）显著增高。游离T3（FT3）、TT3水平在昆仑站期间和返回上海均无明显变化。5名队员返回上海TSH水平高于临床参考值上限，显示出甲状腺功能低下亚临床激素表现，出现甲状腺功能紊乱。

3）下丘脑—垂体—肾上腺皮质轴激素水平和交感—肾上腺髓质系统激素水平的变化

与上海出发相比，促肾上腺皮质激素释放激素（Adrenocorticotropic hormone releasing factor，CRF）、促肾上腺皮质激素（Adrenocorticotropic hormone，ACTH）、皮质醇（Cortisol）、去甲肾上腺素（Norepinephrine，NE）、肾上腺素（epinephrine，E）和多巴胺（DA）水平在昆仑站期间无明显变化。返回上海后，肾上腺素显著性降低，表明队员应激程度降低，多巴胺显著增高，表明队员的觉醒程度提高。其他激素无明显变化。

4）心血管功能调节的活性因子的变化

当心脏负荷增加或心功能受损时，还会引起心肌组织中多种体液活性物质的变化。一类为缩血管活性物质，如血管紧张素（AngⅡ）、内皮素（endothelin 1，ET-1）、血管升压素等，具有调控血管收缩、促进水钠潴留等功能；另一类为扩血管类物质，如心钠肽（atrial natriuretic peptide，ANP）、脑钠肽（brain natriuretic peptide，BNP）、一氧化氮（NO）等，具有调控血管舒张、促进水钠排出等功能。缩血管和扩血管两类活性物质的相对平衡状态，调控着心功能的代偿及其向失代偿状态的转变。结果表明：与上海出发相比，在昆仑站期间，虽然队员的心血管功能发生了很明显的变化，但相关的心血管功能调节激素心钠肽、脑钠肽、血管紧张素Ⅱ和内皮素水平均无显著性变化。由于上述心血管调节肽对心血管功能发挥远期调控效应，队员在冰穹A留居两周，暴露时间较短，尚未引起外周心血管调节肽水平显著变化。促红细胞生成素（Erythropoietin，EPO）和5-羟色胺（serotonin）在留居冰穹A期间无显著变化。

5）免疫球蛋白水平及炎性因子水平的变化

与上海出发相比，在昆仑站期间，免疫球蛋白 IgA、IgM 水平显著增高。返回上海后，IgA、IgM 水平恢复至出发值。IgG、IFN－γ、TNF－α 水平在昆仑站期间和返回上海均无明显变化。

6）应激代谢相关因子水平的变化

与上海出发相比，在昆仑站期间胃促生长素（Grhelin）水平显著增高，生长激素（Growth Hormone，GH）、瘦素（Leptin）、胰岛素（Insulin）、脂联素（Adiponectin）水平无明显变化。返回上海后，生长激素显著降低，脂联素显著增高，其他激素无显著变化。

上述结果提示：免疫—神经—内分泌调节网络的不同调节因子，对机体在低氧复合高寒环境下的适应（习服）和脱习服中，发挥着不同的调节作用。

5.4.2.4　唾液中应激激素水平变化

检测唾液中应激激素促肾上腺皮质激素释放激素（CRF）、皮质醇（cortisol）、睾酮（testosterone）水平的变化，探讨急性高原反应的发生与唾液 CRF 水平的关联，尝试通过检测唾液 CRF 水平筛查 AMS 易感人群的方法。

采集出发、到达中山站，昆仑站第 1、2、3、10、15、19 天，返回中山站、上海共 10 个时间点样品。与出发相比，唾液中 CRF 在到达中山站、昆仑站第 3、10、15 天、返回中山站、返回上海均显著增高；唾液皮质醇在停留 Dome A 15 天时显著增高。唾液睾酮在到达冰穹 A 第 2 天显著降低、返回中山站显著增高。

5.4.2.5　急性高原病（AMS）发生率的变化

采用高原病（AMS）症状分度自评量表，调查从上海出发、到达冰盖 3 km，在昆仑站第 1、2、3、10、15、19 天，返回中山站和上海共 10 个标志性时间点。

与出发时相比，在昆仑站考察期间，队员急性高原病症状（AMS）发生率均高于 35%，在居留昆仑站第 10 天达到最高 52%。在撤离冰穹 A 环境，返回中山站后，仍有两名队员具有急性高原病症状。

5.4.2.6　心理情绪变化

采用焦虑与压力自评量表和情绪状态 POMS 自评量表对队员的压力与情绪状态进行跟踪监测评估。

焦虑与压力自评量表检测出发、到达中山站，昆仑站第 1、2、3、10、15、16、19 天，返回中山站、上海共 11 个时间点，结果表明：在昆仑站考察中期第 10 天队员感觉压力最大，任务完成快撤离时的第 19 天，压力降到最低，比出发时还低。焦虑从中山站开始升高，到达昆仑站第 1～16 天均升高，其中第 10 天最高，第 19 天降到最低值。

POMS 自评量表检测出发、到达中山站，昆仑站第 1、16 天，返回中山站、上海共 6 个时间点的 6 个情绪指标，结果表明：与出发相比，负性情绪愤怒仅在到达中山站时明显升高。负性情绪迷惑到达昆仑站第 1 天明显升高。负性情绪焦虑在第 16 天紧张明显升高。负性情绪疲劳从到达中山站开始升高，在昆仑站第 1、16 天到达最高。正性情绪活力在返回中山站明显降低。负性情绪抑郁在 6 个时间点无明显变化。总的情绪失调在昆仑站第 16 天达到最高峰。返回上海后，内陆队的各项情绪得分与出发时无统计学差异，但个别队员负性情绪未降低到出发时水平。

5.4.2.7 生理与心理的相互作用

通过生理和心理指标的相关分析表明：心血管功能，免疫—神经—内分泌网络等生理指标与情绪状态指标之间存在显著相关性。如在冰穹A期间，队员的急性高原病自评得分与所检测的负性情绪抑郁（$P<0.01$）、焦虑、愤怒、疲劳、困惑、总情绪紊乱和压力均呈正相关（$P<0.001$）。血压舒张压与活力呈正相关，与困惑呈负相关（$P<0.05$）。心电传导指标RR间期和PP间期与焦虑呈负相关（$P<0.05$），QTc间期与困惑和总的情绪紊乱呈负相关，SV1与焦虑、困惑和总的情绪紊乱呈正相关。心功能指标PEP与焦虑呈负相关（$P<0.05$），TFC与活力呈正相关（$P<0.05$）。唾液中睾酮水平与焦虑、疲劳呈负相关（$P<0.05$），血中睾酮水平与困惑呈负相关（$P<0.05$）。血中应激激素促肾上腺皮质激素释放激素（CRF）与愤怒呈正相关（$P<0.05$），皮质醇与总的情绪紊乱呈正相关。去甲肾上腺素与焦虑（$P<0.05$）、抑郁（$P<0.05$）和总的情绪紊乱（$P<0.01$）呈正相关。胃促生长素（Grhelin）与困惑和总的情绪紊乱呈正相关（$P<0.05$），而与活力呈负相关（$P<0.001$）。促红细胞生成素（EPO）与疲劳呈负相关（$P<0.05$）。

综上所述，在冰穹A低氧复合寒冷等诸多应激原作用下，人体的社会—心理—免疫—神经—内分泌相互作用，形成完整而精密的调节网络，共同感知外环境的变化，整合机体各方面的功能，参与非特异性防御性应对机制的全面动员，进而维持内环境稳态，帮助人体适应冰穹A低氧复合寒冷的恶劣环境。

5.4.3 南极光-黑暗周期对第29次中山站越冬队员睡眠和昼夜节律及其心理的影响评估

2012年11月至2013年12月，动态采集了第29次南极考察中山站队员出发前、中山站越冬前、越冬期（极夜）和度夏期（极昼）的4个标志性时间节点的血样品，同步采用便携式Embletta X100 Proxy多导睡眠监测系统记录这4个标志性时间节点队员从入睡到觉醒的连续睡眠（6~8 h）的脑电图（EEG）、眼动电图（EOG）、下颌的肌电图（EMG）、鼾音、鼻气流、脉搏、胸式呼吸、腹式呼吸、血氧饱和度（SpO_2），通过大量记录数据处理分析，评估队员睡眠模式、睡眠质量的动态变化和睡眠呼吸暂停综合征。动态采集第29次南极考察中山站队员上海出发、中山站越冬前、越冬期和度夏期共10个月的48 h尿样品（每48 h按时间顺序留取样品），同步采用一系列国际通用心理量表评估了队员个人季节性行为模式、情绪、压力、睡眠等的变化和团队功能动态变化。血样品和尿样品运回国内实验室，血样品检测分析了参与睡眠调节的一系列激素、中枢神经递质和免疫细胞因子动态变化，如5-羟色胺、去甲肾上腺素和肾上腺素神经递质，生长激素，白介素，干扰素和肿瘤坏死因子等14项指标，尿样品检测分析反映昼夜节律的金指标的褪黑素代谢物6-羟褪黑素磺酸盐（aMT6s）动态变化。构建了《第29次南极考察中山站越冬队生理心理数据集》；形成了评估报告《南极光—黑暗周期对第29次中山站越冬队员昼夜节律、睡眠和心理的影响评估》，为干预策略如光治疗、优化队员作息时间等提供关键数据，防治队员睡眠障碍和昼夜节律失同步。通过多次中山站越冬队数据资料积累和综合分析，来探明中山站越冬队员的睡眠模式，昼夜节律和队员心理行为和团队功能变化。

5.4.3.1 睡眠模式的变化

第一次采用睡眠研究的金指标——多导睡眠监测系统获得我国越冬队员在中山站极夜和极昼期的睡眠模式，是本次研究的重点、难点和亮点。

越冬队睡眠期清醒时间在经历整个越冬期后显著增加（$P<0.05$），NREM 2 期时间占总睡眠时间百分比在越冬前和极夜期显著减少（$P<0.05$），说明越冬后队员的睡眠模式有变化。睡眠时间、睡眠潜伏期、睡眠效率和睡眠结构（觉醒次数、睡眠期清醒时间、非快速动眼睡眠和快速动眼睡眠所占比例）大体在南极期间没有发生明显变化。但 1 名队员慢波睡眠即深度睡眠在南极缺失。

5.4.3.2 免疫—神经体液—内分泌网络调节因子的变化

免疫—神经体液—内分泌网络调节网络中的应激激素、神经递质、免疫细胞因子等在南极期间发生了明显的变化，以调节机体与南极特殊环境之间的平衡。

5.4.3.3 心理状态的变化

1）季节性行为模式的变化

越冬队在南极期间季节性行为模式发生明显变化，在极夜期有升高的趋势，在极昼期显著升高（$P=0.002$）。极夜期时两名队员符合季节性情绪障碍（SAD）、两名队员符合季节性情绪障碍亚综合征（S-SAD），越冬结束后两名队员符合 SAD、6 人符合 S-SAD。

2）日周期特征（清晨型/夜晚型）的变化

越冬队清晨型与夜晚型量表（MEQ）总得分在居留南极 1 年后无显著性变化（$P>0.05$）。但有 3 名队员有变化，其中两名队员由中间型变为相对清晨型，而 1 名队员由相对清晨型变为中间型。

3）情绪的变化

越冬队紧张—焦虑、抑郁—沮丧、愤怒—敌意、困惑—迷茫、疲惫—惰性、活力—好动 6 个方面情绪状态和总负性情绪（TMD）在居留南极期间无显著性变化（$P>0.05$）。但个别队员与出发相比在中山站越冬期间负性情绪增加。

4）压力和焦虑的变化

越冬队压力与焦虑自评得分在居留南极期间无显著性变化（$P>0.05$）。但 1 名队员在南极期间压力和焦虑达到中等至严重程度。

5）心理健康状况的变化

越冬队反映心理健康状况的 9 个因子（躯体化、强迫症状、人际敏感、抑郁、焦虑、敌对、恐怖、偏执、精神病性）在居留南极期间无显著性变化（$P>0.05$），反映睡眠及饮食情况的其他因子在极夜期显著增加（$P<0.05$）。但 1 名队员在极夜期各因子得分均升高。

6）团队功能的变化

越冬队团队行为信任和成员交流在南极期间无显著性变化（$P>0.05$）。

5.4.3.4 昼夜节律的变化

获取越冬队1 020份尿液样本，检测其中样本较完整的9名队员的720份尿样品褪黑素代谢物6－羟褪黑素磺酸盐（aMT6s）的相对浓度。由于大多数队员在各月的连续48 h尿样份数少于8个时间点，无法进行余弦拟合（$P>0.05$），未能获得尿液褪黑素节律相位，故未获得此次越冬队昼夜节律的变化。

由于考察站食宿条件的极大改善，互联网的开通，电话通信的便捷，“隔绝、受限和极端”环境因子减弱，使越冬考察队生理心理模式与前期考察队显著不同。第29次越冬队的生理心理变化特点是：整个考察队生理心理变化不明显，但极个别队员在越冬期间负性情绪增加、压力焦虑程度很高、季节性行为模式改变、睡眠质量明显降低。

5.5 主要成果（亮点）总结

本专题通过中国第28～31次南极科学考察，以及2012年度、2013年度、2014年度和2015年度北极黄河站考察，依托南极长城站、南极中山站、南极昆仑站和北极黄河站，共72人次执行现场考察任务，完成：①西南极菲尔德斯半岛、阿德雷岛、长城湾、阿德雷湾，东南极拉斯曼丘陵协和半岛，以及北极新奥尔松、王湾等区域的生物生态环境本底考察；②南极冰穹A低氧复合高寒环境对南极昆仑站内陆考察队员生理心理影响和南极光－黑暗周期对南极中山站越冬队员生理心理影响评估。共采集各类样品6 945份（生物生态环境样品3 834份、医学样品3 111份），以及医学检测和问卷调查报告7 533份；获得生物生态环境数据20 945个（组），建立考察队员生理和心理数据集5个；形成相关考察报告43份；发表学术论文52篇，其中SCI收录32篇。考察的主要成果（亮点）总结如下。

1）系统了解了南极长城站近岸海水、潮间带、陆地土壤细菌群落组成

采用454焦磷酸测序技术，对南极长城站所在区域的近岸海水、潮间带沉积物、陆地土壤细菌群落组成开展了系统调查。长城站近岸海水中共检测到15个门的细菌，其中蓝细菌/叶绿体（Cyanobacteria/Chloroplast）、拟杆菌门（Bacteroidetes）、变形细菌门（Proteobacteria）占据明显优势，而在变形细菌门中，Alpha、Gamma亚型的变形细菌是优势类群；潮间带沉积物中共监测到13个门的细菌，其中拟杆菌门，变形菌门和放线菌门（Actinobacteria）是该区域的支配类群，占群落的90%以上，而变形菌门中γ变形菌纲是支配类群；陆地土壤中检测到18个门的细菌，其中蓝细菌门、芽单胞菌门（Gemmatimonadetes）、放线菌门和厚壁菌门（Firmicutes）为优势类群。为开展南极地区细菌群落的海陆演化研究提供基础资料。

2）人类及动物活动对南极菲尔德斯半岛土壤微生物的影响

南极长城站附近区域植被相对稀少，影响微生物群落结构的主要因素可能是人和动物的活动，通过454高通量测序结果和环境因子相关性分析，建立环境因子和土壤微生物群落结构的关系。结果显示，受人类和动物影响的土壤同环境背景区域相比微生物多样性并没有明显下降，但土壤内部细菌群落结构（各分类水平）存在差异。在门分类水平上，环境背景区域的热袍菌门、蓝藻门（大于5倍）的丰度要明显高于人类、海豹、企鹅影响区域；在纲分类水平上，环境背景区域的热袍菌纲（Thermotogae，大于5倍）高于人与动物活动区域；在

属分类水平上，人与动物活动区域的红球菌属（*Rhodococcus*，大于300倍）要明显高于环境背景区域。人类及动物活动均可能引入非土著细菌，人类、企鹅、海豹的活动对当地土壤理化性质以及土壤微生物多样性均产生了影响，各种因素的综合共同形成了菲尔德斯半岛地区不同区域的细菌群落结构。

3）南极菲尔德斯半岛潮间带大型藻类群落结构和多样性

据估计约有120种大型海藻能够生长在南极大陆及其附近的岛屿上。由于南极大陆在地理位置上长期与其他大陆隔绝，大约1/3的大型海藻是南极的特有种类。2013年和2014年在南极长城站站基附近潮间带共监测到大型海藻26种，优势种类为小腺囊藻 *Adenocystis utricularis*、羽状尾孢藻 *Urospora penilliformis*、绿藻 *Monostroma hariotii* 和 *Acrosiphonia arcta*、红藻 *Palmaria decipiens* 和 *Pachymenia orbicularis* 等大型海藻类，最高生物量可达7 000 g/m^2。菲尔德斯半岛东西海岸大型海藻的分布、群落结构和多样性特征差别较大，生物量存在着显著的年际变化。作为南极潮间带的主要生产者，大型海藻在南极潮间带生态系统中发挥重要作用，同时对环境条件变化极为敏感，因此有必要对南极潮间带大型海藻的群落结构、多样性特征与生产力的年际变化进行长期的监测与研究。另外，由于南极潮间带大型海藻经常处在低温、强紫外线辐射与剧烈的盐度变化的环境中，研究大型海藻对极端环境的适应机制对于抗性基因与生物活性物质的开发利用至关重要。

4）南极菲尔德斯半岛潮间带底栖动物种类组成和分布

本次调查共在南极长城站所在地区的潮间带鉴定出大型底栖动物34种，包括软体动物9种，节肢动物门9种，环节动物门9种，扁形动物门3种，刺胞动物门、纽形动物门、星虫动物门、棘皮动物门各1种。20个采样站位的底栖动物，可显著划分为两大类型的群落。群落1以西海岸站位为主，主要优势种为环节动物丝线蚓（*Lumbricillus* sp.）。群落2以东海岸站位为主，主要优势种有南极帽贝（*Nacella concinna*）、小红蛤（*Margarilla antarctica*）、极地光滨螺（*Laevilacunaria antarctica*），丝线蚓（*Lumbricillus* sp.）、马耳他钩虾（*Melita* sp.）和一种涡虫（*Plagiostomum* sp.）。整个调查区域的底栖动物平均丰度为2 112 ind./m^2、平均生物量为26.95 g/m^2（湿重）、平均香农－威纳多样性指数为0.805 7。东海岸碎石底质的生物量和多样性指数最高，东海岸砂质底质的丰度最高：东海岸碎石底质平均丰度为2 455.64 ind./m^2、平均生物量为52.45 g/m^2（湿重）、平均香农－威纳多样性指数为1.022；东海岸砂滩平均丰度为4 778.67 ind./m^2、平均生物量为1.873 g/m^2（湿重）、平均香农－威纳多样性指数为0.4305；西海岸砂滩底质平均丰度为264.57 ind./m^2、平均生物量为1.26 g/m^2（湿重）、平均香农－威纳多样性指数为0.656 5。研究区域共有15个优势种，依据其食物来源，可将15个优势种分为五大功能群，即浮游植物功能群、植食性功能群、肉食性功能群、杂食性功能群、碎屑食性功能群。部分优势种丰度与环境因子Pha、SWT、OM呈显著正相关，生物量和功能群与SWT、OM呈显著正相关。

5）南极菲尔德斯半岛湖泊生物群落结构与多样性

长城站所在的菲尔德斯半岛由于冰雪融水资源丰富，湖泊、溪流密布，湖泊50多个，溪流40余条，其中面积大于1 hm^{2}的湖泊有9个，湖泊的平均水深1.73～2.53 m，最大深度5.10～6.80 m，长度大于1 km的溪流有9条。菲尔德斯半岛地区湖泊中存在着丰富的生物资源，本次调查共鉴定浮游植物95种（属）、浮游动物和底栖动物种类较少为7种，主要为桡足类、无甲类的卤虫和底栖寡毛类等。浮游植物的丰度和多样性均较高，丰度可达到（4.35

$\times 10^4 \sim 34.55 \times 10^4$）cells/L，平均为 $16.79 \times 10^4 \sim 17.2 \times 10^4$ cells/L。多元统计发现长城站站基附近湖泊浮游植物丰度与水体温度（T）、硅酸盐（$SiO_4 - Si$）和硝酸盐（$NO_3 - N$）的含量呈现显著的相关关系。人类活动与全球气候变化将会通过水体温度、水体营养盐浓度影响湖泊中生物的多样性和丰度，湖泊生物群落结构也会对人类活动干扰和全球气候变化做出响应。因此很有必要进行南极菲尔德斯半岛湖泊生物群落结构、多样性特征及对人类活动和全球气候变化响应的长期监测。

6）南极长城站临近海域水团特征

长城湾和阿德雷湾夏季水体营养盐含量普遍较高，而叶绿素相对较低。呈现出典型的高营养盐低叶绿素 a 特征（HNLC）。温盐结构分析表明，在长城湾和阿德雷湾为布兰斯菲尔德水团和陆地径流及冰雪消融输入海湾的淡水之间的混合。各调查站位由于所处地理位置受不同水团影响程度不同。受陆地径流骏马河和玉泉河入流的影响，长城湾湾内的 G2 和 G3 站，表层海水显示出更低的盐分和更高的温度。而处于湾口的 G5 站则表现出显著受到布兰斯菲尔德水团的影响，具有低温和高盐的特点。长城湾 G3 底部高盐水则推测是冬天保留水。阿德雷湾 A3 和 A4 表层低盐度海水则可能是进入阿德雷湾浮冰消融的贡献。夏季流入长城湾、阿德雷湾的溪流水营养盐浓度普遍都很低，表明周边注入的河水、雪融水以及冰川融化均对两湾营养盐的分布起稀释作用。受南部富含营养盐的布兰斯菲尔德海流的强劲影响及湾内企鹅等鸟粪的降解是湾内水域营养盐的主要来源。

7）调查确定了我国南北极考察站所在区域土壤重金属基线

依托现场调查和分析，取得菲尔德斯半岛（南极长城站）500 m×500 m 密度、拉斯曼丘陵地区（南极中山站）1 000 m×1 000 m 密度和步勒格半岛东岸（北极黄河站）1 000 m×1 000 m密度土壤重金属分布水平；采用通用地质/环境分析，提出南北极主要站基周边区域重金属基线。长城站所在菲尔德斯半岛土壤主要重金属元素的基线值分别为：Cr（6.5 mg/kg），Ni（13.8 mg/kg），Cu（81.6 mg/kg），Zn（36.4 mg/kg），As（1.5 mg/kg），Hg（0.02 mg/kg），Pb（0.6 mg/kg），Cd（0.1 mg/kg）；部分金属元素开始出现超过正常水平的累积；其中，Cr、Ni、Zn、Cd 等元素在环境背景和异常水平的分界值初步确定为：13.0 mg/kg，23.0 mg/kg，66.0 mg/kg 和 0.3 mg/kg。中山站所在协和半岛土壤主要重金属元素的基线值分别为：Cr（45.2 mg/kg），Ni（22.6 mg/kg），Cu（21.8 mg/kg），Zn（56.2 mg/kg），As（8.1 mg/kg），Hg（$<$0.01 mg/kg），Pb（14.3 mg/kg），Cd（$<$0.1 mg/kg）；其中，Cr、Ni、Cu、As 等元素在环境背景和异常水平的分界值初步确定为：53.8 mg/kg，31.2 mg/kg，25.9 mg/kg 和 9.3 mg/kg。黄河站所在布勒格半岛主要重金属元素的基线值分别为：Cr（32.0 mg/kg），Ni（7.0 mg/kg），Cu（15.9 mg/kg），Zn（74.2 mg/kg），As（3.5 mg/kg），Hg（0.2 mg/kg），Pb（3.6 mg/kg），Cd（$<$0.1 mg/kg）；Hg，Cr 和 Ni 等元素在环境背景和异常水平的分界值初步确定分别为：0.3 mg/kg，50.3 mg/kg 和 12.8 mg/kg。

受成土母质的影响，菲尔德斯半岛土壤重金属基线与东亚和北美地区重金属基线对比，Cu 的背景含量相对较高，As、Cr、Pb 基线呈现出较低水平，Cd、Zn、Ni 基线值与东亚及北美背景基线大致相当。中山站的重金属基线与北美地区基线水平非常接近，显示出极地不同区域的成土母质背景具有显著的差异。

通过重金属基线调查结果评估，尽管近年来人类活动日益频繁，南北极考察站周边环境尚未受到显著影响，在站区外的历史累积不显著，重金属分布基本保持自然背景水平。

8）系统了解了站基典型有机污染物的基本状况、分布特征及其来源

初步摸清南极菲尔德斯半岛（南极长城站）、协和半岛（南极中山站）和北极新奥尔松地区（北街黄河站）多介质环境中典型持久性有机污染物（PAHs、PCBs 和 OCPs）基本状况和分布特征，并编制了相应图集；初步阐明了南极菲尔德斯半岛、协和半岛和北极新奥尔松地区典型持久性有机污染物（PAHs、PCBs 和 OCPs）的组成特征及其主要来源；创新性开展了南北极环境中部分新型持久性有机污染物分布特征，并以得克隆、多溴联苯醚等说明气候变化和人类活动影响下极地持久性有机污染物主要来源；通过南极地衣和大气中 PAHs 和 PCBs 组成特征分析，发现了其存在的镜像关系，进而揭示了地衣中持久性有机污染物的主要来源；通过持久性有机污染物在不同营养级生物中的含量变化，揭示了南极典型食物链中 PAHs 的营养级稀释和 PCBs、DP 的食物链放大现象；以大气被动采样装置等为标志物，初步确定南北极站基污染物变化趋势监测站位，为中长期开展生态环境监测奠定了良好基础。

9）全新世东南极企鹅食谱变化及其对气候的响应

通过分析现代、古代企鹅骨骼、羽毛的稳定 N 同位素和^{14}C 年代，首次发现过去 8 000 年以来阿德雷企鹅食谱及其指示的磷虾数量变化与气候海冰具有很好的关联性，气候变暖时期磷虾减少，气候相对冷期和海冰密集度强的时期，磷虾数量增多。对比现代和古代企鹅 N 同位素比值，现代企鹅 N 同位素比值显著亏损，指示磷虾数量丰富，支持南大洋“磷虾假说”。南极大洋磷虾生物量达到 10×10^8 t 以上，是人类蛋白质资源的巨大宝库，该项研究表明，自然气候变化和人类活动都曾对南极磷虾及海洋食物链变化产生过深刻影响，这对评估未来南极气候变化下南极磷虾的种群动态响应及南大洋生物资源保护具有重要科学价值。

10）人类适应南极极端气候的生理心理表型变化与全基因组表达差异基因间的关联

开展了人类适应南极极端气候的生理心理表型变化与全基因组表达差异基因间的关联分析。发现愤怒和疲劳与男性激素睾酮水平存在很强的线性正相关，外周血去除红细胞的血细胞全基因组表达差异基因富集功能集与心理生理适应的表型变化一致；发现了一系列与生理心理表型变化密切相关的基因，鉴定了与情绪状态紊乱密切相关的 70 个差异基因，其中 28 个基因可能是与情绪状态紊乱机制相关的新基因。该成果为揭示人类表型变化与机制之间的联系提供了新的方法。

参考文献

李依婷，王峰，郝志玲，等. 2015. 南极菲尔德斯半岛土壤重金属环境基线研究［J］. 环境科学与技术，38（12）：67－71.

刘向，张干，刘国卿，等. 2005. 南岭北坡苔藓中多环芳烃的研究［J］. 中国环境科学，25：101－105.

马新东，姚子伟，王震，等. 2014. 南极菲尔德斯半岛多环境介质中多环芳烃分布特征及环境行为研究［J］. 极地研究，26（3）：285－290.

秦先燕，黄涛，孙立广. 2013. 南极海－陆界面营养物质流动和磷循环［J］. 生态学杂志，32（1）：195－203.

孙立广，谢周清，刘晓东，等. 2006. 南极无冰区生态地质学［J］. 北京：科学出版社.

孙维萍，蔡明红，王海燕，等. 2010. 阿德雷岛企鹅种群分布、繁殖行为及其环境影响因子分析［J］. 极地研究，22：33－41.

吴宝玲. 1998. 南极菲尔德斯半岛及其附近地区生态系统的研究［C］. //国家海洋局极地考察办公室. 中国南极考察科学研究成果与进展. 北京：海洋出版社：65－138.

袁林喜，罗泓灏，孙立广. 2007. 北极新奥尔松古海鸟粪土层的识别［J］. 极地研究，19（3）：181－192.

Ainley DG, Ribic CA, Ballard G, et al. 2004. Geographic structure of Adélie penguin populations: overlap in colony-specific foraging areas [J]. Ecological Monographs, 74: 159 – 178.

Anderson L, Abbott MB, Finney BP, et al. 2005. Palaeohydrology of the Southwest Yukon Territory, Canada, based on multiproxy analyses of lake sediment cores from a depth transect [J]. Holocene, 15 (8): 1172 – 1183.

Ashley GM. 1978. Interpretation of polymodal sediments [J]. Journal of Geology, 86: 41 – 421.

Atkinson A, Siegel V, Pakhomov E, et al. 2004. Long-term decline in krill stock and increase in salps within the Southern Ocean [J]. Nature, 432: 100 – 103.

Berkman PA, Forman SL. 1996. Pre – bomb radiocarbon and the reservoir correction for calcareous marine species in the Southern Ocean [J]. Geophysical research letters, 23: 363 – 366.

Björck S, Håkansson H, Olsson S, et al. 1993. Palaeoclimatic studies in South Shetland Islands, Antarctica, based on numerous stratigraphic variables in lake sediments [J]. Journal of Paleolimnology, (8): 233 – 272.

Bjune AE, Sepp H, Birks HJB. 2009. Quantitative summer-temperature reconstructions for the last 2000 years based on pollen-stratigraphical data from northern Fennoscandia [J]. Journal of Paleolimnology, 41: 43 – 56.

Blott SJ, Pye K. 2001. Gradistat: a grain size distribution and statistics package for the analysis of unconsolidated sediments [J]. Earth Surface Processes and Landforms, 26: 1237 – 1248.

Briner JP, Michelutti N, Francis DR, et al. 2006. A multi-proxy lacustrine record of Holocene climate change on northeastern Baffin Island, Arctic Canada [J]. Quaternary Research, 65: 431 – 442.

Buynevich IV, FitzGerald DM. 2003. Textural and compositional characterization of recent sediments along a paraglacial estuarine coastline, Maine, USA [J]. Estuarine, Coastal and Shelf Science, 56: 139 – 153.

Chapman WL, Walsh JE. 1994. Recent variations of sea ice and air-temperature in high-latitudes [J]. Bulletin of the American Meteorological Society, 74: 33 – 48.

Cheetham MD, Keene AF, Bush RT, et al. 2008. A comparison of grain-size analysis methods for sand-dominated fluvial sediments [J]. Sedimentology, 55: 1905 – 1913.

Chen ZY, Zheng L. 1997. Quaternary stratigraphy and trace element indices of the Yangtze Delta, Eastern China, with special reference to marine transgressions [J]. Quaternary Research, 47: 181 – 191.

Chu ZD, Sun LG, Wang YH, et al. On selecting bulk fjord sediment samples for radiocarbon dating in Fildes Peninsula, Antarctica [J]. Quaternary International, 2015, DOI: 10. 1016/j. quaint. 2015. 10. 118.

Cincinelli A, Martellini T, Bittoni L, et al. 2008. Natural and anthropogenic hydrocarbons in the water column of the Ross Sea (Antarctica) [J]. Journal of Marine Systems, 73 (1): 208 – 220.

D'Arrigo RD, Jacoby GC. 1993. Secular trends in high northern latitude temperature reconstructions based on tree rings [J]. Clim Change, 25 (2): 163 – 177.

Dansgaard W, Johnsen SJ, Moller J, et al. 1969. One thousand centuries of climatic record from camp century on the Greenland ice sheet [J]. Science, 166 (3903): 377 – 380.

Degens ET, Williams EG, Keith ML. 1957. Environmental Studies of Carboniferous Sediments Part I: Geochemical Criteria for Differentiating Marine from Fresh-Water Shales [J]. AAPG Bulletin, 41: 2427 – 2455.

Deng HB, Lu LH, Bian LG. 2005. Short-term climate characteristics at the Ny-Ålesund over Arctic tundra area [J]. Chinese Journal of Polar Research, 17: 32 – 44.

Domack EW, Williams CR. 1990. Fine structure and suspended sediment transport in three Antarctic fjords. Contrib [J]. Antarctic Research, 50: 71 – 89.

Eusterhues K, Heinrichs H, Schneider J. 2005. Geochemical response on redox fluctuations in Holocene lake sediments, Lake Steisslingen, Southern Germany [J]. Chemical Geology, 222: 1 – 22.

Folk RL. 1966. A review of grain-size parameters [J]. Sedimentology, (6): 73 – 93.

Førland EJ, Hanssen-Bauer I, Nordli PØ. 1997. Climate statistics and longterm seriers of temperature and precipitation at Svalbard and Jan Mayen. 72. DNMI-Rapport, Norwegian Meteorological Institute, Oslo.

Grossman EE, Eittreim SL, Field ME, et al. 2006. Shallow stratigraphy and sedimentation history during high-frequency sea-level changes on the central California shelf [J]. Continental Shelf Research, 26: 1217 – 1239.

Guilizzoni P, Marchetto A, Lami A, et al. 2006. Records of environmental and climatic changes during the late Holocene from Svalbard: palaeolimnology of Kongressvatnet [J]. Journal of Paleolimnology, 36: 325 – 351.

Hao ZL. 2013. Baseline Values for Heavy Metals in Soils on Ny-Alesund, Spitsbergen Island, Arctic: The Extent of Anthropogenic Pollution [J]. Advanced Materials Research, 779 – 780: 1260 – 1265.

Hua Q. 2009. Radiocarbon: A chronological tool for the recent past [J]. Quaternary Geochronology, (4): 378 – 390.

Huang T, Sun LG, Long NY, et al. 2013. Penguin tissue as a proxy for relative krill abundance in East Antarctica during the Holocene [J]. Science Report, 3: 2807 DOI: 10. 1038/srep02807.

Huang T, Sun LG, Stark J, et al. 2011. Relative Changes in Krill Abundance Inferred from Antarctic Fur Seal [J]. PLoS ONE, 6: e27331.

Huang T, Sun LG, Wang YH, Emslie SD. 2014. Paleodietary changes by penguins and seals in association with Antarctic climate and sea ice extent [J]. Chinese Science Bull, 59: 4456 – 4464.

Huang T, Sun LG, Wang YH, Zhu RB. 2009. Penguin population dynamics for the past 8500 years at Gardner Island, Vestfold Hills [J]. Antarctic Sciences, 21: 571 – 578.

Hughen KA, Baillie MGL, Bard E, et al. 2004. Marine04 marine radiocarbon age calibration, 0 – 26 cal kyr BP [J]. Radiocarbon, 46: 1059 – 1086.

Humlum O. 2002. Modelling late 20th – century precipitation in Nordenskiold, central Spitsbergen, Svalbard, by geomorphic means [J]. Norsk Geografisk Tidsskrift-Norwegian Journal of Geoography, 56: 96 – 103.

Isaksson E, Hermanson M, Hicks S, et al. 2003. Ice cores from Svalbard useful archives of past climate and pollution history [J]. Physics and Chemistry of the Earth, 28: 1217 – 1228.

Isaksson E, Kohler J, Pohjola V, et al. 2005. Two ice-core delta 0 – 18 records from Svalbard illustrating climate and sea-ice variability over the last 400 years [J]. The Holocene, 15: 501 – 509.

Jia HL, Sun YQ, Liu XJ, et al. 2011. Concentration and bioaccumulation of Dechlorane compounds in coastal environment of northern China [J]. Environmental Science & Technology, 45 (7): 2613 – 2618.

Jiang S, Liu XD, Sun J, et al. 2001a. A multi-proxy sediment record of late Holocene and recent climate change from a lake near Ny-Ålesund, Svalbard [J]. Boreas, 40: 468 – 480.

Karl TR, Trenberth KE. 2003. Modern global climate change [J]. Science, 302, 1719 – 1723.

Kaufman DS, Schneider DP, McKay NP, Ammann CM, Bradley RS, Briffa KR, Miller GH, Otto-Bliesner BL, Overpeck JT, Vinther BM. 2009b. Recent warming reverses long-term Arctic cooling [J]. Science, 325: 1236 – 1239.

Kaufman DS. 2009a. An overview of late Holocene climate and environmental change inferred from Arctic lake sediment [J]. Journal of Paleolimnology, 41: 1 – 6.

Lefauconnier B, Hagen JO. 1990. Glaciers and climate in Svalbard: statistical analysis and reconstruction of the Brøggerbreen mass balance for the last 77 years [J]. Annals of Glaciology, 14: 148 – 152.

Lepeltier C. 1969. A simplified treatment of geochemical data by graphical representation [J]. Environmental Geology, 64: 538 – 550.

Loeb V, Siegel V, HolmHansen O, et al. 1997. Effects of sea-ice extent and krill or salp dominance on the Antarctic food web [J]. Nature, 387: 897 – 900.

Luo W, Li H, Gao S, Yu Y, et al. 2015. Molecular diversity of microbial eukaryotes in sea water from Fildes Peninsula, King George Island, Antarctica [J]. Polar Biol, DOI 10. 1007/s00300 - 015 - 1815 - 8.

Luo XX, Yang SL, Zhang J. 2012. The impact of the Three Gorges Dam on the downstream distribution and texture ofsediments along the middle and lower Yangtze River (Changjiang) and its estuary, and subsequent sediment dispersal in the East China Sea [J]. Geomorphology, 179: 126 - 140.

Ma WL, Liu LY, Qi H, et al. 2011. Dechlorane plus in multimedia in northeastern Chinese urban region [J]. Environment international, 37 (1): 66 - 70.

María B, Celia D, Cristina N. 2006. Use of lichens as pollution biomonitors in remote areas: comparison of PAhs extracted from lichens and atmospheric particles sampled in and around the Somport tunnel (Pyrenees) [J]. Environmental Science & Technology, 40 (20): 6384 - 6391.

Mäusbacher R, Müller J, Schmidt R. 1989. Evolution of postglacial sedimentation in Antarctic lakes (King George Island) [J]. Zeitschrift für Geomorphologie, 33: 219 - 234.

McKinzey KM, Ólafsdóttir R, Dugmore AJ. 2005. Perception, history, and science: coherence or disparity in the timing of the Little Ice Age maximum in southeast Iceland? [J]. Polar Record, 41: 319 - 334.

Meyers PA, Teranes JL. 2001. Sediment organic matter [C] // Last WM, Smol JP. Tracking environmental change using lake sediments. Netherlands: Springer Netherlands: 239 - 269.

Michelutti N, Wolfe AP, Briner JP, et al. 2007. Climatically controlled chemical and biological development in Arctic lakes [J]. Journal of Geophysical research, 112, G03002.

Middleton GV. 1976. Hydraulic interpretation of sand size distributions [J]. Journal of Geology, 84: 405 - 426.

Milliken KT, Anderson JB, Wellner JS, Bohaty SM, Manley PL. 2009. Highresolution climate record from Maxwell Bay, South Shetland Islands, Antarctica [J]. Geological Society of America Bulletin, 121: 1711 - 1725.

Moberg A, Sonechkin D, Holmgren K, et al. 2005. Highly variable Northern Hemisphere temperatures recontructed from low-and high-resolution proxy data [J]. Nature, 433, 613 - 617.

Murphy EJ, Watkins JL, Trathan PN, et al. 2007. Spatial and temporal operation of the Scotia Sea ecosystem: a review of large-scale links in a krill centred food web [J]. Philosophical Transactions of the Royal Society B: Biological Sciences, 362 (1477): 113 - 148.

Na GS, Liu CY, Wang Z, et al. 2011. Distribution and characteristic of PAHs in snow of Fildes Peninsula [J]. Journal of Environmental Sciences, 23 (9): 1445 - 1451.

Nesbitt HW, Young GM. 1982. Early Proterozoic climates and plate motions inferred from major element chemistry of lutites [J]. Nature, 299, 715 - 717.

Nezat CA, Lyons WB, Welch KA. 2001. Chemical weathering in streams of a polar desert (Taylor Valley, Antarctica) [J]. GSA Bulletin, 113, 1401 - 1408.

Ogilvie AEJ, Jónsson T. 2001. "Little Ice Age" Research: A Perspective from Iceland. Climatic Change, 48, 9 - 52.

Overpeck J, Hughen K, Hardy D, et al. 1997. Arctic environmental change of the last four centuries [J]. Science, 278, 1251 - 1256.

Perren BB, Bradley RS, Francus P. 2003. Rapid lacustrine response to recent High Arctic warming: A diatom record from Sawtooth Lake, Ellesmere Island, Nunavut [J]. Arctic Antarctic and Alpine Research, 35, 271 - 278.

Prartono T, Wolff GA. 1998. Organic geochemistry of lacustrine sediments: a record of the changing trophic status of Rostherne Mere, UK [J]. Organic Geochemistry, 28, 729 - 747.

Puddicombe RA, Johnstone GW. 1988. The breeding season diet of Adélie penguins at the Vestfold Hills, East Antarctica [J]. Hydrobiologia, 165: 239 - 253.

Qi H, Liu LY, Jia HL, et al. 2010. Dechlorane plus in surficial water and sediment in a northeastern Chinese river [J]. Environmental Science & Technology, 44 (7): 2305 – 2308.

Qin XY, Sun LG, Blais JM, et al. 2014. From sea to land: assessment for the bio-transport of phosphorus in Antarctica [J]. Chinese Journal of Oceanology and Limnology, 32 (1): 148 – 154.

Rosqvist GC, Schuber P. 2003. Millennial-scale climate changes on South Georgia, Southern Ocean [J]. Quaternary Research, 59: 470 – 475.

Schmidt R, Mäusbacher R, Muller J. 1990. Holocene diatom flora and stratigraphy from sediment cores of two Antarctic lakes (King George Island) [J]. Journal of Paleolimnology, (3): 55 – 74.

Shevenell A, Domack EW, Kernan GM. 1996. Record of Holocene paleoclimate change along the Antarctic Peninsula: evidence from Glacial Marine Sediments, Lallemand Fjord [J]. Papers and Proceedings of the Royal Society of Tasmania, 130: 55 – 64.

Smith JA, Hillenbrand CD, Kuhn G, et al. 2010. Deglacial history of the West Antarctic Ice Sheet in the western Amundsen Sea Embayment [J]. Quaternary Science Reviews, 30: 488 – 505.

Smith LM, Andrews JT. 2000. Sediment characteristics in iceberg dominated fjords, Kangerlussuaq region, East Greenland [J]. Sedimentary Geology, 130: 11 – 25.

Smol JP, Douglas MSV. 2007. From controversy to consensus: making the case for recent climatic change in the Arctic using lake sediments [J]. Frontiers in ecology and the environment, (5): 466 – 474.

Smol JP, Wolfe AP, Birks HJB, et al. 2005. Climate-driven regime shifts in the biological communities of arctic lakes [J]. Proceedings of the National Academy of Sciences of the United States of America, 102: 4397 – 4402.

Sun DH, Bloemendal J, Rea DK, et al. 2002. Grain-size distribution function of polymodal sediments in hydraulic and aeolian environments, and numerical partitioning of the sedimentary components [J]. Sedimentary Geology, 152: 263 – 277.

Sun LG, Zhou X, Huang W, et al. 2013. Preliminary evidence for a 1000-year-old tsunami in the South China Sea [J]. Scientific Reports, (3): 1655 – 1660.

Sun LG, Xie ZQ. 2001. Changes in lead concentration in Antarctic penguin droppings during the past 3000 years [J]. Environmental Geology, 40: 1205 – 1208.

Swain EB. 1985. Measurement and interpretation of sedimentary pigments [J]. Freshwater Biology, 15: 53 – 75.

Syvitski JPM, Andrews JT, Dowdeswell JA. 1996. Deposition in an iceberg-dominated glacimarine environment, East Greenland: basin fill implications [J]. Global and Planetary Change, 12: 251 – 270.

Talbot MR, Lærdal T. 2000. The Late Pleistocene-Holocene palaeolimnology of Lake Victoria, East Africa, based upon elemental and isotopic analyses of sedimentary organic matter [J]. Journal of Paleolimnology, 23: 141 – 164.

Taylor RH. 1962. The Adélie Penguin Pygoscelis adeliae at Cape Royds [J]. Ibis, 104: 176 – 204.

Vaillencourt DA. 2010. Alkenone-inferred temperature reconstruction from Kongressvatnet, Svalbard. 23rd Annual Keck Symposium, Houston, Texas.

Visher GS. 1969. Grain size distribution and depositional processes [J]. Journal of Sedimentary Petrology, 39: 1074 – 1106.

Wang B, Iino F, Huang J, et al. 2010. Dechlorane plus pollution and inventory in soil of Huai'an City, China [J]. Chemosphere, 80 (11): 1285 – 1290.

Wang DG, Yang M, Qi H, et al. 2010. An Asia-Specific source of Dechlorane Plus: Concentration, isomer profiles, and other related compounds [J]. Environmental Science & Technology, 44: 6608 – 6613.

Wang Z, Chen JW, Yang p, et al. 2009. Distribution of PAHs in pine (*Pinus thunbergii*) needles and soils correlates with their gas-particle partitioning [J]. Environmental Science & Technology, 43 (5): 1336 – 1341.

Watcham EP, Bentley MJ, Hodgson DA, et al. 2011. A new Holocene relative sea level curve for the South Shetland Islands, Antarctica [J]. Quaternary Science Reviews, 30: 3152 - 3170.

Whitehead MD, Johnstone GW. 1990. The distribution and estimated abundance of Adélie penguins breeding in Prydz Bay, Antarctica [J]. Polar Biology, 3: 91 - 98.

Xue ZJ, Liu P, Master DD, et al. 2012. Sedimentary processes on the Mekong subaqueous delta: Clay mineral and geochemical analysis [J]. Journal of Asian Earth Sciences xxx: 1 - 9.

Yan QS, Xu SY. 1987. Recent Yangtze Delta Deposits [M]. Shanghai: East China Normal University Press.

Yu ZQ, Lu SY, Gao ST, et al. 2010. Levels and isomer profiles of Dechlorane plus in the surface soils from e-waste recycling areas and industrial areas in South China [J]. Environmental Pollution, 158 (9): 2920 - 2925.

Zhang P, Ge LK, Gao H, et al. 2014. Distribution and transfer pattern of polychlorinated biphenyls (PCBs) among the selected environmental media of Ny-Ålesund, the Arctic: As a case study [J]. Marine Pollution Bulletin, 89 (1 - 2): 267 - 275.

Zeng YX, Zhang F, He JF, et al. 2013. Bacterioplankton community structure in the Arctic waters as revealed by pyrosequencing of 16S rRNA genes [J]. Antonie van Leeuwenhoek Journal of Microbiology, 103 (6): 1309 - 1319.

Zeng YX, Yu Y, Qiao ZY, et al. 2014. Diversity of bacterioplankton in coastal seawaters of Fildes Peninsula, King George Island, Antarctica [J]. Archives of Microbiology, 196 (2): 137 - 147.

第6章 考察的主要经验与建议

6.1 考察取得的重要成果

1）认识南极长城站区域生态环境现状，奠定生态环境长期监测和考察站环境管理的基础

本专题以南极长城站为依托，对菲尔德斯半岛、阿德雷岛、长城湾和阿德雷湾的海洋、潮间带、陆地、湖泊、大气等环境开展了生物、化学、物理等多要素生态环境调查，较为全面地认识了南极长城站所在区域的生态环境现状，并预选了海洋生态环境观测断面、潮间带生态环境观测样方、陆地湖泊生态环境观测点、陆地土壤环境观测点和大气环境观测点。这些成果，为长期生态环境监测点的设立和考察站生态环境政策制定及管理奠定了基础。

2）获得极地考察站所在区域典型污染物分布特征和土壤重金属基线，查明站区周边环境尚未受人类活动的显著影响

本专题对南极长城站、南极中山站和北极黄河站所在区域系统地开展了典型有机污染物和土壤重金属调查，获得典型有机污染物分布特征和土壤重金属基线。分析表明，典型有机污染含量仍处于较低水平，大气远距离传输是该类污染物的主要来源；站区周边土壤重金属含量仍处于基线水平。上述结果说明，尽管近年来人类活动日益频繁，但我国南北极考察站周边环境尚未受显著影响。

3）系统了解极地沉积物生态记录及其对气候变化和人类活动的响应

专题组成员同国际极地领域著名科学家合作，全面总结了南北极典型海洋生物对气候和人类活动响应的系统性研究成果，其中包括：南北极海洋生物粪土沉积序列和生物遗迹序列等新的研究载体；元素、同位素、有机地球化学等生态地质学研究方法；极地海鸟、海兽数量变化、食谱变化对极地陆地生态系统的影响和人类文明在极地生物沉积序列中的记录等研究进展，相关成果发表在地球科学领域著名期刊《Earth-Science Reviews》上。这是该刊物首次刊登以中国科学家为主撰写的极地研究综述评论性论文，同时也扩大了中国极地科学研究的国际影响力，文章发表仅一年，就被国际同行SCI论文正面引用9次。

4）调查获知南极环境对人生理和心理有明显影响，为南极考察队员的选拔、防护和有关政策制定提供科学依据

通过调查考察队员对南极特殊环境因子如特殊的光－黑暗周期（极昼、极夜）、隔绝、低氧、高寒、强紫外线、高危等多种恶劣环境因子交互作用的应激、代偿、适应与损伤状况，证明南极环境对人生理和心理有明显影响，不同考察站的环境因子影响不同，初步探得中山站越冬队员和昆仑站冰盖考察队员的生理心理适应模式，为南极考察队员的选拔、防护、站务管理和有关政策制定等提供重要数据资料和防治对策。该成果已应用于南极内陆队员、越冬队员的选拔，以及队员药物预防、心理疏导，作息时间管理和站区室内环境的优化。

6.2 对专项的作用

经过4年的南北极站基科学考察，初步查明了南极长城站和北极黄河站所在区域的近岸海洋、潮间带、陆地土壤、淡水湖泊等不同环境的生物群落结构和多样性特征，基本了解了站基近岸海洋、陆地土壤、淡水湖泊、大气基本理化性质，初步揭示了典型污染物在考察站所在区域不同环境介质中的空间分布规律，为专项开展南北极环境综合评估提供极地站基生物生态环境现状的基础资料与初步分析结果。而站基持久性有机物污染物调查与大洋持久性有机物污染物调查共同构成了贯穿南北两极的大洋极地污染物调查断面，有利于系统性回答其在南北半球随纬度变化而呈现的分布特征和组成特点。另外，通过对南极越冬队员和内陆队员生理心理的动态跟踪，为专项开展南极特殊环境对考察队员的影响评估提供基础数据。

6.3 考察的主要成功经验

4年的专项实施，为今后极地站基生态考察提供了许多经验。

（1）专题的顶层设计十分重要，站基生态环境考察包含学科众多，好的顶层设计是统一多家参与单位围绕同一主题开展工作的保障。

（2）制订详尽的现场实施计划，并在现场考察前进行充分的准备，包括现场考察人员培训、仪器设备校验等。

（3）站基生态环境考察，现场考察人员较多，事先推选专项考察现场实施组织单位，有利于现场考察统一站位，统一采样，数据更具可比性，也有利于数据的交叉使用和共享。

（4）参与专项的单位应有较为稳定的研究团队，是保证考察和项目执行的又一关键因素。

（5）数据质量是调查工作的生命线，参与单位的调查、分析测试和质量管理能力，是项目成功与否的重要因素之一，有必要设立相应的准入机制。

6.4 考察中存在的主要问题及原因分析

尽管在4年的考察中，取得了许多成果和宝贵经验，但也暴露出了一些问题。

（1）考察未涉及极地鸟类和哺乳动物等大型生物，考察区域主要局限在站区周边，需进一步拓展。

（2）同一学科的调查工作，多家单位参与，增加了协调工作量和数据质量不统一的风险。

（3）由于长城站和黄河站的样品主要靠物流公司运输回国，存在样品运输过程中保存质量不稳定，导致样品分析结果可靠性减小或无法分析。

（4）医学调查时存在部分受调查队员配合度低的情况，如样品采集不符合要求，心理问卷随意勾选等，导致数据资料不齐全，无法获得统计学分析结果。

6.5 对未来科学考察的建议

在总结“十二五”考察成果和分析考察成功经验以及存在问题的基础上，对未来的科学考察作如下建议。

（1）进一步聚焦考察目标。站基生物生态环境考察的主要目标是：为研究全球变化、人类活动对极地生态环境影响及其响应，指导站区环境管理和落实生态环境保护国际义务提供长时间序列的基础资料，并为合理开发利用和保护极地生物资源提供依据；同时为建立南极考察队员生理心理健康监测、评估和维护体系，为南极越冬与长期驻留空间站的生理心理类比研究，建立和验证空间站医学心理学健康监测和维护技术提供基础资料。

（2）进一步强化顶层设计。区分考察站区考察与依托考察站的周边生态环境考察，规划考察内容与考察站位，围绕任务合理设置考察课题。

（3）进一步加强国际合作，拓展考察区域。依托南极长城站，加强与智利、秘鲁、阿根廷等国家的合作，将考察区域拓展到南设德兰群岛和南极半岛，弥补我国对该区域考察的不足。

（4）进一步优化考察队伍。设立必要的准入机制，优胜劣退，确保高质量地完成考察工作。

（5）进一步加强现场样品处理能力。充分利用考察站现有科考平台，精心准备必要的样品处理条件，能使样品在极地现场及时处理，减少运输过程中损坏的风险，确保样品质量。

（6）进一步提高队员配合度。考察队、考察站领导组织、动员与项目组科普宣讲相结合，进一步提高南极医学受调查队员的配合度，确保高质量地完成医学样品与数据的采集。

附录

附录1　考察区域及站位图

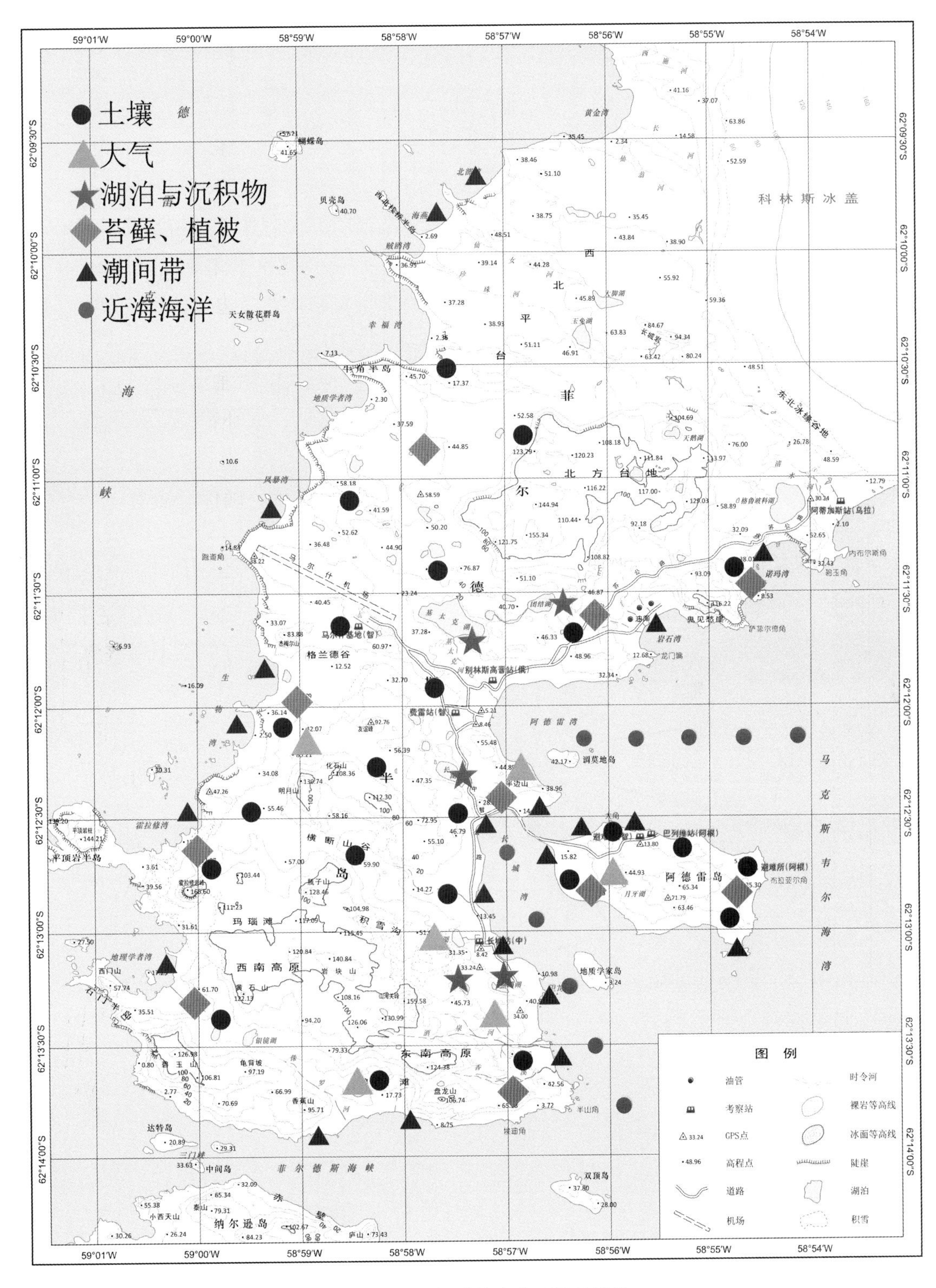

附图1－1　长城站考察区域及站位

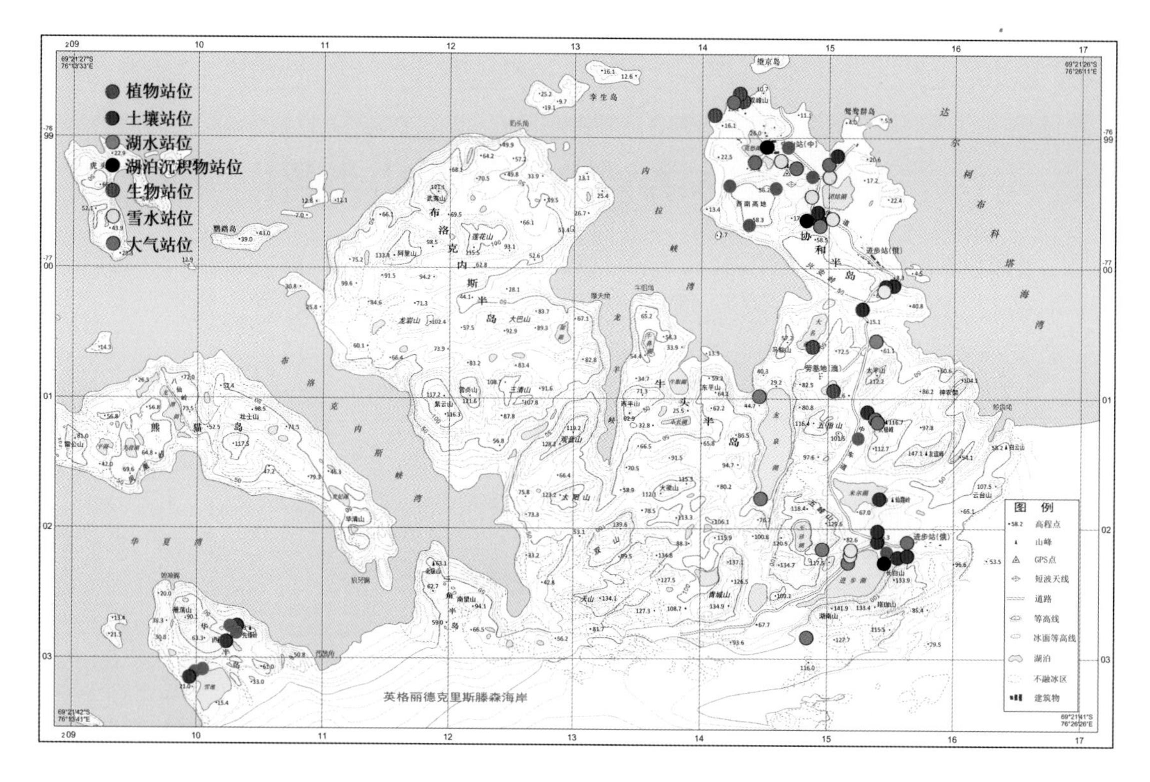

附图 1－2　中山站考察区域及站位

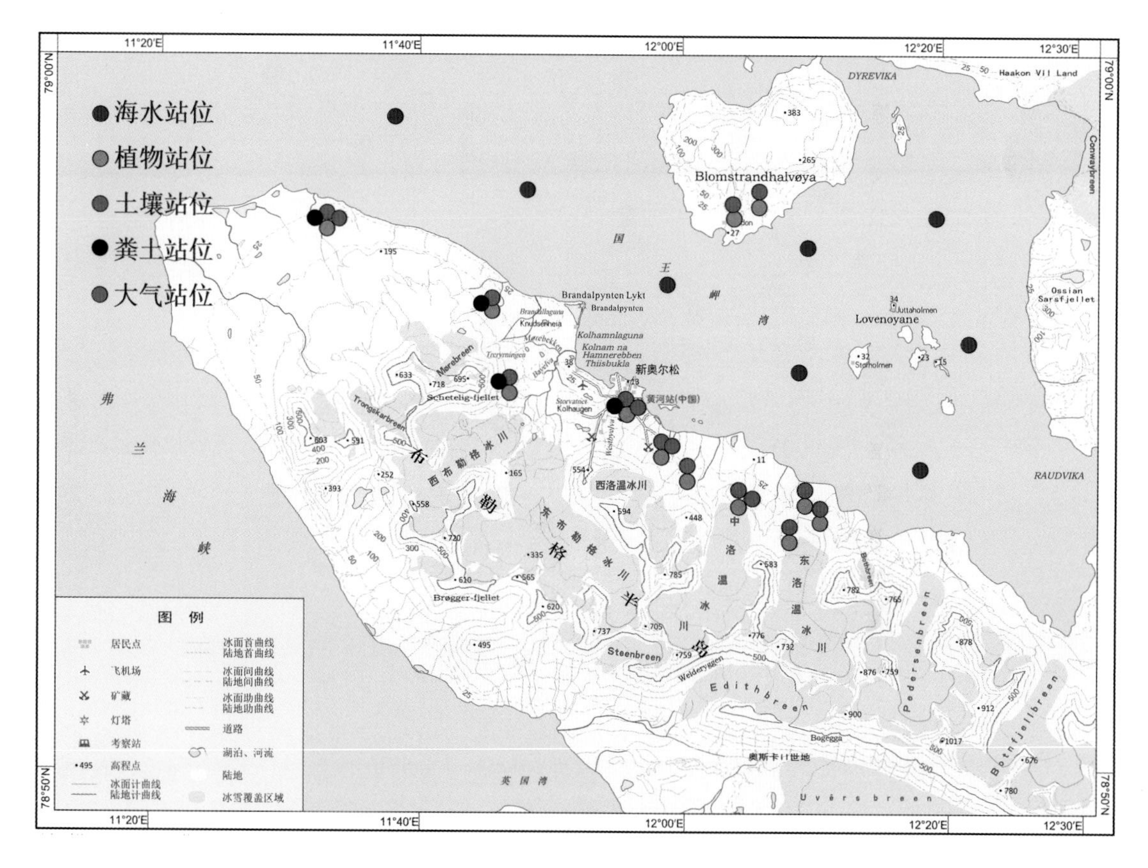

附图 1－3　黄河站考察区域及站位

附录 2　主要仪器设备一览表

附表 2－1　主要现场数据获取设备

序号	仪器设备名称	型号、规格	生产国别	数量/台	测试项目
1	CTD 温盐深仪	RBR concerto	加拿大	1	温度、盐度、深度
2	便携式水质测定仪	YSI－EXO2	美国	1	温度、盐度、pH 值、DO
3	数字化无创血流动力学监护系统	Cardiodynamics Bioz. com™	美国	1	心脏功能常规指标及泵血功能等指标
4	便携式心电图仪	GE MAC 800	美国	1	心电传导指标
5	便携式肺功能仪	耶格 Master Screen Rotry	德国	1	肺通气功能指标
6	脑血氧动力学仪	OXYMON MK Ⅲ	荷兰	1	大脑血氧饱和度检测
7	便携式血气分析仪	i－SATA	美国	1	血气电解质等检测
8	电子血压计	OMRON 7200	日本	2	收缩压、舒张压、心率
9	脉搏血氧仪	MD300－西藏华大科技有限公司	中国	2	指端静脉血氧饱和度
10	睡眠－活动监测腕表	Basic Motionlogger，Ambulatory Monitoring Inc.，Ardsley，NY	美国	15	睡眠－觉醒活动记录
11	多导睡眠监测仪	Embletta X100	美国	6	脑电图、肌动图、睡眠时相等监测
12	24 h 动态心电图记录仪	GE 24 h holter	美国	6	24 h 心电图监测

附表 2－2　主要样品采集设备

序号	仪器设备名称	型号、规格	生产国别	数量/台
1	采水器	NISKIN	美国	1
2	卡盖式采水器		中国	1
3	大容量气溶胶采样器	500EL	中国	3
5	一次性采血针	中国 康德莱 KDL	中国	若干
6	唾液采集管	IBL RE69991 SALICAPS	德国	若干
7	15 mL 尿液采集离心管	Corning	美国	若干

附表 2－3　主要样品处理与储存设备

序号	仪器设备名称	型号、规格	生产国别	数量/台
1	真空泵	Gast	美国	5
2	冷冻干燥仪	松源	中国	2
3	旋转蒸发仪	亚荣	中国	5
4	固相萃取（SPE）仪	Septeck	中国	5
5	固相萃取膜盘	Septeck	中国	5
6	电冰箱	Haier BCD－206S	中国	3
7	超低温冰箱	Thermo HFU586	美国	3
8	超低温冰箱	Thermo Forma 905	美国	2
9	超低温冰箱	Haier 86L626	中国	1
10	过滤器	Nalgen 500 mL	美国	5
11	水平数显摇床	SCILOGEX　SK－L180－PRO	美国	1
12	96 孔板混匀仪	SCILOGEX MX－M	美国	1
13	96 孔板洗板机	Thermo MK2	美国	1
14	电磁加热搅拌器	SCILOGEX　MS－H－S	美国	1
15	离心机	KA1000	中国	2
16	电热鼓风干燥箱	DHG－9053	中国	1
17	超净工作台	DL－CJ－2NDI	中国	1

附表 2－4　主要样品测试设备

序号	仪器设备名称	型号、规格	生产国别	数量/台	测试项目
1	高效液相色谱	Waters、UPLC	美国	1	抗生素
2	气相色谱质谱	Angilent 7890－5973A	美国	1	PAHs
3	气相色谱	岛津 2010	日本	1	PCBs、OCPs
4	高效液相色谱串联质谱	Thermo、quantum discovery	美国	1	DPs
5	电感耦合等离子体发射光谱仪	ICP－OES 2000DV	美国	1	常、微量元素
6	高纯锗 γ 谱仪	ORTEC	美国	1	^{210}Pb、^{137}Cs
7	激光粒度仪	LS13320	中国	1	粒度参数
8	磁化率仪	BARTINGTON MS2	英国	1	磁化率
9	ICP 测定仪	ICP－Agilent 720ES	美国	1	土壤重金属
10	原子荧光光度计	AFS－933	中国	1	土壤砷/汞
11	红外分光测油仪	OIL－8	中国	1	土壤石油烃
12	高效液相色谱	HPLC－Agilent 1200	美国	1	土壤多环芳烃
13	离子色谱仪	ICS 5000	中国	1	土壤阴离子
14	TOC 测定仪	TOC－V	日本	1	土壤碳组分
15	紫外/可见分光光度计	752N	中国	1	湖泊营养盐
16	酶标仪	Epoch	美国	1	吸光度值
17	酶标仪	MULTISKAN EX PRIMARY EIA V. 2. 3	美国	1	吸光度值

续表

序号	仪器设备名称	型号、规格	生产国别	数量/台	测试项目
18	高效液相色谱仪	Waters，HPLC	美国	1	光合色素
19	荧光仪	Turner AU10	美国	1	叶绿素 a
20	CHN 元素分析仪	Elementar	德国	1	POC
21	同位素比质谱仪	Thermo Finnigan	美国	1	稳定碳同位素
22	分光光度计	TU－1810	中国	1	氨氮，生物硅
23	营养盐自动分析仪	Skarlar＋＋	荷兰	1	硝酸盐，硅酸盐，亚硝酸盐与磷酸盐
24	PCR 仪	ABI	美国	2	16S 扩增
25	高效离子色谱仪	ISC－2500 型	美国	1	阴阳离子
26	电感耦合等离子体质谱仪	Agilent 7500ce	美国	1	重金属元素
27	气相色谱－质谱联用仪	shimadu QP－2010	日本	1	OCPS
28	显微镜	Olympus SZ2	菲律宾	1	底栖生物

附录3　承担单位及主要人员一览表

附表 3－1　承担单位及主要人员与分工

序号	姓名	性别	年龄	所在单位	职称/职务	从事专业	在项目中任务分工	工作时间/（人·月）
1	俞勇	男	38	中国极地研究中心	副研究员/室副主任	微生物学	专题负责人/子专题1负责人	24
2	何剑锋	男	47	中国极地研究中心	研究员/重点实验室副主任	海洋生态学	黄河站生态环境调查总体负责	8
3	曾胤新	男	44	中国极地研究中心	研究员	微生物学	第28次队长城站考察/浮游细菌调查分析	20
4	张芳	女	33	中国极地研究中心	副研究员	海洋生态学	第28次队长城站考察/2012年度黄河站考察/微微型和微型浮游生物调查分析	16
5	罗玮	女	36	中国极地研究中心	副研究员	水生生物学	微微型和微型浮游生物调查分析	16
6	李会荣	女	43	中国极地研究中心	研究员	微生物学	第29次队长城站考察/浮游细菌调查分析	16
7	蔡明红	男	44	中国极地研究中心	研究员	海洋生态学	浮游生物多样性分析	16
8	林凌	男	31	中国极地研究中心	博士后	海洋生态学	浮游细菌调查分析	16
9	张瑾	女	30	中国极地研究中心	实验员	海洋生态学	数据处理	28
10	董宁	女	27	中国极地研究中心/中国海洋大学	研究生	微生物学	第30次队长城站浮游细菌调查	12
11	高源	男	25	中国极地研究中心/厦门大学	研究生	海洋生态学	2013/2014年度黄河站浮游生物调查	12
12	张洁	男	43	中国极地研究中心	高级工程师	数据管理	2014年度黄河站浮游生物调查	8
13	李群	男	35	中国极地研究中心	助理研究员	海洋生态学	2013年度黄河站浮游生物调查	8
14	崔世开	男	29	中国极地研究中心/上海海洋大学	研究生	海洋生态学	2012年度黄河站浮游生物调查	12
15	那广水	男	38	国家海洋环境监测中心	研究员	环境科学	子专题2负责人	24
16	葛林科	男	35	国家海洋环境监测中心	副研究员	环境工程	样品采集、分析	10
17	王艳洁	女	36	国家海洋环境监测中心	助理研究员	分析化学	样品分析	30
18	马新东	男	35	国家海洋环境监测中心	副研究员	分析化学	样品分析	20

续表

序号	姓名	性别	年龄	所在单位	职称/职务	从事专业	在项目中任务分工	工作时间/(人·月)
19	王震	男	38	国家海洋环境监测中心	副研究员	生物化学	样品分析	24
20	周传光	男	62	国家海洋环境监测中心	高级工程师	分析化学	样品分析	28
21	刘星	男	32	国家海洋环境监测中心	工程师	海洋化学	样品分析	20
22	贺广凯	男	47	国家海洋环境监测中心	高级工程师	分析化学	样品分析	20
23	高会	女	30	国家海洋环境监测中心	助理工程师	环境化学	样品分析	32
24	李瑞婧	女	28	国家海洋环境监测中心	助理工程师	环境化学	样品分析	20
25	孙立广	男	68	中国科学技术大学	教授	生态地质学	子专题3负责人	12
26	黄涛	男	33	中国科学技术大学	副研究员	生物地球化学	野外考察执行 数据分析、集成 课题统筹	24
27	周鑫	男	33	中国科学技术大学	副研究员	第四纪地质	野外考察执行	10
28	储著定	男	27	中国科学技术大学	研究生	生态地质学	野外考察执行 数据分析、集成	18
29	杨文卿	男	26	中国科学技术大学	研究生	海洋地质	野外考察执行 数据分析、集成	12
30	楼创能	男	25	中国科学技术大学	研究生	环境科学	野外考察执行 数据分析、集成	12
31	杨连娇	女	24	中国科学技术大学	研究生	环境地质	野外考察执行 数据分析、集成	18
32	王能飞	男	37	国家海洋局第一海洋研究所	副研究员	微生物学	子专题4负责人	24
33	刘胜浩	男	35	国家海洋局第一海洋研究所	副研究员	海洋生物学	微生物分离培养	12
34	丛柏林	男	35	国家海洋局第一海洋研究所	助理研究员	海洋生物学	现场样品采集	10
35	丁慧	女	25	国家海洋局第一海洋研究所	研究生	微生物学	微生物分离、技术、样品采集	24
36	杨晓	男	26	国家海洋局第一海洋研究所	研究生	微生物学	数据统计处理、样品分析	24
37	金海燕	女	41	国家海洋局第二海洋研究所	研究员	海洋化学	子专题5负责人	20
38	季仲强	男	31	国家海洋局第二海洋研究所	高级工程师	海洋化学	2012年、2014年北极黄河站外业调查/营养盐样品分析	15
39	高生泉	男	59	国家海洋局第二海洋研究所	研究员	海洋化学	南极第29次队长城站外业调查/营养盐样品分析与整理	15

续表

序号	姓名	性别	年龄	所在单位	职称/职务	从事专业	在项目中任务分工	工作时间/（人·月）
40	卢勇	男	58	国家海洋局第二海洋研究所	高级工程师	海洋化学	营养盐分析	10
41	冉莉华	女	33	国家海洋局第二海洋研究所	副研究员	海洋化学	2013 年北极黄河站外业调查	10
42	庄燕培	男	28	国家海洋局第二海洋研究所	助理研究员	海洋化学	南极第 28 次长城站外业调查色素分析	15
43	白有成	男	31	国家海洋局第二海洋研究所	助理研究员	海洋化学	营养盐分析	10
44	李德望	男	26	国家海洋局第二海洋研究所	研究生	海洋化学	南极第 31 次队长城站外业调查营养盐分析与整理	10
45	张杨	女	24	国家海洋局第二海洋研究所	研究生	海洋化学	色素分析	10
46	陈立奇	男	70	国家海洋局第三海洋研究所	研究员	海洋化学	子专题 6 负责人	12
47	张远辉	男	53	国家海洋局第三海洋研究所	研究员	海洋化学	现场考察、数据处理，撰写报告	12
48	李伟	男	57	国家海洋局第三海洋研究所	高级工程师	海洋物理	现场考察、仪器设备维护	12
49	林奇	男	52	国家海洋局第三海洋研究所	高级工程师	分析化学	现场考察、样品分析	12
50	矫立萍	女	36	国家海洋局第三海洋研究所	副研究员	海洋化学	现场考察、样品分析、数据处理，撰写报告和论文	12
51	詹建琼	女	31	国家海洋局第三海洋研究所	研究生	海洋化学	现场考察、样品分析、数据处理	20
52	林红梅	女	35	国家海洋局第三海洋研究所	助理研究员	海洋化学	样品分析	10
53	霍元子	男	36	上海海洋大学	副教授	海洋生态学	子专题 7 负责人	24
54	何培民	男	56	上海海洋大学	教授/主任	海洋生物学	样品分析	9
55	薛俊增	男	49	上海海洋大学	教授	海洋生物学	潮间带底栖动物鉴定分析	10
56	于克锋	男	39	上海海洋大学	副教授	海洋生态学	底栖动物监测鉴定分析	16
57	邵留	男	35	上海海洋大学	讲师	水生生物学	湖泊浮游生物监测鉴定分析	16

续表

序号	姓名	性别	年龄	所在单位	职称/职务	从事专业	在项目中任务分工	工作时间/（人·月）
58	何青	男	31	上海海洋大学	博士后	海洋生物学	浮游生物分析	24
59	王峰	男	37	同济大学	讲师	环境管理	子专题8负责人	24
60	杨海真	南	59	同济大学	教授	环境管理	课题顾问	10
61	黄清辉	男	37	同济大学	教授	环境化学	现场执行人	10
62	孟祥周	男	35	同济大学	教授	环境化学	现场执行人	10
63	郭怡依	女	25	同济大学	研究生	环境科学	现场执行人	24
64	郑宏元	男	25	同济大学	研究生	环境科学	现场执行人	24
65	李依婷	女	24	同济大学	研究生	环境科学	内业测试分析	24
66	阿拉木斯	男	25	同济大学	研究生	环境科学	内业测试分析	20
67	郝志玲	女	26	同济大学	研究生	环境科学	内业测试分析	20
68	余璐	女	25	同济大学	研究生	环境科学	内业测试分析	20
69	刘晓收	男	36	中国海洋大学	副教授	底栖生物	子专题9负责人	24
70	茅云翔	男	48	中国海洋大学	教授	大型海藻	大型海藻	8
71	史晓翀	男	36	中国海洋大学	副教授	微生物	微生物	20
72	刘清河	男	26	中国海洋大学	研究生	底栖生物	底栖生物	10
73	徐成丽	女	51	中国医学科学院基础医学研究所	研究员	特殊环境医学	课题10负责人	28
74	熊艳蕾	女	28	中国医学科学院基础医学研究所	助理研究员	特殊环境医学	考察准备，部分现场工作和样品测试分析，协助编写评估报告	36
75	陈楠	女	24	中国医学科学院基础医学研究所	研究生	特殊环境医学	部分现场工作和样品测试分析，数据录入和数据库构建，协助编写评估报告	36
76	郭郑旻	女	29	中国医学科学院基础医学研究所	研究生	特殊环境医学	部分现场工作和样品测试分析，数据录入、数据库构建	10
77	陈香梅	女	28	中国医学科学院基础医学研究所	研究生	特殊环境医学	部分现场工作和样品测试分析，数据录入、数据库构建	16
78	龚辉	男	28	中国医学科学院基础医学研究所	研究生	特殊环境医学	部分现场工作和样品测试分析，数据录入、数据库构建	24
79	宋敏涛	男	26	中国医学科学院基础医学研究所	研究生	特殊环境医学	部分现场工作和样品测试分析，数据录入、数据库构建	24

续表

序号	姓名	性别	年龄	所在单位	职称/职务	从事专业	在项目中任务分工	工作时间/（人·月）
80	卢艳花	女	24	中国医学科学院基础医学研究所	研究生	特殊环境医学	考察准备，部分现场工作和样品测试，分析数据录入、数据库构建	12
81	方露	女	21	中国医学科学院基础医学研究所	研究生	特殊环境医学	考察仪器物质准备和数据录入	8
82	陈莉	女	63	中国医学科学院基础医学研究所	主任技师	病理生理学	分析数据录入和数据库构建	16
83	韩少梅	女	63	中国医学科学院基础医学研究所	主任技师	医学统计学	各类生理心理数据统计分析	16
84	林雷	男	46	上海市第一人民医院	主任医师	心外科	第28次昆仑站内陆队队医，医学考察现场执行人	8
85	彭毛加措	男	41	青海省人民医院	主治医师	骨科	第29次昆仑站内陆队队医，医学考察现场执行人	8
86	孔占平	男	32	青海省人民医院	主治医师	骨科	第31次昆仑站内陆队队医，医学考察现场执行人	8
87	胡建新	男	50	南昌大学萍乡医院	副主任医师	外科	第29次中山站越冬队医，医学考察现场执行人	13
88	陈少玲	男	49	南昌大学萍乡医院	副主任医师	外科	第30次中山站越冬队医，医学考察现场执行人	13
89	王征	男	40	江西省上饶市人民医院	副主任医师	外科	第31次中山站越冬队医，医学考察现场执行人	12
总计	高级职称	副高级职称	中级职称	初级职称	博士后	研究生		1 480
	20人	26人	12人	3人	2人	26人		

附录4　考察工作量一览表

（1）外业工作量

附表4－1　南极长城站生物生态环境本底考察外业工作量

项目	站位数/个				耗时/（人·月）
	第28次队	第29次队	第30次队	第31次队	
近岸海洋浮游生物生态学考察 近岸海域水环境要素调查	10	10	10	10	12
潮间带生物调查	0	20	20	20	7.5
土壤微生物考察	0	21	25	17	4.5
土壤环境调查	0	55	69	20	3
湖泊生物调查	0	3	3	3	1.5
湖泊环境调查	3	3	3	3	1.5
大气化学环境调查*	0	0	1	1	6
典型有机污染物调查	0	39	39	39	9
气候环境演变调查	0	35	42	31	9
总计	555				54

注：*为大气化学环境调查为周年连续采样，频率为10 d采集1次。

附表4－2　南极中山站生物生态环境本底考察外业工作量

项目	站位数/个			耗时/（人·月）
	第29次队	第30次队	第31次队	
土壤环境调查	44	15	0	4
大气化学环境调查[a]	1	1	1	6
典型有机污染物调查	0	34	1[b]	12
总计	96	22		

注：a为大气化学环境调查为周年连续采样，频率为10 d采集1次；
　　b为第31次队的大气有机污染物调查为周年连续采样，频率为10 d采集1次。

附表4－3　北极黄河站生物生态环境本底考察现场调查外业工作量

项目	站位数/个				耗时/（人·月）
	2012年	2013年	2014年	2015年	
近岸海洋浮游生物生态学考察 近岸海域水环境要素调查	5	5	5	5	4
土壤微生物考察	20	15	8	8	2

续表

<table>
<tr><th rowspan="2">项目</th><th colspan="4">站位数/个</th><th>耗时/</th></tr>
<tr><th>2012 年</th><th>2013 年</th><th>2014 年</th><th>2015 年</th><th>（人·月）</th></tr>
<tr><td>土壤环境调查</td><td>41</td><td>0</td><td>0</td><td>0</td><td>1</td></tr>
<tr><td>大气化学环境调查*</td><td>1</td><td>1</td><td>1</td><td>1</td><td>3</td></tr>
<tr><td>典型有机污染物调查</td><td>21</td><td>21</td><td>21</td><td>21</td><td>2</td></tr>
<tr><td>气候环境演变调查</td><td>42</td><td>31</td><td>8</td><td>8</td><td>2</td></tr>
<tr><td>总 计</td><td>289</td><td></td><td>14</td><td></td><td></td></tr>
</table>

注：*为大气化学环境调查连续采样 3 个月，频率为 10 d 采集 1 次。

附表 4-4　南极昆仑站内陆队生理和心理影响评估外业工作量　单位：人·月

<table>
<tr><th rowspan="2">项目</th><th colspan="3">耗时</th><th rowspan="2">合计</th></tr>
<tr><th>第 28 次队</th><th>第 29 次队</th><th>第 31 次队</th></tr>
<tr><td>心血管功能</td><td rowspan="10">5</td><td rowspan="10">5</td><td rowspan="10">6</td><td rowspan="10">16</td></tr>
<tr><td>心电传导功能</td></tr>
<tr><td>肺功能</td></tr>
<tr><td>指端静脉血氧饱和度</td></tr>
<tr><td>免疫—神经—内分泌网络调节</td></tr>
<tr><td>唾液神经内分泌网络调节</td></tr>
<tr><td>体质表型</td></tr>
<tr><td>急性高原病评估</td></tr>
<tr><td>认知功能</td></tr>
<tr><td>心理问卷</td></tr>
</table>

附表 4-5　南极中山站越冬队生理和心理影响评估外业工作量　单位：人·月

<table>
<tr><th rowspan="2">项目</th><th colspan="4">耗时</th><th rowspan="2">合计</th></tr>
<tr><th>第 28 次队</th><th>第 29 次队</th><th>第 30 次队</th><th>第 31 次队</th></tr>
<tr><td>免疫—神经—内分泌网络调节</td><td rowspan="9">13</td><td rowspan="9">13</td><td rowspan="9">12</td><td rowspan="9">38</td><td rowspan="9"></td></tr>
<tr><td>昼夜节律</td></tr>
<tr><td>睡眠模式[a]</td></tr>
<tr><td>心血管功能（24 h 心电）[a]</td></tr>
<tr><td>唾液神经内分泌网络调节</td></tr>
<tr><td>体质表型</td></tr>
<tr><td>心血管功能</td></tr>
<tr><td>心电传导功能</td></tr>
<tr><td>肺功能</td></tr>
<tr><td>应激激素</td><td></td><td></td><td></td><td></td><td></td></tr>
<tr><td>肠道微生物</td><td></td><td></td><td></td><td></td><td></td></tr>
<tr><td>心理问卷</td><td></td><td></td><td></td><td></td><td></td></tr>
</table>

注：a 为周年连续测定。

（2）内业工作量

附表 4－6　内业工作量

项目	现场考察准备	样品测试分析	数据处理	报告编制	总计
耗时/（人·月）	78	797	215	249	1 339

附录5 考察数据一览表

（1）南极长城站生物生态环境本底考察

附表5-1 南极长城站近岸海洋浮游生物生态学考察已获得的数据量

队次	数据类别	数据量
28	浮游细菌丰度	10个
	细菌多样性数据	10组
	微型浮游生物多样性	4组
29	浮游细菌丰度	37个
	浮游自养藻类丰度	37个
	细菌多样性数据	10组
	古菌多样性	8组
	微型浮游生物多样性	10组
30	浮游细菌丰度	37个
	浮游自养藻类丰度	37个
	细菌多样性数据	10组
	古菌多样性	10组
	微型浮游生物多样性	10组
31	浮游细菌丰度	36个
	浮游自养藻类丰度	36个
	细菌多样性数据	10组
	古菌多样性	10组
	微型浮游生物多样性	10组
合计		332个/组

附表5-2 南极长城站附近潮间带生物调查已获得的数据量

队次	数据类别	数据量/组
29	大型海藻种类	20
	大型海藻丰度	20
	大型海藻生物量	20
	底栖生物种类	20
	底栖生物丰度	20
	底栖生物生物量	20
	微生物多样性	20

续表

队次	数据类别	数据量/组
30	大型海藻种类	21
	大型海藻丰度	21
	大型海藻生物量	21
	底栖生物种类	21
	底栖生物丰度	21
	底栖生物生物量	21
	微生物多样性	20
31	大型海藻种类	21
	大型海藻丰度	21
	大型海藻生物量	21
	底栖生物种类	21
	底栖生物丰度	21
	底栖生物生物量	21
	微生物多样性	20
合计		432

附表 5-3　南极长城站土壤微生物考察已获得的数据量

队次	数据类别	数据量/组
29	细菌种类	21
	细菌数量	21
	真菌种类	21
	真菌数量	21
30	细菌种类	25
	细菌数量	25
	真菌种类	25
	真菌数量	25
31	细菌种类	25
	细菌数量	25
	真菌种类	25
	真菌数量	25
合计		284

附表 5-4　南极长城站临近海域水环境要素调查已获得的数据量

队次	参数	数据量/个
28	温度	35
	盐度	35
	硝酸盐	35
	亚硝酸盐	35
	磷酸盐	35
	硅酸盐	35
	颗粒有机碳	24
	叶绿素 a	35
29	温度	37
	盐度	37
	硝酸盐	37
	亚硝酸盐	37
	磷酸盐	37
	硅酸盐	37
	铵盐	37
	颗粒有机碳	37
	稳定碳同位素	37
	光合色素	37
	溶解氧	37
	叶绿素 a	37
30	温度	37
	盐度	37
	硝酸盐	37
	亚硝酸盐	37
	磷酸盐	37
	硅酸盐	37
	铵盐	18
	溶解氧	35
	叶绿素 a	37
31	温度	36
	盐度	36
	亚硝酸盐	36
	磷酸盐	36
	硅酸盐	36
	铵盐	36
	溶解氧	36
合计		1 277

附表 5－5　南极长城站土壤与湖泊环境基线调查已获得的数据量

队次	数据类别	数据量/组
29	土壤重金属	55
	土壤化学性质	55
30	土壤重金属	69
	湖泊水理化性质	3
31	湖泊水理化性质	3
合计		185

附表 5－6　南极长城站大气成分已获得的数据量

队次	数据类别	数据量/个
29	大气阴阳离子（10 组分）	700
	大气重金属（4 组分）	280
30	大气阴阳离子（10 组分）	700
	大气重金属（4 组分）	280
31	大气阴阳离子（10 组分）	700
	大气重金属（4 组分）	280
合计		2 940

附表 5－7　南极长城站有机污染物分布状况调查所获得的数据量　　单位：组

队次	测试项目	水体	沉积物	大气	土壤粪土	植被	生物	合计
29	PAHs	44	3	12	25	21	15	120
	PCBs	44	3	12	25	21	15	120
30	PAHs	14	2	24	4	7	3	54
	PCBs	14	2	24	4	7	2	53
	OCPs	14	2	24	4	7	2	53
	DPs	28		30	23		21	102
31	PAHs	9	3	6	26	10		54
	PCBs	9	3	6	26	10		54
	OCPs	9	3	6	26	10		54
	HBCDs	8		7	20	10	5	50
合计		158	12	126	81	63	70	714

附表 5－8　南极长城站生态环境演变调查已获得的数据量

样品	数据类别	数据量/个
GA－2 沉积柱	AMS^{14}C 年代	18
	C 同位素	18
	LOI（烧失量）	278
	粒度	1 380
	磁化率	272
	Sr/Ba、B/Ga	128

续表

样品	数据类别	数据量/个
CH 沉积柱	LOI	198
	粒度	198
	磁化率	198
J 沉积柱	LOI	110
	粒度	110
	磁化率	110
T 沉积柱	LOI	22
	粒度	12
	磁化率	22
Q1 沉积柱	210Pb－137Cs 定年	48
	LOI	62
	粒度	310
	Cu、Zn、Sr、Ba、Ca、P、S 浓度	434
	C/N 比值	62
Q2 沉积柱	TN、TC、含水率、LOI	96
	Fe/Al－P、Ca－P、IP、OP 浓度	96
	Cu、Zn、Ba、Sr、Ca、Fe、P、S 浓度	192
G1 沉积柱	TN、TC、含水率、LOI	180
	Fe/Al－P、Ca－P、IP、OP 浓度	180
	Cu、Zn、Ba、Sr、Ca、Fe、P、S 浓度	360
LL2 沉积柱	Cu、Zn、Co、Ni、Cr、Al、Fe、Ca、K、Na、Sr、Ba、Mn、Mg、P、Ti 浓度	512
表层沉积物	Cu、Zn、Pb、Ni、P、Cr、Cd、Co、As、Se、Sb、Hg 浓度	744
海豹胡须、毛发	C、N 同位素	50
	C、N 浓度	50
合计		6 450

（2）南极中山站环境本底考察

附表 5－9　南极中山站土壤环境基线调查已获得的数据量

队次	数据类别	数据量/组
29	土壤重金属	44
	土壤化学性质	44
31	土壤重金属	53
	土壤石油烃	53
	土壤化学性质	25
合计		219

附表 5-10　南极中山站大气成分已获得的数据量

年度	数据类别	数据量/个
2012	大气阴阳离子（10 组分）	150
	大气重金属（4 组分）	60
2013	大气阴阳离子（10 组分）	150
	大气重金属（4 组分）	60
2014	大气阴阳离子（10 组分）	150
	大气重金属（4 组分）	60
2015	大气阴阳离子（10 组分）	150
	大气重金属（4 组分）	60
合计		840

附表 5-11　南极中山站有机污染物分布状况调查所获得的数据量　单位：份

队次	测试项目	水体	沉积物	大气	土壤	粪土	植物	生物	合计
30	PAHs	8	3	19	10	3	11	2	53
	PCBs	8	3	19	10	3	11	2	53
合计		16	6	38	20	6	22	4	106

（3）北极黄河站生物生态环境本底考察

附表 5-12　北极黄河站近岸海洋浮游生物生态学考察已获得的数据量

年度	数据类别	数据量
2012	浮游细菌丰度	22 个
	微型浮游生物丰度和群落结构	56 组
	微型浮游生物多样性	14 组
2013	浮游细菌丰度	22 个
	微型浮游生物丰度和群落结构	69 组
	微型浮游生物多样性	14 组
2014	浮游细菌丰度	37 个
	微型浮游生物丰度和群落结构	42 组
	微型浮游生物多样性	14 组
2015	浮游细菌丰度	37 个
	微型浮游生物丰度和群落结构	42 组
	微型浮游生物多样性	14 组
合计		383 个/组

附表 5－13　北极黄河站土壤微生物考察已获得的数据量

年度	数据类别	数据量/组
2012	细菌种类	20
	细菌数量	20
	真菌种类	20
	真菌数量	20
2013	细菌种类	15
	细菌数量	15
	真菌种类	15
	真菌数量	15
2014	细菌种类	8
	细菌数量	8
	真菌种类	8
	真菌数量	8
2015	细菌种类	8
	细菌数量	8
	真菌种类	8
	真菌数量	8
合计		204

附表 5－14　北极黄河站临近海域水环境要素调查已获得的数据量

年度	数据类别	数据量/个
2012	温度	42
	盐度	42
	硝酸盐浓度	42
	亚硝酸盐浓度	42
	磷酸盐浓度	42
	硅酸盐浓度	42
	叶绿素 a 浓度	42
2013	温度	61
	盐度	61
	硝酸盐浓度	61
	亚硝酸盐浓度	61
	磷酸盐浓度	61
	硅酸盐浓度	61
	叶绿素 a 浓度	61
2014	温度	43
	盐度	43
	硝酸盐浓度	43
	亚硝酸盐浓度	43
	磷酸盐浓度	43
	硅酸盐浓度	43
	叶绿素 a 浓度	43

续表

年度	数据类别	数据量/个
2015	温度	39
	盐度	40
	硝酸盐浓度	43
	亚硝酸盐浓度	43
	磷酸盐浓度	43
	硅酸盐浓度	43
	叶绿素 a 浓度	43
合计		1 316

附表 5-15　北极黄河站土壤环境基线调查已获得的数据量

年度	数据类别	数据量/组
2012	土壤重金属	41
	土壤化学性质	12
合计		53

附表 5-16　北极黄河站大气成分已获得的数据量

年度	数据类别	数据量/个
2012	大气阴阳离子（10 组分）	150
	大气重金属（4 组分）	60
2013	大气阴阳离子（10 组分）	150
	大气重金属（4 组分）	60
2014	大气阴阳离子（10 组分）	150
	大气重金属（4 组分）	60
合计		630

附表 5-17　北极黄河站有机污染物分布状况调查所获得的数据量　　单位：组

年度	测试项目	水体	沉积物	大气	土壤	粪土	植物	合计
2012	PCBs	8	8	16	12	6	13	63
	PAHs	8	8	16	12	6	13	63
	PBDEs	8	8	16	12	6	13	63
2013	PCBs	8	8	16	12	6	13	63
	PAHs	8	8	16	12	6	13	63
	PBDEs	8	8	16	12	6	13	63
2014	PCBs	8	8	16	13	10	8	63
	PAHs	8	8	16	13	10	8	63
2015	PCBs	5	5	5	8	6	6	35
	PAHs	5	5	5	8	6	6	35
合计		74	74	138	114	68	106	574

附表 5－18　北极黄河站生态环境演变调查已获得的数据量

样品	数据类别	数据量/个
泥炭沉积柱	Sc、La、Ce、Pr、Nd、Sm、Eu、Gd、Tb、Dy、Ho、Er、Tm、Yb、Lu、Y、Hf、Ta、Zr、Rb 稀土元素浓度	500
BJ 沉积柱	210Pb－137Cs 定年	66
	TOC、TN、TC、Hg、Ga、Ba、Co、Cr、Cu、Ni、Pb、Zn、Al、Ca、Fe、K、Na、Mg、Ti、Mn、P、Sr 浓度	968
LDP 沉积柱	TOC、N、C、S、粒度、磁化率	108
合计		1 642

（4）南极特殊环境对考察队员生理和心理影响评估

《第 28 次南极考察内陆队生理和心理数据集》（～200 kb，Spss 格式）

《第 29 次南极考察内陆队生理和心理数据集》（～200 kb，Spss 格式）

《第 29 次中山站越冬队生理和心理数据集》（～200 kb，Spss 格式）

《第 30 次中山站越冬队生理和心理数据集》（～200 kb，Spss 格式）

《第 31 次南极考察昆仑站内陆队生理心理数据集》（～200 kb，Spss 格式）

附录6　考察要素图件一览表

附表6-1　考察要素图件一览

项目	要素	图件数/幅
生　物	形态学	84
	多样性	17
环　境	大气化学	90
	海水化学	31
	海水温、盐	14
	土壤重金属	23
	有机污染物	96
医　学	生理	20
	心理	19
总　计		394

附录 7 论文一览表

序号	作者	题目	期刊	出版年	卷(期)	起止页	收录情况
1	N Jia, L Sun, X He, K You, X Zhou, N Long	Distributions and impact factors of antimony in topsoils and moss in Ny-Ålesund, Arctic.	Environmental Pollution	2012	171	72 – 77	SCI
2	Yong Yu, Hui-Rong Li, Yin-Xin Zeng, Kun Sun, Bo Chen	*Pricia antarctica* gen. nov., sp. nov., a member of the family Flavobacteriaceae, isolated from Antarctic sandy intertidal sediment	International Journal of Systematic and Evolutionary Microbiology	2012	62(9)	2218 – 2223	SCI
3	刘毅,罗宇涵,孙松,何毓新,柳中晖,孙立广	东南极拉斯曼丘陵湖泊沉积生物标志物记录及其环境气候意义	极地研究	2012	24(3)	205 – 214	
4	黄涛, 孙立广	东南极阿曼达湾湖泊沉积物物源的元素分析	极地研究	2012	24(4)	70 – 76	
5	秦先燕, 黄涛, 孙立广	南极海 – 陆界面营养物质流动和磷循环	生态学杂志	2013	32(1)	1 – 10	
6	Yinxin Zeng, Yong Yu, Huirong Li, Jianfeng He, Sang H. Lee, Kun Sun	Phylogenetic diversity of planktonic bacteria in the Chukchi Borderland region in summer	Acta Oceanol. Sin.	2013	32(6)	66 – 74	SCI
7	Yin-Xin Zeng, Fang Zhang, Jian-Feng He, Sang H. Lee,, Zong-Yun Qiao, Yong Yu, Hui-Rong Li	Bacterioplankton community structure in the Arctic waters as revealed by pyrosequencing of 16S rRNA genes	Antonie van Leeuwenhoek	2013	103	1309 – 1319	SCI
8	Yin-Xin Zeng, Ming Yan, Yong Yu, Hui-Rong Li, Jian-Feng He, Kun Sun, Fang Zhang	Diversity of bacteria in surface ice of Austre Lovénbreen glacier, Svalbard	Arch Microbiol	2013	195	313 – 322	SCI
9	Zhen Wang, Guangshui Na, Xindong Ma, Xiaodan Fang, Linke Ge, Hui Gao, Ziwei Yao	Occurrence and gas/particle partitioning of PAHs in the atmosphere from the North Pacific to the Arctic Ocean	Atmospheric Environment	2013	77	640 – 646	SCI

续表

序号	作者	题目	期刊	出版年	卷(期)	起止页	收录情况
10	L. G. Sun, S. D. Emslie, T. Huang, J. M. Blais, Z. Q. Xie, X. D. Liu, X. B. Yin, Y. H. Wang, W. Huang, D. A. Hodgson, J. P. Smol	Vertebrate records in polar sediments: Biological responses to past climate change and human activities	Earth-Science Reviews	2013	126	147 – 155	SCI
11	Qi Pan, Feng Wang, Yang Zhang, Minghong Cai, Jianfeng He, Haizhen Yang	Denaturing gradient gel electrophoresis fingerprinting of soil bacteria in the vicinity of the Chinese Great Wall Station, King George Island, Antarctica	Journal of Environmental Sciences	2013	25(8)	1 – 7	SCI
12	Tao Huang, Liguang Sun, Nanye Long, Yuhong Wang, Wen Huang	Penguin tissue as a proxy for relative krill abundance in East Antarctica during the Holocene	Scientific Reports	2013	3	1 – 6	SCI
13	Tao Huang, Liguang Sun, Yuhong Wang, Zhuding Chu, Xianyan Qin, Lianjiao Yang	Transport of nutrients and contaminants from ocean to island by emperor penguins from Amanda Bay, East Antarctic	Science of the Total Environment	2014	468 – 469	578 – 583	SCI
14	马吉飞，杜宗军，罗玮，俞勇，曾胤新，陈波，李会荣	南极普里兹湾夏季不同层次海冰及冰下海水古菌丰度和多样性	极地研究	2013	25(2)	124 – 131	
15	马吉飞，杜宗军，罗玮，俞勇，曾胤新，陈波，李会荣	南极普利兹湾夏季海冰不同层次细菌丰度及多样性	微生物学报	2013	53(2)	185 – 196	
16	董宁，张迪，俞勇，苑孟，张晓华，李会荣	东南极格罗夫山土壤可培养细菌的分离鉴定及其产胞外酶和抗菌活性	微生物学报	2013	53(12)	1175 – 1186	
17	Yin Xin Zeng, Yong Yu, Zong Yun Qiao, Hai Yan Jin, Hui Rong Li	Diversity of bacterioplankton in coastal seawaters of Fildes Peninsula, King George Island, Antarctica	Arch Microbiol	2014	196	137 – 147	SCI
18	丁慧，王能飞，臧家业，杨晓，冉祥滨，张波涛	北极黄河站地区不同基底中真菌的分离培养及初步鉴定	海洋学报	2014	36(10)	124 – 130	
19	金滨滨，王能飞，张梅，赵倩，吴佐浩，王以斌，臧家业	南极红色素与胭脂虫红色素稳定性对比	食品与发酵工业	2014	40(2)	164 – 169	
20	Xianyan Qin, Liguang Sun, Jules M. Blais, Yuhong Wang, Tao Huang, Wen Huang, Zhouqing Xie	From sea to land: assessment of the bio-transport of phosphorus by penguins in Antarctica	Chinese Journal of Oceanology and Limnology	2014	32(1)	148 – 154	SCI

续表

序号	作者	题目	期刊	出版年	卷(期)	起止页	收录情况
21	Tao Huang, Liguang Sun, Yuhong Wang, Steven D. Emslie	Paleodietary changes by penguins and seals in association with Antarctic climate and sea ice extent	Chin. Sci. Bull.	2014	59(33)	4456 – 4464	SCI
22	季仲强,高生泉,金海燕,何剑锋,白有成,王斌,杨志,陈建芳	北极王湾 2010 年夏季水体营养盐分布及影响因素	海洋学报	2014	36(10)	80 – 89	
23	Zhen Wang, Guangshui Na, Hui Gao, Yanjie Wang, Ziwei Yao	Atmospheric concentration characteristics and gas/particle partitioning of PCBs from the North Pacific to the Arctic Ocean	Acta Oceanol. Sin.	2014	33(10)	1 – 8	SCI
24	Peng Zhang, Linke Ge, Hui Gao, Ting Yao, Xiaodan Fang, Chuanguang Zhou, Guangshui Na	Distribution and transfer pattern of Polychlorinated Biphenyls (PCBs) among the selected environmental media of Ny-Ålesund, the Arctic: As a case study	Marine Pollution Bulletin	2014	89	267 – 275	SCI
25	Xindong Ma, Haijun Zhang, Hongqiang Zhou, Guangshui Na, Zhen Wang, Chen Chen, Jingwen Chen, Jiping Chen	Occurrence and gas/particle partitioning of short-and medium-chain chlorinated paraffins in the atmosphere of Fildes Peninsula of Antarctica	Atmospheric Environment	2014	90	10 – 15	SCI
26	马新东, 姚子伟, 王震, 贺广凯, 葛林科, 方晓丹, 那广水	南极菲尔德斯半岛多环境介质中多环芳烃分布特征及环境行为研究	极地研究	2014	26(3)	285 – 291	
27	Yanlei Xiong, Zhuan Qu, Nan Chen, Hui Gong, Mintao Song, Xuequn Chen, Jizeng Du, Chengli Xu	The local corticotropin-releasing hormone receptor 2 signalling pathway partly mediates hypoxia-induced increases in lipolysis via the cAMP-protein kinase A signalling pathway in white adipose tissue	Molecular and Cellular Endocrinology	2014	392	106 – 114	SCI
28	C Xu, X Ju, D Song, F Huang, D Tang, Z Zou, C Zhang, T Joshi, L Jia, W Xu, K-F Xu, Q Wang, Y Xiong, Z Guo, X Chen, F Huang, J Xu, Y Zhong, Y Zhu, Y Peng, L Wang, X Zhang, R Jiang, D Li, T Jiang, D Xu, C Jiang	An association analysis between psychophysical characteristics and genome-wide gene expression changes in human adaptation to the extreme climate at the Antarctic Dome Argus	Molecular Psychiatry	2015	20	536 – 544	SCI

续表

序号	作者	题目	期刊	出版年	卷(期)	起止页	收录情况
29	Ning Dong, Hui-Rong Li, Meng Yuan, Xiao-Hua Zhang, Yong Yu	*Deinococcus antarcticus* sp. nov., isolated from soil	International Journal of Systematic and Evolutionary Microbiology	2015	65	331 – 335	SCI
30	Yin-Xin Zeng, Yong Yu, Hui-Rong Li, Wei Luo	*Psychrobacter fjordensis* sp. nov., a psychrotolerant bacterium isolated from an Arctic fjord in Svalbard	Antonie Van Leeuwenhoek	2015	108	1283 – 1292	SCI
31	Wei Luo, Huirong Li, Shengquan Gao, Yong Yu, Ling Lin 1, Yinxin Zeng	Molecular diversity of microbial eukaryotes in sea water from Fildes Peninsula, King George Island, Antarctica	Polar Biology	2015		DOI 10. 1007/s00300 – 015 – 1815 – 8	SCI
32	Li Liao, Xi Sun, Yinxin Zeng, Wei Luo, Yong Yu, Bo Chen	A new L-haloacid dehalogenase from the Arctic psychrotrophic *Pseudoalteromonas* sp. BSW20308	Polar Biology	2015	38	1161 – 1169	SCI
33	Neng Fei Wang, Tao Zhang, Fang Zhang, En Tao Wang, Jian Feng He, Hui Ding, Bo Tao Zhang, Jie Liu, Xiang Bin Ran and Jia Ye Zang	Diversity and structure of soil bacterial communities in the Fildes Region (maritime Antarctica) as revealed by 454 pyrosequencing	Frontiers in Microbiology	2015		DOI 10. 3389/fmicb. 2015. 01188	SCI
34	Miming Zhang, Chen Liqi, Guojie Xu, Lin Q, Liang Minyi	Linking Phytoplankton Activity in Polynyas and Sulfur Aerosols over Zhongshan Station, East Antarctica	Journal of the Atmospheric Sciences	2015	72	4629 – 4642	SCI
35	Xiaoshou Liu, Lu Wang, Shuai Li, Yuanzi Huo, Peimin He, Zhinan Zhang	Quantitative distribution and functional groups of intertidal macrofaunal assemblages in Fildes Peninsula, King George Island, South Shetland Islands, Southern Ocean	Marine Pollution Bulletin	2015	99	284 – 291	SCI
36	Xiaomin Xia, Jianjun Wang, Jiabin Ji, Jiexia Zhang, Liqi Chen, Rui Zhang	Bacterial Communities in Marine Aerosols Revealed by 454 Pyrosequencing of the 16S rRNA Gene	Journal of the Atmospheric Sciences	2015	72	2997 – 3008	SCI
37	Guangshui Na, Wei Wei, Shiyao Zhou, Hui Gao, Xindong Ma, Lina Qiu, Linke Ge, Chenguang Bao, Ziwei Yao	Distribution characteristics and indicator significance of Dechloranes in multi-matrices at Ny-Ålesund in the Arctic	Journal of Environmental Sciences	2015	28	8 – 13	SCI

续表

序号	作者	题目	期刊	出版年	卷(期)	起止页	收录情况
38	Zhen Wang, Guangshui Na, Xindong Ma, Linke Ge, Zhongsheng Lin, Ziwei Yao	Characterizing the distribution of selected PBDEs in soil, moss and reindeer dung at Ny-Ålesund of the Arctic	Chemosphere	2015	137	9 – 13	SCI
39	Li Zhang, Guang-Shui Na, Chun-Xiang He, Rui-Jing Li, Hui Gao, Lin-Ke Ge, Yan-Jie Wang, Yao Yao	A novel method through solid phase extraction combined with gradient elution for concentration and separation of 66 (ultra) trace persistent toxic pollutants in Antarctic waters	Chinese Chemical Letters	2015		DOI 10.1016/j.cclet.2015.12001	SCI
40	Hendrik Wolschke, Xiang-Zhou Meng, Zhiyong Xie, Ralf Ebinghaus, Minghong Cai	Novel flame retardants (N-FRs), polybrominated diphenyl ethers (PBDEs) and dioxin-like polychlorinated biphenyls (DL-PCBs) in fish, penguin, and skua from King George Island, Antarctica	Marine Pollution Bulletin	2015	96	513 – 518	SCI
41	Miming Zhang, Liqi Chen	Continuous underway measurements of dimethyl sulfide in seawater by purge and trap gas chromatography coupled with pulsed flame photometric detection	Marine Chemistry	2015	174	67 – 72	SCI
42	Baoshan Chen, Wei-Jun Cai, Liqi Chen	The marine carbonate system of the Arctic Ocean: Assessment of internal consistency and sampling considerations, summer 2010	Marine Chemistry	2015	174	174 – 188	SCI
43	乔宗赟,曾胤新,董培艳,郑天凌	2011年夏季北极王湾细菌群落结构分析及浮游细菌丰度检测	极地研究	2015	27(3)	256 – 254	
44	Yang Lianjiao, Qin Xianyan, Sun Liguang, Huang Tao, Wang Yuhong	Analysis of phosphorus forms in sediment cores from ephemeral ponds on Ardley Island, West Antarctica	Advances in Polar Science	2015	26(1)	47 – 54	
45	Chu Zhuding, Yin Xuebin, Sun Liguang, Wang Yuhong	Preliminary evidence for 17 coastal terraces on Fildes Peninsula, King George Island, Antarctica	Advances in Polar Science	2015	26(1)	80 – 87	
46	Gao Shengquan, Jin Haiyan, Zhuang Yanpei, Ji Zhongqiang, Tian Shichao, Zhang Jingjing, Chen Jianfang	Seawater nutrient and chlorophyll α distributions near the Great Wall Station, Antarctica	Advances in Polar Science	2015	26(1)	63 – 70	

续表

序号	作者	题目	期刊	出版年	卷(期)	起止页	收录情况
47	Tian Shichao, Jin Haiyan, Gao Shengquan, Zhuang Yanpei, Zhang Yang, Wang Bin, Chen Jianfang	Sources and distribution of particulate organic carbon in Great Wall Cove and Ardley Cove, King George Island, West Antarctica	Advances in Polar Science	2015	26(1)	55 – 62	
48	李文君，那广水，贺广凯，王立军，马新东	菲尔德斯半岛植物和表层土壤中部分金属元素的富集特征	极地研究	2015	27(2)	150 – 158	
49	郭怡忆，那广水，王峰，蔡明红，马新东，杨海真	亚南极潮间带生物体中PAHs组成特征及源解析	环境科学与技术	2015	38(3)	31 – 37	
50	Zhao Shuhui, Chen Liqi, Lin Hongmei	Characteristics of trace metals in marine aerosols and their source identification over the Southern Ocean	Advances in Polar Science	2015	26(3)	203 – 214	
51	Zhang Yuanhui, Wang Yanmin, Zhang Miming, Chen Liqi, Lin Qi, Yan Jinpei, Li Wei, Lin Hongmei, Zhao Shuhui	Seasonal variations in aerosol compositions at Great Wall Station in Antarctica	Advances in Polar Science	2015	26(3)	196 – 202	
52	Zhang Miming, Chen Liqi, Lin Qi, Wang Yanmin	Seasonal variations of sulfur aerosols at Zhongshan Station, East Antarctica		2015	26(3)	189 – 195	

附录8　样品、档案等一览表

附表8－1　样品一览表

考察区域	样品类型	数量
南极长城站	湖泊表层沉积物	59个
	海洋表沉积物	3个
	柱状湖泊沉积物	4根（4 m）
	粪土柱状沉积物	13根（6 m）
	表层土壤	50个
	苔藓、地衣	50个
	企鹅羽毛、海豹胡须毛发	30个
北极黄河站	海洋表层沉积物	24个
	柱状湖泊沉积物	15根（7 m）
	表层土壤样品	50个
	苔藓样品	40个
	驯鹿毛发、驯鹿粪、鸟粪	30个

附表8－2　档案一览表

类型	数量/份
专题年度任务书	4
专题年度实施方案	4
现场实施计划	8
现场执行报告	8
年度报告	4
考察报告	43
医学检测和问卷调查报告	7 533
环境影响评估报告	10
进入南极特别保护区许可证	10
南极特别保护区造访表	10
样品采集记录	30
实验记录	30
数据汇交与共享计划表	8
南北极考察数据提交表	18